MME ELIZABETH C. AGAS

LOUIS AGASSIZ

SA VIE

ET

SA CORRESPONDANCE

TRADUIT DE L'ANGLAIS

PAR

AUGUSTE MAYOR

PARIS
LIBRAIRIE FISCHBACHER
SOCIÉTÉ ANONYME
33, Rue de Seine, 33
1887

LOUIS AGASSIZ

Neuchatel — Imprimerie H. Wolfrath et Cie

1807 -- 1878

AVANT-PROPOS

———

En m'associant, par cette traduction, à l'œuvre à laquelle Mme Agassiz s'est consacrée avec persévérance et dévouement, j'ai cédé au désir de faire connaître au public de langue française la vie d'un homme de génie, qui a été l'une des gloires de notre patrie et qui s'est toujours envisagé comme son enfant. Agassiz, en effet, appartient à la Suisse romande. Il est originaire du canton de Vaud, où il a passé une partie de sa jeunesse et a conservé la plupart de ses relations de famille. C'est à Neuchâtel ensuite qu'il a débuté comme professeur et que, lié par la reconnaissance et l'affection, il a achevé la première partie de sa carrière ; c'est de notre ville, devenue sous son influence un foyer de vie scientifique, qu'il a publié ses travaux les plus importants et que sa réputation a grandi au dehors.

Au public de la France, je rappellerai les liens

étroits qui unirent Agassiz à Cuvier, à Élie de Beaumont, à Milne-Edwards, l'estime et l'amitié des savants français qui voulurent se l'attacher comme collègue en lui faisant adresser un appel, en 1857, par M. Rouland, ministre de l'Instruction publique, et l'honneur qu'ils lui firent en le nommant membre étranger de l'Institut.

Je pense, en outre, faire une œuvre utile en plaçant sous les yeux des jeunes gens le tableau de cette vie toute consacrée au travail, à la recherche incessante de la vérité et animée des sentiments les plus élevés de désintéressement, d'abnégation et de persévérance. C'est d'ailleurs une figure éminemment sympathique que celle d'Agassiz, qui possédait le don d'attirer à lui les personnes de toutes les conditions; on trouvera ici, selon l'expression de Humboldt, un homme de cœur et une belle âme, et ce ne sera pas là le moindre attrait de ce livre pour ceux qui goûtent les bonnes et saines lectures. Il ravivera chez tous ceux qui ont connu personnellement Agassiz des souvenirs que ni le temps ni la distance n'ont pu effacer, et contribuera, je l'espère, en rappelant son exemple, à éveiller et à répandre toujours plus le goût et l'amour de la science.

Avec l'autorisation de Mme Agassiz, j'ai supprimé dans cette biographie ce qui me paraissait spéciale-

ment destiné au public américain, et j'ai ajouté,
d'autre part, quelques fragments de nature à intéresser nos lecteurs, entre autres un résumé du discours
d'Agassiz prononcé à la réunion de la Société helvétique des sciences naturelles à Neuchâtel, en 1837,
quelques détails sur sa présence à la réunion de la
même Société à Genève, en 1845, et un récit de la
course d'hiver au glacier de l'Aar, en 1841. Je donne
en outre dans l'appendice un catalogue de ses nombreuses publications en français, en anglais, en allemand et en latin, établi aussi exactement que possible, sans qu'on puisse cependant l'envisager comme
complet.

Les lettres d'Agassiz et de ses correspondants,
écrites en français, paraissent ici pour la première
fois dans leur texte original. Est-il besoin de signaler
au lecteur l'intérêt de cette correspondance? Elle
nous fait assister d'abord aux débuts du jeune naturaliste et à l'épanouissement de ses belles facultés,
pour nous introduire ensuite dans la société des savants modernes les plus illustres des deux mondes,
qui viennent rendre un hommage affectueux à leur
ami et semblent prêter à cet ouvrage leur brillante
collaboration.

En terminant, je me sens pressé d'exprimer toute
ma reconnaissance à M. le professeur Louis Favre, à

M. Fritz Berthoud et à mon éditeur, M. A.-G. Berthoud, pour la cordialité avec laquelle ils m'ont aidé à remplir une tâche que je tenais particulièrement à entreprendre comme tribut d'affection à la mémoire d'un parent avec lequel j'ai soutenu dès mon enfance des relations toutes fraternelles.

Neuchâtel, octobre 1886.

A. MAYOR.

PRÉFACE

———

Ce livre n'offre, je l'avoue, ni une biographie complète, ni l'exactitude d'un ouvrage scientifique, comme le lecteur pourrait s'y attendre d'après le titre; quelques explications sont donc nécessaires. Quand je commençai à réunir les faits, les lettres et autres documents contenus dans cet ouvrage, je ne pensais guère écrire pour le public; mon but était surtout d'empêcher l'éparpillement et la perte de papiers précieux pour la famille. Mais à mesure que mon travail avançait, je sentis que le tableau de cette vie, si remarquable par l'harmonie de son développement et par l'unité de ses aspirations, pouvait avoir une utilité plus grande, un intérêt plus général, et peut-être servir à d'autres de stimulant ou d'encouragement. J'ai d'ailleurs lieu de croire que la carrière de Louis Agassiz en Europe est aussi peu connue dans sa patrie adoptive que sa vie en Amérique ne l'est dans son pays natal, et ces motifs m'ont engagée à livrer au public les matériaux que j'avais recueillis.

Ce livre a le désavantage d'être composé en grande partie de traductions. Les lettres que renferme la première partie, ont été, en effet, écrites presque exclusivement en français ou en allemand, de sorte que j'avais à choisir entre une reproduction dans les langues originales ou une traduction qui offre toujours quelque inconvénient. J'ai préféré cependant prendre ce dernier parti.

Outre le concours de ma famille et particulièrement de mon fils, Alexandre Agassiz, pour la révision du texte, j'ai été aidée par mes amis, M. et Mme Hagen et par le professeur Guyot, qui ont bien voulu me donner leurs conseils sur des points spéciaux. J'ai eu, en Europe, les collaborateurs les plus fidèles et les plus utiles. M. Auguste Agassiz, qui a survécu de quelques années à son frère et a toujours pris le plus vif intérêt à conserver tout ce qui se rattachait à sa carrière scientifique, m'a fourni beaucoup de documents et de renseignements importants. Après la mort de mon beau-frère, notre proche parent, M. Auguste Mayor, de Neuchâtel, a continué de me rendre les mêmes services affectueux. Je n'aurais pu, sans leur aide, compléter ce récit.

L'ami que je viens de nommer s'est rendu aussi au glacier de l'Aar pour y choisir le bloc erratique qu'Alexandre Agassiz désirait placer sur la tombe de son père. Avec une patience infatigable, M. Mayor a fait de longues et pénibles recherches parmi les débris amoncelés sur le glacier, non loin de l'emplacement où se trouvait jadis l'*Hôtel des Neuchâtelois*, et a choisi enfin un bloc d'une forme si monumentale, qu'on a pu le mettre en place sans y rien retoucher.

En terminant, je me fais un plaisir de lui renouveler ici le témoignage de ma reconnaissance, ainsi qu'à tous ceux qui m'ont aidée dans le cours de mon travail.

Cambridge (Massachusetts), le 11 juin 1885.

ELIZABETH C. AGASSIZ.

LOUIS AGASSIZ

SA VIE

SA CORRESPONDANCE

—◦◦◦—

CHAPITRE PREMIER

1807 à 1827

Sa naissance. — Influence de sa mère. — Premier penchant pour l'histoire naturelle. — Ses occupations d'enfant. — Première école. — Vacances. — Il renonce à la carrière commerciale. — Collège de Lausanne. — Choix d'une vocation. — Vie et études à Zurich. — Université de Heidelberg. — Maladie. — Retour en Suisse. — Convalescence.

Jean-Louis-Rodolphe Agassiz est né le 28 mai 1807 à Motier, au bord du lac de Morat; son père y était alors pasteur; il avait épousé Rose Mayor, fille d'un médecin demeurant à Cudrefin, près du lac de Neuchâtel. Les presbytères en Suisse sont ordinairement jolis et pittoresques; celui de Motier l'était en particulier, grâce à sa situation au pied d'une colline, d'où l'on a une vue étendue sur toute la chaîne des Alpes. De cette cure dépendait un verger bien garni d'arbres fruitiers et une vigne assez grande pour augmenter un peu, dans les bonnes années, le modeste revenu du pasteur. Dans le jardin potager coulait une source, dont l'eau toujours fraîche et pure remplissait un grand bassin de pierre, qui fut le premier aquarium d'Agassiz [1].

Il ne paraît pas qu'Agassiz ait eu des dispositions précoces pour l'étude, et ses parents, qui, pendant les dix premières années de sa vie furent ses seuls maîtres, étaient trop sensés pour exiger de lui un travail au-dessus de son âge. Sa mère qui avait déjà perdu quatre enfants, le soignait avec une sollicitude toute particulière, et c'est peut-être pour cela qu'elle s'attacha si profondément à lui; elle devinait que son amour de la nature et de tous les êtres vivants était un penchant de son intelligence, plutôt que la disposition si commune chez les enfants à s'amuser des animaux qui les entourent ou à chercher à s'en faire des amis. Comme elle avait compris les jeux de l'enfant, elle comprit plus tard la portée des travaux scientifiques du jeune homme. Elle mourut six ans seulement avant lui, restant jusqu'à sa dernière heure sa meilleure amie. Peu de temps avant sa mort, elle écrivait ces lignes : « J'ai joui vivement des succès de « Louis, j'ai partagé ses peines, je me suis associée « de cœur à son avenir, j'ai suivi pas à pas sa car-

---

[1] Après la mort d'Agassiz, les habitants de Motier payèrent un touchant tribut à sa mémoire et placèrent sur la porte de la cure une plaque en marbre avec l'inscription suivante : « *J.-Louis Agassiz, célèbre naturaliste, est né dans cette maison le 28 mai 1807.* »

« rière à Neuchâtel. Il me communiquait ses projets,
« me conduisait souvent au Musée qu'il contribuait à
« y créer avec tant de peine et de persévérance. J'as-
« sistai à plusieurs de ses conférences à Neuchâtel et
« j'étais avec lui quand il reçut l'acte de bourgeoisie,
« lui, une des seules personnes auxquelles cet hon-
« neur ait été conféré [1]. Et cependant mon fils était
« si jeune ! Louis me permettait de travailler à ses
« côtés, tandis qu'il écrivait ou recevait des visites.
« Il me parlait de sa correspondance, de ses ennuis,
« de ses désappointements. »

Dès son enfance Agassiz montra du goût pour l'histoire naturelle; outre les poissons de son aquarium,
il avait alors toute sorte de favoris, des oiseaux, des
souris, des lapins, des cochons d'Inde, dont il élevait
les petits avec beaucoup de soins. La pêche jouait
toujours un grand rôle dans ses amusements et dans
ceux de son frère Auguste, de deux ans plus jeune
que lui; ils devinrent même de très habiles pêcheurs,
non seulement avec les engins ordinaires, l'hameçon,
la ligne, les filets, mais par des procédés qui étaient
tout à fait de leur invention et dénotaient une grande
connaissance des habitudes des poissons. Pendant la
saison des bains et à une grande distance des bords
du lac, soit à Motier, soit à Cudrefin, chaque pierre
sous laquelle pouvait s'abriter un poisson, chaque
trou de mur baigné par les eaux, était fouillé par
eux, et ils devinrent si habiles qu'ils n'eurent plus
besoin d'aucun engin de pêche pour prendre le poisson; ils réussirent même à saisir avec la main cer-

---

[1] Cet acte fut conféré à Agassiz le 28 mai 1838.

taines espèces en pleine eau, en se servant seulement
de petits moyens qu'on pourrait presque appeler des
fascinations. Ces divertissements, qu'ils partageaient
avec la plupart des enfants du voisinage, ne mérite-
raient pas d'être mentionnés, s'ils ne faisaient connaître les goûts d'Agassiz au début de sa vie. L'observation de ses animaux favoris éveillait dans son
esprit des questions dont la réponse fut l'œuvre de
sa carrière, et l'on peut dire que sa belle étude des
Poissons d'eau douce de l'Europe centrale, un de ses
plus importants ouvrages, eut pour origine ses premières collections du lac de Morat.

Comme amusement d'enfant, il s'exerçait à toute
espèce de métiers, charpentier, forgeron et autres,
dans lesquels il dit lui-même avoir été très habile.
A cette époque, les artisans des villages suisses avaient
l'habitude d'aller en journée de maison en maison.
Le cordonnier venait deux ou trois fois par an avec
ses outils faire les souliers de toute la famille; le tailleur prenait ses mesures et confectionnait les vêtements dans la maison même; le tonnelier réparait
en automne les vieux tonneaux, ou en faisait de nouveaux et préparait la cave pour les vendanges. Il paraît qu'Agassiz profitait autant de ces leçons que de
celles de son père, car il pouvait tailler et coudre une
bonne paire de souliers pour les poupées de ses
sœurs; il n'était pas non plus mauvais tailleur et
savait aussi faire en miniature un tonneau parfaitement étanche. Plus tard il aimait à rappeler ces faits,
insignifiants en apparence, ajoutant qu'il devait une
bonne partie de son habileté dans la manipulation
des objets d'histoire naturelle à l'exercice que ses

yeux et ses mains avaient acquis par ses travaux d'enfant.

Son goût pour les occupations paisibles de la maison ne l'empêchait pas d'être un garçon actif et intrépide. Un jour, il avait à peu près sept ans, il s'en alla patiner le long des bords du lac avec son petit frère Auguste et plusieurs camarades; ils s'entretinrent de la grande foire qui avait lieu ce jour même à Morat, de l'autre côté du lac, et à laquelle le pasteur Agassiz s'était rendu en voiture dans la matinée. La tentation était trop forte pour Louis; aussi proposa-t-il à Auguste d'aller rejoindre leur père en patinant à travers le lac et de revenir avec lui dans l'après-midi. Ils partirent aussitôt. Les autres enfants, en rentrant au village pour le dîner apprirent à Mme Agassiz l'équipée de ses fils. On peut se figurer son angoisse, car le lac de Morat a plus d'une demilieue de largeur, et elle ne croyait pas que la glace fût suffisamment solide pour permettre de le traverser sans danger. Grâce à une bonne lunette, elle put les apercevoir d'un point élevé où elle s'était rendue en toute hâte. Ils étaient déjà bien loin et Louis, étendu au travers d'une crevasse, faisait alors passer son petit frère sur son dos comme sur un pont. Elle expédia aussitôt à leur secours un excellent patineur qui les rattrapa au moment même où ils allaient atteindre la rive opposée, mais il n'eut pas l'idée de les ramener par un autre chemin que celui qu'ils avaient déjà suivi, et ce fut en patinant encore à travers le lac qu'ils regagnèrent le village, fatigués, affamés et désappointés, sans avoir vu la foire et sans avoir pu faire la course avec leur père.

A l'âge de dix ans, Agassiz fut envoyé au collège de Bienne, où l'enseignement plus sérieux de l'école publique remplaça les leçons d'un père plein de sollicitude et de tendresse. Il s'y trouva aussi avancé que ses camarades du même âge, car son père était un maître distingué; on peut même supposer que la passion de Louis Agassiz pour l'instruction et pour tout ce qui concerne le développement de la jeunesse, ainsi que ses aspirations intellectuelles, étaient un héritage de famille, puisque dans toutes les localités où M. Agassiz fut appelé à résider comme pasteur, à Motier, à Orbe, et en dernier lieu à Concise, son influence se fit sentir aussi bien dans le domaine de l'école que dans l'exercice de son ministère. On conserve dans la famille comme un précieux souvenir une pièce d'argenterie qui lui fut donnée par la Municipalité d'Orbe en mémoire de services rendus dans les écoles publiques.

La discipline du collège de Bienne était assez sévère, mais la vie que les élèves y menaient les rendait vigoureux; on mettait autant d'entrain aux jeux qu'au travail. Se reportant à cette époque de sa vie, Agassiz se demandait souvent pourquoi ses camarades et lui avaient été moins fatigués par leur temps d'école, que les enfants ne le sont actuellement dans les écoles publiques des États-Unis, et si ce fait devait être attribué à la différence de climat ou de méthode. « On dit que les élèves de nos écoles sont trop chargés avec cinq heures de travail consécutif et une ou deux heures de préparations à la maison; le programme du collège de Bienne comportait neuf heures d'étude et cependant les élèves étaient heureux et en santé; il faut peut-être l'attribuer aux fréquentes interruptions de travail, car toutes les deux ou trois heures, les leçons étaient coupées par des jeux ou par un temps de repos. » Agassiz conserva toujours un souvenir agréable de ce collège et de ses maîtres, et le respect affectueux qu'il éprouvait pour le directeur, M. Rickly, se changea plus tard en un lien d'amitié.

Les vacances étaient naturellement accueillies avec joie, et comme Motier ne se trouvait qu'à sept lieues de Bienne, Agassiz et son jeune frère Auguste, qui l'avait rejoint une année plus tard, faisaient ce voyage à pied. La vie des deux frères pendant leur jeunesse est tellement semblable qu'on ne peut faire l'histoire de l'un, à cette époque, sans raconter celle de l'autre; tout était en commun entre eux, ils achetaient avec leurs petites épargnes les livres que Louis désirait avoir, livres qui furent le commencement de sa future bibliothèque.

Dès le premier jour de congé et longtemps avant le lever du soleil, les deux intrépides garçons se mettaient en route, à pied, heureux comme des écoliers en vacances. A l'époque des foins, et surtout à celle des vendanges, pendant laquelle tout était en fête, ils prenaient part joyeusement aux travaux de la récolte. Au jour fixé pour les vendanges, de nombreux ouvriers des cantons voisins venaient offrir leurs services; ils trouvaient pour la nuit un abri dans les granges; celle de la cure était souvent remplie de paysans et de paysannes qui venaient y chercher un repos bien mérité. C'était alors une vraie fête pour les enfants qui se régalaient de raisin et de moût; dans la vigne aussi, on se livrait à la joie, et le der-

nier soir la fête était terminée par un bal cham-
pêtre.

Les deux garçons passaient quelquefois leurs vacances à Cudrefin chez leur grand-père, le docteur
Mayor, vieillard très respecté et que sa bienfaisance
faisait aimer de chacun. Son petit cheval blanc, sur
lequel il allait de village en village visiter les malades,
était bien connu dans tous les coins et recoins du
pays. La grand'maman était délicate et percluse;
chérie des enfants, elle leur chantait de jolies chansons et des hymnes et leur racontait beaucoup d'histoires. Tante Lisette, une de leurs filles non mariées,
vivant sous le toit paternel et très aimée de ses nombreux neveux et nièces, était l'âme de ces réunions
de famille qu'elle embellissait de toutes manières. La
maison semblait être élastique, car tous ceux qui
arrivaient, si nombreux qu'ils fussent, étaient les
bienvenus; plus il y en avait, plus on était content.

Le dimanche après Pâques avait lieu la grande fête
du pays; chacun s'occupait alors à teindre des œufs
et à préparer des fritures. Les jeunes filles du village, parées de leurs plus beaux vêtements, et les garçons, portant à leur chapeau de grands bouquets de
fleurs artificielles, se rendaient ensemble à l'église
dans la matinée; l'après-midi avait lieu le jeu tradi-
tionnel de deux coureurs choisis parmi les garçons
du village; ces coureurs, habillés de blanc et ornés
de rubans aux couleurs vives, musique en tête et
suivis par tous les jeunes gens, se rendaient en procession à l'endroit où l'on avait placé une longue
ligne d'œufs. A un signal donné, ils se séparaient,
l'un pour ramasser les œufs suivant la règle pres-

crite, l'autre pour courir aussi vite que possible jusqu'au village voisin et en revenir; celui qui terminait
le premier sa tâche avait gagné la partie et était
proclamé roi de la fête. La main dans la main et tout
joyeux, les deux coureurs, suivis de nouveau par
toute la jeunesse du village, s'en revenaient pour
danser sur la place devant la maison du docteur
Mayor. Au milieu de la fête, le chef de la musique,
debout sur son estrade, prononçait un petit discours
en patois et annonçait une danse en l'honneur de la
famille Mayor. Ceux qui en faisaient partie et quelques amis ou voisins dansaient alors, les jeunes
demoiselles avec les paysans et les jeunes messieurs
avec les filles du village, tandis que les autres formaient un cercle de spectateurs.

Les quatre années qu'Agassiz devait passer à
Bienne, suivant le vœu de ses parents, se terminèrent
partagées ainsi entre l'étude et la récréation. Une
feuille de papier, jaunie par le temps, et sur laquelle
il avait noté tout ce qu'il désirait depuis une année
en fait de livres, nous initie à ses progrès et à ses
aspirations :

(ORIGINALE)

« Je désirerais avancer dans les sciences et pour cela il
me faudrait d'Anville, Ritter, un dictionnaire italien, un
Strabon en grec, Mannert, Thiersch, les Œuvres de Malte-
Brun et de Seyfert. J'ai résolu autant qu'il m'est possible
de devenir homme de lettres et à présent je ne puis pas
aller plus loin : 1° dans la géographie ancienne, car je n'ai
plus de cahiers que je ne sache pas; je n'ai que les livres
que M. Rickly veut bien me prêter; il me faudrait d'An-

ville ou Mannert; 2° dans la géographie moderne, je n'ai que les livres prêtés par M. Rickly et la Géographie d'Osterwald qui n'est plus d'après les nouvelles divisions. Il me faudrait Ritter ou Malte-Brun; 3° Pour le grec, j'ai besoin d'une bonne grammaire et je choisirais Thiersch; 4° Je n'ai de Dictionnaire italien que celui que M. Moltz a bien voulu me prêter; il m'en faudrait un; 5° Pour le latin, il me faudrait une grammaire plus étendue que celle que j'ai et pour cela je voudrais Seyfert; 6° M. Rickly m'a dit que, voyant que j'avais du goût pour la géographie, il me donnerait gratuitement une leçon de grec dans laquelle nous traduirions Strabon, pourvu que je m'en procure un. J'aurais aussi besoin de cartes. Pour cela, il me faudrait environ douze louis. Je voudrais pouvoir rester à Bienne jusqu'au mois de juillet et ensuite aller faire un apprentissage de commerce à Neuchâtel pendant un an et demi. Puis passer environ quatre ans dans une académie en Allemagne; et enfin finir mes études à Paris, où je resterais environ cinq ans. Alors, âgé de vingt-cinq ans, je pourrais tout à fait commencer à écrire. »

Les carnets et tous les papiers d'Agassiz, conservés soigneusement par ses parents, qui suivaient avec le plus vif intérêt l'éducation de leurs enfants, prouvent que le jeune homme travaillait assidûment au collège comme à l'école. Il en a laissé de nombreux témoignages, depuis les premiers cahiers d'un écolier de dix ou onze ans, jusqu'à de vrais livres in-quarto de quatre à six cents pages bien remplies, dans lesquels étaient rédigés avec soin les cours qu'il suivait comme étudiant, à l'âge de dix-huit ou dix-neuf ans. L'écriture très lisible est fine et serrée, sans doute dans le but d'économiser la place. La physiologie, la pathologie et l'anatomie y figurent avec plus ou moins d'histoire naturelle générale. Tout est tenu avec une remarquable propreté; même les premiers cahiers de français, d'allemand, de latin et de grec, ainsi que ceux de compositions, sont écrits distinctement, sans tache ni rature. Les sujets, divisés par des titres bien distincts, prouvent déjà la tendance d'Agassiz à une classification méthodique de faits et de pensées.

Évidemment l'espoir d'échapper à la carrière commerciale à laquelle on le destinait et de se vouer aux sciences et aux lettres, commence à se faire jour; il éprouvait déjà les charmes de l'étude, et le goût de la science, qui se manifestait sous forme d'amusements plutôt que de recherches sérieuses, s'emparait de plus en plus de son esprit. Arrivé à l'âge de quinze ans, le moment était venu où, suivant le désir de ses parents, il aurait dû quitter le collège pour entrer dans la maison de banque de son oncle Mayor, à Neuchâtel, mais il demanda instamment un nouveau délai de deux années pendant lesquelles il continuerait ses études au collège de Lausanne. Appuyé par plusieurs de ses maîtres et particulièrement par M. Rickly qui supplia la famille de prendre en considération son intelligence remarquable et son zèle pour l'étude, Agassiz réussit à vaincre toutes les difficultés; ses parents, du reste, firent toujours pour l'éducation de leurs enfants tout ce que leurs moyens leur permettaient.

Il fut donc décidé qu'il irait à Lausanne, où s'accentua son goût pour tout ce qui concerne l'histoire naturelle. Le professeur Chavannes, directeur du Musée cantonal, possédait la seule collection d'histoire

naturelle du canton de Vaud; Agassiz trouva en lui
non seulement un maître instruit, mais un ami partageant ses goûts favoris. Il reçut également des encouragements de son oncle, le docteur Mayor, célèbre
médecin à Lausanne, qui avait une grande influence
sur M. et Mᵐᵉ Agassiz et qui fut frappé de l'intelligence avec laquelle son neveu s'occupait d'anatomie
et de sujets analogues; il conseilla de lui permettre
d'étudier la médecine, en sorte qu'à la fin de son
stage au collège de Lausanne, le projet de le destiner
au commerce fut définitivement abandonné et il fut
autorisé à choisir la profession de médecin, comme
étant le plus en rapport avec ses goûts.

A l'âge de dix-sept ans, Agassiz se rendit à l'école
de médecine de Zurich, où, pour la première fois, il
se trouva en contact avec des hommes dont les publications scientifiques donnaient à leur enseignement
une haute autorité. Le professeur Schinz, homme
instruit et capable, qui occupait la chaire d'histoire
naturelle et de physiologie, lui témoigna en particulier le plus vif intérêt; il lui confia la clef de sa bibliothèque et de ses collections d'oiseaux, faveur de
grand prix ·pour un élève réduit encore à envisager
les livres comme un article de luxe inabordable. Le
jeune étudiant y passa bien des heures à copier les
ouvrages qui étaient au-dessus de ses ressources,
quoique plusieurs de ces volumes eussent pu être
achetés pour quelques francs; par pure amitié, son
frère Auguste, toujours son fidèle compagnon, partageait ce travail de copiste qui n'était pour lui-même
d'aucune utilité.

Pendant les deux années qu'Agassiz passa à Zurich,

il soutint peu de relations en dehors de l'Université;
il logeait avec son frère dans une maison particulière
où l'un et l'autre trouvaient une bonne et agréable
vie de famille. Ce fut en compagnie de ses hôtes
qu'Agassiz fit dans les Alpes sa première excursion
de quelque importance; ils montèrent au Righi pour
y passer la nuit. Au coucher du soleil un orage épouvantable éclata au-dessous d'eux, tandis qu'au sommet
de la montagne, le temps restait parfaitement clair
et l'air calme. Sous un ciel serein, on pouvait suivre
les progrès de la tempête, voir éclater la foudre,
entendre gronder le tonnerre dans de sombres nuées,
d'où s'échappaient des torrents de pluie sur la plaine
et sur le lac de Lucerne. Cet orage se prolongea
assez avant dans la nuit, et quoique ses compagnons
fussent allés se reposer de leurs fatigues, Agassiz
resta encore longtemps dehors, jusqu'à ce qu'enfin,
les nuages s'étant dissipés peu à peu, la lune parùt
dans toute sa beauté, éclairant le lac et toute la contrée. Plus tard, il racontait que dans aucune de ses
courses de montagnes, il n'avait vu un spectacle plus
beau.

Celles de ses lettres datées de Zurich qui ont été
conservées n'offrent pas d'intérêt particulier. Dans
l'une d'elles, toutefois, il fait allusion à une singulière circonstance qui aurait pu changer entièrement
sa carrière. Les deux frères s'en revenaient à pied
de Zurich pour aller passer leurs vacances à Orbe,
où leurs parents étaient installés depuis 1821, lorsqu'ils furent rejoints, entre Neuchâtel et Orbe, par
une voiture de voyage dans laquelle se trouvait un
monsieur qui les invita à monter auprès de lui, par-

tagea ses vivres avec eux, leur parla de leur vie d'é-
tudiant, de leurs plans futurs et les conduisit enfin
jusqu'à la cure d'Orbe, où il se présenta lui-même.

Quelques jours après, M. Agassiz reçut une lettre
de cette connaissance fortuite, qui se trouvait être un
homme opulent et haut placé, demeurant à Genève.
Il lui écrivait qu'il avait été extrêmement captivé par
son fils aîné Louis, et qu'il désirait l'adopter en prenant à sa charge la responsabilité de son éducation
et de son avenir. Cette proposition tomba comme une
bombe dans la paisible cure. M. et Mᵐᵉ Agassiz
n'étaient pas riches, et tout ce qu'ils faisaient pour
l'éducation de leurs enfants n'était obtenu que par de
pénibles sacrifices de leur part. Comment donc refuser de pareils avantages offerts à leur fils si bien
doué ? Toutefois, après mûre réflexion, il fut décidé,
d'accord avec Louis, qu'on n'accepterait pas des propositions qui, si brillantes qu'elles pussent paraître,
aboutiraient à une séparation et peut-être à une position fausse. Agassiz resta pendant des années en correspondance avec l'ami qu'il s'était fait si promptement et qui continua à lui témoigner toujours beaucoup d'intérêt. Quoique cet incident n'ait pas eu de
suites, il convient de le mentionner pour montrer le
charme qu'Agassiz, tout jeune encore, exerçait sans
s'en douter sur tous ceux qui l'approchaient.

De Zurich, il passa à l'Université de Heidelberg où
nous le trouvons au printemps de 1826.

Louis Agassiz à son père.

(ORIGINALE)

Heidelberg, le 24 avril 1826.

.... Étant arrivé ici d'assez bonne heure pour pouvoir parcourir tous les environs avant le commencement des cours, je me proposai d'emblée de trotter tous les jours, tantôt ci, tantôt là, pour apprendre à les connaître, et je m'en fécilite d'autant plus que j'ai appris que, dès que les cours auraient commencé, il ne serait plus question de s'écarter et qu'il fallait rester à la maison, tant on a à faire. La première excursion que nous fîmes, fut une après-dînée à Neckarsteinach, à deux lieues et demie d'ici; le chemin qui y conduit longe toujours le Neckar, et, à certains endroits, il s'élève même assez hardiment sur les bords de cette rivière qui coule entre deux collines entremêlées de rochers couleur de craie rouge. Plus loin là vallée s'élargit et un joli monticule, sur lequel se trouvent des ruines, s'offrit tout à coup à nos regards, au milieu d'une vaste plaine où paissaient des brebis. Neckarsteinach même n'est qu'un petit village dans lequel il y a pourtant trois châteaux, dont deux sont en ruines, mais dont l'autre est encore habité et d'où l'on jouit d'une vue magnifique. Le soir nous revînmes au clair de lune.

Un autre jour, nous partîmes pour aller sur ce qu'on appelle ici « la Montagne », qui est tout au plus aussi élevée que le Suchet[1]. Comme on ne peut pas y avoir tout ce qu'on voudrait, nous prîmes nos provisions avec nous. Cela m'a tant amusé que je veux vous raconter

---

1 Sommité du Jura, non loin d'Orbe.

comment nous nous y sommes pris. Le matin, Z. fit venir
de la boucherie du .veau, du foie et du lard en assez
grande quantité pour trois personnes pendant deux jours.
Nous prîmes ces provisions dans nos sacs en y ajoutant
du sel, du poivre, du beurre, des oignons, du pain, des
cruches de bière; enfin, l'un de nous se munit de deux
casseroles et de l'esprit-de-vin nécessaire, et nous voilà
en route.

Arrivés au sommet de notre montagne, nous cher-
chons un emplacement commode et nous nous mettons
à cuire notre dîner, ce qui ne dura pas longtemps. Si
tout se fit dans les règles de l'art, je ne puis l'affirmer,
mais ce que je sais très bien, c'est que jamais repas ne
m'a semblé meilleur. Nous parcourûmes la montagne
pendant le reste de la journée et le soir nous gagnâmes
une maison où nous nous fîmes à souper, de la même
manière que nous avions fait pour le dîner, au grand
étonnement de toute la famille et surtout d'une vieille
femme, qui regrettait tant la mort de son mari parce que
cela lui aurait sûrement plu. Enfin nous nous couchâmes
par terre sur de la paille et le lendemain matin nous
revînmes pour dîner à Heidelberg. Le lendemain, après
dîner, nous partîmes pour Mannheim dans l'intention
d'aller au théâtre. Il y a là un très beau et très bon
théâtre, et de plus nous eûmes le bonheur de tomber sur
un excellent opéra. Du reste je n'ai rien vu à Mannheim,
si ce n'est la maison de Kotzebue et l'endroit où l'étudiant
Sand a été décapité.

Aujourd'hui j'ai été faire visite aux professeurs. J'avais
pour trois d'entre eux des lettres de recommandation de
Messieurs Schinz et Hirzel. J'ai été reçu de tous on ne
peut mieux. Le chancelier aulique Tiedemann est un
homme à peu près de l'âge de papa et très bien conservé; il est trop connu pour que je veuille entreprendre
son panégyrique; mais dès que je lui ai dit que j'avais

pour lui une lettre de Zurich, il m'a comblé d'honnêtetés, m'a offert des livres de sa bibliothèque; en un mot il m'a offert de remplacer ici pour moi ce qu'était M. Schinz de Zurich avec lequel il a étudié dans son temps. Lorsque les cours seront commencés, je t'en dirai davantage sur ces Messieurs; je les connaîtrai mieux moi-même. J'ai encore à te parler de mon intérieur, de ma chambre, du jardin, des gens de la maison, etc.

La lettre suivante complète ce récit :

* *Louis Agassiz à son père* [1].

Heidelberg, le 24 mai 1826.

.... Comme tu me le demandes, je vais te donner tous les détails possibles sur mes hôtes et sur l'emploi de mon temps. M. X..., mon philister, est un négociant, marchand de tabac très aisé, possédant une jolie maison dans un faubourg de la ville. Mes fenêtres donnent sur la ville et ma vue est bornée par une colline située au nord de Heidelberg. Derrière la maison est un très grand et très beau jardin au bas duquel se trouve un très joli cabinet. Dans le jardin, il y a encore plusieurs bosquets et une volière garnie d'oiseaux du pays.....

Comme chaque jour n'est que la répétition du précédent et comme j'observe assez régulièrement le plan d'études que je me suis tracé, je n'ai qu'à te faire la description d'une journée et tu sauras à peu près ce que je fais tous les jours. Tous les matins je me lève à six heures,

---

[1] Nous rendons le lecteur attentif au fait que les lettres d'Agassiz et de ses correspondants, écrites en français, sont reproduites ici dans leur texte original et, pour ne pas en répéter la mention, elles seront désormais désignées par un ˙ (astérisque). Les lettres traduites seront toujours accompagnées d'une indication.

je m'habille, déjeune et à sept heures je vais à mes leçons
que j'ai toutes pendant la matinée et qui se donnent dans
le bâtiment du Musée, où est adjoint le cabinet d'anatomie. Si, dans l'intervalle, comme quelquefois de dix à
onze, j'ai une heure libre, je vais faire des préparations à
l'amphithéâtre d'anatomie, dont je me réserve de te parler
une autre fois, ainsi que du Musée. De midi à une heure
je fais des armes. Nous dînons vers une heure; après quoi
je fais un tour de promenade jusqu'à deux heures; je retourne alors à la maison pour répéter mes leçons jusqu'à
cinq heures. De cinq à six j'ai une leçon d'anatomie comparée du fameux Tiedemann après laquelle je vais, ou me
baigner dans le Neckar, ou faire un tour de promenade.
De sept à huit heures et demie ou neuf heures, je reprends
mon travail particulier, après quoi, selon le cas, je vais
au cercle des Suisses, ou bien au lit, lorsque je suis
fatigué. Le soir je fais ma dévotion, et je m'entretiens en
silence avec vous, pensant que c'est aussi une heure à
laquelle vous n'oubliez pas votre Louis, qui pense toujours à vous.....

Dès que je saurai à combien peut se monter ma dépense (car, d'après ce que j'ai eu à payer jusqu'ici, je ne
puis pas encore la fixer), je vous l'écrirai aussi exactement qu'il me sera possible, vu que souvent il peut sur-
venir des frais imprévus, comme par exemple six gros
écus que je dois payer pour la matricule. Mais, dans tous
les cas, soyez assurés que je restreindrai ma dépense au
nécessaire et que j'économiserai de mon mieux. Il en sera
de même pour la durée de mon séjour à Heidelberg que
sûrement je ne prolongerai pas inutilement.....

Le moment est venu où, pour la première fois, les
deux frères sont obligés de se séparer, Auguste devant
se rendre à Neuchâtel pour entrer dans la carrière

commerciale. Heureusement Louis trouva, dans une
des premières connaissances qu'il fit à Heidelberg,
non seulement un compagnon d'études partageant ses
goûts, mais aussi un ami pour la vie et un frère. Le
professeur Tiedemann qui avait reçu Agassiz très
amicalement, lui recommanda de chercher à faire
bonne connaissance avec le jeune Alexandre Braun,
étudiant zélé et grand amateur de botanique. Le jour
suivant, au cours de Tiedemann, l'attention d'Agassiz
fut attirée par un jeune homme, assis à côté de lui,
qui prenait très attentivement des notes illustrées de
dessins; il y avait quelque chose de très captivant
dans son expression calme, aimable, pleine de bienveillance et d'intelligence, aussi Agassiz comprit-il
tout de suite que c'était là l'étudiant dont lui avait
parlé Tiedemann. Lorsqu'on se leva à la fin du cours,
il lui dit : « Êtes-vous Alexandre Braun ? » — « Oui,
et vous, n'êtes-vous pas Louis Agassiz ? »

Il paraît que Tiedemann, qui doit avoir eu une
grande perspicacité pour découvrir les affinités du
monde moral, aussi bien que celles du monde physique, avait également conseillé à Braun de faire la
connaissance d'un jeune naturaliste suisse récemment
arrivé et plein d'enthousiasme pour la science. Les
deux jeunes gens sortirent ensemble et, dès ce moment, leurs études, leurs excursions et leurs amusements se firent en commun. Dans leurs longues
promenades, et tout en recueillant les objets d'histoire naturelle qui les intéressaient respectivement,
Agassiz enseignait la zoologie à Braun, tandis que
celui-ci lui enseignait la botanique; c'est peut-être
pour cette raison que Braun, qui devint plus tard

directeur du Jardin botanique de Berlin, connaissait mieux la zoologie qu'aucun autre botaniste, et qu'Agassiz de son côté unissait une grande connaissance de la botanique à celle du règne animal. Nous voyons par la lettre suivante combien la sympathie était réciproque entre eux.

Alexandre Braun à son père.

(Trad. de l'allemand.)

Heidelberg, le 12 mai 1826.

...... Dans mes heures de loisir, entre les cours du matin et ceux de l'après-midi, je me rends à la salle de dissection, où, en compagnie d'un jeune naturaliste qui a paru à l'horizon de Heidelberg comme une rare comète, je dissèque toute espèce de bêtes, tels que chiens, chats, oiseaux, poissons et même du plus petit fretin, des escargots, des papillons, des chenilles, des vers, etc. Tiedemann qui nous témoigne en particulier beaucoup d'amitié et d'obligeance, nous prête ses meilleurs livres pour l'étude, car il a une belle bibliothèque, riche surtout en ouvrages d'anatomie.

Dans l'après-midi, de deux à trois heures, j'assiste au cours de Geiger sur la chimie pharmaceutique, puis de cinq à six heures, à celui de Tiedemann sur l'anatomie comparée. Dans l'intervalle, je vais quelquefois à la recherche d'animaux et de plantes avec le naturaliste nouvellement arrivé (il s'appelle Agassiz et il est d'Orbe); non seulement nous recueillons ensemble une quantité d'objets d'histoire naturelle et apprenons à les connaître, mais nous échangeons nos idées sur des sujets scientifiques en général. J'apprends beaucoup de lui, car il est bien plus versé que moi dans la zoologie. Il a étudié à fond presque tous les mammifères, il reconnaît les oiseaux à distance par leur chant et peut donner un nom à n'importe quel poisson. Souvent, dans la matinée, nous passons au marché où il m'explique tout ce qui concerne les diverses espèces de poissons. Il va m'apprendre à les empailler et nous ferons alors une collection des espèces du pays. Il sait beaucoup d'autres choses utiles, parle l'allemand aussi bien que le français et possède assez bien l'anglais et l'italien, en sorte que je l'ai déjà choisi comme mon interprète pour un futur voyage en Italie pendant les vacances; il connaît bien aussi les langues mortes et fait en outre des études de médecine.

Quelques lignes adressées peu après par Braun à sa mère nous montrent que ce premier enthousiasme, exprimé sur un ton de demi-plaisanterie, se transforma en une amitié réelle.

Alexandre Braun à sa mère.

(Trad. de l'allemand.)

Heidelberg, le 1er juin 1826.

...... Je suis très heureux depuis que j'ai trouvé quelqu'un dont les occupations sont les mêmes que les miennes. Avant l'arrivée d'Agassiz, j'étais obligé de faire mes excursions presque toujours seul et de travailler isolé comme un ermite. Deux personnes qui étudient ensemble peuvent obtenir de plus grands résultats que chacune d'elles travaillant séparément. Afin d'utiliser, par exemple, tout le temps que l'on perd en travail manuel pour arranger des spécimens, épingler des insectes, nous avons décidé que, lorsque l'un de nous serait occupé de cette manière, l'autre lirait à haute voix; de cette façon nous apprendrons à connaître divers ouvrages de physiologie, d'anatomie et de zoologie.....

Après Alexandre Braun, le plus intime ami d'Agassiz à Heidelberg était Karl Schimper, jeune botaniste promettant beaucoup et également ami de Braun; ces trois étudiants devinrent bientôt inséparables. Dans les notes de Braun, nous voyons combien il était, ainsi que Schimper, frappé des « aptitudes si variées d'Agassiz, de son naturel brillant, ouvert et simple comme celui d'un enfant, de son zèle pour la science, de ses connaissances étendues dans la zoologie et de sa grande facilité pour les langues ».

Agassiz avait à l'Université bien des amis, outre ceux que nous venons de mentionner et qui ont eu de l'influence sur son avenir. Il avait un caractère trop aimable pour ne pas être un bon camarade, particulièrement pour ses jeunes compatriotes dont plusieurs se trouvaient à Heidelberg. Les Suisses y avaient leur cercle et leur salle de gymnastique, où Agassiz se distinguait dans tous les exercices du corps ainsi que dans l'escrime.

Parmi ses professeurs de Heidelberg, le zoologiste Leuckart était peut-être le plus entraînant. Ses cours, pleins de suggestions originales et de hardies hypothèses, amusaient souvent ses auditeurs et tenaient continuellement leur attention en éveil, si bien que, cédant aux sollicitations de ses élèves les plus distingués, il dut leur donner, aux dépens de ses propres convenances, un cours supplémentaire sur certains groupes d'animaux, et comme ce cours ne pouvait avoir lieu qu'à sept heures du matin, les étudiants étaient parfois obligés d'aller tirer leur professeur hors du lit. Le fait, qu'ils agissaient ainsi sans façons, prouve du moins les bonnes relations qui existaient entre maître et élèves. Nos jeunes amis avaient également d'excellents rapports avec le botaniste Bischoff, qui fit avec eux des excursions agréables et utiles et auquel ils durent leur remarquable habileté dans le maniement du microscope.

Les cours de Tiedemann étaient très instructifs et Agassiz parlait toujours avec admiration et avec un respect affectueux de son vieux professeur d'anatomie et de physiologie qui n'était toutefois pas un maître entraînant; bien qu'excellent ami des étudiants, ceux-ci n'avaient pas avec lui des relations personnelles aussi intimes qu'avec Leuckart et Bischoff [1]. Quant au paléontologiste Bronn, son enseignement leur fournissait beaucoup de connaissances spéciales, mais il était plus minutieux dans les détails que riche en idées; aussi Agassiz et ses deux compagnons furent-ils heureux lorsque le professeur, forcé d'abréger son cours, les invita à visiter sa magnifique collection de fossiles au moyen desquels il put développer son sujet d'une manière générale et pratique [2]. Parmi les professeurs de médecine, Nägeli était le plus intéressant, quoique, grâce à sa réputation, Chelius attirât un auditoire plus considérable. Quand les cours manquaient d'intérêt, nos jeunes natura-

[1] Ces détails sur la vie d'étudiant des deux amis et de leurs professeurs à Heidelberg, ont été fournis principalement par Alexandre Braun, dans les dernières années de sa vie, et après la mort d'Agassiz. On lui doit aussi une grande partie des renseignements que nous donnerons plus tard sur les professeurs de Munich en 1832.

[2] Cette collection fut achetée en 1859 par le Musée de zoologie comparée de Cambridge (États-Unis) et Agassiz eut alors le plaisir d'illustrer son enseignement à l'aide des mêmes spécimens qui avaient servi à ses premières et importantes études paléontologiques.

listes y suppléaient par une étude intelligente et infatigable de la nature et cherchaient à satisfaire par tous les moyens en leur pouvoir leur soif de science.

Agassiz ne pouvant pas aller en Suisse pendant ses vacances à cause de la distance et des frais du voyage, prit bientôt l'habitude de passer ce temps chez son nouvel ami de Carlsruhe, où il trouva une vie de famille parfaitement en rapport avec ses goûts et ses besoins scientifiques. La maison, quoique simplement tenue, était riche en livres, on y faisait de la musique et on y trouvait tout ce qui peut nourrir l'esprit et l'imagination. Elle était située près d'une des portes de la ville donnant sur une vaste forêt de chênes, où nos naturalistes pouvaient trouver d'amples sujets d'étude. Certaines chambres, du côté du jardin et en dehors du bruit de la rue, étaient consacrées à la science; dans l'une d'elles se trouvait la riche collection de minéraux de M. Braun père et, à côté, les laboratoires de ses fils et de leurs amis, dont les tables étaient couvertes d'objets de toute espèce, de plantes, d'herbiers, de microscopes et de livres. C'est là qu'ils apportaient leurs trésors, qu'ils dessinaient, étudiaient, disséquaient, arrangeaient leurs spécimens et discutaient les théories en effervescence dans leurs jeunes têtes, sur la croissance, l'organisation et les relations des animaux et des plantes [1].

De cette maison, qui devint un second *home* pour Agassiz, il écrivait à son père pendant les fêtes de Noël 1826 :

---

[1] Voir le *Biographical Memoir of Louis Agassiz,* par Arnold Guyot dans le « Bulletin de l'Académie Nationale des États-Unis ».

...... Tu ne sais pas tout le bien que cela fait de se sentir aimé de parents comme vous ! Mon bonheur serait parfait si je n'étais poursuivi par cette idée pénible, que je vis des privations de mes parents, et pourtant, il m'est impossible de faire moins de dépenses. Tu m'ôterais du cœur un poids bien lourd, si tu pouvais faire un arrangement avec mon oncle de Neuchâtel pour qu'il payât pour moi ; je suis sûr que lorsque j'aurai fini mes études, je pourrai facilement gagner assez pour le rembourser. Dans tous les cas je suis convaincu que vous ne pouvez pas tout payer d'abord ; c'est pourquoi tu me ferais le plus grand plaisir du monde, si tu me disais franchement quelles sont nos ressources pour payer ma dépense, car avant que je le sache, je ne serai pas tranquille. Du reste je vis content de moi-même et bien portant et je puis dire, sans me faire illusion, qu'à Heidelberg je n'ai rien fait dont j'eusse à me repentir ; je travaille toujours autant que je peux et je crois que tous les professeurs sont contents de moi.

Son père était également satisfait de sa conduite et de ses progrès, car à peu près à cette époque, il écrivait à l'un de ses amis : « Nous avons les meilleures nouvelles de Louis ; courageux, laborieux et sage, il chemine honorablement et vigoureusement vers le but qu'il a en vue, celui d'obtenir le brevet de docteur en médecine et en chirurgie. »

Au printemps de 1827, Agassiz prit la fièvre typhoïde qui régnait à Heidelberg et sa vie fut en danger pendant bien des jours. Aussitôt qu'il put être transporté, Alexandre Braun l'emmena chez lui à Carlsruhe, où il fut tendrement soigné par la mère de son ami. Pendant sa convalescence, on lui conseilla d'aller respirer l'air de sa patrie et il partit pour Orbe en compagnie de Braun qui ne voulut le quitter qu'après l'avoir installé chez ses parents. L'extrait suivant de la correspondance entre Braun et Agassiz donne une idée de l'emploi de son temps dans la maison paternelle.

Louis Agassiz à Alexandre Braun.

(Trad. de l'allemand.)

Orbe, le 26 mai 1827.

...... Depuis que je suis ici, je me suis promené consciencieusement et j'ai recueilli bon nombre de plantes, mais elles ne sont pas encore sèches. J'en ai plus de cent espèces dont vingt exemplaires environ de chacune; dès qu'elles seront suffisamment pressées, je t'en enverrai quelques-unes étiquetées, afin que tu puisses bien les reconnaître; mais prends garde de ne pas déplacer les numéros en ouvrant le paquet. Si tu en veux davantage de n'importe quelle espèce, fais-le moi savoir; si Schimper en désire, je lui en offre aussi.....

J'ai eu la chance de trouver à Neuchâtel au moins trente exemplaires du *Bombinator obstetricans* [1] avec ses œufs. Dis au Dr Leuckart que je lui en apporterai; il y en aura aussi pour toi. J'en ai conservé quelques-uns vivants dans de la mousse humide; au bout de quatorze jours, les œufs étaient devenus presque aussi gros que des pois et les petits têtards qu'ils contenaient, se mouvaient dans toutes les directions. La mère détacha les œufs de ses jambes et l'un des petits, qui était sorti de l'œuf mourut faute d'eau; je plaçai ensuite la grappe d'œufs dans un

---

[1] Crapaud accoucheur.

vase rempli d'eau et voilà, qu'au bout d'une demi-heure, une vingtaine de petits têtards nageaient vivement de tous côtés. Je ne m'épargnerai aucune peine pour les élever et j'espère en fin de compte obtenir de beaux crapauds. Ma sœur aînée m'en fait chaque jour des dessins qui montreront leur développement graduel.....

Je dissèque à présent, autant que je puis, en prenant des sujets aussi variés que possible; c'est ma principale occupation; souvent aussi j'étudie avec grand plaisir la *Philosophie de la nature,* de Oken. Je suis impatient de recevoir la caisse que vous m'avez sans doute déjà expédiée, car j'ai un grand besoin de mes livres. En attendant je lis un ouvrage d'histoire naturelle et, comme tu le vois, je ne fais pas trop le paresseux; mais les soirées passées à Heidelberg, avec Schimper et toi, me manquent et j'aimerais bien être de nouveau auprès de vous. Je crains seulement que quand cet heureux temps sera là, il ne passe trop vite.....

Alexandre Braun à Louis Agassiz.

(Trad. de l'allemand.)

Heidelberg, mai 1827.

...... Je suis arrivé à Heidelberg jeudi soir, le 10. Les cours de médecine n'ont commencé que la seconde semaine de mai, en sorte que je regrette presque d'être rentré si tôt..... J'ai passé très agréablement ma dernière soirée à Bâle avec M. Rœpper, auquel je dois bientôt écrire. Il m'a donné beaucoup de spécimens d'histoire naturelle, m'a fait voir des choses magnifiques et m'a fourni des renseignements fort intéressants; c'est un véritable et excellent botaniste qui ne se borne pas à collectionner comme tant d'autres. Il n'est pas non plus uniquement observateur comme Bischoff, mais c'est un homme qui réfléchit... Le Dr Leuckart est enchanté des œufs du *Bombinator obstetricans* et veut les faire éclore....

..... Schweiz te remplace dans nos réunions scientifiques. J'y ai lu dernièrement un rapport sur les métamorphoses des plantes et Schimper a·présenté une théorie entièrement nouvelle et très intéressante sur l'importance des fibres circulaires et longitudinales des êtres organisés, théorie qui, sans doute, trouvera faveur auprès de toi. Schimper abonde comme toujours en idées poétiques et philosophiques et vient de s'aventurer dans une histoire naturelle de l'esprit.... Nous parlons aussi de mathématiques et il a avancé une nouvelle hypothèse sur les comètes et leurs longues queues.... Notre principale occupation en botanique est l'observation minutieuse de toutes les plantes, même des plus communes et l'explication de tout ce qui est inconnu et énigmatique dans leur structure. Nous avons déjà résolu quelques-uns de ces problèmes, mais il en reste encore beaucoup des plus difficiles; nous les avons mis de côté pour le moment..... Je t'en reparlerai quand nous nous reverrons. Le Dr Leuckart te prie d'étudier attentivement le *Bombinator obstetricans* afin de savoir si les œufs sont déjà fécondés dans la terre ou si l'animal s'accouple dans l'eau, puis si les jeunes crapauds sortent de l'œuf sur terre et ce qu'ils sont comme têtards. Tout cela est encore inconnu.....

Louis Agassiz à Alexandre Braun.

(Trad. de l'allemand.)

Orbe, 17 juin 1827.

...... J'ai fait une charmante excursion la semaine passée. Tu te rappelles que je t'ai souvent parlé du pasteur

Mellet de Vallorbes qui s'intéresse beaucoup aux insectes à six pattes. Il m'engagea à passer quelques jours avec lui à Vallorbes et j'y restai une semaine, employant mon temps d'une manière très agréable. Nous allions tous les jours à la recherche d'insectes et rapportions un riche butin, surtout en scarabées et en papillons. J'ai aussi examiné soigneusement sa belle collection d'insectes; il en a de très beaux, mais presque exclusivement de la Suisse et de la France, avec quelques exemplaires du Brésil, en tout environ trois mille. Il m'en a donné plusieurs et m'en promet davantage pour l'automne. M. Mellet connaît à fond ses scarabées et observe autant qu'il peut et admirablement bien leurs habitudes, leurs lieux de refuge et leurs métamorphoses: mais il est très regrettable qu'il soit un spécialiste si exagéré, car, bien que sa connaissance des espèces soit précise, il ne comprend rien à leur distribution, à leur classification et à leurs relations générales. J'ai cherché à le persuader de recueillir aussi des escargots, des limaces et d'autres objets d'histoire naturelle, dans l'espoir qu'il pourrait obtenir ainsi une connaissance plus étendue de la nature; mais il n'a pas voulu en entendre parler, disant qu'il avait assez à faire avec sa « vermine ».

Je me réjouis d'être à Neuchâtel, en partie pour retrouver mon frère, Arnold Guyot et d'autres amis, et pour m'occuper des poissons de nos lacs suisses. Les *Cyprins*, les *Coregones* et même les *Salmones* sont, comme tu le sais, difficiles à étudier. J'en conserverai dans de l'alcool quelques petits exemplaires et, si possible, j'en disséquerai un de chaque espèce, afin de me rendre compte de leur identité ou de leurs variétés spécifiques. Comme les mêmes espèces ont reçu différents noms suivant les lacs qu'elles habitent, et comme les variations d'âge ont aussi donné lieu à des désignations particulières, je prendrai des notes exactes sur tout cela. Quand je me serai rendu compte de la classe, je t'enverrai un catalogue des espèces que nous avons, en spécifiant en même temps les lacs où on les trouve.

Puisque nous sommes sur le chapitre des poissons, je te poserai les questions suivantes : 1° Que sont les arcs branchiaux ? 2° Et les lames branchiales ? 3° Qu'est-ce que la vessie des poissons ? 4° Et le cloaque chez les ovipares ? 5° Que signifient les nombreuses nageoires des poissons ? 6° Qu'est-ce que le sac entourant les œufs du *Bombinator obstetricans ?*.....

Dis au Dʳ Leuckart que j'ai déjà mis de côté pour lui le *Coregonus umbla* (si tel est son nom), mais que je n'ai pas encore pu me procurer le *Silurus glanis* [1].

Je pense que vous continuez à vous réunir de temps en temps le soir : communiquez-moi vos nouvelles découvertes. As-tu fini ton essai sur la physiologie des plantes et qu'en fais-tu ?...

Alexandre Braun à Louis Agassiz.

(Trad. de l'allemand.)

Carlsruhe, Pentecôte 1827, Lundi.

..... Me voici à Carlsruhe et comme ton paquet n'est pas encore parti, j'y ajoute ce billet. Aujourd'hui j'ai analysé et comparé chaque espèce de plantes de notre jardin; mais j'aurais bien aimé que tu fusses avec moi. Dans ma dernière page, je te donne plusieurs problèmes à résoudre, dont quelques-uns sont à moitié résolus et d'autres pas du tout. Schimper est perdu dans le grand monde impénétrable des soleils, avec leurs planètes, leurs lunes et leurs comètes; il plane même dans la région des étoiles doubles, de la voie lactée et des nébuleuses.

---

[1] Le salut.

Sur une feuille séparée figuraient les « noix à casser », comme Braun les appelait. C'était une longue liste de questions, que nous ne pouvons guère reproduire ici. Elles se rapportent à des problèmes botaniques ou zoologiques, actuellement résolus pour la plupart, et montrent ces jeunes gens à la recherche des lois de la structure et du développement· des êtres organisés, lois qu'ils aperçurent à peine au ·début, mais qui leur devinrent graduellement plus claires à mesure qu'ils avançaient. L'une de ces questions fait allusion, en particulier, à la loi de la Phyllotaxie alors entièrement inconnue, bien qu'elle fasse maintenant partie des enseignements botaniques les plus élémentaires [1].

La lettre suivante contient la réponse aux questions du Dr Leuckart à propos des œufs qui lui avaient été envoyés; elle fait connaître, en outre, le résultat des propres observations d'Agassiz.

Louis Agassiz à Alexandre Braun.

(Trad. de l'allemand.)

· Neuchâtel, le 20 juin 1827.

...... Je vais maintenant te communiquer quelques réflexions au sujet du *Bombinator obstetricans*.... Dans ces œufs, au premier degré de développement, rien ne pouvait être vu distinctement; ce n'étaient que de simples petites boules jaunes (ce qu'ils avaient été auparavant, « nescio »). Au bout de quelques jours, deux petites taches

---

[1] La botanique doit à Alexandre Braun et à Karl Schimper la découverte de la loi de la Phyllotaxie, d'après laquelle les feuilles sont disposées sur la tige de manière à la diviser avec une précision mathématique, chaque feuille ·ayant ainsi une place suffisante pour son développement.

foncées marquaient la place des yeux et une raie longi-
tudinale, celle de l'épine dorsale. Peu à peu tout devint
plus distinct, les yeux, la bouche et les fosses nasales,
ainsi que la queue, enroulée en demi-cercle autour du
corps; la peau était si transparente que l'on pouvait distinguer facilement les pulsations du cœur et le sang dans
les veines; le jaune de l'œuf n'avait pas diminué d'une
manière sensible. Les mouvements du petit animal, alors
tout à fait perceptibles, étaient vifs et saccadés. Après
trois ou quatre semaines les œufs avaient atteint la grosseur d'un pois, les sacs s'étaient crevés à la place où les
œufs se trouvaient attachés et les petites créatures rem-
plissaient complétement l'enveloppe de l'œuf. Elles se
mouvaient constamment et très rapidement. La femelle
dépouilla alors ses jambes des œufs qui s'y trouvaient
attachés; elle paraissait très inquiète et sautait constamment de tous côtés dans la cuve, mais elle se calma quand
j'eus ôté l'eau. Les œufs furent bientôt en liberté et je les
plaçai dans un vase peu profond rempli d'eau fraîche;
leur agitation augmenta et voilà qu'avec la rapidité de
l'éclair un petit têtard se dégagea de son œuf, s'arrêta
étonné, restant en contemplation devant l'immensité du
monde ou faisant quelque réflexion philosophique, et
s'esquiva rapidement à la nage. Je leur donnai souvent de
l'eau fraîche et pour nourriture des feuilles délicates et
du pain; ces petits animaux mangeaient avec avidité.
Jusqu'alors, leurs différents degrés de développement ont
été dessinés minutieusement par ma sœur aînée. Ayant
dû me rendre à Vallorbes, on me promit de prendre soin
de ma jeune couvée pendant mon absence; mais quand je
revins, je vis qu'elle avait été oubliée et que tous les petits
étaient morts; comme ils n'étaient pas encore décomposés,
je pus toutefois les conserver dans de l'alcool. Je n'ai
jamais vu leurs branchies, mais je chercherai à découvrir
si elles sont placées en dedans.....

Alexandre Braun à Louis Agassiz.

(Trad. de l'allemand.)

Carlsruhe, le 9 août 1827.

...... Je viens t'annoncer que je me suis décidé à quitter Heidelberg cet automne et à faire un pèlerinage à Munich, en t'invitant à être mon compagnon de voyage. A en juger d'après une lettre détaillée de Döllinger, l'enseignement des sciences naturelles n'y laisse rien à désirer; en outre, les cours sont gratuits et le théâtre est ouvert aux étudiants, moyennant vingt-quatre kreutzer. Rien n'y manque en fait d'attraits ou de ressources; les logements sont à peine plus chers qu'à Heidelberg et la pension aussi bon marché; la bière est abondante et excellente. Laisse-toi persuader par toutes ces raisons. Nous aurons Gruithuisen pour l'astronomie populaire, Schubert pour l'histoire naturelle en général, Martius pour la botanique, Fuchs pour la minéralogie, Seiber pour les mathématiques, Starke pour la physique, Oken pour toutes les branches. Celui-ci donnera en hiver des cours sur la philosophie de la nature, sur l'histoire naturelle et la physiologie. L'enseignement de la clinique sera bon. Les professeurs·deviendront vite nos amis. La bibliothèque contient tout ce qu'on a de mieux en fait de botanique et de zoologie, et les musées, toujours ouverts au public, ont de très riches collections. On ne sait pas encore si Schelling donnera des cours.

De Munich on peut facilement faire de petites courses de vacances, à Salzburg et dans les Alpes Carinthiennes. Écris-moi bientôt si tu veux venir boire avec moi de la bière de Bavière et du schnapski, et indique-moi l'époque où nous te verrons à Heidelberg et à Carlsruhe. Tu me rappelleras alors de te parler de la théorie des racines et des tiges des plantes. Dès que j'aurai ta réponse, nous retiendrons nos chambres par l'entremise de Döllinger qui veut bien s'en charger. Logerons-nous de nouveau dans la même chambre, ou bien aurons-nous des cellules séparées dans le même rayon, c'est-à-dire sous le même toit, ce qui offre bien des avantages pour des ramasseurs d'herbes et des tailleurs de pierres comme nous?.... Attaque activement avec le marteau toute espèce de roche. J'en ai recueilli beaucoup de morceaux à Auerbach, à Weinheim, à Weissloch et ailleurs. Mais avant tout, observe avec soin et souvent la structure merveilleuse des plantes, ces enfants séduisants de la terre et du ciel. Admire-les comme le ferait un enfant, car les enfants sont émerveillés des phénomènes de la nature, tandis que les adultes se croient assez sages pour ne plus s'étonner, et pourtant ils n'en savent guère plus que les enfants. Mais celui qui réfléchit reconnaît la vérité des sentiments de l'enfant et son admiration ne fait que grandir en étudiant la nature.

CHAPITRE II

1827-1828 — 20 à 21 ans.

Arrivée à Munich. — Cours. — Rapports avec les professeurs. — Schelling, Martius, Oken, Döllinger. — Rapports avec ses compagnons d'études. — La petite Académie. — Plans de voyage. — Conseils de ses parents. — Voyage pendant les vacances. — 300ᵐᵉ anniversaire de Dürer à Nuremberg.

Agassiz accepta avec joie les propositions de son ami et, à la fin d'octobre 1827, il se rendit avec Braun à l'université de Munich. Nous donnons sa première lettre à son frère, bien qu'elle contienne des naïvetés dont Agassiz lui-même aurait souri plus tard; mais il est intéressant de savoir ce qu'étaient à cette époque les connaissances en histoire naturelle d'un jeune homme instruit et richement doué.

Louis Agassiz à son frère Auguste.

Munich, le 5 novembre 1827.

..... Enfin, me voici à Munich. J'ai tant de choses à te dire et à te raconter que je ne sais par où commencer; cependant, pour ne rien oublier, il faut suivre un ordre quelconque. Je veux donc te faire d'abord le récit de mon voyage depuis que je t'ai écrit, et ensuite te raconter ce que je fais ici; comme papa t'aura communiqué ma dernière lettre, je continue où j'en étais resté alors.....

Depuis Carlsruhe nous avons pris la poste jusqu'à Stuttgart, où nous nous sommes arrêtés une journée que nous avons passée en grande partie dans le Musée où se trouvent beaucoup de choses que je n'avais encore jamais vues; par exemple, un Lama, à peu près de la grandeur d'un âne; tu sais que cet animal, du genre Camelus, vit en Amérique, où il est pour les indigènes ce qu'est le chameau pour les Arabes, c'est-à-dire, qu'il leur fournit du lait, de la laine, de la viande, et qu'outre cela on s'en sert encore comme bête de somme et comme monture; un buffle du nord de l'Amérique, d'une taille énorme; un éléphant d'Afrique et un d'Asie; une quantité prodigieuse de gazelles, de cerfs, de chats et de chiens; des squelettes d'hippopotames, d'éléphants, des os fossiles de mammouth. Tu sais aussi qu'on ne trouve plus de mammouth vivant et que les restes qu'on a découverts jusqu'ici font présumer que c'était une espèce d'éléphant carnivore.

Ce qu'il y a de plus singulier, c'est que dernièrement des pêcheurs, creusant sur les bords de l'Obi en Sibérie, en ont découvert un conservé dans une couche de glace à une profondeur de soixante pieds et qui avait encore tous ses poils. On a fait fondre cette masse de glace pour en retirer l'animal, mais on n'a pu avoir de complet que le squelette; la peau s'est gâtée au contact de l'air et l'on n'en a conservé que quelques morceaux, dont un se trouve dans le musée de Stuttgart. Les poils ont l'épaisseur d'une petite ficelle et près d'un pied de long. Le squelette entier se trouve à Saint-Pétersbourg dans le musée; il est plus grand que les plus grands éléphants. On peut juger par cela quels dégâts un pareil animal devait faire s'il était carnivore, comme ses dents le prouvent. Mais ce que j'aimerais savoir, c'est comment il a pu s'égarer si loin dans le nord en se nourrissant d'animaux;

ensuite, comment il a péri et s'est congelé ainsi avant de se décomposer, enfin est resté intact depuis peut-être des siècles innombrables; car il doit avoir appartenu à une création antérieure, puisqu'on ne le trouve plus nulle part vivant et que pourtant, aussi loin que l'histoire remonte, nous n'avons point d'exemple qu'aucune espèce d'animaux ait ainsi disparu. Il y a, outre cela, beaucoup d'autres espèces d'animaux fossiles. La collection d'oiseaux est de toute beauté; il est regrettable qu'un si grand nombre soient nommés d'une manière inexacte. J'en ai corrigé plusieurs.....

De Stuttgart, nous allâmes à Esslingen où nous devions visiter deux fameux botanistes; l'un est M. Steudel, à figure sombre, avec de longs cheveux noirs lui tombant sur la figure et lui cachant presque en entier les yeux, vraie figure de juif, connaissant tous les livres qui ont paru sur la botanique, les ayant tous parcourus, mais s'inquiétant fort peu de voir les plantes par lui-même; en un mot, un vrai savant de cabinet, ayant cependant un grand herbier, composé en bonne partie de plantes achetées ou reçues en don. L'autre, M. le professeur Hochstetter, est un petit moine portant perruque, toujours sautillant dans ses grosses bottes à tuyau de seringue, et ayant toujours un sourire à demi réprimé sur les lèvres, dès qu'il desserre sa pipe d'entre les dents. Du reste, très bon homme, fort complaisant et qui nous a fait des politesses. Comme, outre le désir de faire leur connaissance, nous avions envie de leur accrocher, sinon quelque carotte, du moins quelques herbes, nous nous sommes présentés chez eux comme de vrais commis-voyageurs, marchands d'herbes sèches, ayant chacun un paquet de plantes sous le bras; moi, mes plantes suisses cueillies cet été, Braun, d'autres du Palatinat. Nous leur en avons communiqué à chacun quelques exemplaires et ils nous ont donné en échange: M. Steudel, des plantes américaines, M. Hochstetter, des plantes de Bohême et de Moravie, son pays natal.....

D'Esslingen nous nous fîmes conduire à Gœppingen, par le temps le plus affreux possible; il pleuvait, il neigeait, il gelait et il faisait du vent tout à la fois. C'est dommage que nous ayons eu ce temps, car nous parcourions alors un des plus jolis vallons que j'aie vus, arrosé par le Neckar et bordé des deux côtés par des montagnes de formes très singulières et assez élevées. C'est ce que les Wurtembergeois appellent les Alpes souabes; mais je crois que Chaumont[1] est plus élevé que le plus haut sommet de leurs Alpes.....

Ici nous trouvâmes une ancienne connaissance de Heidelberg, dont le père possède une superbe collection de pétrifications, surtout de coquillages et de zoophytes. Il a aussi une assez grande collection de coquilles de la mer Adriatique; mais parmi ces dernières, il n'y en avait pas une seule qui fût déterminée; comme nous les connaissions, nous nous sommes mis en devoir de les arranger, et en trois heures de temps toute sa collection était étiquetée. Comme il possède presque tout à double, il nous a promis que, dès qu'il en aurait le temps, il nous ferait un choix qu'il nous enverrait. Si nous avions pu rester plus longtemps, nous aurions trié nous-mêmes ce qui nous aurait fait plaisir, car il nous a laissé sa collection à discrétion; mais nous étions pressés d'arriver ici et nous l'avons prié de nous envoyer à loisir ce qu'il pourra nous donner.

Nous avons pris la poste pour continuer notre voyage, car il pleuvait toujours et les chemins étaient si détestables qu'avec la meilleure volonté du monde il nous aurait été impossible d'avancer à pied. Le soir nous arrivâmes à Ulm, où nous ne vîmes presque rien, la nuit

---

[1] Montagne qui domine Neuchâtel.

commençant à tomber. Nous aperçûmes pourtant distinctement, avant d'entrer dans la ville, le fameux clocher de la cathédrale. Après le souper, nous continuâmes notre voyage avec la poste, voulant être le lendemain à Munich. Je n'ai jamais rien vu de si beau que l'aspect qui se présenta en sortant d'Ulm. La lune s'était levée et éclairait le clocher comme si c'eût été en plein jour. De tous côtés, aussi loin que la vue pouvait distinguer les objets, s'étendait une plaine immense sans la moindre éminence, et le Danube paraissait tout en feu sous les rayons de la lune.

Nous traversâmes cette plaine pendant la nuit et nous arrivâmes avec le jour à Augsbourg. C'est une très belle ville, mais comme nous ne nous y sommes arrêtés que pour déjeuner, nous n'avons eu que le temps d'examiner les rues en les traversant..... En sortant d'Augsbourg, on aperçoit déjà les Alpes du Tyrol, quoiqu'à environ quarante lieues de distance. L'approche de la capitale est signalée par une immense forêt qui entoure de loin la ville de Munich, où nous arrivâmes dimanche le 4 dans l'après-midi..... Mon adresse est : vis-à-vis la porte de Sendlinger, n° 37. J'ai une très jolie chambre au rez-de-chaussée, avec une alcôve pour mon lit. La maison que j'habite est située hors de ville sur une promenade, ce qui la rend très agréable. De plus, je n'ai pas cent pas à faire jusqu'à l'hôpital et à la salle d'anatomie, ce qui sera très commode pour moi quand les grands froids viendront.

Une chose qui me fait bien plaisir, c'est que de l'une de mes fenêtres on voit toute la chaîne des Alpes, du Tyrol jusqu'à celles d'Appenzell, et comme le pays est tout à fait plat jusqu'à leur pied, on les voit beaucoup mieux que nous n'apercevons nos Alpes de la plaine. C'est une grande jouissance pour moi d'avoir continuellement en vue au moins quelques montagnes de notre Suisse. Pour en jouir plus souvent, j'ai placé ma table vis-à-vis de la fenêtre, de sorte que toutes les fois que je lève le nez, mes yeux se portent sur notre cher pays. Cela ne laisse pas cependant de me donner quelques moments d'ennui, surtout quand je suis seul; mais cela passera, j'espère, à mesure que mes occupations deviendront plus suivies......

Une vie intellectuelle bien plus active que celle de Heidelberg attendait nos jeunes étudiants à Munich. Parmi leurs professeurs se trouvaient quelques-uns des hommes les plus remarquables de l'époque, et dont l'influence se faisait sentir dans toute l'Europe. Döllinger donnait des cours de clinique médicale et d'anatomie comparée; Martius et Zuccarini, de botanique. Martius, en outre, enseignait aux étudiants la manière de faire des observations en voyage. Schelling traitait la philosophie en prenant pour le premier semestre : « L'introduction à la philosophie » et « Les âges du monde »; et pour le second semestre : « La philosophie de la mythologie » et « La philosophie de l'Apocalypse ». Il produisit une profonde impression sur nos jeunes amis; son style était si clair, si attrayant et sa méthode si pure et si philosophique qu'on ne se lassait jamais de l'écouter.

Dans ses cours sur l'histoire naturelle en général, sur la philosophie et la zoologie, Oken développait ses célèbres théories sur la philosophie de la nature qui furent le sujet de beaucoup de discussions scientifiques, d'autant plus qu'il exposait dans sa physiologie les hypothèses les plus surprenantes et en tirait des conclusions qui, même d'après ses propres démonstrations, n'étaient pas toujours d'accord avec l'expérience. Quand les faits et la théorie se contredisaient, il avait coutume de dire : « Sur le terrain

philosophique, il nous faut accepter les choses ainsi. »
*[Aus philosophischen Gründen müssen wir die Dinge
so und so annehmen.]* Oken était grand ami des étudiants, et Agassiz, Braun et Schimper (ce dernier
avait rejoint ses compagnons à Munich), passaient la
soirée chez ce professeur une fois par semaine; là,
tout en fumant et en buvant un verre de bière, ils
discutaient entre eux, ou parlaient de quelque ouvrage
scientifique. Ils prenaient aussi le thé chaque semaine
chez le professeur Martius, où la conversation roulait également sur des sujets scientifiques et sur les
événements du jour.

Nos jeunes amis aimaient encore mieux Döllinger
qu'ils admiraient et dont ils estimaient le caractère
tout en appréciant son enseignement. Non seulement
ils allaient auprès de lui tous les jours, mais Döllinger venait souvent aussi les visiter dans leur chambre; il était toujours prêt à leur fournir aide et
conseils, apportant des spécimens pour Braun, ou
examinant avec le plus vif intérêt les expériences
d'Agassiz sur l'élevage de ses animaux. Le fait qu'A-
gassiz et Braun logeaient dans sa maison rendait
leurs rapports particulièrement faciles. Leur chambre
devint le lieu de rendez-vous de tous les jeunes naturalistes les plus studieux de Munich et reçut le nom
de « Petite Académie ». Schimper, aussi bien que ses
deux compagnons, contribuait à entretenir la vie
intellectuelle pleine d'enthousiasme, qui caractérisait
ces réunions. Moins heureux qu'Agassiz et Braun
dans sa carrière, il eut une jeunesse non moins brillante que la leur, et ceux qui l'ont connu alors se
rappellent avec plaisir le charme de son esprit et de

ses manières. Nos trois amis donnaient à tour de rôle des conférences sur divers sujets, particulièrement sur le mode de développement des plantes et des animaux; elles étaient suivies non seulement par d'autres étudiants, mais aussi par des professeurs.

Parmi ses amis intimes, Agassiz comptait aussi Michahelles, jeune zoologiste et médecin distingué dont la mort prématurée, survenue en Grèce où il était allé pratiquer, causa de vifs regrets. Comme Agassiz, il aimait à transformer sa chambre en ménagerie et l'on y voyait une quantité de tortues et d'autres animaux qu'il avait recueillis dans ses voyages en Italie et ailleurs. Mahir, dont le nom revient souvent dans les lettres de cette époque, était aussi un camarade d'Agassiz et son compagnon d'étude, bien qu'il parût être plus âgé, puisqu'il lui donnait des leçons particulières d'arithmétique et l'aidait dans ses études médicales.

* *Louis Agassiz à sa sœur Cécile.*

Munich, le 20 novembre 1827.

.... Pour que tu puisses te figurer ce que je fais et où je suis lorsque tu penses à moi, je vais te détailler un peu l'emploi de mon temps. Le matin, de sept à neuf, je suis tous les jours à l'hôpital pour le pansement des malades. De neuf à onze, je vais à la bibliothèque où je travaille ordinairement le matin pour ne pas être obligé de revenir à la maison. De onze à une heure j'ai des leçons, après quoi je vais dîner tantôt ci, tantôt là; car ici tout le monde, c'est-à-dire tous les étrangers prennent leurs repas dans les restaurants, et on paie son dîner dès qu'on l'a terminé, en sorte qu'on n'est nullement tenu d'aller toujours au même endroit. L'après-dîner, j'ai encore des leçons depuis deux ou trois heures jusqu'à cinq heures, suivant les jours; après quoi je vais faire une petite promenade, quoiqu'il fasse nuit. Tous les environs de Munich sont couverts de neige depuis plus de trois semaines et l'on va déjà depuis longtemps en traîneau. Quand je suis bien gelé, je rentre chez moi et je me mets à répéter mes leçons de la journée, ou à lire ou à écrire jusqu'à huit ou neuf heures. Ensuite je vais au restaurant pour souper..... Là-dessus, on est bien aise d'aller se coucher.

Voilà mon train de vie de tous les jours avec la seule différence que quelquefois, Braun et moi, nous passons la soirée chez un professeur à discuter de toutes nos forces de choses auxquelles nous n'entendons souvent rien; cela n'empêche pas que les disputes ne deviennent parfois très vives. Le plus souvent cependant, ces messieurs nous racontent leurs voyages. C'est surtout chez M. Martius que je vais avec le plus de plaisir, parce qu'il nous parle toujours de son voyage au Brésil, dont il n'est revenu que depuis quelques années avec de magnifiques collections qu'il nous montre chaque fois que nous allons le voir. Le vendredi est ici le jour du marché; je ne manque jamais d'y aller pour visiter les poissons et augmenter ma collection. J'en ai déjà acquis plusieurs qui ne se trouvent pas du tout en Suisse, et quoique je sois depuis si peu de temps ici, j'ai déjà eu le bonheur d'en découvrir une nouvelle espèce. J'en ai fait une description très exacte que je ferai imprimer dans quelque journal d'histoire naturelle. Si ma chère Cécile était ici, je l'aurais priée de me le dessiner joliment; c'eût été bien aimable, mais il faudra prier un étranger de le faire et cela en diminuera beaucoup le prix à mes yeux......

* *Louis Agassiz à son frère Auguste.*

Munich, le 26 décembre 1827.

.... Ta lettre si impatiemment attendue m'a fait un sensible plaisir; j'en avais besoin, car j'étais à jeun de vos nouvelles depuis longtemps; aussi je m'ennuyais affreusement et il fallait bien cela pour me réjouir un peu.... Puisque mes observations d'histoire naturelle ne t'ennuient pas, je veux encore te communiquer différentes choses là-dessus et te prier de me rendre un service. Ma collection s'est infiniment agrandie. J'ai empaillé dernièrement une superbe loutre; la semaine prochaine, je dois recevoir un castor; j'ai aussi échangé contre mes petits crapauds de Neuchâtel plusieurs reptiles du Brésil et de Java. Un de nos professeurs, qui publie une histoire naturelle des reptiles, veut faire imprimer dans son ouvrage la description et les observations que j'ai faites sur cette espèce de crapaud. Il a déjà fait lithographier les figures des œufs que Cécile m'avait dessinés et le dessin colorié que la sœur de Braun m'en avait fait pendant que j'étais à Carlsruhe.

Ma collection de poissons s'est aussi extrêmement augmentée, mais je n'ai plus de doubles des espèces que j'avais prises avec moi; je les ai tous échangés; c'est pourquoi tu me ferais grand plaisir en m'en procurant d'autres; je vais te dire lesquelles et de quelle manière. J'ai encore plusieurs grands bocaux de fort verre à Cudrefin; quand tu t'y rendras, prends-les avec toi et mets dans l'esprit de vin tout ce que tu pourras me procurer; mais pour que les poissons ne se frottent pas, place entre eux un peu d'étoupes coupées, puis envoie-les moi dans une petite caisse garnie de foin, par bonne occasion ou de la manière la plus économique. Les espèces que je voudrais avoir sont : (suit la liste).... Ce qui ne te sera pas indifférent d'apprendre, c'est que je travaille avec un jeune docteur Born à l'anatomie et à l'histoire naturelle des poissons d'eau douce de l'Europe. Nous avons déjà amassé beaucoup de matériaux et je pense qu'au printemps, ou dans le courant de l'été prochain, nous pourrons publier les premiers cahiers. Cela fera rentrer un peu d'argent pour faire un petit voyage pendant les congés.

Je te conseille fortement de t'occuper d'études dans tes heures de loisir pour te passer le temps; lis beaucoup, mais seulement de bons et utiles ouvrages. Je t'avais promis de t'envoyer quelque chose; quoique je ne l'aie pas fait jusqu'ici, ne crois pas que je l'aie oublié; au contraire, c'est le choix qui m'embarrasse; mais je m'informerai encore pour savoir ce qui te conviendrait le mieux et je te promets de te l'envoyer. En attendant, ne néglige pas la lecture de Say et si tu ne l'as pas encore commencée, ne tarde pas plus longtemps, car ce ne sont que les connaissances statistiques et politiques qui distinguent le vrai négociant du marchand de chandelles et de café et qui peuvent le diriger dans ses spéculations..... Un homme qui connaît les produits d'un pays, ses ressources, ses rapports commerciaux et politiques avec d'autres États, est beaucoup moins sujet à entreprendre des spéculations fondées sur de fausses idées et par conséquent douteuses. Écris-moi ce que tu lis et communique-moi tes projets et tes plans, car il m'est impossible de penser qu'on puisse vivre sans en faire, au moins c'est mon cas...

La dernière ligne de cette lettre trahit un esprit inquiet, aspirant à un plus vaste champ d'activité intellectuelle, bien que calmé momentanément par la vie nouvelle de Munich; cette disposition reparaît

de temps à autre, non sans causer quelque inquiétude à la famille d'Agassiz, comme nous allons le
voir. La lettre qui provoqua la réponse suivante n'a
pas été retrouvée.

* *Madame Agassiz à son fils Louis.*

Orbe, le 8 janvier 1828.

.... Ta lettre m'est parvenue à Cudrefin où j'ai passé
dix jours. Avec quel plaisir je l'ai reçue! Cependant, sa
lecture m'a attristée; tout y respire l'ennui, je dirais presque le mécontentement.... Crois-moi, mon enfant, rien
n'est plus fâcheux que ta position; tu vois tout du mauvais côté. Si tu veux bien réfléchir, tu es exactement
dans la position que tu t'es choisie; nous n'avons contredit
en rien tes plans, tes projets, et avec une facilité que tu
n'aurais rencontrée nulle part, nous sommes entrés dans
toutes tes convenances, disant toujours amen à toutes
tes propositions, ne demandant rien qu'une profession
qui nous rassurât sur ta future existence, persuadés que
tu aurais assez d'énergie et d'honneur pour remplir di-
gnement ta place dans la société.

Tu nous a quittés, il y a quelques mois, en nous donnant la certitude que deux ans étaient plus que suffisants
pour finir tes études de médecine; tu as choisi l'Université où tu croyais rencontrer le plus de ressources pour
arriver à ton but, et maintenant comment se fait-il que
la médecine ne t'offre que dégoût dans la pratique? Mon
bon ami, as-tu réellement bien réfléchi en pensant à
mettre entièrement de côté cette carrière? Il nous est
impossible d'y consentir; tu aurais trop à perdre dans
notre opinion, dans celle du public et dans celle de ta
famille. Tu passerais pour le jeune homme le plus incon-

séquent, le plus léger, et la plus faible tache à ta réputation serait pour nous une chose affreuse. Il est un moyen de tout concilier et, je crois, le seul à suivre; c'est de continuer avec tout le zèle dont tu es capable tes études de médecine pour les terminer, et après, si tu y trouves toujours le même penchant, de cultiver l'histoire naturelle et de t'y vouer même tout entier, si tu le veux; tu auras plus de facilité à te placer, ayant deux cordes à ton arc. Tel est, mon bon ami, la façon de penser de ton père et la mienne.....

Mon enfant, tu n'es point fait pour vivre seul. C'est dans l'intérieur de sa maison qu'on trouve le vrai bonheur; on s'établit là à sa façon, et plus vite tu auras fini, plus vite aussi tu pourras planter ton piquet, fixer un papillon *bleu* en le métamorphosant en gentille ménagère. Sans doute, tu n'auras pas toujours à cueillir des roses sans épines; partout la vie se compose de peines et de plaisirs; faire à ses semblables tout le bien qu'on peut, avoir une conscience pure, gagner sa vie honnêtement, se procurer par son travail un peu d'aisance, rendre son entourage heureux, voilà le vrai bonheur; le reste se compose d'accessoires ou de chimères.....

* *Louis Agassiz à sa mère.*

Munich, le 3 février 1828.

..... Tu connais très bien ton monde et tu sais quelle amorce il faut mettre à l'hameçon pour que le poisson morde plus facilement; comme tu me le peins d'une manière très attrayante, je ne vois rien au-dessus du bonheur domestique, et je suis convaincu que le comble de la félicité se trouve au sein de sa famille, entouré de petits marmots qui vous caressent. J'espère aussi jouir un jour de ce bonheur..... L'homme de lettres ne devrait s'accorder ce repos qu'après l'avoir mérité par ses travaux, car si une fois il jette l'ancre, adieu énergie et liberté qui sont pourtant les seuls ressorts qui font les grands hommes. C'est pourquoi je me suis dit que je voulais rester célibataire, jusqu'à ce que mon travail m'ait assuré un avenir doux et tranquille. Le jeune homme a trop d'indépendance pour qu'il puisse supporter de s'encloîtrer si vite; il se priverait ainsi de bien des jouissances et n'apprécierait pas à leur juste valeur celles que le mariage lui procurerait. Comme on dit que, pour être bon sujet il faut avoir été quelque temps vaurien, de même je crois que pour apprécier le bonheur sédentaire, il faut avoir été vagabond.

J'en viens au sujet de ma dernière lettre; il paraît que tu m'as mal compris, car ta réponse m'accorde justement ce que je demandais. Il me semble que tu as cru que je voulais abandonner entièrement la médecine; jamais cette idée ne m'est venue, et comme je vous l'ai promis, vous aurez un jour un docteur en médecine pour fils. Mais ce qui me rebute serait d'être obligé de pratiquer un jour la médecine comme gagne-pain, et tu m'as donné justement pleine carrière où je désirais l'avoir; c'est-à-dire que tu consens à ce que, une fois médecin, je me voue entièrement aux sciences naturelles, si cette carrière se présente sous un jour plus favorable pour moi, et c'est ce que j'espère. Par exemple, il me faudrait deux ou trois ans pour faire le tour du monde aux frais du gouvernement; je mettrais tous mes sens à contribution pour ne pas laisser échapper une seule observation intéressante, pour faire de belles collections et pour qu'on puisse aussi me ranger au nombre de ceux qui auront reculé les bornes de la science; avec cela mon avenir est assuré; je reviendrais content et disposé à faire tout ce que vous voudrez. Si même j'éprouvais alors plus d'attrait pour la médecine, il serait toujours temps de commencer à pratiquer. Il me semble que ce plan n'a rien que de très plausible. Je te prie d'y penser souvent et d'en parler autant avec papa qu'avec l'oncle de Lausanne.....

Je me porte toujours très bien et suis heureux comme un bossu, car j'ai ici tous les moyens et toutes les facilités de m'occuper à gogo de mes études de prédilection. Si tu as cru voir du sombre dans ma lettre du Nouvel an, ce n'était que momentanément, et une suite naturelle des souvenirs que cette journée éveille et des joies dont j'étais alors privé.....

M. Agassiz à son fils Louis.

Orbe, le 21 février 1828.

La dernière lettre que ta mère t'a adressée, mon cher Louis, était la réponse à la tienne qui l'a croisée et qui nous a fait un plaisir parfait, sous le rapport de ta santé et de ton contentement; cependant il manque quelque chose à celui-ci et il serait plus complet, si tu n'avais pas la manie de galoper dans l'avenir. C'est un reproche que je t'ai fait souvent, mon cher ami, et tu te trouverais mieux d'y faire plus attention. Si c'est chez toi maladie incurable, au moins par affection pour tes parents, ne les y fais pas participer; et s'il faut absolument pour ton bonheur que tu brises les glaces des deux pôles pour y trouver des poils de mammouth et que tu sèches ta chemise au soleil des tropiques, attends au moins pour nous en parler que ta malle soit faite et tes passeports signés. Commence par atteindre ton premier but, qui est un diplôme de médecin et de chirurgien; je ne veux plus pour le moment entendre parler d'autre chose et cela suffit. Dis-nous quelque chose de tes amis, de ta vie privée, de tes besoins (que je suis toujours prêt à satisfaire), de tes plaisirs, de tes sentiments pour nous, mais ne te mets pas hors de notre portée par tes syllogismes philosophiques. Ma philosophie, à moi, est de remplir mes devoirs dans ma sphère et certes j'en ai déjà plus que je ne puis.....

La Société d'utilité publique vaudoise vient de mettre au jour un projet tout nouveau dans son genre, c'est l'établissement de bibliothèques populaires. Déjà un comité de huit membres, sous la présidence de M. Delessert-Will, et dont j'ai l'honneur de faire partie, vient d'être nommé pour son exécution. Que penses-tu de l'idée? Elle me paraît bien délicate. Il me semble, à moi, qu'avant de vouloir mordicus faire lire les gens, il faudrait commencer par leur apprendre à lire utilement.....

* *Louis Agassiz à son père.*

Munich, le 3 mars 1828.

.... Ce que tu me dis de la Société d'utilité publique vaudoise a fait naître chez moi une foule d'idées que je te communiquerai quand je les aurai un peu mûries; en attendant tu me ferais un sensible plaisir si tu voulais m'écrire : 1.° Ce qu'est cette Société? 2° De qui elle est composée? 3° Quel est son but principal? 4° Ce que doivent contenir ces bibliothèques populaires et pour quelle classe du peuple elles sont instituées?

Je crois que. de cette manière, on pourrait faire le plus grand bien à nos gens; c'est pour cela que je désirerais avoir des renseignements détaillés là-dessus et pouvoir y réfléchir. Dis-moi aussi de quelle manière vous pensez établir à peu de frais ces bibliothèques et quelle doit en être l'importance.....

On ne peut être plus content que je ne le suis de mon séjour ici; je mène une vie très monotone, mais extrêmement douce, retiré de tout le tumulte des étudiants et les voyant fort peu. Quand mes leçons sont terminées, le soir, nous nous réunissons chez Braun, ou chez moi, avec deux ou trois connaissances plus intimes et nous nous entretenons d'objets scientifiques. Chacun à son tour présente un sujet qu'il développe et qu'on discute ensuite; ce sont des exercices très instructifs. J'ai commencé à donner un cours d'histoire naturelle, c'est-à-dire de zoologie seulement; Braun nous expose la botanique et un des quatre auditeurs nous enseigne à son tour les mathématiques et la physique. Il s'appelle Mahir; c'est un très bon garçon.

Dans deux mois, notre ami Schimper, que nous avons laissé à Heidelberg, viendra nous rejoindre et deviendra alors notre professeur de philosophie. Ainsi, nous formerons une petite Université, nous instruisant réciproquement et apprenant nous-mêmes plus solidement ce que nous sommes chargés de démontrer. Chaque séance dure deux ou trois heures pendant lesquelles le professeur en charge débite sa marchandise, sans qu'il lui soit permis d'avoir un cahier ou un livre pour s'aider. Tu peux penser si de semblables exercices sont utiles pour apprendre à parler en public et d'une manière suivie; ils deviennent même nécessaires pour nous, puisque les quatre nous ne désirerions rien tant que de devenir tôt ou tard professeurs en réalité, après avoir joué au professeur à l'Université.

Ceci m'amène naturellement à t'entretenir de nouveau de mes projets: ta lettre m'a trop bien fait sentir les inquiétudes que je vous ai causées par ma passion pour les voyages pour que je veuille encore vous en parler; mais comme mon but était de me faire par cela un nom qui me donnât une chaire, je veux te faire une autre proposition.

Si, pendant le cours de mes études, je parvenais à me
faire connaître par un ouvrage distingué, ne consentirais-
tu pas alors à me laisser étudier encore un an uniquement les sciences naturelles pour pouvoir accepter une
chaire d'histoire naturelle? J'entends qu'avant tout,
comme je l'ai promis, je prendrai, dans le délai voulu,
mes degrés de docteur en médecine, ce qui est aussi une
condition pour obtenir ce que je désire, du moins en Allemagne; plus tard, M. Chavannes pourrait me faire
place. Je pense que tu m'objecteras qu'avant de songer
à aller plus loin, je puis remplir la condition convenue;
mais permets-moi de te dire que plus on voit distinctement son chemin devant soi, moins on est sujet à s'égarer,
à faire des détours, et mieux on peut partager ses journées et ses étapes.....

* *M. Agassiz à son fils Louis.*

Orbe, le 25 mars 1828.

...... Je me suis longuement entretenu avec ton oncle à
ton sujet; il n'a point du tout désapprouvé tes lettres
dont je lui ai communiqué le contenu. Seulement il insiste, comme nous, sur la nécessité de prendre un état
fixe, absolument nécessaire à ta position financière. Effectivement les sciences naturelles, quelque sublimes et
attrayantes qu'elles soient, n'offrent en perspective rien
de positif; il est possible, sans doute, qu'elles te fassent un
pont d'or; il est possible qu'à leur faveur tu prennes un
vol très élevé; mais, nouvel Icare, ne serait-il pas possible
aussi qu'une fortune contraire, un discrédit inopiné, que
sais-je? quelque révolution funeste à la philosophie, te
fît faire la culbute, et alors tu ne serais pas fâché de trouver dans ta trousse de quoi te procurer du pain. Mettons

que tu aies aujourd'hui une répugnance invincible à pratiquer l'art de guérir; d'après les principes énoncés dans tes deux dernières lettres, il est évident que tu n'en aurais pas moins pour toute autre profession qu'il faudrait exercer en vue de gagner de l'argent, et, certes, il est d'ailleurs trop tard pour en choisir une autre. Dans cet état de choses, nous allons d'un mot être d'accord. Que les sciences naturelles soient le ballon dans lequel tu t'apprêtes à voyager dans les hautes régions; mais que la médecine et la chirurgie soient tes parachutes. Je ne crois pas, mon cher Louis, que tu aies rien à objecter à cette manière de voir et de décider la question.

En faisant mon compliment très respectueux à M. le professeur de zoologie, j'ai le plaisir de lui dire que son oncle a été enchanté de cette manière de passer les soirées et qu'il te félicite de tout son cœur d'avoir adopté ce genre de récréation. En voilà assez sur ce chapitre. Je le termine en te souhaitant bien ardemment courage, santé, succès et surtout contentement.....

Les vacances de Pâques furent consacrées à un petit voyage dont on trouvera le récit dans la lettre suivante. Agassiz, Braun et Schimper l'entreprirent avec deux autres étudiants, qui toutefois les quittèrent avant leur retour.

Louis Agassiz à son père.

Munich, le 15 mai 1828.

..... Quoique mon petit voyage de Pâques m'ait procuré beaucoup de plaisir, je ne veux pourtant vous le raconter que très brièvement, parce que la plupart des jouissances qu'il m'a procurées se lient si spécialement à mes études particulières que leur récit détaillé ne pourrait vous paraitre qu'ennuyeux. Tu connais mes compagnons de voyage; il ne me reste qu'à te conter nos aventures, qui certes, ne sont ni celles d'un chevalier errant, ni celles d'un troubadour, et je crois que si ces bonnes gens ressuscitaient à présent et voyaient cinq pèlerins se mettre en route en blouses de Bourguignons, le sac sur le dos et dans la main un filet à prendre les papillons, au lieu de la lance et du bouclier, ils ne pourraient s'empêcher de nous regarder d'un air de pitié du haut de leur grandeur.

Le premier jour nous arrivâmes à Landshut, où était jadis l'Université qui a été transférée depuis deux ans à Munich; nous eûmes le plaisir de trouver, chemin faisant, la plupart des plantes du premier printemps; il faisait un temps magnifique et la nature semblait vouloir favoriser ses prêtres... En route, nous ne nous arrêtâmes qu'un jour à Ratisbonne, pour visiter les parents de Braun qui nous firent promettre d'aller passer quelques jours chez eux à notre retour.

Ayant appris à notre arrivée à Nuremberg que la fête d'Albert Dürer, qui nous avait en grande partie engagés à faire cette course, n'aurait lieu que huit ou dix jours plus tard, nous nous décidâmes à aller passer ce temps à Erlangen, siège d'une Université, comme tu le sais. J'ignore si je vous ai déjà écrit que c'est un usage sacré parmi les étudiants d'Allemagne d'exercer l'hospitalité envers tous les fils des Muses qui se visitent d'une Université à l'autre, et qu'on est mal vu, ou plutôt qu'on regarde comme une marque de fierté et de mépris, si l'on n'en fait pas usage. Aussi allâmes-nous dans un des cafés de réunion et nous eûmes bientôt nos billets de logement. Nous passâmes six jours de la manière la plus agréable, faisant tous les jours une excursion botanique. Nous visitâmes aussi les professeurs de botanique et de zoologie

que nous connaissions déjà pour les avoir vus à Munich;
ils nous reçurent parfaitement bien, surtout le professeur
de botanique, M. Koch, qui nous invita à un fort bon dîner et nous donna aussi beaucoup de plantes rares que
nous n'avions pas encore; le professeur de zoologie,
M. Wagner, eut la complaisance de nous montrer en
détail le musée et la bibliothèque.

Enfin arriva le jour désigné [pour célébrer la troisième
fête séculaire de Dürer. Tout était arrangé de manière à
la rendre très brillante et le temps était des plus favorable. Jamais, je crois, on n'a vu autant de peintres réunis dans le même endroit; il y en avait de toutes les nations, des russes, des italiens, des français, des hollandais,
puis tous les élèves de l'Académie des Beaux-Arts de
Munich; je crois que quiconque savait peindre une mai-
sonnette s'y était rendu pour payer son tribut à ce grand
maître. Tous allèrent en procession sur les lieux où l'on
devait élever le monument, et les magistrats de la ville
posèrent les premières pierres du piédestal. Ce qui m'a
surtout amusé, c'est que, pour cimenter ces pierres, on fit,
dans des plats d'argent, un mortier composé de fine por-
celaine pilée et de vin de champagne! Le soir tout fut
illuminé; il y eut bals, concerts, théâtre, de sorte qu'il
aurait fallu se multiplier pour tout voir. Nous restâmes
encore quelques jours à Nuremberg pour visiter les
autres curiosités de la ville, surtout ses belles églises et
ses fabriques; puis nous nous mîmes en route pour retourner à Ratisbonne.....

CHAPITRE III

Premier ouvrage important d'histoire naturelle. — Poissons du Brésil de Spix. — Second voyage de vacances. — Projet de travail pendant l'année universitaire. — Extraits du journal de M. Dinkel. — Lettres de famille. — Expédition de Humboldt en Asie. — Diplôme de docteur en philosophie. — Achèvement de la première partie des Poissons de Spix. — Lettre de Cuvier.

Ce n'était pas sans avoir en vue un but bien défini qu'Agassiz écrivait quelques semaines auparavant : « Si je réussis pendant le cours de mes études à me « faire connaître par un ouvrage remarquable, ne « consentiriez-vous pas à me laisser, pendant une an- « née, étudier exclusivement les sciences naturelles? »

Sans en parler à ses parents, auxquels il espérait faire une surprise agréable, Agassiz s'occupait depuis plusieurs mois du premier ouvrage qui le fit connaître dans le monde scientifique : la description des poissons du Brésil recueillis par Martius et par Spix dans leur célèbre voyage. C'était le secret auquel il fait allusion dans la lettre suivante. A son grand désappointement, la chose parvint accidentellement à la connaissance de son père et de sa mère avant que l'ouvrage fût achevé, et Agassiz éprouva toujours un regret enfantin en voyant que son petit complot avait été dévoilé prématurément. Ce livre, écrit en latin, était dédié à Cuvier [1].

* *Louis Agassiz à son frère Auguste.*

Munich, le 27 juillet 1828.

.... Différents travaux que j'ai commencés me retiennent prisonnier, et il est probable que pendant les vacances je ne bougerai pas d'ici, quoique j'eusse d'abord formé le projet d'aller faire une tournée en Tyrol pour me délasser de mes occupations, qui me lient encore extrêmement à présent, mais dont j'espère me débarrasser pendant les congés. Ne te fâche pas contre moi, si je ne te dis pas d'abord de quoi il s'agit, mais j'espère que quand tu l'apprendras, tu ne m'en voudras pas de t'avoir tenu le bec dans l'eau à ce sujet; je l'ai également caché à papa, quoique dans sa dernière lettre, il me demande ce que je fais maintenant. Encore quelques mois de patience et je vous rendrai compte de mon temps depuis que je suis ici; je suis sûr que vous serez contents de moi. La seule chose que je demande, c'est que vous n'alliez pas vous fourrer dans la tête que je veuille prendre tout à coup le bonnet d'âne et vous surprendre avec une signature de docteur; ce serait un peu trop tôt; je n'y pense pas encore....

Je viens te rappeler de ne pas laisser passer l'été sans me procurer les poissons que je t'avais demandés dans ma dernière lettre qui, j'espère, n'a pas été égarée; tu me ferais un grand plaisir en me les envoyant le plus tôt possible. Je vais te dire pourquoi. M. Cuvier a annoncé

---

[1] *Selecta genera et species piscium quos collegit et pingendos curavit D* J.-W. de Spix. Digessit, descripsit et observationibus illustravit D* L. Agassiz.*

qu'il préparait un ouvrage complet sur tous les poissons
connus; il fait un appel à tous les naturalistes qui s'occupent d'ichthyologie, les priant de lui envoyer les poissons des contrées qu'ils habitent; il mentionne les
personnes qui lui ont déjà fait des envois, promettant des
doubles du musée de Paris à celles qui voudront bien lui
en faire encore; il mentionne les contrées d'où il a déjà
reçu des poissons et témoigne ses regrets de ne pas posséder ceux de Bavière. Comme j'ai toutes les espèces qui
s'y trouvent et plusieurs exemplaires de chacune (j'en ai
découvert une dizaine qu'on n'y avait pas encore remarquées et, outre cela, une espèce tout à fait nouvelle, c'est-
à-dire qui n'a encore été décrite par personne et que j'ai
nommée *Cyprinus uranoscopus*, à cause de la position des
yeux qui sont au-dessus de la tête, au lieu d'être sur les
côtés; ce poisson ressemble du reste beaucoup au goujon.
J'ai pensé que je ne pourrais pas mieux me lancer dans
le monde savant, qu'en lui envoyant quelques-uns de mes
poissons avec les observations que j'ai faites sur leur
histoire naturelle, et par la même occasion, je voudrais y
joindre les espèces suisses qui sont rares et que tu peux
me fournir; ainsi, n'y manque pas.....

* Auguste Agassiz à son frère Louis.

Neuchâtel, le 25 août 1828.

.... J'ai reçu en son temps ta bonne lettre du 27 juillet,
qui m'a infiniment réjoui, puisque tous les mystères
qu'elle renferme n'ont pas tardé à nous être dévoilés par
le Dr Schinz, assistant à Lausanne à la réunion de la Société helvétique d'histoire naturelle, où il a vu papa et
notre oncle le docteur, auxquels il a fait les éloges les
plus pompeux de leur fils et neveu, en leur faisant part

de ce qui t'occupait essentiellement aujourd'hui. Je t'en fais mon compliment, mon bon frère; mais je t'avoue que, de nous tous, c'est moi qui en ai été le moins surpris, puisque mes pressentiments pour toi s'étendent plus loin que tout cela et que j'espère bientôt les voir se réaliser. Je te parle, mon bon ami, dans toute la franchise de mon cœur, et je puis t'annoncer d'une manière bien positive que les antagonistes les plus prononcés de ton histoire naturelle commencent à se mettre de ton bord. De ce nombre est notre oncle d'ici, qui ne parle plus de toi qu'avec enthousiasme : c'est tout dire. Je lui ai donné à lire ta dernière lettre, et depuis il m'a demandé au moins dix fois si je n'oubliais point de te faire l'envoi que tu me demandais, ajoutant que je ne devais plus tarder.

Effectivement, j'ai attendu jusqu'au dernier moment de te répondre, parce que je n'ai pas encore réussi à te procurer les poissons en question et que j'espérais toujours pouvoir remplir ta commission. Je m'en suis occupé avec tout l'intérêt et le zèle dont je suis capable, mais bien en vain, et on dirait, à cet égard, que le diable s'en est mêlé. La saison des bondelles est passée depuis deux mois et l'on n'en voit plus dès lors ; je suis sûr qu'on n'a pas mangé non plus, dans toute la ville, une seule truite depuis six semaines. J'ai été constamment sur les talons de tous les pêcheurs des environs, en leur promettant de leur payer le double, le triple même, de la valeur des poissons dont j'avais besoin; mais tous me répondaient qu'on ne prenait plus rien du tout sauf du brochet. J'ai été à Cudrefin pour les perce-pierres[1] et je n'ai rien trouvé. Rodolphe[2] a été barboter, tous les jours aussi, dans le ruisseau et n'a rien découvert non plus. J'ai été à la Sauge, point

[1] Petite espèce de lamproie.
[2] Treyvaud, vieux batelier très expérimenté.

d'anguilles; rien, rien que des perches et quelques petits
saluts. Et moi-même j'ai passé deux mortels dimanches
une ligne à la main; toutes les heures disponibles que
j'avais étaient également employées à chercher à prendre quelques platons, chevennes et autres; j'en ai bien
pris quelques-uns, mais ils ne valent pas la peine de t'en
faire l'envoi. Maintenant, c'est fini pour cette année; il
faut en faire ton deuil; mais je te promets que je m'en
occuperai dès le printemps prochain et que tu auras tout
ce que tu désireras. Avec tout cela, tes vœux ne sont pas
réalisés; j'en ai bien du regret, mais sois assuré qu'il n'y
a pas eu faute de ma part.

* *Louis Agassiz à sa sœur Cécile.*

Munich, le 29 octobre 1828.

.... Je n'avais pas envie de vous écrire encore sur ce qui
m'occupe si fortement, mais puisqu'on a vendu mon secret, il ne convient pas que je me taise plus longtemps,
et, pour que vous compreniez ce qui m'a fait entreprendre
un tel ouvrage, il faut que je remonte à sa première origine. En 1817, le roi de Bavière envoya au Brésil une
expédition de naturalistes, à la tête desquels se trouvaient M. Spix et ce M. Martius dont je vous ai déjà souvent parlé et chez qui je passe mes soirées du mercredi.

En 1821, ces deux messieurs revinrent dans leur patrie
chargés de nouvelles découvertes qu'ils publièrent successivement. M. Martius fit représenter et colorier toutes
les plantes encore inconnues qu'il avait recueillies pendant son voyage. M. Spix publia une Histoire naturelle
des singes, des oiseaux et des reptiles du Brésil et les
fit dessiner et peindre par d'habiles artistes, qui les re-
présentèrent, presque tous de grandeur naturelle, dans

de grands volumes in-folio; il voulait ainsi donner une
histoire naturelle complète de ce pays. Mais il fut enlevé
aux sciences en 1826 et depuis lors les naturalistes dé-
plorent sa perte prématurée. M. Martius désirant voir
s'achever l'ouvrage commencé par son compagnon de
voyage, engagea un professeur d'Erlangen à publier les
recherches sur les coquilles, qui ont paru l'année dernière. Il ne restait ainsi que les poissons et les insectes
quand je suis venu à Munich, et M. Martius, ayant pris
des renseignements sur moi chez les professeurs de zoologie qui me connaissaient, m'a trouvé digne d'être le
continuateur des ouvrages de Spix et m'a engagé à travailler à l'histoire naturelle de ces poissons.

J'ai été longtemps indécis d'accepter cette offre honorable, craignant d'être par là trop détourné de mes études,
mais, d'un autre côté, je n'ai pu repousser l'occasion
favorable de faire ma réputation par quelque grande
entreprise, et c'est ce qui m'a engagé à mettre la main à
l'œuvre. Aujourd'hui, le premier volume est achevé et
l'impression a déjà commencé il y a quelques semaines.
Tu peux te faire une idée du plaisir que j'aurais eu à
l'envoyer à mon bon père et à ma bonne mère, sans qu'ils
eussent seulement su que je l'avais commencé; mais
quoiqu'on n'ait pas pu me garder le secret que, du reste,
à vrai dire, je n'avais pas imposé à M. Schinz, ne pensant
pas qu'il aurait l'occasion de voir quelqu'un de la famille, j'espère que vous n'aurez pas moins de plaisir à
recevoir le premier ouvrage de votre Louis. Je pense
pouvoir vous l'envoyer à Pâques. Il y a déjà quarante
planches in-folio coloriées, qui sont tout à fait prêtes.

Comme ce sera drôle, quand le plus grand et le plus
beau livre de la bibliothèque de papa sera celui que son
Louis aura écrit! Cela ne vaut-il pas autant que de voir
dans la pharmacie une recette qu'il aurait prescrite? Il
est vrai que ce premier essai ne me rapportera pas

grand'chose ou plutôt rien du tout, car M. Martius, s'étant chargé des débours, empochera toute la recette et mon bénéfice ne sera que de quelques exemplaires, dont je ferai cadeau à qui de droit.....

En écrivant à son père, Agassiz mentionne seulement ses occupations du moment :

* *Louis Agassiz à son père.*

Munich, le 2 septembre 1828.

.... J'ai été très assidu cet été et je puis t'assurer de bonne part que les professeurs dont j'ai suivi les cours cette année, c'est l'un d'eux qui me l'a rapporté, ont dit publiquement et à plusieurs reprises que j'étais un des étudiants les plus assidus et les plus instruits de l'Université et que je mériterais une distinction publique. Ce n'est pas par ostentation que je te rapporte cela, mais seulement pour que tu ne croies pas que je perds mon temps, quoique je m'occupe essentiellement de sciences naturelles, et j'espère encore te prouver qu'avec un brevet de docteur pour parachute, on peut faire de l'histoire naturelle son gagne-pain et en même temps ses délices.....

Au mois de septembre, Agassiz s'accorda un court repos; la lettre suivante nous donne le récit de la course de vacances qu'il fit pendant ce temps.

* *Louis Agassiz à ses parents.*

Munich, le 26 septembre 1828.

.... C'est à la fin d'août que mes leçons de cette année académique se terminèrent, et, dès que nos professeurs eurent achevé leurs cours, je commençai ma promenade alpestre. Braun, impatient de sortir de Munich, était déjà parti le jour précédent et m'avait promis de m'attendre sur la route de Salzbourg, au premier endroit qui lui plairait assez pour y passer la journée. Cependant, pour ne pas le désappointer, je priai un de mes amis de me conduire en voiture pendant une forte journée, croyant par là atteindre Braun sur les bords riants du lac de Chiem. J'avais pour compagnon de voyage le jeune Schimper, dont je vous ai déjà souvent parlé et qui a fait, il y a deux ans, un voyage botanique dans le midi de la France et aux Pyrénées. Notre conducteur était Mahir, étudiant en médecine, et fort zélé physicien, avec lequel je suis très lié; il m'a donné pendant tout l'hiver des leçons particulières de mathématiques; il était membre de nos réunions philomathiques.

Braun non plus ne s'était pas mis seul en route; ses deux compagnons de voyage étaient aussi nos amis; l'un, Trettenbach, étudiant en médecine, grand sophiste et grand raisonneur, se laissant battre de la meilleure manière possible par ses arguments et prétendant, malgré cela, avoir toujours raison; grand connaisseur d'antiquités, il est du reste le meilleur enfant du monde. L'autre, Moré, jeune étudiant du ci-devant département du Mont-Tonnerre, se vouant uniquement aux sciences naturelles, a choisi pour carrière celle de voyageur-naturaliste. Vous pouvez penser que ce sont des raisons pour m'attacher à lui; mais comme il est encore tout à fait commençant, je suis en quelque sorte son Mentor.

Le matin de notre départ, il faisait le plus beau temps imaginable; tout en faisant cheminer notre bidet, nous calculions où nous rencontrerions probablement nos compagnons de voyage; espérant atteindre encore le même jour le lac de Chiem, nous ne doutions pas les trouver le lendemain sur l'une de ses jolies îles. Mais, dans l'après-midi, le temps changea et les torrents de pluie qui nous inondaient nous forcèrent à chercher un gîte dans le bourg riant de Rosenheim (Bosquet de roses), sur les bords de l'Inn, où je vis pour la première fois cette rivière d'origine helvétique. Je la saluai comme une compatriote et j'aurais voulu changer son cours pour la charger de mes amitiés aux habitants du pays qui la voit naître. Le lendemain, Mahir nous accompagna encore jusqu'aux bords du lac; là nous prîmes un bateau pour nous transporter aux iles et nous nous séparâmes de notre cher conducteur.

Arrivés sur la première ile, nous fûmes très désappointés de ne pas y trouver Braun et ses compagnons; mais nous le fûmes bien plus encore en ne les rencontrant pas non plus sur la seconde. Nous pensâmes que le mauvais temps et le brouillard de la veille les avaient obligés à faire le tour du lac, car ici il avait plu tout le jour. Cependant pour les atteindre avant Salzbourg, nous gardâmes notre bateau et nous nous fîmes conduire à la rive opposée, à Grabenstadt, où nous arrivâmes le soir à dix heures. Dans l'après-midi, le temps s'était un peu éclairci et nous jouîmes d'un spectacle magnifique en nous éloignant des iles et en les voyant disparaître dans le crépuscule. Je pris aussi différents renseignements sur les habitants des eaux de ce lac; je vis entre autres avec grand plaisir, chez un des pêcheurs, un salut pris dans ce lac et une espèce de chevenne qui ne se trouve pas en Suisse et que les pêcheurs appellent poisson de Notre Dame, parce qu'il ne se trouve qu'aux bords de l'île, sur laquelle est un couvent de Notre Dame et parce que les nonnes le recherchent comme un mets délicat.

Le troisième jour de notre voyage nous amena à Traunstein où, quoique ce fût un dimanche, il y avait un grand marché de chevaux. Nous vîmes avec intérêt ces joyeux Tyroliens avec leurs grandes plumes de tétras à leurs chapeaux pointus, chantant et « jodelant » dans les rues, avec leurs belles au bras, et lançant avec finesse leurs sarcasmes sur notre accoutrement, qui prêtait bien matière à rire à des gens habitués à ne voir que leur chalet et pour lesquels c'est déjà un grand voyage que de venir à la foire du bourg le plus rapproché de leurs montagnes.

Il était midi quand nous arrivâmes à Traunstein; de là à Salzbourg, il n'y a que cinq lieues; mais avant d'atteindre la forteresse, il faut passer la grande douane qui se trouve sur la frontière bavaroise, et craignant d'y être arrêtés trop longtemps par les gabelous autrichiens, pour pouvoir entrer en ville avant la fermeture des portes, nous résolûmes de ne partir que vers le soir et d'aller coucher à Adelstætten, joli village à une lieue de Salzbourg et dernier poste bavarois.

Il commençait à faire nuit, quand nous approchâmes d'un petit bois qui nous le cachait. Là, nous demandâmes à un paysan à quelle distance nous en étions encore; après nous avoir satisfaits, il crut nous faire bien plaisir en ajoutant que nous trouverions bonne compagnie dans le village; qu'il y était arrivé trois *Handwerksbursche* et que nous serions sûrement bien aises de trouver des camarades pour nous aider à passer le temps pendant la soirée. Nous ne fûmes pas étonnés d'avoir été pris pour des ouvriers; car, dans ces contrées, quiconque voyage le sac au dos est par là même un misérable ouvrier *(knote).....*

Arrivés au village, nous eûmes le plaisir d'y trouver, au lieu de garçons ouvriers, nos compagnons qui venaient comme nous de Traunstein, où la foule les avait empêchés de nous voir, quoiqu'ils y fussent restés aussi longtemps que nous. Ils s'étaient arrêtés à Adelstætten également par crainte de la douane. Enfin, le lundi à dix heures nous passâmes sur le long pont de la Saala, au milieu des habits blancs à revers jaunes qui montaient la garde.

En passant la frontière bavaroise, nous avions à peine remarqué la douane et le nom d'étudiant avait suffi pour nous laisser passer sans montrer nos passeports; ici, au contraire, ce fut une raison de plus pour nous fouiller à extinction. « N'avez-vous pas des livres défendus ? » fut la première question qui vint réjouir nos oreilles. Par grand bonheur, avant de passer le pont, j'avais conseillé à Trettenbach de cacher son livre de chansons dans le revers de sa botte, car je suis sûr que si on l'avait trouvé, il eût été confisqué. En fouillant le sac de Braun, un des gabelous découvrit une coquille comme celles qu'on ramasse par corbeilles sur les bords du lac de Neuchâtel. Son premier mouvement fut d'entrer au bureau pour demander si cette coquille ne devait pas payer l'impôt; c'était sûrement pour faire de fausses perles et sans doute nous devions en avoir davantage. Nous eûmes toutes les peines du monde à lui faire comprendre que la rivière qui coule à cinquante pas de la douane en est garnie.... Après tout cela, il nous fallut encore vider notre bourse pour montrer que nous avions assez d'argent pour notre voyage et que nous n'aurions pas besoin de mendier pour nous tirer d'affaire.

Pendant qu'on nous questionnait ainsi, un autre gabelou tournait autour de nous pour examiner notre contenance. Après nous avoir retenus deux grandes heures sur les braises, on nous rendit nos passeports et nous continuâmes notre route. A une heure, nous arrivâmes à Salzbourg, affamés comme des loups; mais à la porte de la ville il nous fallut encore attendre et donner nos passeports, dont on nous délivra des reçus, au moyen desquels nous pouvions réclamer à la police des cartes de séjour. Arrivés à l'auberge, nous envoyâmes un garçon de la maison pour les chercher et nous nous mîmes à table; mais il revint bientôt avec la nouvelle que nous devions nous y présenter nous-mêmes dans un délai de deux ou trois heures.

Ici, on ne nous fit pas d'autre difficulté que celle de mettre pour condition à notre séjour, que nous ne paraîtrions pas en ville en habits d'étudiants, ce costume étant défendu en Autriche, et on pria Moré de se faire couper les cheveux, sans quoi on les lui raccourcirait gratis. Au surplus, à notre âge, nous dit-on, il ne convenait plus d'aller sans cravates. Par bonheur, j'en avais deux avec moi. Braun s'attacha un mouchoir de poche autour du cou. Ce qui nous étonna aussi beaucoup, fut de voir qu'on n'inscrivait pas nos noms sur la liste des voyageurs, imprimée tous les soirs. Chose pareille arriva à d'autres étudiants, quoique les personnes qui se trouvaient avec eux dans le même char et la même auberge, aient figuré sur cette liste avec leurs enfants. Il paraît que c'est un moyen de plus d'empêcher les étudiants de se réunir.....

Cette lettre se termine brusquement et si le récit de ce voyage a été achevé, nous n'en avons pas retrouvé le dernier chapitre. Quelques extraits de la correspondance d'Alexandre Braun avec sa famille nous donneront une idée du genre de vie qu'Agassiz et son ami menaient à l'Université [1].

Alexandre Braun à son père.

(Trad. de l'allemand.)

Munich, le 18 novembre 1828.

.... Voici comment nous avons distribué nos occupations pour ce semestre. On peut dire que nous commençons à avoir conscience de nous-mêmes à cinq heures et demie

---

[1] Voir *Alexander Braun's Leben*, par sa fille, Mme Cécile Mettenius, Georg Reimer, Berlin.

du matin. L'heure de six à sept est réservée aux mathématiques, c'est-à-dire à la géométrie et à la trigonométrie, et nous sommes toujours fidèles à ce rendez-vous, à moins que notre professeur ne reste endormi, ou qu'Agassiz ne puisse se décider à sortir du lit, ce qui arrive quelquefois au commencement du semestre. De sept à huit, nous faisons ce que nous voulons, y compris le déjeuner. D'après la nouvelle méthode d'Agassiz de tenir le ménage, le café est préparé dans un ustensile employé pendant la journée à bouillir toute espèce de créatures pour en faire des squelettes; le même ustensile sert à préparer notre thé dans la soirée. A huit heures, nous avons le cours de clinique de Ringseis; comme ce professeur introduit un système médical entièrement nouveau, son cours est intéressant au point de vue général de la physiologie et de la philosophie. A dix heures, Stahl donne, cinq fois par semaine, une leçon de mécanique comme introduction à la physique. Nous assistons ensemble à ces cours, ainsi qu'à ceux que Wagler donne, deux fois par semaine, sur l'histoire naturelle des amphibies. Nous n'avons encore rien de midi à une heure; mais nous nous proposons de suivre certains cours spéciaux de Döllinger comme, par exemple, celui qui traitera des organes des sens.

A une heure nous prenons notre dîner, pour lequel nous avons enfin trouvé quelque chose de confortable et de régulier, dans une maison particulière, après avoir pris ce repas un peu partout pour le prix de neuf à vingt kreutzer. Ici, pour treize kreutzer par tête, nous recevons, en compagnie de quelques autres personnes que nous connaissons presque toutes, une nourriture bonne et proprement servie. Après le dîner, nous allons chez le Dr Waltl, avec lequel nous étudions la chimie en nous servant du *Manuel de Gmelin* et où nous assistons aux expériences les plus intéressantes.

La semaine prochaine, de trois à quatre heures, nous

commencerons l'entomologie avec le D' Berthy, trois fois par semaine. Le samedi, de une heure à deux, nous avons une leçon de physiologie expérimentale, autrement dit, de dissection, du D' Œsterreicher, jeune professeur qui a écrit sur la circulation du sang. Comme Agassiz dissèque à la maison beaucoup d'animaux, particulièrement des poissons, nous faisons de rapides progrès dans l'anatomie. A quatre heures nous allons habituellement, une fois par semaine, entendre le cours de Oken sur la philosophie de la nature, auquel nous avons déjà assisté le semestre passé ; de cette manière nous sommes sûrs d'avoir de bonnes places pour le cours que Schelling donne immédiatement après. Il est rare d'entendre dans sa vie une série de leçons aussi instructives et entraînantes que celles de Schelling sur la philosophie de l'Apocalypse. Cela te paraîtra étrange, puisque jusqu'à présent on n'a pas cru que l'Apocalypse fût un sujet qu'on pût traiter philosophiquement, les uns le considérant comme trop sacré et les autres comme trop irrationnel.....

Ceci nous amène à six heures, moment où les cours publics se terminent; nous retournons chez nous et c'est alors que commencent nos leçons particulières. Souvent Agassiz cherche à faire entrer dans nos cerveaux quelques règles et quelques phrases de français; souvent aussi nous avons une leçon d'anatomie, ou bien je lis à haute voix à William Schimper un ouvrage d'histoire naturelle générale. A propos, je vais réviser l'histoire naturelle des graminées et des fougères, familles dont j'ai fait une étude spéciale l'année passée. Karl Schimper nous enseigne la morphologie des plantes, sujet très intéressant et peu connu; il a douze auditeurs. Agassiz nous donnera occasionnellement, le dimanche, des leçons sur l'histoire naturelle des poissons. Tu vois que nous avons assez d'occupations.

Quelque temps auparavant, au commencement de 1828, Agassiz avait fait la connaissance d'un peintre, M. Joseph Dinkel. Leurs relations, qui durèrent un grand nombre d'années, datent d'une journée passée ensemble à la campagne, où Dinkel était venu peindre, d'après nature et sous la direction du jeune naturaliste, une truite aux couleurs brillantes. Dinkel accompagna plus tard Agassiz dans plusieurs de ses voyages, en qualité de dessinateur, tant pour les planches des « Poissons fossiles » et des « Poissons d'eau douce », que pour des monographies et de petites brochures. Les deux grands ouvrages que nous venons de mentionner et dont le dernier n'a jamais été achevé, n'étaient encore qu'en projet à cet époque. Dinkel ne fut du reste pas seul à travailler aux planches des « Poissons d'eau douce »; il eut pour collaborateur M. J.-C. Weber, qui y consacrait ses heures de loisir, pendant que Dinkel, sous la direction d'Agassiz, s'occupait plus directement des poissons de Spix.

Je dois à l'obligeance de M. Dinkel quelques détails sur la vie d'Agassiz à cette époque :

Je me trouvai bientôt occupé presque tous les jours, pendant quatre ou cinq heures, à peindre des poissons d'après nature, tandis qu'Agassiz était à mes côtés, écrivant ses observations ou me donnant des directions. Il ne se fâchait jamais, quoique sa patience fût souvent mise à l'épreuve; il restait maître de lui-même, faisant tout avec calme et ayant toujours un sourire amical pour chacun et une main secourable pour ceux qui se trouvaient dans le besoin. Il avait alors à peine vingt ans et était déjà l'étudiant le plus distingué de Munich, où on l'aimait et on l'estimait beaucoup. Je l'avais rencontré plusieurs

fois à la Société des étudiants suisses et il m'avait frappé
par son intelligence et son entrain; bien que réservé, il
appréciait une joyeuse compagnie, sans jamais être turbulent lui-même; il choisissait pour amis des jeunes gens
instruits et intelligents et ne perdait pas son temps en
conversations futiles. En voyant des étudiants se mettre
en route pour quelque partie de plaisir, il me disait: «Les
voilà qui s'en vont en bande parce qu'ils ne peuvent pas
aller chacun son propre chemin; leur devise est : *Ich
gehe mit den andern* [1]. Quant à moi, j'irai où je voudrai,
non pas seul, mais en tête des autres. » Il avait une facilité et un calme remarquables dans tout ce qu'il faisait.

Sa chambre était vraiment celle d'un étudiant allemand; éclairée par plusieurs grandes fenêtres, elle avait
pour ameublement un lit et une demi-douzaine de chaises, avec plusieurs tables pour ses peintres et pour lui-
même. Alexandre Braun et Schimper logeaient dans la
même maison et faisaient ample usage de sa chambre.
Comme botanistes, ils y apportaient ce qu'ils avaient
recueilli dans leurs excursions et tout cela trouvait place
dans cet atelier, sur le lit, sur les siéges, sur le plancher;
les chaises étaient également couvertes de livres, sauf
celle destinée à un autre dessinateur; quant à moi, je
travaillais debout. Les personnes qui venaient nous voir
ne pouvaient s'asseoir nulle part et quelquefois même il
restait à peine assez d'espace pour circuler ou pour se
tenir debout. Les parois, jadis blanches, étaient chargées
de toute sorte de dessins auxquels les peintres ne tardèrent pas à ajouter des caricatures ou des croquis de
squelettes; en un mot c'était très original. Il se passa un
certain temps avant que je pusse connaître les vrais
noms de nos visiteurs, car chacun d'eux avait un surnom,
comme : Mollusque, Cyprin, Rhubarbe, etc.

---

[1] *Faust* de Gœthe.

Après avoir jeté un coup d'œil sur la « Petite Académie », revenons aux lettres de famille par lesquelles nous apprendrons d'abord que les collections d'Agassiz commençaient à prendre des proportions formidables, eu égard à la place qu'il pouvait leur réserver. Recueillies de différentes manières, soit par lui-même ou par des échanges, soit comme rémunération de la part qu'il avait prise aux arrangements du Musée de Munich, elles avaient déjà acquis, relativement à ses faibles moyens, une valeur pécuniaire considérable et surtout une grande importance scientifique. Elles comprenaient des poissons, quelques mammifères rares, des reptiles, des coquilles, des oiseaux, un herbier d'environ trois mille espèces de plantes et quelques minéraux. Après en avoir fait l'énumération dans une lettre à ses parents, il ajoute :

Vous pouvez bien penser que, maintenant que je ne puis plus m'en occuper, tous ces objets me sont à charge et que, faute de soins et de place pour les étaler, ils restent amoncelés et courent le risque de se gâter. Vous avez pu voir par mon énumération que mes collections réunies valent environ deux cents louis et c'est une évaluation si basse que même des marchands d'objets d'histoire naturelle ne balanceraient pas à les prendre pour ce prix. Vous comprendrez donc combien je tiens à les conserver intactes et je viens vous demander si vous ne pourriez pas me procurer un local pour les arranger; j'ai pensé que peut-être mon oncle de Neuchâtel aurait la bonté de consentir à ce qu'on plaçât une grande étagère dans une petite chambre de sa maison de Cudrefin, où, loin de gêner ou de répandre de l'odeur, ma collection pourrait être un ornement en la plaçant dans une armoire

vitrée ou de toute autre manière. Ayez la bonté de lui en
faire la proposition et, s'il y consent, je vous donnerai
alors des directions à cet égard. Réfléchissez que de là
dépend en grande partie la conservation de mes collections et veuillez me répondre au plus tôt.....

Agassiz se hâtait alors de terminer ses « Poissons
du Brésil » et de se préparer pour ses examens de
docteur, dans l'espoir de pouvoir ensuite satisfaire
ses goûts de voyages scientifiques. Cet ardent désir
est exprimé à ses parents dans la lettre suivante,
dont nous ne donnons que la seconde moitié, la première ne concernant que l'arrangement de ses collections et les soins à leur donner.

* *Louis Agassiz à son père.*

Munich, le 14 février 1829.

..... Il me reste maintenant à vous entretenir de sujets
bien plus importants, puisqu'il ne s'agit plus de ce que je
possède, mais de ce que je dois devenir. Il faut que je
vous rappelle différents points que nous avons déjà touchés dans notre correspondance et sur lesquels il convient
de revenir à présent.

1° Vous vous souvenez que la dernière fois que je
quittai la Suisse, je vous promis d'obtenir le titre de docteur dans l'espace de deux ans et d'être en état, après
avoir terminé mes études à Paris, de subir mon examen
au Conseil de santé pour exercer la médecine;

2° Vous avez exigé cela de moi, vous vous en souvenez,
pour que j'eusse une profession et vous m'avez promis
également que, si les circonstances me favorisaient et
si je pouvais faire mon chemin en suivant la carrière

des lettres et de l'histoire naturelle, vous ne mettriez pas d'obstacle à mes vœux. Je sais bien aussi que vous ne voyiez dans le second cas d'autre obstacle que celui d'un exil de ma patrie et d'un éloignement prolongé de tous ceux qui me sont chers. Mais vous connaissez assez mes sentiments pour ne pas croire que je voulusse m'imposer volontairement un semblable exil; il s'agit donc de discuter sérieusement s'il ne serait pas possible de résoudre ces difficultés à la satisfaction de tout le monde, et de trouver le chemin le plus court pour arriver au but que je me suis proposé, depuis que j'ai commencé mes études médicales. Pesez mûrement toutes mes raisons, car il s'agit de ma satisfaction intérieure et de mon bonheur futur; examinez ma conduite sous tous les rapports, sous celui de citoyen vaudois et de fils, et je suis convaincu que vous ne pourrez que donner votre assentiment à mes projets. Voici quel est mon plan et les moyens que je propose pour y parvenir.

Je voudrais qu'on pût dire de Louis Agassiz : « Il fut le premier naturaliste de son siècle, bon citoyen et bon fils, aimé de tous ceux qui le connurent. » Je sens en moi la force d'une génération entière pour travailler à ce but et je veux l'atteindre, si les moyens ne me manquent pas. Il s'agit d'examiner quels sont ces moyens..... (Il donne ici ses raisons pour préférer une chaire d'histoire naturelle à la pratique de la médecine, puis il exprime l'intention de chercher à obtenir en Allemagne un diplôme de docteur en philosophie.)

Mais comment obtenir une chaire de professeur, me direz-vous, c'est là le point critique? Il ne s'agit que de me faire un nom européen; je suis dans le meilleur chemin pour y parvenir. D'abord, mon ouvrage sur les « Poissons du Brésil » qui va paraître incessamment me fera sûrement connaître d'un manière favorable et je suis convaincu qu'il sera bien accueilli, car je sais que, lors de l'assemblée générale des naturalistes et des médecins allemands à Berlin, en novembre dernier, la partie de cet ouvrage, qui était achevée et qui a été présentée à l'assemblée, a reçu des éloges auxquels je ne m'attendais pas; les professeurs qui me connaissent ont, en outre, parlé de moi d'une manière très avantageuse.

En second lieu, il se prépare à présent deux expéditions d'histoire naturelle; l'une par M. de Humboldt, dont vous connaissez sûrement la réputation et qui a déjà parcouru pendant plusieurs années les terres équatoriales du Nouveau Monde, accompagné de M. Bonpland; il se trouve maintenant à Berlin depuis plusieurs années et se prépare pour un voyage aux monts Ourals, au Caucase et aux confins de la mer Caspienne. Braun, Schimper et moi lui avons été proposés comme compagnons de voyage par plusieurs professeurs d'ici; mais il serait possible que ce fût trop tard, car M. de Humboldt est déjà décidé depuis longtemps à faire ce voyage, et il se pourrait qu'il eût déjà choisi les naturalistes qui devront l'accompagner. Quel bonheur ce serait pour moi de pouvoir faire partie de cette expédition dans un climat qui n'est nullement malsain et sous la direction d'un homme si généralement estimé, auquel l'empereur de Russie a promis secours et sauve-garde en tout temps et en toutes circonstances!

La seconde expédition a pour objet un pays tout aussi salubre et qui ne présente aucun danger aux voyageurs, c'est l'Amérique méridionale; elle s'effectuera sous la direction de M. Ackermann, connu comme agriculteur distingué et conseiller d'État du grand-duc de Baden. Je préférerais accompagner M. de Humboldt, parce qu'il est plus connu; mais si c'était trop tard, je suis assuré de pouvoir faire partie de la seconde expédition..... Ainsi, cela ne dépend que de votre consentement. Ce voyage durera deux ans, au bout desquels, heureusement de

retour dans ma patrie, je pourrai suivre avec toutes les
facilités désirables la carrière que j'aurai choisie. Si
même on avait besoin de moi à Lausanne, que je préférerais à toute autre localité, je pourrais consacrer ma vie à
mes jeunes compatriotes, éveiller en eux le goût des sciences d'observation, qui sont fort négligées dans notre pays,
et être ainsi plus utile au canton que je ne pourrais l'être
comme praticien. Ces projets peuvent ne pas réussir,
mais dans l'état actuel des choses, toutes les probabilités
sont favorables; c'est pourquoi je vous prie d'y réfléchir
sérieusement, de consulter là-dessus mon oncle de Lausanne et de me communiquer incessamment ce que vous
en penserez.....

Nous verrons plus tard comment cet amour des
voyages, ce besoin d'activité de l'enfant et du jeune
homme, dispositions qui, après tout, n'étaient qu'une
passion latente, se transformèrent complétement chez
Agassiz. Plus tard, pendant des mois entiers, il pouvait
rester enfermé dans son laboratoire concentré dans
ses recherches scientifiques; il n'abandonnait son mi- .
croscope que pour manger et dormir, donnant ainsi
l'exemple d'une vie aussi sédentaire que celle de
n'importe quel savant.

* *M. Agassiz à son fils Louis.*

Orbe, le 23 février 1829.

.... Ce n'est pas sans une bien vive émotion que nous
avons lu ta lettre du 14, et je comprends que, pressentant
l'effet qu'elle produirait sur nous tous, tu l'aies retardée
autant que tu as pu. Cependant, mon ami, tu as eu tort;

prévenus plus tôt de tes projets, nous pouvions te procurer le choix de M. de Humboldt, dont l'expédition nous paraît à tous égards préférable à celle de M. Ackermann. La première embrasse un champ plus vaste; il s'agit plus encore de l'histoire des hommes que de celle des animaux; celle-ci se borne à une exploration de côtes maritimes, où il y a sans doute à moissonner pour la science, mais bien moins pour la philosophie. Quoi qu'il en soit, ton père et ta mère, tout en déplorant le jour qui les séparera de leur fils aîné, ne mettent aucun obstacle à ses projets; ils prient Dieu de les bénir.....

Une lettre qu'Alexandre Braun écrivait à son père, à la même époque, nous apprend comment se formèrent ces projets de voyage pour lesquels Agassiz avait ardemment sollicité le consentement de ses parents.

Alexandre Braun à son père.

(Trad. de l'allemand.)

Munich, le 15 février 1829.

.... Jeudi passé nous avons été chez Oken. On a parlé de toute sorte de choses intéressantes, qui nous ont amenés graduellement à l'Oural et au voyage de M. de Humboldt; Oken finit par nous demander si nous n'aimerions pas nous joindre à Humboldt. Nous approuvâmes chaudement cette proposition, en l'assurant que, s'il pouvait la faire réussir, nous serions prêts à partir du jour au lendemain. Agassiz ajouta vivement: « Oui, et s'il y avait quelque espoir qu'il nous prît avec lui, un mot de vous aurait plus de poids que toute autre chose. ».

La réponse de Oken fut assez froide; cependant, il promit d'écrire tout de suite à Humboldt en notre faveur.

Extrêmement joyeux de cette promesse, nous retournâmes chez nous très tard et par un beau clair de lune; Agassiz se roulait de joie dans la neige; nous étions tous d'avis que, malgré notre faible espoir de prendre part à l'expédition, le fait que Humboldt entendrait parler de nous n'était pas à dédaigner, ne fût-ce que pour oser lui dire un jour : « Nous sommes les gaillards dont vous avez refusé la compagnie. »

Nos jeunes amis furent toutefois obligés de se contenter de cette perspective, car, après quelques semaines d'attente, leur brillante vision s'évanouit. Oken avait rempli sa promesse en les recommandant très chaudement à Humboldt; mais celui-ci répondit que tous les arrangements de voyage étaient terminés et qu'il avait déjà choisi les deux personnes qui devaient l'accompagner, savoir : Ehrenberg et Rose.

Nous donnons ici le brouillon d'une lettre qu'Agassiz écrivit à Cuvier quelque temps auparavant, probablement en 1828, à en juger d'après le contenu. Après avoir mentionné ses premières études, détails qui ne seraient ici que des répétitions, il ajoute :

Avant d'achever ma lettre, permettez-moi de vous demander quelques conseils, à vous que je révère comme un père et dont les ouvrages ont été jusqu'ici presque mon unique guide. Il y a cinq ans, on m'envoya à l'école de médecine de Zurich. A peine eus-je suivi quelques leçons d'anatomie et de zoologie que je ne rêvais que squelettes; j'appris aussi bientôt à disséquer et en peu de temps je me fis une petite collection de crânes d'animaux de différentes

classes; jé passai ainsi deux ans à étudier ce que je trouvai dans le Musée de Zurich et à dépecer autant d'animaux que je pus m'en procurer. A cette époque, je fis
même venir de Berlin un singe dans l'esprit de vin pour
pouvoir en comparer le système nerveux avec celui de
l'homme; je mis à contribution tous les petits moyens à
ma portée pour apprendre et voir autant que possible.
J'engageai alors mon père à me laisser aller à Heidelberg,
où, pendant une année et demie, je suivis les cours d'anatomie de l'homme, de physiologie et d'anatomie comparée
de M. Tiedemann: je passai à peu près un hiver entier
dans l'amphithéâtre anatomique.

.L'été suivant, j'assistai au cours de zoologie de M.
Leuckart et plus tard à ceux de pétrifications de M. Bronn.
A Zurich déjà, je ne pouvais me défendre du désir de voyager un jour comme naturaliste; à Heidelberg, ce désir ne
fit qu'augmenter. Ce furent surtout mes fréquentes visites
au Musée de Francfort et tout ce que j'y entendis raconter de M. Rüppell, qui me fortifièrent dans mon dessein,
beaucoup plus que tout ce que j'avais lu jusqu'alors. Je
mé figurais être le compagnon de voyage de Rüppell; les
difficultés à vaincre, les fatigues à supporter, tout m'était
présent, ainsi que les trésors qu'il a tirés des déserts de
l'Afrique et c'est le charme de la difficulté vaincue et de
la satisfaction d'avoir réussi, qui a singulièrement contribué à faire prendre à mes études une direction convenable à mes projets. Je sentis que, pour atteindre plus
sùrement mon but, il me fallait absolument achever mes
études de médecine et c'est dans ce dessein que je vins à
Munich il y a dix-huit mois; mais je ne pus me résoudre
à abandonner les sciences naturelles. J'allai à quelques
leçons de pathologie; mais bientôt je m'aperçus que je
les négligeais, et, cédant à mon penchant, je me laissai
entraîner de nouveau et je suivis consécutivement les leçons d'anatomie comparée de Döllinger, d'histoire natu-

relle de Oken, de minéralogie de Fuchs, puis d'astronomie, de physique, de chimie et de mathématiques.

Pour mettre le comble à cette désertion de la médecine, M. de Martius me proposa de décrire les poissons rapportés du Brésil par Spix; j'y consentis d'autant plus volontiers que de tout temps l'ichthyologie a eu mes préférences. Cependant, je n'ai pu y mettre tous les soins que j'aurais voulu, car M. de Martius, pressé d'achever la publication de tous ces ouvrages, m'a souvent obligé en quelque sorte à faire vite. Toutefois, j'espère ne pas avoir commis de fautes grossières et je le pouvais d'autant moins, que j'avais pour me guider sûrement les observations que vous avez bien voulu communiquer à M. de Martius sur les planches de Spix. Plusieurs d'entre elles n'étaient pas très exactes; elles ont été éliminées et dessinées de nouveau. Je vous prie, Monsieur, lorsque cet ouvrage vous parviendra, de bien vouloir juger avec indulgence le premier essai d'un jeune homme. J'espère l'achever dans le courant de l'été prochain et c'est alors que je vous prierai de bien vouloir me donner un conseil paternel sur la direction que mes études doivent prendre ultérieurement.

J'espère pouvoir rester encore deux ou trois ans à l'Université. Dois-je les consacrer à l'étude de la médecine? Je n'ai pas de fortune, il est vrai, mais je sacrifierais volontiers ma vie pour être utile un jour aux sciences naturelles. Quoique je ne puisse prévoir avec quels moyens je pourrai un jour voyager en pays étranger, je me prépare cependant depuis plus de trois ans, comme si je devais partir du jour au lendemain. J'ai appris à mettre en peau toute espèce d'animaux; j'en ai même déjà dépouillé de très gros; j'ai fait de plus de cent squelettes, tant de quadrupèdes que d'oiseaux, de reptiles et de poissons; j'ai éprouvé à peu près tous les liquides connus jusqu'ici pour conserver les animaux qu'on ne peut ou qu'on ne doit pas mettre en peau, et j'ai pensé aux moyens d'y suppléer dans les contrées où il est impossible de s'en procurer.

Enfin, je me suis créé un compagnon de voyage dans la personne d'un jeune homme auquel j'ai inspiré le même amour pour les sciences naturelles; il est très bon chasseur et je lui fais prendre depuis longtemps des leçons de dessin, en sorte qu'à présent il est en état de dessiner d'après nature tout ce qu'on peut avoir besoin d'esquisser dans un voyage de long cours, même des squelettes. Nous passons souvent ensemble des moments délicieux en parcourant en idée toutes les régions inconnues du globe et en bâtissant ainsi des châteaux en Espagne.

Pardonnez-moi de vous entretenir de projets qui, au premier coup d'œil, peuvent paraître puérils, mais il suffirait de leur donner un but fixe pour les réaliser et c'est de vous, Monsieur, que je voudrais prendre conseil. Le désir qui me presse est si vif, que j'avais besoin de m'épancher auprès de quelqu'un qui me comprît et je m'estimerais le plus heureux des mortels, si j'avais trouvé en vous cette personne. Je suis tellement obsédé par cette idée qu'elle se présente à moi sous mille formes et tout ce que j'entreprends tend à atteindre ce but.

J'ai fréquenté pendant six mois l'atelier d'un forgeron et d'un menuisier pour apprendre à manier le marteau et la hache en cas de besoin; je m'exerce tous les jours au maniement des armes, soit du fusil, de la baïonnette et du sabre, en cas d'attaque. Je suis fort et robuste; je sais nager, je puis soutenir des marches forcées à outrance; j'ai fait par exemple plus d'une fois, et huit jours de suite, douze à quinze lieues chaque jour, en portant sur le dos un sac pesant, rempli de plantes et de minéraux, cela tout en herborisant et en observant les accidents du sol. En un mot, je me sens créé pour être un naturaliste voyageur; il ne me manque que de pouvoir régler la fougue qui m'emporte. C'est vous, Monsieur, que je veux prier d'être mon guide.....

Ce projet de lettre, terminé brusquement, ne porte ni signature, ni adresse; peut-être l'auteur manqua-t-il de courage au dernier moment et ne l'expédia-t-il pas. Une lettre de 1827, adressée à Martius par Cuvier, et trouvée parmi les papiers d'Agassiz, contient identiquement les mêmes observations sur les « Poissons de Spix », auxquels Agassiz fait ici allusion, en sorte que cette lettre était probablement destinée à l'illustre savant qui a exercé une influence si puissante sur Agassiz pendant toute sa vie.

Au printemps de 1829, Agassiz obtint le diplôme de docteur en philosophie. Il ne pensait pas sans doute le substituer à celui de docteur en médecine, mais il y tenait par égard pour Martius qui désirait voir sur le titre des « Poissons du Brésil » le nom de son jeune collaborateur accompagné de la dignité de docteur, et parce qu'il estimait lui-même qu'il pourrait ainsi plus facilement obtenir une chaire de professeur. Il nous fait connaître par la lettre suivante, ce qui se passa à cette occasion :

* *Louis Agassiz à son frère Auguste.*

Munich, le 22 mai 1829.

.... Il fallait passer ses examens immédiatement et comme les jours ici étaient déjà tous pris, près de deux mois à l'avance, pour des promotions, je me suis décidé à faire mes examens à Erlangen et j'ai engagé Schimper et

Michahelles à les subir en même temps que moi pour
m'éviter l'ennui d'aller seul à Erlangen, vu qu'il est plus
amusant de faire quelque chose en compagnie que d'être
seul. Braun voulait aussi être de la partie, mais il s'est
décidé à attendre encore quelque temps. Nous avons donc
fait notre demande à la Faculté dans une longue lettre
en latin (car tu sauras qu'entre savants il est de bon ton
de parler et d'écrire dans la langue qu'on sait le moins).
Nous avons demandé l'autorisation de faire nos examens
par écrit et de n'être pas obligés d'aller à Erlangen, sauf
pour le *colloquium* et la promotion.

On nous a accordé notre demande, à la condition que
nous promettrions *(jurisjurandi loco polliciti sumus)* de répondre aux questions proposées, sans aucun secours
d'autrui et sans consulter quelque livre que ce fût. Entre
autres questions, j'ai eu : à développer un système naturel de zoologie; à présenter les rapports qui existent
entre l'histoire des peuples et l'histoire naturelle; à déterminer quelle est la véritable base et les bornes de la
philosophie de la nature, et pour dissertation inaugurale,
j'ai présenté quelques considérations générales et nouvelles sur les formations du squelette dans tout le règne
animal, depuis les infusoires, les mollusques et les insectes, jusqu'aux vertébrés proprement dits. Les exami-
nateurs ont été assez contents de mes réponses pour m'envoyer mon diplôme le 23 ou 24 avril, avant que j'eusse
passé par le *colloquium* et la promotion et en m'écrivant
en outre que, satisfaits de mes examens, ils me remet-
taient mon diplôme, sans que j'eusse fait mon examen de
vive voix.... Le doyen de la Faculté, en m'envoyant mon
diplôme, me faisait le compliment de me dire qu'il espérait me voir devenir bientôt l'ornement d'une Université
comme professeur, ainsi que je l'avais toujours été comme
étudiant. Il faudra tâcher de faire en sorte qu'il ne se
soit pas trompé.....

La première partie de l'ouvrage sur les « Poissons du Brésil » étant terminée, Agassiz eut le plaisir de l'envoyer à ses parents, comme avant-coureur de sa propre visite; car il se proposait de passer un mois avec eux, après avoir assisté en septembre à une réunion scientifique; il s'en retournerait ensuite à Munich pour achever ses études médicales.

Louis Agassiz à ses parents.

Munich, le 4 juillet 1829.

.... J'espère que, lorsque vous lirez ma lettre, vous aurez reçu la première partie de mes « Poissons du Brésil », par l'entremise de M...... de Genève, auquel M. Martius avait à envoyer un paquet de plantes, qui ont été emballées avec mon livre. J'ose croire que cet ouvrage me vaudra un nom et j'attends avec impatience la critique qu'en fera, je suppose, M. Cuvier..... Je pense donc que le meilleur parti à prendre pour atteindre les divers buts que je me suis proposés est de continuer la carrière dans laquelle je me suis lancé et de publier mon « Histoire naturelle des Poissons d'eau douce d'Allemagne et de la Suisse », que je ferai paraître par cahiers de six feuilles d'impression, accompagnés de douze planches coloriées.... Vers le milieu de septembre, il y aura une réunion générale de tous les naturalistes et médecins d'Allemagne, à laquelle sont invités tous les savants étrangers. Depuis deux ans, de semblables réunions ont eu lieu alternativement dans une des plus brillantes localités de l'Allemagne. Celle de cette année sera à Heidelberg. Pourrait-on désirer une plus belle occasion de faire connaître ce que l'on se propose de publier ? Je pourrai même présenter les dessins originaux que j'ai déjà fait faire des espèces qui ne se trouvent que dans les environs de Munich et qui sont pour ainsi dire inconnues de tous les naturalistes. Il y aura à Heidelberg des Anglais, des Danois, des Suédois, des Russes, des Français et peut-être même des Italiens. Si, jusqu'alors, je pouvais tout préparer et distribuer des annonces imprimées de mon ouvrage, je serais sûr du succès.....

A cette époque où les ports de lettres étaient fort chers, les différents membres de la famille écrivaient quelquefois sur la même feuille de papier; une de ces feuilles se termine par un post-scriptum de Madame Agassiz, « qui, dit-elle, veut profiter de la petite place qu'on lui a laissée, pour exprimer sa joie au sujet du diplôme obtenu par son fils et de l'ouvrage qu'il vient d'achever. »

* *Madame Agassiz à son fils.*

Orbe, le 16 août 1829.

.... La place que ton frère m'a laissée me paraît bien insuffisante pour toutes les choses que j'aurais à te dire, mon cher Louis. Je commencerai par te remercier des jouissances que tes succès me font savourer; elles sont aussi douces que bien senties. Notre satisfaction est déjà pour toi une récompense de tes travaux. Nous attendons avec impatience le moment de te voir et de nous entretenir avec toi; ta correspondance laisse beaucoup à désirer et nous sommes quelquefois un peu honteux de ne pouvoir donner que si peu de détails sur ton ouvrage. Tu apprendras avec surprise qu'il ne nous est point encore parvenu. Le monsieur de Genève veut-il le lire avant de nous l'expédier, ou ne lui est-il pas même arrivé ? Voilà ce qui nous inquiète..... Adieu, mon cher ami; la place me manque pour t'écrire plus longuement; il ne m'en reste que juste assez pour t'assurer de ma vive affection. La *Gazette de Lausanne,* où ton nom figure très honorablement, nous a valu des félicitations.....

* Louis Agassiz à son père.

16 août 1829.

.... J'espère qu'à présent tu auras reçu mon livre. Je ne puis m'expliquer ce retard, d'autant moins que M. Cuvier auquel je l'ai également adressé par la même voie, m'en a déjà accusé réception. Je joins sa lettre à la mienne; j'espère que tu auras quelque plaisir à lire ce qu'un des plus grands naturalistes de notre siècle m'écrit là-dessus.

* Cuvier à Louis Agassiz.

Au Jardin du roi, à Paris, le 3 août 1829.

Monsieur,

Vous m'avez fait beaucoup d'honneur, ainsi que M. Martius, en plaçant mon nom en tête d'un recueil aussi précieux que celui que vous venez de publier; l'importance et la rareté des espèces qui y sont décrites et la beauté des figures en feront un ouvrage important pour l'ichthyologie, et rien ne pouvait ajouter autant à son prix que l'exactitude des descriptions que vous y avez jointes. Il me sera de la plus grande utilité pour mon histoire des poissons et déjà j'en avais cité les planches dans la deuxième édition de mon règne animal. Je ferai encore mon possible pour en accélérer le débit parmi les amateurs, soit en le faisant voir à ceux qui se réunissent chez moi, soit en en faisant parler dans les recueils scientifiques.

J'attends avec un grand intérêt votre histoire des Poissons des Alpes. Elle ne peut que remplir un grand vide dans cette partie de l'histoire naturelle, surtout pour les différentes divisions du genre Salmo. Les figures de Bloch, celles de Meidinger, celles de Marsigli, sont très insuffisantes. Nous avons bien ici la plupart des espèces, en sorte que, pour les formes, il me sera facile d'en rectifier les caractères; mais, pour les couleurs, il n'y a qu'un peintre travaillant sur les lieux et d'après le poisson sortant de l'eau qui puisse les fixer. D'ailleurs, vous aurez sans doute beaucoup à ajouter sur le développement, les mœurs et les usages de tous ces poissons. Peut-être feriez-vous bien de vous en tenir d'abord à une monographie des Salmones.

Agréez, je vous prie, avec mes remerciements pour les documents que vous me faites espérer, l'assurance de ma haute estime et de mon attachement bien sincère.

B. G. CUVIER.

Enfin arrive le moment attendu avec tant d'impatience où le premier livre du jeune naturaliste parvient à ses parents. La nouvelle en est annoncée par quelques lignes écrites à la hâte.

* M. Agassiz père à son fils Louis.

Orbe, le 31 août 1829.

Je me hâte, mon cher ami, de t'annoncer la réception de ton bel ouvrage, qui m'est arrivé de Genève jeudi dernier. Je n'ai pas de termes pour t'exprimer le plaisir qu'il m'a fait. En deux mots, car je ne suis seul que quelques minutes, je viens te réitérer mon instance d'accélérer ton retour le plus vite qu'il te sera possible..... Le vieux père qui t'attend les bras et le cœur ouverts, te fait les plus tendres amitiés.....

CHAPITRE IV

1829-1830 — 22 à 24 ans.

Réunion scientifique de Heidelberg. — Visite d'Agassiz à ses parents.
— Maladie et mort de son grand-père. — Retour à Munich. —
Projets de publications scientifiques. — Diplôme de docteur en
médecine. — Voyage à Vienne. — Retour à Munich. — Lettres de
famille. — Fin du séjour à Munich.

* *Louis Agassiz à ses parents.*

Heidelberg, le 25 septembre 1829.

.... Enfin, notre réunion est arrivée à son terme et, débarrassé de toute inquiétude sur ce que je voulais présenter ici, je puis venir m'entretenir avec vous en paix et
avec tout l'abandon auquel depuis longtemps j'ai si grand
besoin de me laisser aller. La tension d'esprit que j'étais
obligé de soutenir pour arriver à temps à mon but, m'empêchait de faire place aux sentiments que j'aime tant à
entretenir lorsque je suis en repos. Je ne veux aujourd'hui
vous parler ni de ce que j'ai fait ces derniers temps (un
bout de lettre de Francfort vous l'aura appris), ni des
relations que j'ai formées à la réunion de Heidelberg, ni
de la manière dont j'ai été reçu lors de ma présentation.
Ce sont autant de sujets qu'on peut beaucoup mieux traiter en tête à tête..... Je compte partir d'ici demain ou
après-demain, suivant les circonstances; je resterai quel-

ques jours à Carlsruhe pour emballer mes effets et de là
je ferai le trajet jusqu'à Orbe aussi vite qu'il me sera
possible.....

Le mois suivant, Agassiz se trouve à la cure d'Orbe.
Après les premiers moments consacrés au plaisir de
revoir sa famille, il emploie la plus grande partie de
son temps à arranger ses collections à Cudrefin où
son grand-père lui avait donné la place nécessaire et
où chacun se faisait une fête de l'aider dans ce travail; mais son séjour se termina tristement par suite
de la maladie, puis de la mort du bon vieux grand-
père, sous le toit duquel enfants et petits-enfants
aimaient à se réunir.

Louis Agassiz à Alexandre Braun.

(Trad. de l'allemand.)

Orbe, le 3 décembre 1829.

..... Voici la dernière soirée que j'ai à passer à Orbe et
j'en consacre une heure à m'entretenir avec toi. N'ayant
pas reçu de mes nouvelles, tu seras sans doute étonné en
apprenant que je suis encore ici. Tu sais que j'ai arrangé
mes collections à Cudrefin et que j'y ai passé de bien
heureux jours avec mon grand-père; mais il est maintenant très malade et lors même que nous en recevrions
aujourd'hui de meilleures nouvelles, l'idée que je dois le
quitter peut-être pour toujours me laisse un grand poids
sur le cœur..... Je viens d'attacher mon dernier paquet de
plantes; mon herbier, composé de trente-deux paquets,
est en ordre. C'est à toi que je le dois, mon cher Alex,
aussi ai-je du plaisir à te le dire et à me le rappeler.

Quelle succession de glorieux souvenirs se présentait à moi à mesure que j'en tournais les feuilles! Débarrassé de toute distraction, je jouissais de nouveau, et si possible plus encore qu'en réalité, des instants que nous avons passés ensemble. Toutes nos conversations, toutes nos promenades se présentaient de nouveau à mon esprit, et en me les rappelant, je sentais que nos cœurs étaient attirés l'un vers l'autre pour s'unir toujours plus fortement. En toi je vois mon propre développement intellectuel réfléchi comme dans un miroir, car c'est à toi et à mes relations avec toi que je dois d'être entré dans la voie des jouissances les plus nobles et les plus durables. On est heureux de pouvoir jeter les yeux sur un tel passé en ayant un si brillant avenir devant soi.....

Agassiz s'en retourna alors à Munich pour ajouter à son titre de docteur en philosophie celui de docteur en médecine. Un cas de somnambulisme, qu'il put observer et qui lui apprit à connaître une maladie, ou en tout cas une action extraordinaire du cerveau sous une forme nouvelle pour lui, parut avoir donné une impulsion plus vive à ses études médicales, et pendant un certain temps, il put·croire que la vocation qui s'était présentée à lui comme une nécessité, pourrait bien devenir sa vocation de prédilection; mais le naturaliste l'emporta sur le médecin. Pendant ce même hiver, tandis qu'il travaillait avec un redoublement de zèle en vue de·sa future profession, une collection de Poissons fossiles lui fut remise par le directeur du Musée de Munich. On verra avec quelle ardeur il se livra à l'étude de cette nouvelle branche. Le projet de son ouvrage sur les Poissons fossiles, qui le plaça en peu d'années au premier rang des savants d'Europe, s'empara alors de son esprit.

La lettre suivante nous montre combien Agassiz fut affecté par la mort de son grand-père et quelles furent ses occupations pendant l'hiver de 1830.

* *Louis Agassiz à son frère Auguste.*

Munich, le 18 janvier 1830.

.... Quoiqu'il soit près de minuit et que j'aie un mal de tête intolérable, je ne puis me mettre au lit sans m'être déchargé sur toi de tout ce qui m'agite. Chaque jour depuis une semaine j'ai eu l'intention de le faire, mais lorsque je prenais la plume, le cœur me manquait. En outre, une lettre de moi, dans ce moment, peut difficilement te faire plaisir, car si je te dis tout ce que j'ai ressenti, et ce que je ressens encore, depuis que m'est parvenue la terrible nouvelle de la mort de notre bon grand-père, je ne pourrais qu'aggraver ton chagrin sans adoucir le mien..... Je m'étais toujours flatté que la vigueur de grand-papa lui ferait surmonter cette attaque. Plus tard, quand je considérai la triste vérité dans toute sa nudité, je vis, et je vois encore, la désolation générale causée par cette mort. Quant à lui, il est heureux; mais ce sont ceux qui le pleurent qui sont à plaindre. Qui prendra maintenant soin des pauvres et des malades de ce vaste district, dont il était, dans un certain sens, le seul soutien? Si une mort pouvait en remplacer une autre, il y a bien des personnes qui se battraient autour de son cercueil pour prendre sa place et le rendre à la vie. Oh! qu'il est glorieux de mourir comme il est mort et de laisser de tels souvenirs! Dieu veuille nous donner une fin aussi paisible! La seule distraction que je puisse trouver est de travailler de tout mon pouvoir et de ne pas laisser mon esprit inactif pendant un seul moment, même si je trouve difficile de fixer mon attention. C'est aussi le seul moyen par lequel nous pouvons devenir de bons et honorables membres de la société et lui être utile [1].....

J'ai pris la ferme résolution d'étudier la médecine; je sens tout ce qu'on peut faire pour rendre cette étude digne du nom de science qu'elle a usurpé depuis si longtemps, et c'est son alliance intime avec les sciences naturelles surtout et les éclaircissements qu'elle me promet pour ces dernières qui m'inciteront toujours à persévérer dans ma résolution. Pour ne pas perdre de temps et pour battre le fer pendant qu'il est chaud (ne crains pas qu'il se refroidisse, le feu est entretenu avec de bon bois), j'ai proposé à Euler, avec lequel je me suis très lié, de répéter la médecine avec moi, et depuis lors, nous passons toutes nos soirées ensemble et rarement nous nous séparons avant minuit; nous lisons alternativement des ouvrages de médecine allemands et français. Ainsi, j'espère en venir à bout d'ici à l'été, quoique je consacre entièrement la journée à mes travaux littéraires. Je passerai encore mon examen de docteur en Allemagne et plus tard je ferai aussi celui de Lausanne. J'espère que cette décision contentera maman. Mon caractère et ma conduite sont une garantie que je réaliserai ces projets.

Voilà mon travail pour la nuit..... Reste à te raconter ce que je fais de jour et c'est l'essentiel. D'abord, je dois achever mes « Poissons du Brésil »; ce n'est, en vérité, qu'un travail honorifique, cependant il faut le terminer; ce sera un moyen de plus de tirer parti de mes ouvrages subséquents. C'est mon travail du matin; je suis sûr d'en

---

[1] Ceci peut en toute vérité se dire de lui jusqu'à la fin de sa vie. Dans de grands chagrins, sa force intellectuelle semblait doublée. A sa vie scientifique s'alliait un fort élément religieux et le travail le calmait et l'élevait à la fois.

venir à bout d'ici à Pâques. Après y avoir bien réfléchi, j'ai trouvé que le meilleur moyen de tirer bon parti de mes « Poissons d'eau douce », était de les achever complétement avant de les offrir à un libraire. Toutes les dépenses étant faites alors, je pourrai les garder comme un dépôt certain, si un premier libraire ne croyait pas pouvoir m'en donner ce que j'en veux. D'un autre côté, le libraire, voyant l'ouvrage achevé, en appréciera plus facilement la valeur et sera plus disposé à accepter mes propositions, et quant à moi, je pourrai aussi être plus exigeant. J'en écris le texte dans l'après-midi. Le plus difficile était de faire achever les planches et ici ma bonne étoile m'a merveilleusement servi. Je t'ai dit qu'outre les figures du poisson entier, je voulais faire représenter les squelettes et l'anatomie de toutes les parties molles, ce que personne n'a encore fait pour la classe des poissons; ceci donnera un nouveau prix à mon travail et le rendra nécessaire à tous ceux qui s'occupent d'anatomie comparée. La difficulté était de trouver quelqu'un qui fût en état d'exécuter ces dessins; mais j'ai été servi à souhait et je suis plus que content. Mon ancien peintre continue à dessiner mes poissons; un autre dessine les squelettes (il s'est déjà occupé de ce travail pendant plusieurs années pour un ouvrage sur les reptiles) et un jeune médecin, qui dessine supérieurement, me fait les figures anatomiques. De mon côté, je dirige leur travail tout en écrivant le mien et le tout avance ainsi à grands pas.

Mais je ne m'en suis pas tenu là. Ayant à ma disposition, par la permission du directeur du Musée, une des plus belles collections de pétrifications de l'Allemagne et ayant obtenu l'autorisation d'en transporter les spécimens chez moi, lorsque j'en aurais besoin, j'ai entrepris la publication de la partie ichthyologique de ces fossiles. Comme une ou deux personnes de plus à diriger ne font pas de différence, je les fais dessiner en même temps.

L'Académie des Beaux-Arts réunit tant de dessinateurs que je n'aurais nulle part autant de facilités qu'ici pour achever un semblable travail, et comme c'est une branche tout à fait nouvelle, dans laquelle personne n'a encore fait quelque chose de général, je suis sûr de mon succès. J'en suis d'autant plus sûr que personne, hors Cuvier, n'est en état de le faire, parce que jusqu'ici tout le monde a négligé les poissons et que Cuvier ne s'en occupe pas; en outre, on en a dans ce moment un vrai besoin pour la détermination du gisement des différentes formations géologiques. Déjà à la réunion de Heidelberg, on m'a proposé d'entreprendre ce travail; le directeur des mines de Strasbourg, M. Voltz, m'a même offert de m'envoyer à Munich toute la collection de pétrifications ichthyologiques du Musée de Strasbourg. Je ne vous en ai pas parlé, parce que cela n'aurait avancé à rien; mais à présent que je suis en état de réaliser ce projet, je serais un fou de laisser échapper l'occasion qui sûrement ne se présentera pas deux fois aussi belle.

Je veux donc élaborer un ouvrage général sur toutes les pétrifications ichthyologiques et je veux avoir fini tout ce dont je viens de te parler, avant la fin de l'été, c'est-à-dire en juillet, si je puis disposer encore d'une centaine de louis. Alors, j'aurai en main deux ouvrages qui m'en vaudront bien un millier. C'est même taxé au plus bas. Tu peux facilement en faire le calcul. On compte trois louis par planche avec le texte qui l'accompagne; mes pétrifications auront environ deux cents planches, et mes « Poissons d'eau douce » cent cinquante. Je crois que cela est plausible.....

Cette lettre fit évidemment une impression favorable sur le chef de la famille à Neuchâtel, car elle fut envoyée aux parents de Louis avec ces mots de son

frère : « Je m'empresse, cher père, de t'envoyer une
« excellente lettre qui vient de me parvenir; elle a
« été lue ici avec intérêt et l'oncle Mayor en parti-
« culier voit à la fois de la stabilité et une base
« solide dans les projets et les entreprises de mon
« frère. »

On ne peut lire les lignes qui précèdent sans
éprouver une émotion sympathique, mais aussi sans
sourire à la pensée des combinaisons suggérées à
Agassiz par les difficultés de sa position, et il était
parfaitement sincère; jusqu'à la fin de sa vie, affron-
tant les dangers et ne reculant devant aucun obstacle,
il justifia sa témérité par ses succès. Ses habitudes
étaient frugales et, tandis qu'avec ses faibles ressources il entretenait deux ou trois peintres, il faisait lui-
même son déjeuner et dînait pour cinquante ou soixante centimes dans les restaurants les plus modestes.
En tout ce qui concernait la science, il envisageait,
dans sa jeunesse comme dans sa vieillesse, qu'il ne
fallait pas reculer devant les dépenses, mais les diriger avec discernement.

A Munich, les études médicales d'Agassiz ne restèrent pas en souffrance, bien qu'elles aient été menées
de front avec ses deux grands ouvrages sur les poissons actuels et sur les poissons fossiles. C'est du
moins ce que nous pouvons conclure des lignes suivantes que le professeur von Siebold, alors directeur
du Musée de l'Université de Munich, écrivait à
M. Alexandre Agassiz après la mort de son père.

Ce qui prouve le zèle avec lequel Agassiz se consacrait
à l'étude de la médecine, ce sont les thèses, au nombre

de soixante-quatorze, qu'il a présentées et dont une nomenclature fut imprimée avec son discours d'introduction *(Einladung)*, suivant les règlements en usage. Je suis étonné du grand nombre de ces thèses. Les sujets sont anatomiques, pathologiques, chirurgicaux, obstétricaux et comprennent des recherches sur la *materia medica,* la *medecina forensis* et leurs relations avec la botanique. L'une d'elles m'intéressa tout particulièrement, *Fœmina humana superior mare* (la femme est supérieure à l'homme). J'aurais bien aimé savoir comment votre père l'a interprétée. La dernière lettre que je lui ai adressée, en automne 1873, contenait quelques questions sur ce sujet, mais hélas! elle est restée sans réponse.

Dans une lettre écrite à son frère au moment d'obtenir son diplôme, Agassiz s'exprimait ainsi :

.... Je suis maintenant décidé à continuer la médecine à côté de l'histoire naturelle. Je te remercie de ton offre désintéressée; je n'en aurai pas besoin, car je suis en très bon chemin avec mon libraire, M. Cotta, de Stuttgart. J'ai la conviction qu'il acceptera mes ouvrages, car il les a fait demander pour les examiner de plus près. Je lui ai donc tout remis et je suis sûr qu'il avalera la pilule. La seule chose qui pourrait occasionner quelques longueurs, ce sont mes conditions: mais j'espère qu'il y consentira aussi. J'exige pour mes « Poissons d'eau douce » et pour les « Pétrifications » vingt mille francs de Suisse [1]. S'il n'accepte pas, je m'adresserai à un libraire de Paris.

Le 3 avril, il reçut son diplôme de docteur en médecine et, un ou deux jours après, il écrivait à sa mère dans la joie de son cœur :

---

[1] Environ 25,000 francs.

Louis Agassiz à sa mère.

Munich, avril 1830.

.... C'est à toi que je dois adresser ma lettre aujourd'hui, car c'est à toi que je suis redevable d'avoir fait ce que je viens d'achever et c'est pour te remercier d'avoir encouragé mon zèle que je t'écris. Je suis bien sûr que tu n'auras jamais reçu de lettre de moi qui t'ait fait autant de plaisir que celle-ci, et de mon côté je puis dire que je n'en ai jamais écrit avec plus de satisfaction. Hier, j'ai terminé mon examen de médecine après avoir satisfait à toutes les réquisitions de la Faculté..... Le tout a duré neuf jours. On m'a fait sortir pour délibérer sur mon succès et, lorsque je suis rentré, le doyen m'a adressé ces paroles : « La Faculté a été *très* (accentué) satisfaite de « vos réponses; elle se félicite de pouvoir décerner le « doctorat à un jeune homme qui s'est déjà acquis une « réputation aussi honorable que la vôtre. Samedi, M. le « Recteur de l'Université vous remettra le doctorat dans « la grande salle académique, après que vous aurez sou-« tenu vos thèses. »

Puis le recteur a ajouté qu'il regarderait comme le plus beau moment de son rectorat, celui où il pourrait me conférer un titre que j'ai si bien mérité. C'est donc samedi prochain, au moment où vous recevrez ma lettre, à dix heures du matin, que commencera le colloque et c'est à midi que j'obtiendrai mon brevet. Ma bonne mère, sois sans inquiétude sur mon compte; tu vois que je sais tenir ma parole..... Écrivez-moi bientôt; dans quelques jours j'irai à Vienne pour y passer plusieurs mois.....

* Madame Agassiz à son fils Louis.

Orbe, le 7 avril 1830.

Je ne puis assez te remercier du bonheur que tu m'as procuré en faisant tes examens de médecine et en t'assurant ainsi une existence future aussi sûre qu'honorable. C'est un laurier de plus à ajouter à ceux que tu as déjà cueillis, mais à mes yeux le plus précieux de tous. Tu as fait pour moi un travail pénible et long; s'il était en mon pouvoir de t'en dédommager, sois bien sûr que je le ferais; je ne puis pas même te dire que je t'en aime davantage, parce que ce n'est pas possible. Ma sollicitude inquiète pour ton avenir est une preuve de ma vive affection; il me manquait une chose essentielle pour être la plus heureuse des mères, et tu viens, mon bon Louis, de me la donner. Dieu veuille t'en récompenser en t'accordant tous les succès possibles dans la guérison de tes semblables. Les nombreuses bénédictions qui honorent la mémoire d'un bon médecin seront, j'espère, aussi ton partage, comme elles ont été au suprême degré celui de ton bon grand-père. Que ne peut-il aujourd'hui partager mon bonheur, voir mon Louis gradué médecin !.....

Agassiz fut rappelé de Vienne au bout de peu de temps par l'arrivée à Munich de son éditeur, M. Cotta, avec lequel il lui semblait nécessaire d'avoir une entrevue. La seule lettre écrite de Vienne nous prouve que son court séjour dans cette ville avait été aussi instructif qu'intéressant.

* *Louis Agassiz à son père.*

Vienne, le 11 mai 1830.

Depuis que je suis ici, j'ai vu tant de choses que je ne sais guère par où je dois commencer mon récit, et ce que j'ai vu m'a fait faire bien des réflexions sur des sujets graves que je ne m'attendais pas à rencontrer ici. Nulle part, jusqu'à présent, je n'ai vu des établissements fondés sur des bases plus larges et plus magnifiques, et je crois qu'ailleurs il n'est pas permis aux étrangers d'en profiter aussi librement qu'ici. Je parle de l'Université, des hôpitaux, des bibliothèques et des musées de tout genre.

Je n'ai jamais vu d'aussi belles églises, et j'ai vivement senti plus d'une fois la différence qu'il y a à faire ses dévotions entre des murs blancs, ou dans un local plus favorable au culte. En un mot, je serais enchanté de mon séjour à Vienne, si je pouvais me débarrasser de l'idée que je suis continuellement entouré d'un filet imperceptible prêt à se fermer sur moi au premier signal. Le seul ennui qu'un étranger puisse éprouver ici, c'est d'être obligé, s'il n'en a pas déjà pris l'habitude, de s'abstenir en public de toute espèce de critique sur les lieux et les choses; mais ce qu'il doit encore plus éviter, c'est de critiquer les personnes.

Je suis surtout satisfait de mon séjour sous le rapport scientifique. J'ai appris et j'apprends encore spécialement à soigner et à opérer les yeux; quant à la médecine, les professeurs, quelque bons qu'ils puissent être, ne surpassent pas ceux que j'ai déjà entendus, et comme je ne pense pas qu'il soit d'un grand profit pour un jeune médecin de se familiariser avec un grand nombre de méthodes curatives, je cherche plutôt à observer le malade et sa maladie qu'à retenir la médication employée dans le cas spécial. La chirurgie et les accouchements se font mal, mais on a l'occasion de voir beaucoup de cas intéressants.

Depuis quinze jours, je vais souvent aussi au cabinet d'histoire naturelle, surtout l'après-midi. Si je te racontais comment j'étais ici attendu de tout le monde et comment j'ai été reçu et fêté (à titre de *Ichthyologus primus seculi,* disait-on), je risquerais de t'ennuyer et de paraître présomptueux, et je ne veux ni l'un ni l'autre. Mais ce qu'il ne te sera pas indifférent d'apprendre, c'est que Cotta est disposé à accepter mes « Poissons ». Il se trouve depuis quelques jours à Munich et Schimper lui a parlé de l'affaire qu'il a plus avancée par quelques mots, que je n'avais pu le faire par lettre. C'est pourquoi je compte retourner bientôt à Munich pour terminer la chose, puisque Cotta y reste encore quelques semaines. Ainsi, je serai parvenu à mes fins et dès cet automne je me serai procuré une existence indépendante.

Souvent, cet hiver, en faisant une dépense si énorme, j'étais bien inquiet de ne pouvoir déterminer à quel moment elle serait à son terme; mais si Cotta ne met plus d'autre condition que celle d'un certain nombre de souscripteurs, je suis sûr du succès dans six mois. Ainsi, vous pouvez considérer ce que j'ai fait comme une spéculation menée à bonne fin et qui met le comble à mes vœux, en me permettant de travailler ultérieurement à mes projets d'avenir.....

Une lettre adressée à son frère, en date du 29 mai, immédiatement après son retour à Munich, nous donne un récit de son séjour à Vienne, ainsi que des détails personnels qu'il avait hésité à communiquer à son père; ils nous font voir la place qu'à l'âge de vingt-trois ans il occupait déjà dans le monde savant.

* *Louis Agassiz à son frère Auguste.*

Munich, le 29 mai 1830.

.... Tout m'était ouvert et, à ma grande surprise, j'ai
été reçu par tout le monde comme un confrère connu.
N'est-ce pas flatteur d'aller à Vienne sans aucune recommandation et d'être accueilli et réclamé par toutes les
personnes de la science, d'être ensuite présenté et introduit partout? Au Musée, je pouvais me faire ouvrir,
quand bon me semblait, non seulement les salles, mais
aussi toutes les armoires et même les bocaux et en sortir
ce que je voulais pour l'examiner; à l'hôpital, plusieurs
professeurs ont poussé la complaisance jusqu'à m'inviter
à les accompagner dans leurs visites particulières. Tu
peux penser si j'ai mis tout cela à profit et combien j'ai
vu de choses.....

Du reste, sois tout à fait sans inquiétude sur mon
compte. J'ai à présent assez de cordes à mon arc pour ne
plus être embarrassé de mon avenir. Seulement, ce qui
me peine, c'est que la chose que je désire le plus obtenir,
la direction d'un grand Musée, est celle qui pour le moment me semble la plus éloignée. Quand j'aurai terminé
mes affaires avec Cotta, je commencerai à emballer mes
effets et j'espère pouvoir reprendre le chemin de la maison dans le mois d'août. Je doute que je puisse partir
plus tôt, parce que dans le but de m'exercer, je me suis
mis à donner un cours de zoologie auquel peut assister
qui veut, et j'ai envie de le terminer avant mon départ.
Je professe de vive voix, sans avoir même de notes devant
moi; pour cela il faut que je me prépare. Tu vois que je
ne perds pas mon temps.

La lettre suivante nous annonce un changement important dans les affaires de la famille. M. le pasteur Agassiz avait été appelé de la cure d'Orbe à celle de Concise, village situé sur la côte nord-ouest du lac de Neuchâtel.

* *Madame Agassiz à son fils Louis.*

Orbe, juillet 1830.

Depuis la lettre que ton père t'écrivit le 4 juin, nous n'avons eu aucune nouvelle de toi, mon cher Louis, ce qui nous fait espérer que tu travailles avec un zèle tout particulier à terminer tes affaires en Allemagne et à venir le plus vite possible auprès de tes parents. Quelle que soit la diligence que tu mettes à ton retour, tu ne nous trouveras plus ici. Il y a quatre jours que ton père est pasteur de Concise; nous avons été hier visiter notre nouveau domicile. Rien n'est plus joli; de l'avis de tous ceux qui le connaissent, c'est le plus beau poste du canton. Une vigne d'une pose, un superbe verger garni d'arbres fruitiers en plein rapport, un beau jardin potager, un parterre, le tout entourant la cure, voilà toute l'étendue de notre nouveau domaine; une source intarissable qui jaillit dans le fond d'une grotte, un joli ruisseau qui serpente à cinquante pas de la maison, bordé d'une allée garnie d'arbustes, de bosquets, de bancs, tout cela établi avec autant de goût et de soin que possible. La maison est fort bien aussi, tous les appartements donnent sur le lac, qui est à une portée de fusil de nos fenêtres. Nous avons au rez-de-chaussée un salon, une chambre à manger, deux cabinets; deux portes conduisent au parterre qui est au niveau du plainpied; une très belle cuisine; à côté, une jolie place où l'on mange en plein air en été. Le haut de la maison a la même distribution que le bas, plus une grande chambre de catéchumènes. Le jasmin qui tapisse la façade monte presque jusqu'au toit.....

Madame Agassiz s'attacha beaucoup à cette jolie cure ; sa vie paisible est parfaitement décrite par une de ses filles qui, bien des années plus tard, écrivait ces lignes :

Ici, maman reprit son rouet avec une nouvelle ardeur. C'était une occupation qu'elle aimait beaucoup et dans laquelle elle était très habile. Jadis chez grand-papa toutes les femmes de la maison, maîtresse ou servantes, possédaient un rouet et les jeunes filles avaient l'habitude de faire ainsi leur propre trousseau. Plus tard, maman continua à filer pour ses enfants et même pour ses petits-enfants. Nous conservons tous, comme un précieux souvenir, du linge de table fait par elle. Nous étions charmés de la voir à son rouet ; elle était si gracieuse et le fil de ses idées semblait suivre, pour ainsi dire, le fil fin et délicat, à mesure qu'il se déroulait sous ses doigts.

Agassiz fut retenu à Munich plus longtemps qu'il ne s'y attendait par les arrangements concernant sa publication, et le mois de novembre était déjà presque passé avant que ses préparatifs de départ fussent achevés.

* *Louis Agassiz à ses parents.*

Munich, le 9 novembre 1830.

.... Selon vos désirs, je ne vous amène personne de ma connaissance. Je veux pouvoir jouir en paix du plaisir d'être en famille. Cependant, j'ai quelqu'un avec moi pour lequel il nous faudra prendre les arrangements les plus convenables. C'est un peintre qui dessine ce dont j'ai besoin. S'il n'a pas place dans la maison, il pourra loger ailleurs; cependant j'aimerais bien que vous puissiez au moins me céder une chambre bien éclairée où je travaillerais seul et où il pourrait dessiner auprès de moi, pendant la journée. Ne vous récriez pas là-dessus; il n'est pas à ma charge; seulement, il serait plus avantageux pour moi que je l'eusse dans la maison. Comme je ne voudrais pas perdre trop de temps à des ouvrages mécaniques que d'autres peuvent faire aussi bien que moi, je prierai également papa de voir s'il n'y aurait pas à Concise un petit garçon d'une quinzaine d'années, adroit de ses mains, que je pourrais employer à nettoyer mes squelettes. Enfin, vous recevrez bientôt plusieurs caisses; je vous prie de les laisser intactes et même de ne pas en payer le port; c'est de toutes les dépenses la plus ingrate et je ne veux pas que vous n'ayez qu'une idée désagréable de mes collections.

Avec Cotta je suis parfaitement en règle et j'ai même terminé mes affaires plus avantageusement que je n'osais l'espérer; nous sommes d'accord pour un millier de louis, dont six cents payables dans le cours de la première année, à partir de la publication du premier cahier et quatre cents à répartir sur les cahiers suivants. Si je n'avais pas été pressé d'en finir, pour me soustraire à la méfiance, j'en aurais encore tiré davantage. J'espère ainsi vous avoir réconciliés avec l'histoire naturelle. Ce qu'il me reste à faire est un travail de moins d'un an, pendant lequel je veux en outre rassembler les matériaux pour mon second ouvrage sur les pétrifications. J'ai déjà parlé à ce sujet à mon libraire et il veut s'en charger à des conditions encore plus favorables que je pourrai dicter. Je vous prie de faire votre possible pour me procurer des souscriptions, afin que nous puissions bientôt régler les arrangements typographiques.....

La réponse de son père, écrite d'un ton enjoué,
nous montre pourtant qu'il était un peu effrayé par
la perspective d'avoir à héberger non seulement le
naturaliste et ses collections, mais encore un peintre
et un préparateur.

M. Agassiz à son fils Louis.

Concise, le 16 novembre 1830.

.... Tu nous parles de Noël pour le moment de ton arrivée; mettons le Nouvel an. Aussitôt à Neuchâtel, on y
passe quelques jours; il faut être avec son frère, voir
Messieurs Coulon et autres; de là à Cudrefin, il faut y
passer la revue de son cabinet; puis à Concise, puis à
Montagny, Orbe, Lausanne, Genève, etc.; chacun voudra
posséder et fêter M. le Docteur. Pendant toutes ces excursions de rigueur et auxquelles je suis plus qu'économe
en n'accordant que trente jours, il est aussi clair que
le soleil, que le travail est complétement mis de côté, si
même le temps n'est pas perdu. Maintenant de grâce, que
ferais-tu, que ferions-nous de ton peintre, pendant cet
espace de jours, tous employés ailleurs? Ce n'est pas le
tout. Quoique l'époque du mariage de Cécile ne soit pas
définitivement arrêtée, il est plus que probable qu'il aura
lieu en janvier et que tu seras de la noce. Si là-dessus tu
veux te souvenir du sens dessus dessous de la maison
paternelle, quand il s'agissait de faire vos malles pour
vous expédier à Bienne, Zurich et autres lieux, tu auras
la mesure de l'état de nos chambres, hautes et basses,
grandes et petites, quand on commencera à mettre le nez
et la main au trousseau d'une épouse. Où, pour l'amour
de Dieu, veux-tu nicher un peintre et un domestique, au
milieu d'une demi-brigade de tailleuses, de lingères, courte-

pointières et modistes, sans compter nos amies..... et la queue ? Où voudrais-tu et où pourrais-tu remiser tes colis, dont je n'ose entreprendre le catalogue, avec tous les taffetas, nanzous, cottepaillis, tulles, dentelles, etc. ? Aussi ai-je déjà, malgré l'approche de l'hiver, planté un grand clou au galetas, pour y pendre ma robe et mon rabat.

Après ces considérants, voici, mon cher, les conclusions de ton père. Donne tous tes soins à tes affaires de Munich; ne les quitte que quand tu les auras mises dans l'ordre le plus parfait, ne laisse rien à faire, rien en arrière..... que le peintre, sauf à l'appeler ici quand tu auras jugé qu'il y a moyen d'utiliser son talent.....

* *Louis Agassiz à ses parents.*

Munich, le 26 novembre 1830.

..... Lorsque vous recevrez ces lignes, je ne serai plus à Munich; au moyen d'un dernier prélèvement chez mon banquier, j'ai réglé mes comptes avec tout le monde et j'espère pouvoir partir après demain. J'ai parfaitement senti la justesse de toutes tes observations, mon cher père; mais comme tu pars d'un faux point de vue, elles ne coïncident pas entièrement avec les circonstances actuelles.

Je compte rester auprès de vous jusqu'à l'approche de l'été, non seulement dans le but de travailler au texte de mon livre, mais principalement pour exploiter toutes les collections de pétrifications de la Suisse, et pour cela il me faut absolument un peintre qui, grâce à mon libraire, n'est pas à ma charge et qui doit m'accompagner partout où j'irai dorénavant. Puisqu'il n'y a pas place pour lui dans la maison, veuillez voir comment nous pourrons le

loger dans le voisinage. J'ai tout au plus besoin, chaque
jour, de jeter un coup d'œil sur ce qu'il fait; je puis même
lui donner de l'ouvrage pour plusieurs semaines, pendant
lesquelles ma présence serait inutile. Si la collection de
Zurich est considérable, je le laisserai là jusqu'à ce qu'il
soit prêt et il viendra ensuite me rejoindre; tout cela
dépend des circonstances. Dans tous les cas, il ne doit
être nullement à votre charge, encore moins nous gêner
dans nos réunions de famille, et afin de pouvoir passer
tout mon temps auprès de vous, je ne transporterai à
Concise, pour le moment, que ce qui m'est absolument
nécessaire. Nous verrons plus tard où je pourrai placer
mon musée. Quant aux visites, il n'en est nullement question avant le printemps; je ne saurais supporter d'être
distrait avant d'avoir achevé le premier cahier de mes
« Poissons ».....

Le peintre en question était M. Dinkel. Ses relations avec la famille prirent un caractère vraiment
amical et, pendant seize ans, il resta en relations
intimes avec Agassiz, jusqu'au moment où celui-ci
partit pour l'Amérique. Pendant toute cette période,
M. Dinkel fut occupé comme dessinateur, soit à Paris,
soit en Angleterre ou en Suisse, en un mot partout
où il y avait des spécimens à dessiner. Longtemps
après, lorsque leurs relations eurent été interrompues
par le départ d'Agassiz pour l'Amérique, il écrivait
ce qui suit :

« Pendant longtemps cette séparation m'a rendu mal-
« heureux; il avait un noble et bon cœur et était très
« bienveillant; s'il avait eu des millions, il les aurait
« dépensés pour ses recherches scientifiques et aurait
« fait autant de bien que possible à ses semblables. »

Quelques passages des lettres de Braun compléte-
ront le récit des années passées à Munich, années si
riches en projets et en résultats et qui furent, pour
ainsi dire, le prélude de la carrière scientifique des
deux amis. Ces passages prouvent qu'ils voyaient
approcher avec sérieux, et même avec une certaine
tristesse, la fin de cette précieuse période de leur vie.

Alexandre Braun à son père.

(Trad. de l'allemand.)

Munich, le 7 novembre 1830.

.... Si je quittais maintenant Munich, je devrais me séparer d'Agassiz et de Schimper, ce qui ne me serait ni
agréable, ni avantageux et ne serait nullement affectueux
à leur égard. Nous ne voulons pas raccourcir le temps si
limité que nous pouvons encore passer si paisiblement
entre nous et nous tenons à en profiter le plus possible
en nous instruisant mutuellement, en nous encourageant
l'un l'autre à suivre le bon chemin, en resserrant pour le
reste de la vie les liens qui nous unissent. Agassiz restera
ici jusqu'à la fin du mois; pendant ce temps, il nous donnera des leçons d'anatomie et j'apprendrai beaucoup de
zoologie. Il est en outre certain que nous pouvons réca-
pituler nos cours de médecine bien plus tranquillement
et avec plus de suite ici qu'à Carlsruhe. Ajoute à cela
l'avantage dont nous jouissons de pouvoir visiter les hôpitaux.

Le temps se passe maintenant de la manière la plus
agréable pour nous, car Agassiz a reçu quelques paquets
de livres, entre autres les œuvres complètes de Schiller et
de Gœthe, le *Conversations-Lexicon,* des ouvrages de mé-

decine et d'histoire naturelle. Que de livres on peut recevoir en échange d'un seul qu'on a écrit! Naturellement, ils sont pris sur la part de profits d'Agassiz. Hier pendant toute la journée, nous n'avons fait que lire Gœthe.

Pour terminer cette période, nous donnons ici un abrégé de la vie universitaire d'Agassiz, d'après ses propres indications. On l'avait souvent prié de recueillir tous les souvenirs qui s'y rattachent, mais il vivait tellement dans le présent, chaque jour lui apportant sa tâche, qu'il lui restait peu de temps pour s'occuper du passé, de sorte que ce récit est resté à l'état d'ébauche. Quoiqu'il comprenne plusieurs faits déjà mentionnés, nous le reproduisons en entier, parce qu'il résume à peu près le développement intellectuel d'Agassiz jusqu'à cette époque.

« J'ai le sentiment qu'à différentes époques de ma vie, j'ai employé des méthodes d'études très variées ; on me permettra, par conséquent, de présenter les résultats de mon expérience dans le but d'établir un système rationnel pour l'étude de la nature.

« A l'âge de douze ans, je faisais ce que font presque tous les commençants ; je recueillais tout ce qui me tombait sous la main et j'essayais, au moyen de livres et d'autres renseignements à ma disposition, de trouver les noms des objets que j'avais collectionnés. Ma plus haute ambition à cette époque était de pouvoir désigner correctement par un nom latin les plantes et les animaux de mon pays et d'étendre graduellement cette connaissance aux produits d'autres contrées. Cela me paraissait alors le but légitime et l'œuvre particulière d'un naturaliste. Je possède encore des volumes manuscrits dans lesquels je notais les noms de tous les animaux et de toutes les plantes que je recueillais. Je ne savais pas alors qu'il est plus important pour le naturaliste de comprendre l'organisation d'un petit nombre d'animaux que d'être maître de toute la nomenclature scientifique. Depuis que je suis devenu professeur et que j'ai suivi le développement des étudiants, j'ai remarqué qu'ils commencent tous de la même manière; mais combien n'y en a-t-il pas qui ont vieilli dans ce genre de travail sans jamais s'élever à une plus haute conception de la nature, et qui ont passé toute leur vie à déterminer les espèces et à étendre la terminologie scientifique.

« Longtemps avant de me rendre à l'Université et d'y commencer l'étude de l'histoire naturelle sous la direction des maîtres de la science qui illustrèrent la première partie de ce siècle, je m'aperçus que, si la nomenclature et la classification sont absolument nécessaires, puisqu'elles sont en réalité le langage technique de l'histoire naturelle, l'étude approfondie des êtres vivants est infiniment plus précieuse. A l'âge de quinze ans environ, je passai presque tout le temps qui m'était laissé pour mes études, à chercher dans les forêts et les prairies du voisinage des oiseaux, des insectes et des coquilles. Ma chambre devint une petite ménagerie et le bassin de notre fontaine, transformé en aquarium, reçut tous les poissons que je pouvais attraper. Mon délassement favori était de collectionner, de pêcher, d'élever des chenilles pour obtenir des papillons parfaits. C'est à cette époque que j'appris une bonne partie de ce que je sais sur les poissons de l'Europe centrale et j'ajouterai que, plus tard, ayant accès à une grande bibliothèque et pouvant consulter ainsi les ouvrages de Bloch et de Lacépède, les seuls qu'on eût alors sur les poissons, je fus surpris du peu de détails qu'ils contenaient sur la structure et les mœurs de ces animaux, détails qui m'étaient devenus si familiers par l'observation.

« C'est à Lausanne, en 1823, que je pris mes premières leçons de zoologie; elles consistaient essentiellement en extraits du « Règne animal » de Cuvier, et des « Animaux sans vertèbres » de Lamarck, et pour la première fois je m'aperçus que les savants différaient dans leur classification. Cette découverte m'ouvrit un vaste champ d'étude et j'éprouvai un vif désir de connaitre l'anatomie pour pouvoir juger par moi-même où était la vérité.

« Pendant les deux années que je passai à l'école de médecine de Zurich, je m'appliquai exclusivement à l'étude de l'anatomie, de la physiologie et de la zoologie, sous la direction des professeurs Schinz et Hirzel. L'impossibilité d'acheter des livres ne fut pas pour moi un malheur aussi grand que je le pensais alors, car elle m'empêcha de m'en rapporter outre mesure aux renseignements qu'ils fournissent. Je passais tout mon temps à disséquer et à étudier l'anatomie humaine, sans cependant oublier mes délassements de prédilection, la pêche et mes collections. J'étais entouré de mes animaux favoris et j'avais une quarantaine d'oiseaux qui volaient librement dans ma chambre et qui n'avaient d'autre perchoir qu'un petit sapin disposé dans un des angles. Je me rappelle encore le chagrin que j'éprouvai, quand un de mes amis, entrant vivement dans ma chambre, écrasa, entre le plancher et la porte, un de mes chers oiseaux qui expira avant que je pusse lui porter secours. Je visitais tous les jours la collection particulière d'oiseaux du professeur Schinz et j'entrepris d'en décrire toutes les espèces, pour me composer ainsi un manuel d'ornithologie que je n'avais pas le moyen d'acheter. Pour le même motif, je copiai de ma main deux volumes des « Animaux invertébrés » de Lamarck, et mon cher frère, voulant me venir en aide, en copia aussi tout un demi-volume. J'appris que l'étude des objets eux-mêmes est beaucoup plus attrayante que celle des livres dont j'avais tellement envie, et quand enfin je pus visiter de grandes bibliothèques, je me contentais habituellement de feuilleter les volumes d'histoire naturelle en regardant les dessins et en prenant note du titre des ouvrages pour pouvoir les consulter et les comparer avec les objets que j'aurais l'occasion d'examiner plus tard.

Après avoir passé deux années à Zurich, je fus attiré à Heidelberg par la grande réputation des célèbres professeurs Tiedemann, Leuckart, Bronn et d'autres encore. Il est vrai que j'étais obligé de consacrer une partie de mon temps à la médecine, mais tout en me préparant à cette carrière par une étude constante de l'anatomie et de la physiologie, je suivais aussi les cours de Leuckart sur la zoologie et ceux de Bronn sur la paléontologie. La publication du grand ouvrage de Goldfuss sur les fossiles d'Allemagne venait justement de commencer et m'ouvrait de nouveaux horizons. Bien que je connusse à fond le *Règne animal* de Cuvier, je n'avais pas encore eu l'occasion de voir ses *Recherches sur les fossiles*, et ce genre d'études me paraissait être seulement une extension du domaine de la zoologie. Je n'avais aucune idée de sa liaison intime avec la géologie ou de ses rapports avec le problème de l'apparition successive des animaux sur la terre; je n'avais jamais songé à une interprétation plus vaste et plus philosophique de la nature dans son ensemble et je croyais qu'on ne pouvait étudier les animaux que par la zoologie descriptive de notre époque.

Je fis alors la connaissance de deux jeunes botanistes, Braun et Schimper qui se sont distingués plus tard dans les sciences. La botanique venait de recevoir une impulsion nouvelle par les grandes conceptions de Gœthe. La métamorphose des plantes était le principal sujet d'étude de mes amis; je ne pouvais m'empêcher de sentir que la zoologie descriptive n'avait pas dit son dernier mot dans la science et que de vastes généralisations, pareilles à celles qui se présentaient aux botanistes devaient aussi se présenter pour les zoologistes. Des relations intimes avec des étudiants allemands me faisaient comprendre que j'avais négligé mon éducation philosophique, et lorsque, en 1827, la nouvelle Université de Munich s'ouvrit avec Schelling pour la philosophie, Oken, Schubert et Wagler pour la zoologie, Döllinger pour l'anatomie et la physiologie, Martius et Zuccarini pour la botanique, Fuchs et Kobell pour la minéralogie, je me décidai à m'y rendre avec mes deux amis afin de profiter de ces nouvelles ressources scientifiques.

Les connaissances que j'acquis à Munich furent très variées. Avec Döllinger, j'appris la valeur de l'exactitude dans les observations ; comme je demeurais dans sa maison, il m'enseigna en particulier à me servir du microscope et m'initia à ses propres méthodes d'investigations embryologiques. Il avait déjà été le maître de Karl Ernst von Baer, et quoique l'élève ait surpassé le maître et soit devenu une des gloires de la science, il n'est que juste de rappeler qu'il dut à Döllinger ses premières connaissances dans les méthodes de recherches embryologiques. Ce dernier était un observateur soigneux, minutieux, persévérant et un profond penseur, mais sa plume était aussi indolente que son cerveau était actif. Sans restriction et sans réserve, il faisait part à ses élèves de son trésor intellectuel et rien ne lui procurait plus de plaisir que les causeries scientifiques avec quelques étudiants ou les promenades avec eux en pleine campagne dans le cours desquelles il leur expliquait le résultat de ses récentes découvertes. S'il voyait que ses auditeurs le comprenaient, il était satisfait et ne se souciait pas de faire connaître ses recherches d'une manière différente. Je pourrais citer plusieurs ouvrages de savants qui n'eurent pas d'autre origine que ces conversations entraînantes. L'influence que Döllinger a exercée indirectement sur le développement de notre science, n'a été proclamée par personne

aussi chaudement que par von Baer, son élève le plus
distingué. Dans l'introduction de son ouvrage sur l'embryologie, il énumère avec reconnaissance tout ce qu'il
devait à son vieux professeur.

Parmi nos professeurs les plus entraînants, je dois citer
Oken; maître dans l'art d'enseigner, il exerçait une influence presque irrésistible sur les étudiants. Il se plaisait à reconstruire l'univers d'après sa propre imagination; de conception en conception, il établissait toutes les
relations des trois règnes dans lesquels il comprenait les
êtres vivants et il classait les animaux, comme par magie,
suivant une analogie basée sur le corps humain. En l'é-
coutant, il nous semblait que c'était une œuvre inutile que
d'accumuler lentement et laborieusement des connaissances précises et détaillées, tandis que l'esprit supérieur
de notre professeur pouvait à lui seul reconstruire le
monde par ses puissantes facultés. Il faut pourtant bien
se garder, comme l'a fait l'école des physio-philosophes,
de céder à cette tentation d'expliquer les mystères de la
nature par de brillantes théories tirées de l'imagination,
plutôt que par l'étude patiente des faits, tels que nous les
observons. Il y a une grande différence entre l'homme
qui, comme Oken, cherche à construire le système entier
de la nature par des principes généraux, et celui qui, en
subordonnant ses conceptions aux faits, est en état de les
généraliser et de reconnaître leurs relations. Sans doute
aucun naturaliste consciencieux ne peut étouffer les suggestions qui s'élèvent constamment dans le cours de ses
investigations au sujet de l'origine des êtres vivants et de
leurs relations intimes; cependant le vrai scrutateur de
la nature est celui qui, en cherchant la solution de ces
grands problèmes, admet que le seul vrai système scientifique doit être de poser, comme base de l'édifice, la pensée qui naît des faits et s'appuie sur eux.

Parmi nos compagnons d'étude se trouvaient plu-

sieurs jeunes gens qui comptent maintenant parmi les
hommes les plus distingués dans différentes branches de
la science, et d'autres qui promettaient autant, mais dont
la mort prématurée a mis fin brusquement à leur brillante
activité. Quelques-uns d'entre nous avaient déjà appris à
travailler par eux-mêmes et ne se bornaient pas à tout
recevoir du dehors. Un esprit d'émulation existait entre
nous; souvent nous nous réunissions pour discuter nos
observations; nous faisions de fréquentes excursions dans
le voisinage et donnions des leçons à nos compagnons d'é-
tude; nous avions même quelquefois le plaisir de voir
parmi les auditeurs nos professeurs de l'Université. Cet
exercice nous fut d'un grand prix en nous préparant, pour
l'avenir, à parler devant un plus nombreux auditoire. Ma
chambre servait habituellement de salle de cours; elle
pouvait contenir facilement quinze à vingt personnes et
les étudiants, ainsi que les professeurs, l'appelaient ordinairement « la Petite Académie ».

C'est là que je fis tous les squelettes représentés dans les
planches du « Système naturel des reptiles », par Wagler;
c'est là que je reçus un jour le grand anatomiste Meckel,
que Döllinger m'avait adressé pour examiner mes préparations anatomiques et en particulier la grande quantité
de squelettes de poissons d'eau douce que je possédais.
Deux peintres travaillaient continuellement à mes côtés;
l'un dessinait des poissons fossiles, l'autre divers spécimens d'histoire naturelle. J'avais toujours à mes gages un
peintre et quelquefois deux; il ne m'était pas facile de les
payer avec les cinquante louis que je recevais par an de
ma famille; mais ils étaient encore plus pauvres que moi
et nous allions de l'avant tant bien que mal. J'avais gagné
par mes écrits de quoi acheter un microscope.

A peine la publication des « Poissons du Brésil » était-
elle terminée que je commençai à étudier les ouvrages des
anciens naturalistes. Le professeur Döllinger m'avait fait

cadeau d'un « Rondelet » qui pendant longtemps fit mes délices. J'étais particulièrement frappé de la naïveté des récits de Rondelet et de la minutie de ses descriptions, autant que de la fidélité de ses planches, gravées sur bois, dont quelques-unes sont encore aujourd'hui ce que nous possédons de mieux dans ce genre. Son savoir m'écrasait: j'aurais volontiers lu, comme il l'a fait, tous les ouvrages connus; mais il y avait des auteurs qui me fatiguaient et je confesse que Linné était alors de ce nombre. Je le trouvais sec, pédant, dogmatique, rempli de lui-même, tandis que j'étais enchanté d'Aristote, dont j'ai lu et relu la zoologie, y revenant toujours tous les deux ou trois ans. Je dois cependant ajouter à ma décharge que, lorsque je fus mieux initié à l'histoire de cette science, j'appris aussi à respecter Linné comme il le mérite; mais un étudiant déjà familiarisé avec les ouvrages de Cuvier et ne connaissant qu'imparfaitement les premiers progrès de la zoologie, ne pouvait guère apprécier la valeur du grand réformateur de l'histoire naturelle.

Je ne puis penser à mon séjour à Munich sans éprouver un sentiment de profonde reconnaissance. La ville abondait en ressources pour étudier les arts, les lettres, la philosophie et les sciences. Elle était remarquable à cette époque par l'activité de sa vie publique aussi bien que de sa vie scientifique. Le roi Louis paraissait avoir des idées libérales; il était l'ami des poètes et des artistes et cherchait à concentrer dans sa nouvelle Université toutes les gloires de l'Allemagne. C'est ainsi que, pendant quelques années, j'ai pu admirer les plus brillantes intelligences et profiter de ce stimulant que procure la rivalité d'hommes également éminents dans les différentes sphères des connaissances humaines. Dans des circonstances pareilles, un homme doit se ranger au nombre des disciples qui entourent un maître, ou aspirer à devenir lui-même un maître.

Le moment était venu cependant où mes faibles ressources se trouvaient épuisées. J'avais vingt-quatre ans ;
j'étais docteur en philosophie et en médecine, auteur d'un
ouvrage in-quarto sur les Poissons du Brésil. J'avais parcouru à pied toute l'Allemagne méridionale, visité Vienne
et exploré de vastes régions des Alpes. Je connaissais
tous les animaux vivants et fossiles des musées de Munich,
de Stuttgart, de Tübingen, d'Erlangen, de Würzburg, de
Carlsruhe et de Francfort ; mais mon avenir était aussi
sombre que jamais et je n'avais pour le moment que peu
d'espoir de faire mon chemin dans ce monde autrement
qu'en poursuivant ma carrière de médecin. C'est ainsi
qu'à la fin de 1830, je quittai l'Université et m'en retour-
nai auprès de mes parents, avec l'intention de pratiquer
la médecine, et persuadé que mes connaissances théoriques et l'habitude que j'avais prise d'observer me feraient
réussir dans la profession qui m'attendait.

CHAPITRE V

1830-1832 — 23 à 25 ans

Séjour d'une année dans sa famille. — Départ pour Paris. — Invasion du choléra. — Première visite à Cuvier. — Mort de Cuvier. — Difficultés d'Agassiz à Paris. — Lettres de sa famille à ce propos. — Singulier songe.

Le 4 décembre 1830, Agassiz quittait Munich avec Dinkel. Après un court séjour à Saint-Gall et à Zurich, consacré à examiner des poissons fossiles et à en faire des dessins, il arriva à Concise le 30 du même mois. Si impatient que fût M. Agassiz de revoir son fils, il n'était pas, comme nous l'avons vu, sans quelque inquiétude au sujet des embarras qu'occasionnerait dans sa paisible cure la présence d'un naturaliste, d'un peintre et de tout ce qu'ils apporteraient avec eux. Mais les difficultés furent aplanies par le plaisir de se revoir et Agassiz ne tarda pas à être bien installé sous le toit paternel avec son dessinateur, ses fossiles et tout son attirail scientifique. « Au « premier coup d'œil, écrivait sa sœur, on croyait à « un immense désordre; mais en y regardant de près, « tout était à sa place et le moindre petit morceau « de papier avait son utilité. M. Dinkel nous donnait « des leçons de dessin, et comme il était également

« bon musicien, il posait quelquefois son pinceau
« pour prendre sa flûte ou sa guitare ».

Pendant près d'une année qu'Agassiz passa à Concise, il s'occupa tranquillement de ses recherches
ichthyologiques, menant de front ses deux ouvrages
sur les « Poissons fossiles » et sur les « Poissons d'eau
douce de l'Europe centrale ». Il ne manquait pas non
plus de malades à soigner dans le village et dans les
environs, sans être cependant décidé à faire de la
médecine sa carrière définitive.

D'un autre côté, il lui semblait de plus en plus
nécessaire de faire son travail sur les poissons à
Paris, ce grand centre de la vie scientifique, où il
trouverait toutes les facilités désirables pour ses recherches et où il pourrait en même temps continuer
avantageusement ses études médicales; mais le manque d'argent s'y opposait. Il avait cependant de petites ressources particulières à sa disposition, surtout
depuis que son éditeur s'était engagé à lui fournir
quelques fonds pour continuer son ouvrage. Ces ressources furent encore augmentées par la générosité
de son oncle et d'un ami de son père, le pasteur
Christinat, qui s'était intéressé à Agassiz dès son
enfance. Malgré cela, l'avenir qui s'ouvrait à lui en
partant pour Paris, au mois de septembre 1831, était
assez sombre en ce qui concernait sa situation pécuniaire, mais plein de promesses à bien d'autres égards.

En route, il s'arrêta à plusieurs reprises pour visiter les hôpitaux et les musées, s'occupant comme
toujours aussi bien de médecine que d'histoire naturelle. Peut-être était-il un peu trop disposé à envisager que les villes qui possédaient les plus belles col-

lections offraient aussi les meilleures conditions pour poursuivre des études médicales; mais il avait pourtant un but bien défini, celui de se mettre au fait de tout ce qui concernait le choléra qui, pour la première fois, exerçait ses terribles ravages dans l'Europe occidentale. Il pensait qu'ayant à pratiquer la médecine au moins pendant quelques années, cette étude pourrait lui être d'une grande utilité. Les lettres qu'il écrivait alors sont pleines de réflexions à ce sujet et montrent les efforts qu'il faisait pour découvrir le meilleur moyen de se préserver de cette maladie et de la combattre. La réponse suivante à sa mère fait allusion à la crainte que sa famille avait éprouvée de le voir dépenser en route les faibles ressources destinées à ses études à Paris.

* Louis Agassiz à sa mère.

Carlsruhe, le 30 novembre 1831.

.... Je suis de retour depuis avant-hier de ma course en Wurtemberg, et quoique je connusse déjà les précautions à prendre contre le choléra, je ne crois pas avoir fait une démarche inutile et je suis persuadé que mes observations auront aussi quelque intérêt. Leur première et grande utilité sera pour moi, sans contredit, mais je pense que d'autres en profiteront également. Ta lettre étant si pressante, je ne veux plus renvoyer mon départ d'un instant. Aujourd'hui et demain je mettrai en ordre les objets que m'avait confiés le musée, et puis je partirai.....

Autant je redoutais d'aller à Paris, autant j'y vais avec plaisir, maintenant que j'ai acquis tout ce qui me manquait pour m'y présenter comme je le désirais. J'ai réuni

pour mes « Poissons fossiles » tous les matériaux que je
désirais encore posséder du musée de Carlsruhe, de
Heidelberg et de Strasbourg, et j'ai acquis en zoologie
des connaissances assez étendues pour ne jamais être
dans l'embarras, lorsqu'il s'agira des nouvelles recherches
qui s'y rapportent. De plus, Braun a eu la complaisance
de me choisir et de me donner une superbe collection
pour me servir de base et de guide dans mes recherches;
je la laisse à Carlsruhe..... Comme je l'ai déjà dit, j'ai mis
à profit le musée de Carlsruhe et la collection minéralo-
gique de M. Braun; outre les dessins que M. Dinkel m'a
faits de ces objets, j'ai enrichi mon ouvrage de cent
soixante-onze pages in-folio de manuscrit (je viens de
les compter), que j'ai écrites malgré mes courses et mes
autres occupations..... Je ne m'attendais pas à faire une
aussi riche moisson.

Ainsi préparé, il arriva à Paris avec Dinkel le
16 décembre 1831, et le 18 il écrivait à son père :

Louis Agassiz à son père.

Paris, le 18 décembre 1831.

.... M. Dinkel et moi nous avons fait fort heureusement
notre voyage, mais le lendemain de notre arrivée, j'étais si
fatigué que je ne pouvais remuer un membre. Cependant,
j'ai passé fort agréablement la soirée chez M. Cuvier, qui
m'a fait inviter, ayant appris que j'étais arrivé. Je me
suis trouvé bien inopinément en pays de connaissance.
Je vous ai déjà donné l'adresse de la maison où je pensais loger, rue Copeau, hôtel du Jardin du roi, n° 4. Par
hasard, M. Perrotet, naturaliste voyageur, y demeure
aussi et m'a tout de suite mis au courant de ce qu'il

m'importait de savoir. J'ai également rencontré d'autres personnes connues. Je pourrai m'installer ici à bon compte et je serai à portée de tout ce que je puis mettre à profit. L'école de médecine n'est qu'à dix minutes de ma demeure, le Jardin des plantes à deux cents pas et l'hôpital de la Pitié, où professent messieurs Andral et Lisfranc, est à vingt pas en face. Aujourd'hui et demain, je ferai une tournée pour porter mes lettres de recommandation; puis, je me mettrai bravement à l'ouvrage.

Le jeune Suisse, bien qu'enchanté des ressources scientifiques mises à sa portée, ne se sentit pas d'abord à l'aise dans la grande capitale de la France.

Louis Agassiz à sa sœur Olympe.

Paris, le 15 janvier 1832.

.... Tout ce que je pensais trouver en venant ici s'est réalisé, surtout sous le rapport scientifique, bien que mon attente n'ait pas été dépassée. Partout j'ai reçu l'accueil le plus obligeant, prévenances et égards de toute espèce. M. Cuvier et M. de Humboldt me traitent en toutes circonstances comme leur égal et me procurent les moyens de profiter des collections scientifiques, si bien que je puis travailler comme chez moi. Cependant, ce n'est pas la même chose; tout cela se fait sans cordialité, avec cette politesse froide qui glace au lieu de mettre à l'aise, et, franchement parlant, je voudrais déjà m'en aller, si je n'étais pas retenu par les richesses matérielles que je puis utiliser pour mon instruction.

Le matin, je suis la clinique de la Pitié..... A dix ou onze heures je déjeune, puis je me rends au musée d'histoire naturelle jusqu'à la nuit. De cinq à six je dîne et

après je m'occupe surtout de médecine,.... Voilà comment
se passe mon temps, régulièrement, un jour comme l'autre.
Je n'ai pas voulu me mettre sur le pied de sortir après
le dîner, j'aurais perdu trop de temps..... Le samedi seulement, de neuf à onze heures du soir, je vais chez
M. Cuvier.....

Le mal du pays, dont cette lettre porte l'empreinte, se dissipa bientôt sous l'influence d'une vie
intellectuelle qui, chaque jour, devenait plus entraînante. La bonne réception de Cuvier fut le début
de l'intérêt affectueux qu'il témoigna toujours à
Agassiz. Au bout de quelques jours il lui donna,
ainsi qu'à son dessinateur, une place dans son propre
laboratoire, où il venait souvent jeter un coup d'œil
sur leurs travaux et les encourager. Ces relations con-
tinuèrent jusqu'à la mort de Cuvier, et Agassiz jouit
pendant plusieurs mois de la sympathie scientifique
et de l'amitié personnelle du grand homme qu'il
honorait dès son enfance et dont le nom respecté fut
sur ses lèvres jusqu'à son dernier jour. La lettre suivante, écrite deux mois plus tard à son oncle de
Neuchâtel, montre avec quelle rapidité le jeune naturaliste gagna l'estime et la confiance de son illustre
prédécesseur.

Louis Agassiz à son oncle F. Mayor.

Paris, le 16 février 1832.

.... J'ai aussi à vous annoncer une bonne nouvelle dont
les résultats pourront par la suite m'être avantageux. Je
crois vous avoir dit, lors de mon départ pour Paris, que

ma seule crainte pendant mon séjour ici, était de ne pas être admis à examiner ou encore moins à décrire les poissons fossiles et les squelettes qui sont au Museum, parce que, sachant que M. Cuvier se proposait de faire un ouvrage sur le même sujet, il était possible qu'il se les réservât pour lui seul. Je pensais que peut-être, voyant mon travail déjà avancé, il me proposerait de l'achever en commun avec lui; mais j'osais à peine l'espérer et c'est même pour augmenter mes matériaux et pour avoir plus de chance de réussite auprès de lui, que j'ai si vivement désiré passer par Strasbourg et Carlsruhe, où je savais que je trouverais des objets de la plus haute importance pour le but que je poursuis. Le résultat de ces démarches a dépassé de beaucoup mon attente. Je me suis empressé, dès les premiers jours, de faire voir mes matériaux à M. Cuvier; il m'a reçu avec une politesse extrême, jointe à beaucoup de froideur, et m'a cependant permis d'abord de voir tout ce qui se trouvait dans les galeries du Musée. Mais comme je savais qu'il avait réuni dans des locaux particuliers tout ce qui devait lui servir à écrire son livre, et comme il ne m'avait jamais dit un mot de son projet de publication, j'étais là-dessus dans un doute pénible, puisque la publication de son ouvrage m'aurait ôté en quelque sorte tout espoir de vendre le mien.

J'en étais là lorsque, samedi dernier, passant la soirée chez lui et causant de science, il envoya son secrétaire chercher un portefeuille de dessins qu'il lui désigna. Il m'en fit voir le contenu; c'étaient des dessins de poissons fossiles et des notes qu'il avait prises dans le musée de Londres et ailleurs. Après que je l'eus parcouru, il me dit qu'il voyait avec satisfaction la manière dont je traitais ce sujet, que je l'avais devancé dans cette œuvre, puisqu'il se proposait de l'entreprendre plus tard; mais que j'y mettais tant de soins et qu'il trouvait mon travail si bien fait, qu'il renonçait à son projet et qu'il mettait à ma disposition tous les matériaux qu'il avait réunis et toutes les notes qu'il avait prises.

Vous pouvez penser quelle ardeur cela m'a donnée pour mon travail, d'autant plus que M. Cuvier, M. de Humboldt et plusieurs personnes marquantes, qui s'intéressent à mon ouvrage, m'ont promis qu'ils me recommanderaient particulièrement à un libraire (Levrault), qui paraît être disposé à s'en charger, si la paix est maintenue. Pour en venir à bout et pour ne pas négliger mes autres occupations, je travaille régulièrement au moins quinze heures par jour, quelquefois même une ou deux de plus; ainsi j'espère arriver à temps à mon but.....

Cette marque de confiance ne tarda pas à devenir un vrai legs. Trois mois plus tard, Agassiz se rendait un matin avec Cuvier dans son cabinet d'étude, comme il le faisait souvent. C'était un dimanche et il se mit à un travail que Cuvier lui avait demandé en lui disant : « Vous êtes jeune, vous avez assez de « temps pour cela, mais moi, je n'en ai point de « reste. »

Ils travaillèrent ensemble jusqu'à onze heures, moment où Cuvier prenait son déjeuner, auquel il invita Agassiz. Après quelques instants passés à table en conversation avec les dames de la famille, pendant que Cuvier lisait ses lettres et ses journaux, ils retournèrent dans la chambre d'étude et se remirent assidûment à leurs occupations respectives, jusqu'au moment où Agassiz fut surpris par la cloche de cinq heures. C'était l'heure de son dîner. Il témoigna son regret de n'avoir pas entièrement terminé son ouvrage, en ajoutant que, comme il prenait son repas à une table d'étudiants, il devait arriver à l'heure, mais

qu'il reviendrait tôt après pour terminer sa tâche.
Cuvier répliqua qu'il avait raison de ne pas négliger
la régularité dans les heures des repas et le loua de
son zèle pour l'étude, tout en ajoutant : « Soyez prudent et rappelez-vous que l'excès du travail tue. » Ce
furent les dernières paroles qu'Agassiz entendit de
son bien-aimé maître. Le jour suivant, au moment
où Cuvier montait à la tribune de la Chambre des
députés, il tomba, fut relevé paralysé et transporté
chez lui. Agassiz ne le revit plus.

Nous avons ici quelque peu anticipé, pour mener
jusqu'à leur terme les relations entre Cuvier et
Agassiz. Revenons à notre récit.

La lettre qu'il avait adressée à son oncle causa
naturellement beaucoup de plaisir à ses parents. Immédiatement après l'avoir lue, son père lui écrivait :
« A présent que tu es en possession du portefeuille
« de M. Cuvier, je suppose que ton plan s'est consi-
« dérablement élargi et que ton ouvrage sera le double
« plus grand; dis-moi tout ce que tu penses que je
« puisse en comprendre, ce qui, après tout, ne sera
« pas grand'chose. »

Cependant, une inquiétude de tous les jours em-
poisonnait le bonheur d'Agassiz. Même avec la plus
stricte économie, les faibles ressources dont il pouvait disposer suffisaient à peine à couvrir ses dépenses les plus nécessaires, celles de son peintre, ses
achats de livres et ses frais d'étude. Il était dans des
angoisses continuelles, craignant d'être obligé de
quitter Paris, d'abandonner ses recherches sur les
poissons fossiles et les planches coûteuses qui devaient illustrer cet ouvrage. La vérité sur sa position

financière, qu'il aurait volontiers cachée à sa famille,
fut découverte par une circonstance accidentelle. Son
frère l'avait prié de lui acheter un livre, et ne le
recevant pas, il lui en témoigna sa surprise. La lettre
suivante d'Agassiz, écrite un mois après celle adressée
à son oncle, nous en donne l'explication.

Louis Agassiz à son frère.

Paris, mars 1832.

.... Voici le livre que tu m'as demandé; il coûte dix-
huit francs. Je serais bien fâché s'il arrivait trop tard,
mais je n'en peux rien..... D'abord, pour l'acheter, il fallait
avoir assez d'argent et ne pas être ensuite sans le sou.
Tu peux bien penser qu'après. avoir payé mon chauffage
et donné cinq louis par mois à mon dessinateur, il ne me
reste pas grand'chose des deux cents francs de France
que je reçois chaque mois et que, loin d'avoir de l'avance,
je dépense tout et au delà.....

Du reste, tu ne peux te faire aucune idée de la difficulté
de chercher quelque chose à Paris, quand on ne connaît
pas la ville. Comme je ne me rends à mes occupations
que par deux ou trois chemins, toujours les mêmes, et
que je ne sors guère de ma rue qu'une fois par mois, je
m'égare facilement dès que je m'aventure au delà.....

Vous m'avez déjà demandé à plusieurs reprises comment j'ai été reçu dans différentes maisons où j'étais
recommandé. Je répondrai tout simplement que j'ai remis
une partie de mes lettres, mais que je ne suis retourné
nulle part, parce que je ne puis pas, dans ma position,
employer mon temps à des visites..... Et une fort bonne
raison pour n'y pas aller maintenant, c'est que je n'ai
point d'habit présentable. Je ne me gêne pas d'aller chez

M. Cuvier en redingote..... Il y a huit jours, M. de Férussac
m'a fait la proposition de me charger de la rédaction
en chef de la section zoologique du *Bulletin;* cela pourrait me valoir un millier de francs au plus, mais me
prendrait deux ou trois heures de travail par jour.
J'aimerais savoir au plus vite ce que vous en pensez. Au
milieu de tous les encouragements qui me soutiennent et
qui viennent renouveler mon ardeur, je suis quelquefois
abattu par la difficulté de ma position qui souvent me
paraît très sombre. Courage, persévérance et conscience
voilà ma devise.

Cette lettre lui valut la réponse suivante de sa mère :

* *Madame Agassiz à son fils Louis.*

Concise, mars 1832.

.... Autant la lettre que tu as adressée à ton oncle nous
avait comblés de joie, autant celle que ton frère vient de
nous communiquer nous plonge dans une tristesse amère.
Il paraît, mon cher enfant, que tu te trouves dans un état
de gêne pénible. Je le comprends pour l'avoir souvent
éprouvé; je l'ai prévu pour toi depuis nombre d'années,
et c'est là le nuage qui m'a toujours obscurci ton avenir.
Je viens, mon bon Louis, causer avec toi de cet avenir,
qui m'a si souvent inquiétée. Tu connais assez le cœur de
ta mère pour comprendre sa pensée, alors même que ses
expressions ne paraîtraient pas te convenir. Avec l'infinité de connaissances que tu as acquises par un travail
assidu, te voilà à vingt-cinq ans vivant d'espérances brillantes, en relation avec de hauts personnages et connu
pour avoir des talents distingués. Dans tout cela je verrais quelque chose de très beau, si tu avais cinquante

mille francs de rente, mais dans ta position il te faut
absolument un travail qui te fasse vivre et qui te délivre
du poids insupportable de dépendre des autres. Il faut,
mon cher ami, qu'à dater d'aujourd'hui tu vises à ce seul
but, si tu veux conserver la possibilité de suivre avec
honneur la carrière que tu t'es choisie. Si tu agis autrement, la gène continuelle où tu vas te trouver bridera
tellement ton génie que tu seras fort au-dessous de ce
que tu peux être; en suivant les conseils de tes parents,
tu atteindras plus tard, il est vrai, mais plus sûrement le
résultat que tu cherches dans les sciences naturelles.

Voyons à présent, mon ami, comment tu peux unir le
travail auquel tu as consacré déjà tant de journées à la
possibilité de suffire à ton entretien. D'après ce que tu dis
à ton frère, tu ne vois personne à Paris; la raison m'en a
paru triste, mais enfin elle est sans réplique et ne pouvant
la changer, il faut changer de domicile et revenir dans ton
pays. Tu as vu à Paris ceux que tu tenais essentiellement
à voir; à moins que tu ne te sois étrangement trompé sur
leur bienveillance, tu peux en jouir en Suisse comme à
Paris; ne pouvant faire partie de leur société, tes relations
seront les mêmes à cent lieues. Il faut donc quitter Paris
pour te fixer à Genève, Lausanne ou Neuchâtel, ou même
dans telle autre ville que tu croirais plus propre à tes
vues, et là donner des cours..... Voilà, mon enfant, ce qui
me semble le plus avantageux pour toi. Si, avant de fixer
définitivement ta demeure, tu veux venir reprendre ta
place à la cure de Concise, tu nous trouveras toujours
disposés à faciliter de tout notre pouvoir les arrangements
qui te conviendront. Tu vivras sous notre toit dans une
tranquillité parfaite; tu n'y feras aucune dépense pour
ton entretien.

Il me reste deux sujets à traiter avec toi, pour lesquels
peut-être je pourrai moins me faire comprendre. Tu as
vu à Neuchâtel ce beau bâtiment qui était en construction.

Cette année il sera terminé; on m'a dit que le musée y serait placé. Je crois les collections fort incomplètes et la ville de Neuchâtel assez riche pour faire des sacrifices dans le but d'en combler les lacunes. J'ai pensé, mon cher, que ce serait une occasion unique pour placer tous les objets que tu as dans l'esprit de vin. C'est un grand capital sans intérêts, à fonds perdu, auquel tu dois chaque année consacrer de l'esprit de vin et des soins, et dont tu ne pourras jouir qu'en faisant encore une infinité de dépenses pour des bocaux, des ports et enfin pour l'arrangement d'un local que tu devras encore louer. Tout cela réuni forme un ensemble trop considérable pour toi et qui te procurerait encore des visites sans fin, tandis qu'en profitant d'une occasion unique, tu pourras en tirer dans quelques mois un parti très avantageux. Il faut pour cela t'entendre avec M. Coulon avant qu'il fasse un choix ailleurs. Ton frère peut être chargé de cette négociation, étant sur les lieux....

Enfin, mon dernier sujet est M. Dinkel. Tu as bien du bonheur d'avoir rencontré un brave garçon comme lui; mais enfin, il t'occasionne annuellement une dépense si grande, qu'il faut trouver un moyen de t'en débarrasser; c'est ici où je te vois faire de grands yeux. Mais quand il est question de réformes, il faut les faire en plein et savoir couper l'arbre par la racine. C'est un grand mal de dépenser beaucoup plus qu'on ne peut gagner..... Communique-moi tes plans; il m'est bien pénible de ne pas être en complète communauté d'esprit avec toi.....

* *Louis Agassiz à sa mère.*

Paris, le 25 mars 1832.

.... Il est vrai que je me trouve dans une grande gêne, que j'ai beaucoup moins d'argent à ma disposition qu'il

ne me serait agréable et même nécessaire d'en avoir, mais
cela fait aussi que je travaille beaucoup plus et que je
ne me livre pas du tout aux distractions qui m'auraient
peut-être entraîné sans cela..... Du reste, pour mon travail,
il n'en est pas de mon séjour ici, et surtout de mes
relations avec M. Cuvier, comme tu le penses. Certainement, j'ose espérer qu'il ne me retirerait pas sa bienveillance et sa protection si je partais d'ici; je suis sûr qu'il
serait le premier à m'engager à accepter une chaire ou
une place quelconque qui me serait avantageuse, lors
même qu'elle ne rentrerait pas dans mes études actuelles,
sans que pour cela je fusse privé de ses conseils. Mais
ce qui ne pourrait me suivre et que je lui dois également,
c'est la facilité d'examiner toutes les collections, facilité
dont je ne puis jouir qu'ici; car, lors même qu'il y consen-
tirait, je ne pourrais emporter avec moi plus de cent quin-
taux de poissons fossiles qu'il me faut avoir sous les yeux
pour mieux les comparer, ni un millier de squelettes de
poissons qui rempliraient une cinquantaine de grosses
caisses. Voilà où gît la difficulté et pourquoi il faut que
je reste ici jusqu'à ce que j'aie terminé mon ouvrage. Je
dois ajouter que M. Élie de Beaumont a bien voulu mettre
aussi à ma disposition les poissons fossiles de la collection de l'École des Mines, et M. Brongniart ceux de la
sienne, qui est une des plus belles collections particulières
de Paris.....

Quant aux miennes propres, je me proposais de demander, soit au gouvernement vaudois, soit à la ville de
Neuchâtel, de m'accorder dans leurs musées une place
pour les déposer, à condition qu'ils fissent les frais d'exposition et d'entretien; elles pourraient ainsi servir à
l'instruction publique. Cependant je répugne à m'en des-
saisir entièrement, car je leur souhaite encore une autre
destination. Je ne désespère pas de voir un jour un lien
plus intime réunir les différentes parties de la Suisse, et

de cette union naîtrait nécessairement une Université vraiment helvétique. Alors mon but serait d'y placer ma collection, comme base de celles qu'on devrait nécessairement fonder pour les cours. Il est honteux pour la Suisse, qui est plus étendue et plus riche que maint petit royaume, de ne pas avoir d'Université, tandis que des États qui n'ont pas plus de la moitié de son étendue, par exemple, le grand-duché de Baden en possède deux, dont l'une, Heidelberg, est une des premières de l'Allemagne.

Si jamais j'obtiens dans la société une position qui me permette d'agir dans ce sens, je ferai tous mes efforts pour contribuer à procurer à mon pays le plus grand des bienfaits, celui d'une unité intellectuelle qui ne peut résulter que d'un haut degré de civilisation et de connaissances partant d'un point central.

J'ai également pensé à M. Dinkel; si ma position n'a pas changé lorsque son travail ici sera terminé, et si je n'ai pas la perspective positive d'un établissement qui me permette de le garder auprès de moi, — eh bien! il faudra se séparer! Depuis longtemps déjà je m'y prépare en ne lui faisant dessiner que ce qui me sera indispensable pour la publication de mes premières livraisons, et j'espère que celles-ci me procureront les moyens de faire exécuter ce qu'il faudra pour les autres. Du reste, pour me justifier de l'avoir engagé jadis et d'avoir prolongé cette dépense, je puis dire que c'est en grande partie d'après ses dessins que M. Cuvier a pu juger mon travail, et que c'est bien certainement à eux que je dois la cession qu'il m'a faite de tous ses matériaux. Je prévoyais bien que c'était le seul moyen de le devancer, et ce n'est pas pour rien que je tenais si fort à avoir M. Dinkel avec moi, puis à passer par Strasbourg et Carlsruhe; sans ce dernier effort, M. Cuvier aurait bien pu avoir encore les devants sur moi. Maintenant je suis tranquille là-dessus et je vous ai déjà écrit toute la bonté qu'avait mise

M. Cuvier à m'offrir ses matériaux. Que ne puis-je être aussi heureux pour la publication !

M. Cuvier m'engage fort à présenter mon ouvrage à l'Académie des sciences afin d'obtenir un rapport sur son contenu; mais pour le faire, il faut que je l'achève, et ce n'est pas un petit travail. C'est surtout cette considération qui me fait regretter de ne pas avoir à ma disposition de plus grands moyens pécuniaires; si je les avais, je pourrais faire exécuter dès à présent tous les dessins dont j'ai besoin et une recommandation, telle qu'un rapport de l'Académie, deviendrait bien utile à la publication. Mais quant aux dessins, depuis longtemps je me suis déjà fort restreint; Auguste sait que j'avais encore à Munich quelqu'un qui devait achever l'ouvrage laissé en arrière; j'ai fait discontinuer ce travail lorsque je suis parti de Concise, et si la stagnation de la librairie continue, je serai peut-être encore obligé de me séparer de Dinkel; car si je ne puis pas commencer la publication qui me ferait rentrer dans mes fonds, il faudra bien cesser d'accumuler à l'avance les matériaux. D'un autre côté, si le commerce se relevait bientôt, il me serait fort agréable de pouvoir tout achever avant de quitter Paris.

Je crois avoir oublié de vous dire que Braun est ici; il est arrivé six semaines après moi. J'ai eu un double plaisir à le voir, car il était accompagné de son frère cadet, également fort aimable garçon, élève distingué de l'École polytechnique de Carlsruhe, qui se voue à l'étude des mines et qui désire examiner les collections de Paris se rapportant à cette branche. Tu ne saurais te faire une juste idée de la jouissance et de la consolation que me procurent mes relations avec Alexandre; il est si bon, et en même temps si instruit et si élevé dans ses idées, que c'est un vrai bonheur pour moi d'être son ami. Tous deux nous ressentons vivement l'absence de Schimper l'aîné, qui, malgré le désir qu'il avait de nous rejoindre à Carls-

ruhe pour venir ensuite avec nous à Paris, n'a pu quitter
Munich.....

P. S. Mes amitiés à Auguste. Aujourd'hui, dimanche,
je suis encore allé en vain chez M. de Humboldt pour ce
qu'Auguste m'avait demandé [1].....

Agassiz adresse aussi quelques pages à son père
en réponse au désir, exprimé par celui-ci, d'être mis
au fait de tout ce qu'il pourrait comprendre de l'ouvrage sur les « Poissons fossiles ». Il y a quelque chose
de touchant dans cette communication d'un fils à son
père; on voit par là avec quel plaisir Agassiz répon-
dait au moindre désir de ses parents, lorsqu'il s'agissait de ses études favorites qui leur avaient si souvent
causé des moments de doute et d'anxiété. La lettre
entière, petit traité élémentaire et concis de géologie,
n'est pas reproduite ici; mais la fin n'est pas sans
intérêt au point de vue des recherches spéciales dans
lesquelles il était alors engagé.

Louis Agassiz à son père.

Paris, mars 1832.

.... Maintenant le but des recherches sur les êtres fossiles
est de reconnaître ceux qui ont vécu à chacune des époques de la création et de chercher à rétablir leurs caractères et leurs rapports avec ceux qui vivent de nos jours,
en un mot à les faire revivre dans notre esprit. Ce sont
spécialement les poissons que je veux maintenant reproduire aux yeux des curieux, en faisant voir quels sont

---

[1] Une entreprise commerciale au Mexique.

ceux qui ont vécu à chaque époque, quelles étaient leurs formes, et si possible en déduire les probabilités sur le mode de vie qui leur était propre. Tu comprendras mieux quelles difficultés de semblables recherches offrent, lorsque je te dirai que souvent je suis réduit, pour bien des espèces, à n'avoir qu'une dent, une écaille, une arête, pour établir tous ces caractères. Quelquefois on a le bonheur de découvrir des espèces entières avec les nageoires et le squelette complet et alors tout devient beaucoup plus facile.... Si je t'ennuie par mon verbiage, je t'en demande pardon, mais tu sais combien l'on aime à parler de ce qui vous intéresse, et il m'est arrivé si rarement d'avoir le bonheur d'être interrogé par vous sur des sujets de ce genre, que j'ai voulu présenter la chose dans tout son jour pour vous faire bien comprendre le zèle et l'ardeur que de telles recherches peuvent exciter....

A cette même époque se rattache un singulier rêve qu'Agassiz mentionne dans son ouvrage sur les « Poissons fossiles » (vol. IV, p. 20 et 21). Ce rêve est intéressant, autant comme fait psychologique que parce qu'il montre à quel point Agassiz était préoccupé de son travail aussi bien dans le sommeil qu'étant éveillé.

Pendant une quinzaine de jours, dit-il, j'avais tenté, à plusieurs reprises, de déterminer ce fossile[1], mais sans aucun succès. Quand je vis que mes recherches étaient inutiles, je le mis de côté et n'y songeais plus, lorsqu'une nuit je m'éveillai, persuadé que j'avais trouvé la solution du problème qui me poursuivait, car je venais de voir en songe mon poisson parfaitement rétabli avec toutes les

---

[1] Un *Cyclopoma spinosum*, Ag.

parties que je n'avais pu découvrir sur l'empreinte[1]. Mais au moment où je cherchais à retenir cette image et à m'assurer de ma découverte, tout disparut. De grand matin, je courus au Jardin des plantes pour voir si je ne retrouverais pas dans l'empreinte quelque trait qui me remît sur les traces de ma vision; ce fut en vain. Comme les jours précédents, je ne vis, dans la tête surtout, qu'un amas informe d'os qui paraissaient entièrement brisés. La nuit suivante la même vision se répéta, mais sans résultat plus heureux pour moi; tout disparut à mon réveil. Espérant un peu qu'une troisième apparition me mettrait en possession de la clef de cette énigme, je préparai, avant de me coucher, du papier et un crayon pour pouvoir tracer pendant la nuit ce que je verrais. En effet vers le matin je sentis que mon poisson se présentait de nouveau à mon esprit, d'abord confusément, mais un peu plus tard si distinctement que je n'eus plus aucun doute sur ses caractères zoologiques. Moitié dormant, moitié rêvant et dans l'obscurité la plus complète, je les traçai sur la feuille de papier que j'avais préparée. Le matin, je fus très surpris de voir dans mon croquis nocturne des traits que je crus d'abord impossibles de retrouver sur la plaque[2], surtout un préopercule dentelé et armé de grosses pointes à son bord inférieur. Je me rendis tout de suite au Jardin des plantes et, après plusieurs heures de travail, je parvins cependant, à l'aide de mes burins et de mon marteau, à découvrir toutes les parties de la tête que l'on voit si nettement dans ma planche n° 1....

Agassiz rappelait souvent cette circonstance pour appuyer le fait bien connu que, lorsque le corps est en repos, le cerveau fait un travail auquel il se refusait auparavant.

---

[1] et [2] Les termes « empreinte » et « plaque » désignent l'un et l'autre le fossile tel qu'il l'avait sous les yeux.

CHAPITRE VI

Secours inattendu. — Correspondance avec Humboldt. — Excursion
aux côtes de Normandie. — Ouvertures relatives à une chaire de
professeur d'histoire naturelle à Neuchâtel. — Lettre à Humboldt.

Quoiqu'il fut préparé, ou pensât l'être, à se séparer de son dessinateur, Agassiz ne fut pourtant pas
obligé de faire ce sacrifice. Souvent c'est l'heure la
plus sombre qui précède l'aurore et la lettre suivante
mentionne un secours inattendu, qui arriva à propos
pour tirer Agassiz de ses embarras financiers et de
ses perplexités.

Louis Agassiz à ses parents.

Paris, mars 1832.

Mon cher père et ma chère mère. Priez Dieu avec moi
qu'il bénisse les hommes généreux qui s'intéressent à mon
sort. Que ne suis-je au milieu de vous, quand vous recevrez ces lignes, pour partager vos larmes de joie et remercier avec vous Celui qui gouverne tout, pour les bienfaits
qu'Il continue de répandre sur moi. Je suis encore si
troublé, si surpris de ce qui vient de m'arriver que j'ose
à peine en croire mes yeux.

Je vous ai écrit dans ma dernière lettre que j'étais allé chez M. de Humboldt, que je n'avais pas vu depuis long-temps, pour lui parler d'une commission dont Auguste m'avait chargé, mais je ne l'ai pas trouvé. Dans des visites antérieures, je lui avais fait part de ma position en lui disant que je ne recevais toujours aucune avance de mon libraire. Il m'offrit de lui écrire et il l'a fait, il y a déjà plus de deux mois. Jusqu'ici nous n'avons de réponse ni l'un, ni l'autre. Ce matin, je reçois une lettre de M. de Humboldt, qui est fort inquiet de ne point recevoir de lettre de Cotta; il craint que cette incertitude et l'inquiétude d'esprit qui devait en résulter pour moi ne nuisent à mon travail, et il me prie d'accepter un crédit de mille francs qu'il joint à son billet.... Oh ! si ma mère voulait oublier un instant que c'est ce célèbre M. de Humboldt et prendre son grand courage pour lui écrire quelques lignes seulement, combien je l'en remercierais ! Je crois qu'il vaudrait mieux que ce fût toi que papa, qui ferait probablement mieux, mais peut-être autrement que je ne voudrais. Humboldt est si bon, si indulgent, que tu ne dois pas craindre, ma bonne mère, de lui adresser quelques lignes. Il loge rue du Colombier n° 22 ; adresse tout simplement : M. de Humboldt....

Dans l'agitation du moment, cette lettre n'a pas même été signée.

Le billet suivant de Humboldt à Mme Agassiz, gardé par elle comme un précieux souvenir, montre que la bonne mère avait pris son grand courage et écrit la lettre demandée.

Alexandre de Humboldt à Madame Agassiz.

Paris ce 11 avril 1832.

Je devrais gronder Monsieur votre fils, Madame, de vous avoir parlé de ce peu d'intérèt que j'ai pu lui marquer ; mais comment me plaindre de la lettre si touchante, si remplie de sentiments noblement exprimés, que je viens de recevoir de votre main, Madame! Daignez en agréer ma plus vive reconnaissance. Que vous êtes heureuse de posséder un tel fils, si distingué par ses talents, par la variété et la profondeur de ses connaissances, modeste comme s'il ne savait rien, et cela dans un temps où la jeunesse est généralement d'un amour-propre froid et dédaigneux. Avec une instruction aussi solide, des mœurs douces et attachantes, il faudrait désespérer du monde, si votre fils n'y faisait pas son chemin. J'approuve beaucoup les projets de Neuchâtel et j'espère pouvoir contribuer à les faire réussir, si cela était nécessaire. Il faut penser à quelque chose de fixe dans la vie.

Daignez, Madame, excuser la brièveté de ces lignes et agréez l'expression de ma respectueuse considération.

A. HUMBOLDT.

Voici la lettre qui causa tant de joie à Agassiz et à ses parents en allégeant le fardeau de leurs soucis.

Alexandre de Humboldt à Louis Agassiz.

(Trad. de l'allemand.)

Paris, le 27 mars 1832.

Je suis fort inquiet, mon bien cher M. Agassiz, d'être encore sans nouvelles de Cotta. A-t-il peut-être été entravé par ses affaires, ou par une maladie ? Vous savez comme il est toujours en retard avec sa correspondance. Hier, lundi, je lui ai de nouveau écrit sérieusement à propos de votre affaire (une entreprise de si grande importance pour la science) et l'ai prié de publier alternativement les « Poissons fossiles » et les « Poissons d'eau douce ». En attendant, je ne suis pas sans crainte que ces retards prolongés ne pèsent lourdement sur vous et sur vos amis. Un homme aussi laborieux, aussi bien doué, aussi digne d'affection que vous, ne doit pas être laissé dans une position où le manque de sérénité dérange la puissance du travail. Vous pardonnerez donc sûrement mon amicale bonne volonté envers vous, mon cher M. Agassiz, si je vous prie instamment de faire usage du petit crédit ci-joint. Vous pouvez faire plus pour moi ; considérez cela comme une avance qui n'a pas besoin d'être remboursée pendant des années et que j'augmenterai volontiers quand je partirai, ou même plus tôt. Je serais profondément peiné si mes instances, à propos d'une requête faite dans la plus stricte confidence, bref, une transaction entre deux amis d'âges inégaux, vous était désagréable. Je serais heureux de pouvoir laisser une agréable impression à un jeune homme de votre mérite.

Avec le plus affectionné respect, votre

Alexandre HUMBOLDT.

Nous transcrivons également l'accusé de réception suivant, écrit au crayon et presque illisible. Nous ignorons s'il fut copié tel quel ; en tout cas, ce fut le premier cri de reconnaissance d'Agassiz.

Louis Agassiz à Alexandre de Humboldt.

(Trad. de l'allemand.)

Paris, mars 1832.

Mon bienfaiteur et mon ami,

C'en est trop; je ne puis vous exprimer combien votre lettre de ce jour m'a touché. Si j'étais auprès de vous, j'essaierais de vous remercier de tout mon cœur, mais pour cela je dois attendre le bonheur de vous revoir. Dans quel moment arrive le secours que vous m'envoyez! Voici une lettre de ma chère mère, qui vous fera comprendre toute ma position. Mes parents ne veulent pas consentir à ce que je me voue entièrement à la science, et maintenant je me trouve délivré de la pensée pénible d'agir contre leur désir et contre leur volonté.... Ils n'ont pas le moyen de m'aider plus longtemps et se proposaient de me faire rentrer dans ma patrie, pour donner des leçons, soit à Genève, soit à Lausanne. Je m'étais déjà décidé à suivre ce plan, l'été prochain, et je m'étais fait à l'idée de me séparer, aussitôt que possible, de mon fidèle compagnon, M. Dinkel, dès qu'il aurait terminé ici les dessins des fossiles les plus essentiels. Je voulais vous annoncer cette résolution dimanche et aujourd'hui m'arrive votre lettre! Figurez-vous ce que j'ai éprouvé! Après avoir résolu d'abandonner tout ce qui jusqu'à présent m'avait paru le plus noble, le plus désirable dans la vie, je me trouve tout à coup sauvé par une main secourable et je reprends l'espoir de consacrer entièrement mes forces à la science. Vous ne pouvez vous faire une idée de l'état dans lequel m'a mis votre lettre. Dieu veuille exaucer mes prières pour vous et vous récompenser mille fois de ce que je ne puis vous rendre que par mes remerciements. Qu'Il daigne me donner cette assurance sans laquelle je ne puis atteindre le but, qui, grâce à votre bienveillance et à votre générosité, luit de nouveau devant moi.

Avec respect, reconnaissance et avec une confiance et un dévouement illimité, votre

Louis AGASSIZ.

Peu après, Agassiz fit un petit voyage sur les côtes de Normandie avec Braun et son ami Dinkel. C'était la première fois qu'il voyait la mer. Il écrit à ses parents : « En cinq jours nous longeâmes la côte, du « Havre à Dieppe; enfin j'ai vu la mer et ses innom- « brables richesses ! De nouvelles idées, des vues plus « étendues et une connaissance plus exacte des grands « phénomènes que présentent ces vastes plaines, se- « ront le résultat d'une excursion de quelques jours « que j'avais presque désespéré de pouvoir faire. »

En attendant, l'espoir qu'il avait toujours entretenu d'obtenir une chaire de professeur d'histoire naturelle dans sa patrie, paraissait devoir se réaliser. Sa première lettre sur ce sujet adressée à M. Louis Coulon, naturaliste bien connu, devenu plus tard l'un de ses plus chaleureux amis à Neuchâtel, doit avoir été écrite peu avant la réception du billet de Humboldt qui le sortait de ses embarras pécuniaires.

Louis Agassiz à Louis Coulon.

Paris, le 27 mars 1832.

·.... Lorsque j'ai eu le plaisir de vous voir, l'été dernier, je vous ai exprimé à plusieurs reprises le vif désir que j'avais de pouvoir me fixer auprès de vous et mon intention de faire des démarches pour obtenir la chaire d'histoire naturelle que vous fonderez dans votre Lycée. Maintenant les choses doivent être plus avancées que l'an passé et vous m'obligeriez infiniment si vous pouviez bientôt me donner quelques renseignements là-dessus. J'ai communiqué mes projets à M. de Humboldt que je vois fréquemment et qui veut bien me témoigner de l'intérêt en m'aidant de ses bons conseils; il pense que dans de pareilles circonstances il faut, surtout dans ma position, prendre ses mesures à l'avance.

Il est un autre point fort important pour moi, dont je voulais vous entretenir également. Quoique vous n'ayez vu qu'une bien petite partie de ce que j'ai recueilli, vous savez cependant, d'après ce que je vous ai dit à une époque où j'étais loin de penser à la proposition que je viens vous faire maintenant que, dans mes différentes courses, par mes relations et par des échanges, je me suis fait une fort jolie collection d'histoire naturelle, riche surtout dans les classes dont votre musée est le moins pourvu et qui pourrait combler les lacunes des collections de la ville de Neuchâtel et les rendre plus que suffisantes pour donner un cours complet d'histoire naturelle. J'ai donc pensé qu'il pourrait entrer dans le plan de ce que vous vous proposez de faire pour le Lycée, d'augmenter aussi vos collections zoologiques et, s'il en était ainsi, j'ose croire que ma collection remplirait pleinement le but que vous voulez atteindre. Dans ce cas je vous l'offrirais. Les frais d'installation, le loyer d'un local et l'entretien étant au-dessus de mes forces, je dois viser à m'en défaire, quoiqu'il m'en coûte beaucoup de me séparer de ces compagnons d'étude sur lesquels j'ai fait presque toutes mes recherches.

J'ai également fait part de ce projet à M. de Humboldt qui veut bien s'intéresser à la chose et qui ferait même auprès du Gouvernement, s'il y avait lieu, toutes les démarches nécessaires pour faciliter cette acquisition. Vous me rendriez donc le plus grand service, si vous vouliez me donner vos directions là-dessus et surtout me dire : 1° de qui dépend la nomination à la chaire d'histoire naturelle; 2° de qui dépendrait l'achat de ma collection et 3° ce que vous pensez que j'aurais à faire à ce sujet. Cependant vous concevez que je ne pourrais penser à me défaire de mes collections que si j'avais la perspective d'être à portée de les consulter librement....

La réponse fut non seulement polie mais amicale, bien qu'il se passât quelque temps avant que les arrangements définitifs fussent terminés. En attendant, la lettre suivante nous fait connaître les doutes d'Agassiz et les circonstances qui rendaient cette décision embarrassante. Cuvier était mort dans l'intervalle.

Louis Agassiz à Alex. de Humboldt.

(Trad. de l'allemand.)

Paris, mai 1832.

.... Je ne voulais pas vous écrire avant d'avoir des nouvelles définitives de Neuchâtel. Il y a deux jours, j'ai reçu une excellente lettre de M. Coulon, que je m'empresse de vous communiquer. Je ne veux pas la copier entièrement, mais en extraire l'essentiel. M. Coulon m'écrit qu'il a proposé à la Commission d'éducation l'établissement d'une chaire de professeur d'histoire naturelle, qui me serait offerte. La proposition a été bien accueillie. Le besoin d'une chaire pareille a été reconnu unanimement; mais le président a expliqué que, d'un côté, l'état des finances ne permettait pas de l'établir cette année, et que, de l'autre, la proposition ne pouvait pas être présentée au Conseil d'État avant l'ouverture du nouveau Collège.

M. Coulon a été chargé de me remercier de mon offre et de m'engager au nom de la Commission à ne pas perdre de vue cette place. Il ne met pas en doute qu'avant l'automne prochain une souscription compléterait ce que la ville ne pourrait pas faire et, dans ce cas, j'entrerais immédiatement en fonctions, si toutefois je le désire. Il me demande une prompte réponse afin de pouvoir faire les préparatifs nécessaires.

J'aurais extrêmement aimé vous consulter au sujet des diverses propositions qui m'ont été faites ici ces derniers jours et que j'aurais voulu soumettre à votre approbation. Mais ici, comme à Neuchâtel, on demande que je me décide tout de suite. Quoique je me sois laissé guider presque entièrement par un instinct naturel, je crois néanmoins avoir bien choisi. Dans des moments pareils, lorsqu'on ne voit pas assez loin devant soi pour pouvoir se former un jugement exact, le sentiment est le meilleur conseiller; cette impulsion intérieure est un guide sûr pour l'homme qui ne se laisse pas égarer par d'autres considérations, et ce sentiment me dit : « Va à Neuchâtel, ne reste pas à Paris ».

Mais je parle en énigmes; il faut que je m'explique plus clairement. Lundi passé, Levrault m'a fait chercher pour me proposer de me joindre à Valenciennes, afin d'entreprendre la publication des Poissons de Cuvier..... Je devais lui donner une réponse positive cette semaine.

J'ai sérieusement réfléchi à la chose et j'ai trouvé qu'un engagement sans réserves m'entraînerait trop loin de mon premier but et de ce qu'avant tout je considérais comme la tâche de ma vie. Les volumes déjà publiés du « Système d'Ichthyologie » sont trop en dehors du cercle de mes recherches. Finalement, il me semble que dans une ville paisible et retirée comme Neuchâtel, tout ce qui germe en moi aura un développement plus indépendant et plus original que dans ce turbulent Paris, où les obstacles et les difficultés ne vous détournent peut-être pas d'un but donné, mais peuvent en distraire ou vous retarder. Je répondrai en conséquence à Levrault que je veux entreprendre seulement des parties isolées de l'ouvrage, en m'en réservant le choix, vu ma prédilection pour les poissons, tant fossiles que d'eau douce; puis il sera entendu que je pourrai prendre ces collections en Suisse et les étudier là. De Paris, en outre, il ne me serait pas aussi facile de m'établir en Allemagne, tandis que je pourrais considérer Neuchâtel comme un poste transitoire, d'où je serai peut-être appelé à une Université allemande.....

En attendant le résultat des négociations qui se poursuivaient à Neuchâtel, Agassiz et ses deux amis, les frères Braun, avaient repris le même genre de vie qu'ils avaient mené à Munich. Leur modeste hôtel était occupé essentiellement par de jeunes docteurs allemands, accourus à Paris pour visiter les hôpitaux et étudier le choléra. Quelques-uns d'entre eux étaient d'anciens compagnons d'études d'Agassiz et de Braun qui, cédant à leurs sollicitations, recommencèrent à donner des cours privés de zoologie et de botanique. Il y avait dans ce cercle la plus grande liberté possible; chaque opinion était discutée comme cela se fait entre compagnons du même âge. Il en résultait naturellement des relations très intimes entre ces professeurs improvisés et leurs élèves. La veille de l'anniversaire d'Agassiz, son auditoire habituel lui prépara une charmante surprise. En rentrant chez lui dans la soirée, il trouva Braun qui, après l'avoir entretenu un moment de différents sujets, ouvrit la fenêtre à un signal donné. Agassiz aperçut alors ses amis qui, groupés devant la maison, entonnèrent un chant composé en son honneur. Profondément ému, il vint au-devant d'eux pour recevoir leurs bons souhaits et fut porté en triomphe dans une chambre ornée à cette occasion de guirlandes de fleurs, et où se voyaient au-dessous de deux drapeaux suisses les initiales d'Agassiz tressées avec des roses. Un souper était servi et tous passèrent gaiement la soirée en chantant et en buvant non seulement à la santé du héros de la fête et des amis présents et absents, mais aussi aux progrès des sciences, à la liberté des peuples et à l'indépendance des nations, car à cette époque l'ardente jeunesse d'Allemagne et de Suisse ne pouvait se réunir sans mêler des sentiments patriotiques aux préoccupations du moment.

La correspondance amicale échangée entre Agassiz et M. Coulon, à propos de la chaire de Neuchâtel, ne tarda pas à aboutir à une heureuse conclusion.

* Louis Agassiz à Louis Coulon.

Paris, le 4 juin 1832.

J'ai reçu avec bien du plaisir votre aimable lettre et je m'empresse d'y répondre. Ce que vous m'écrivez m'a fait d'autant plus de plaisir que j'y entrevois la perspective prochaine de m'établir auprès de vous et de pouvoir consacrer à ma patrie les fruits de mon travail.

Il est vrai, comme vous le supposez, que la mort de M. Cuvier a sensiblement changé ma position et que, par exemple, je pourrais m'associer à M. Valenciennes pour la continuation de son ouvrage sur les poissons, comme il me l'a proposé le lendemain de l'arrivée de votre lettre, lorsque je lui fis part de vos projets : les conditions qu'on m'a faites sont même très séduisantes, mais je suis trop peu français de caractère et je désire trop vivement m'établir en Suisse pour ne pas préférer la place que vous pouvez me donner, si je puis me tirer d'affaire avec les appointements qui y seraient attachés.

Si je fais cette observation, c'est pour répondre à la partie de votre lettre où vous abordez cette question. Je puis ajouter que je vous laisse parfaitement le champ libre à cet égard et que je suis à vous sans réserve, si dans la quinzaine les instances des Parisiens ne l'emportent pas, ou plutôt dès que je vous aurai écrit que j'ai su les éloigner. Vous concevez que je ne puis pas refuser brusquement des offres qui paraissent si brillantes à ceux qui me les font, mais je saurai m'armer contre elles de toutes les manières. Vous devez assez me connaître pour être persuadé que je ne tiens pas à une position lucrative par intérêt personnel; loin de là, je sacrifierais toujours à l'établissement qui me serait confié tous les moyens mis à ma disposition.

Étant retenu encore quatre ou cinq mois à Paris par mon travail, et pouvant ensuite disposer pleinement de mon temps, l'époque à laquelle je désirerais commencer mes leçons est très rapprochée, et je pense que si les dispositions de vos compatriotes sont aujourd'hui favorables à la création d'une nouvelle chaire, il ne faut pas les laisser refroidir. Du reste, Monsieur, vous m'avez témoigné tant de bienveillance que je dois laisser à votre obligeance le soin de déterminer ce point, de concert avec vos amis, puisque vous voulez bien vous occuper de mes intérêts jusqu'à la réussite de ce que vous daignez envisager comme un avantage pour votre Gymnase, ce qui serait en même temps pour moi la réalisation d'un désir bien sincère de me dévouer entièrement à l'avancement des sciences et à l'instruction de notre jeunesse.....

La lettre suivante de M. Coulon annonce que la somme de quatre-vingts louis ayant été souscrite, tant par l'administration de la ville que par des particuliers, on pouvait offrir à Agassiz une chaire d'histoire naturelle. M. Coulon conclut ainsi :

* Louis Coulon à Louis Agassiz.

Neuchâtel, 18 juin 1832.

.... Je comprends bien que les offres brillantes qui vous ont été faites à Paris puissent fortement contrebalancer une pauvre petite place de professeur d'histoire naturelle à Neuchâtel, et que vous soyez dans le cas de faire de sérieuses réflexions, particulièrement après avoir si bien commencé votre carrière scientifique. D'un autre côté, vous ne pouvez pas douter du plaisir que nous procure la perspective de vous avoir à Neuchâtel, non seulement à cause de l'amitié que beaucoup de personnes d'ici éprouvent pour vous, mais aussi à cause du lustre qu'aura pour notre institution une chaire d'histoire naturelle occupée par vous. Nos souscripteurs le savent très bien et cela explique la rapidité avec laquelle la liste a été remplie. Je suis très impatient, ainsi que tous ces Messieurs, de connaître votre décision et vous prie, en conséquence, de nous donner de vos nouvelles aussitôt que possible.....

Une lettre de Humboldt à M. Coulon nous donne la preuve du soin avec lequel on veillait aux intérêts d'Agassiz.

* *Alexandre de Humboldt à Louis Coulon.*

Potsdam, le 25 juillet 1832.

Ce n'est point une prière que je vous adresse, Monsieur, mais l'expression de ma vive reconnaissance pour les procédés nobles et généreux dont vous comblez un jeune savant. M. Agassiz, par son talent, par la variété et la solidité de ses connaissances et par l'aimable douceur de son caractère est bien digne, en effet, de vos encouragements et de la protection de votre gouvernement éclairé.

Je savais depuis bien des années, et particulièrement par notre commun ami, M. de Buch, que vous cultiviez l'histoire naturelle avec un succès qui égale votre zèle; que vous aviez réuni de belles collections dont vous accordez la jouissance avec la plus honorable libéralité. Il m'est doux de voir que votre bienveillance s'est dirigée vers un jeune homme qui m'est cher, et que celui dont nous regrettons tous la perte, l'illustre Cuvier, vous aurait aussi recommandé avec chaleur et affection pour ses beaux travaux presque terminés. C'est une grande et noble pensée de calmer les esprits trop exclusivement occupés d'idées politiques, ou d'utopies, en leur offrant une nourriture salutaire dans l'étude de la nature et de celle des sciences qui influe plus immédiatement sur la richesse industrielle des peuples. Les hommes respectables, dont s'honore votre Conseil d'État, acquerront par cette voie de nouveaux droits à l'estime publique. Des habitudes paisibles et laborieuses, une grande sagacité et d'heureuses dispositions naturelles, jusque dans les classes inférieures, ont éminemment contribué jusqu'ici à la prospérité de votre beau pays. L'instruction jointe au travail, mais une instruction en harmonie avec les besoins d'un siècle qui ne rétrogradera pas, resserrera cette union de l'ordre et des libertés publiques qui, depuis des siècles, a caractérisé votre patrie. J'ai conseillé vivement à M. Agassiz de ne pas accepter les offres qui, depuis la mort de M. Cuvier, lui ont été faites à Paris et sa résolution avait précédé mes conseils. Il serait heureux pour lui et pour l'achèvement des deux excellents ouvrages dont il s'occupe, qu'il pût, cette année même, s'installer sur les bords de votre lac. Je ne doute pas de la haute protection que lui accordera votre digne gouverneur [1], près duquel je vais répéter mes sollicitations et qui m'honore, ainsi que mon frère, d'une amitié à laquelle je mets tant de prix.

M. Léopold de Buch m'a promis, en partant de Berlin pour Bonn et Vienne, de vous adresser la même prière. Il s'intéresse presque aussi vivement que moi au sort de M. Agassiz et à son ouvrage sur les Poissons fossiles, le plus important qu'on ait entrepris, et également exact sous le rapport des caractères zoologiques et des formations géologiques.....

La lettre suivante d'Agassiz à son illustre ami fut écrite après sa nomination à la place de professeur à Neuchâtel.

Louis Agassiz à Alexandre de Humboldt.

(Trad. de l'allemand.)

Paris, juillet 1832.

.... Vous ne mettez pas en doute le plaisir que j'aurais eu à répondre plus tôt à votre charmante lettre et à vous dire comme tout est allé facilement à Neuchâtel. Vos lettres à M. Coulon et au général de Pfuel, ont fait des

---

[1] M. Ad.-Ernest de Pfuel.

miracles; maintenant on est disposé à me considérer là
comme une sorte de phénomène [1] et je dois faire tous
mes efforts pour que la réalité ne fasse pas mentir ma
réputation. Tant mieux, je serai d'autant moins disposé à
me relâcher dans mon travail.

La vraie cause de mon silence est que je ne voulais pas
reconnaître par une lettre insignifiante tant de preuves
d'une sympathie si active et d'un encouragement si amical.
Je voulais surtout vous communiquer le résultat final de
mes recherches sur les poissons fossiles, et dans ce but il
devenait nécessaire de revoir mes manuscrits et de prendre note de mes planches, afin de condenser le tout en
quelques lignes. Je vous ai déjà dit que mes études sur
les poissons vivants m'avaient suggéré une nouvelle classification, dans laquelle les familles actuelles reçoivent
une place différente qui me parait plus naturelle, étant
basée sur d'autres considérations que celles qui ont été
présentées jusqu'à présent. Au premier abord, je n'ai pas
attaché une importance particulière à ma classification....
Mon but était seulement d'utiliser des caractères de structure qui reviennent souvent parmi les fossiles et qui
pouvaient me permettre de déterminer des débris considérés jusqu'ici comme ayant peu de valeur. J'abandonnai
donc très longtemps la classification et, absorbé par des
recherches spéciales, je ne fis pas attention à l'édifice qui
s'élevait sans que je m'en doutasse.

Ayant toutefois achevé la comparaison des espèces
fossiles de Paris, voulant déterminer plus exactement
leurs caractères et les mettre plus en relief par leur énumération, j'en fis, pour les reviser facilement, une liste suivant les formations géologiques. Quelles ne furent pas ma
joie et ma surprise en découvrant que la simple énumération des poissons fossiles dans leur succession géologi-

---

[1] Ein blaues Meerwunder.

que donnait en même temps un état complet des relations
naturelles des familles entre elles; qu'on pouvait, en conséquence, découvrir le développement génétique de toute
la classe dans l'histoire de la création, la représentation
des genres et des espèces y étant déterminée; en un mot,
que la succession génétique des poissons correspond parfaitement à leur classification zoologique et précisément
à la classification que je voulais proposer. Dans des formations géologiques caractéristiques, la question n'est
donc plus la prépondérance numérique de certains genres
et de certaines espèces, mais celle de relations définitives
de structure, se suivant l'une l'autre dans un ordre particulier et transmises à travers toutes ces formations dans
une direction déterminée.....

..... Si mes conclusions ne sont pas renversées ou modifiées par quelque découverte plus récente, elles formeront
une nouvelle base pour l'étude des fossiles. Si vous com-
muniquez ma découverte à d'autres, j'en serai d'autant
plus satisfait qu'il se passera peut-être beaucoup de temps
avant que je puisse la publier moi-même et elle peut
intéresser bien des personnes. Ceci me semble être le
plus important des résultats que j'ai obtenus, quoique
j'aie aussi identifié, en partie par des exemplaires parfaits et en partie par des fragments, environ cinq cents
espèces éteintes, plus de cinquante genres disparus, et, en
outre, rétabli trois familles qui ne sont plus représentées.

Cotta m'écrit en termes très polis qu'il ne peut rien
entreprendre de nouveau à présent et que, sans égard au
profit, il paiera volontiers tout ce qui a été fait jusqu'ici;
il m'envoie quinze cents francs. Cela me permet de laisser
Dinkel à Paris pour compléter les dessins. Je dois m'ha-
bituer à l'idée de laisser dans mon portefeuille des investigations terminées, quoique cela me paraisse bien pénible.....

CHAPITRE VII

Commencement de son professorat à Neuchâtel. — Son succès. — Influence sur la vie scientifique à Neuchâtel. — Proposition de l'Université de Heidelberg. — Agassiz est menacé de perdre la vue. — Correspondance avec Humboldt. — Mariage. — Lettre de Charpentier. — Invitation en Angleterre. — Prix Wollaston. — Première livraison des « Poissons fossiles ». — Aperçu de cet ouvrage.

L'automne suivant, Agassiz commença ses fonctions de professeur à Neuchâtel. Son discours d'ouverture sur « les Relations entre les différentes branches de l'histoire naturelle et les tendances actuelles de toutes les sciences », fut prononcé à l'Hôtel de Ville le 12 novembre 1832. Le même soir, il écrivait à son frère : « Tout est bien allé aujourd'hui. Je « suis content et je pense que ceux qui m'ont compris le sont aussi ; notre père était du nombre..... »

Un jour ou deux plus tard, sa mère lui écrit :

« .... Ton père me dit que je puis espérer te voir « dimanche ; tu peux bien t'imaginer, cher enfant, « comme je suis impatiente de t'embrasser et de te « dire tout le bonheur que j'ai de te savoir établi si « près de nous. Mon cœur est plein de satisfaction à

« la nouvelle de ton succès que je fais plus que par-
« tager, car il m'en revient presque une double part.
« Que Dieu continue à te bénir et donne un plein
« succès au cours que tu as commencé ! Ce premier
« essai, quoique fait dans une petite ville, peut avoir
« de l'influence sur ta vie entière. »

Ce discours d'ouverture, dont nous n'avons pu retrouver le texte, mais qui paraît avoir été caractérisé
par cet esprit de généralisation qui distingua plus
tard son enseignement, produisit l'impression la plus
favorable. Les faits s'y plaçaient dans leur ordre
comme partie d'un ensemble et n'étaient jamais présentés comme des phénomènes isolés. Dès le commencement, son talent d'exposition fut mis hors de
doute. Il entrait en effet dans une vocation qui, depuis sa jeunesse jusqu'à sa vieillesse, devait faire le
bonheur de sa vie. Enseigner devint pour lui une
passion, et son influence sur ses élèves était si
grande qu'il leur communiquait son propre enthousiasme.

Agassiz était d'une nature essentiellement libérale.
Il se plaisait à répandre à pleines mains les résultats
de sa pensée et de ses recherches et à les mettre à la
portée même des esprits les plus jeunes et les plus
incultes. Dans ses voyages en Amérique, il expliquait
les phénomènes glaciaires qu'il avait sous les yeux au
cocher qui le conduisait dans les montagnes, ou à
quelque ouvrier cassant des pierres sur la route, et
cela avec autant de sérieux que s'il eût discuté quelque problème avec un confrère en géologie. Il aimait
à s'entretenir avec le simple pêcheur et lui expliquait
les secrets de la structure et de l'embryologie des

poissons, jusqu'à ce que son interlocuteur, enthousiasmé à son tour, commençât à lui exposer les résultats de ses observations souvent informes et inconscientes. Agassiz croyait à la possibilité de faire comprendre aux gens du peuple, si peu cultivés qu'ils fussent, les plus profondes vérités de la nature et il avait le don d'adapter són langage au développement intellectuel de ceux qui l'écoutaient.

La présence du jeune professeur se fit immédiatement sentir à Neuchâtel par une influence stimulante. La petite ville devint rapidement un centre d'activité scientifique. On fonda pour le développement des sciences naturelles une société dont il fut le premier secrétaire. Les collections qui, déjà par les soins de M. Louis Coulon et de son père, avaient acquis une grande valeur, prirent le caractère d'un véritable musée. Agassiz trouva en M. Coulon un ami généreux, un collègue, qui partageait ses plus nobles aspirations et qui était toujours prêt à l'aider dans ses efforts en faveur de la science. Ils arrangèrent ensemble, agrandirent et organisèrent un musée d'histoire naturelle qui fut bientôt connu, même hors de la Suisse.

Indépendamment de ses leçons au Gymnase, Agassiz donna pendant l'hiver des cours de botanique, de zoologie, de philosophie de la nature à un petit nombre d'amis et de voisins qu'il invitait à cet effet. L'enseignement y était aussi simple que familier et plus tard il l'étendit même jusqu'à ses enfants et à ceux de ses amis. La géologie, la géographie dans ses rapports avec la botanique, en formaient la matière, et quand le temps était beau, les leçons se donnaient en plein air. On peut facilement se figurer quel bonheur c'était pour une troupe de jeunes gens de faire une longue promenade dans les forêts des énvirons de Neuchâtel, particulièrement sur la montagne de Chaumont qui domine la ville, et de pouvoir combiner ainsi l'instruction avec une partie de plaisir. De ce point élevé, Agassiz leur expliquait la formation des lacs, des îles, des sources, des rivières, des montagnes et des vallées. Il a toujours insisté sur le fait que la géographie physique pouvait mieux être enseignée aux jeunes gens dans le voisinage de leur propre demeure, que par des livres, des cartes et même des globes. Il ne pensait pas qu'un pays accidenté fût dans ce cas absolument nécessaire; quelques ondulations de terrain, quelque contraste entre les collines et la plaine, quelque nappe d'eau avec les ruisseaux qui l'alimentent, quelque amoncellement de rocailles suffisent à celui qui sait en profiter, et on peut ordinairement mieux expliquer ce qui se présente en petit qu'en grand.

Quand il était impossible de donner les leçons en plein air, on réunissait les élèves autour d'une grande table où chacun d'eux avait devant soi les objets d'histoire naturelle dont on devait s'occuper, tantôt des pierres et des fossiles, tantôt des fleurs, des fruits ou des plantes desséchées. Chaque enfant devait expliquer à son tour ce qui avait fait le sujet de la leçon. Quand il s'agissait de pays éloignés, par exemple, des Tropiques, on tâchait de se procurer quelque objet caractéristique de la contrée, comme certains fruits, souvent difficiles à obtenir, du moins à cette époque. Il va sans dire qu'on terminait la leçon en mangeant les spécimens qui avaient servi à la démonstration, et cette expérience n'était pas la moins appréciée.

Un grand globe en bois rendait plus clairs et plus frappants les divers aspects de la terre. Les élèves prenaient part eux-mêmes à l'enseignement, car ils devaient désigner et démontrer tout ce qui leur avait été expliqué ; ils emportaient leurs petites collections et, pour la leçon suivante, il avaient à classifier et à décrire sans aide quelque curieux spécimen. L'ennui était inconnu dans la classe, la méthode vive, claire et captivante d'Agassiz réveillait les facultés d'observation de ces enfants et leur procurait des jouissances durables.

Pour les élèves plus âgés, la méthode d'enseignement était la même et leur offrait tout autant d'avantages. En hiver, Agassiz donnait aux étudiants des cours de zoologie ; en été, il leur enseignait la botanique et la géologie, profitant des belles journées pour faire en pleine campagne des excursions instructives. Le professeur Louis Favre, de Neuchâtel, élève d'Agassiz, parlant de ces courses dans les gorges du Seyon et dans les forêts de Chaumont, s'exprime ainsi : « C'étaient des jours de fête pour nos jeunes « gens, qui trouvaient dans leur professeur un com- « pagnon actif, plein d'esprit, de vigueur et de gaîté, « et dont l'enthousiasme éveillait en eux le feu sacré « de la science [1]. »

La réputation croissante d'Agassiz ne tarda pas à lui attirer des offres avantageuses dont l'une des premières lui vint de Heidelberg.

---

[1] *Biographie de L. Agassiz*, par L. Favre, professeur, directeur du Gymnase cantonal. Neuchâtel, 1879.

Le professeur Tiedemann à Louis Agassiz.

(Trad. de l'allemand.)

Heidelberg, le 4 décembre 1832.

.... L'automne dernier, quand j'eus le plaisir de vous rencontrer à Carlsruhe, je vous proposai de donner quelques leçons d'histoire naturelle dans notre Université. Le professeur Leuckart, qui jusqu'à présent a enseigné la zoologie, est appelé à Fribourg, en sorte que vous seriez le seul à professer cette branche. L'Université étant très fréquentée, vous pourriez compter sur un nombreux auditoire. Les collections zoologiques, qui ne sont point insignifiantes, seraient à votre disposition. Le professeur Leuckart recevait un traitement de cinq cents florins. La place est maintenant disponible et je n'ai pas de doute que sur la proposition de la Faculté de médecine, on ne vous donnât aussi la même somme. Par votre savoir vous êtes en état d'occuper d'une manière distinguée la place de professeur dans une Université. Je vous conseille donc de ne pas prendre d'engagement dans un Lycée ou Gymnase qui ne pourrait pas offrir une position permanente à un homme de science, ni un champ d'activité digne d'un savant accompli. Réfléchissez donc mûrement à une question si importante pour vous et faites-moi connaître aussitôt que possible votre décision.

Si vous acceptez ma proposition, j'espère que vous serez installé ici à Pâques, comme professeur, avec un traitement de cinq cents florins et dans un milieu où vos connaissances seront appréciées. Les émoluments pour les cours et pour les travaux littéraires pourront vous rapporter en sus quinze cents florins annuellement. En cas d'acceptation, envoyez-moi votre discours d'inauguration et faites-moi connaître vos publications, afin que je puisse prendre les mesures nécessaires auprès des curateurs de l'Université. Considérez cette proposition comme une preuve de ma profonde estime pour vos travaux, et de ma considération personnelle.....

Dans la lettre suivante, Agassiz demande à Humboldt des conseils au sujet des offres de Heidelberg et en même temps lui exprime tout le plaisir que lui a fait le chaleureux accueil reçu à Neuchâtel.

Louis Agassiz à Alexandre de Humboldt.

(Trad. de l'allemand.)

Neuchâtel, décembre 1832.

..... Enfin je suis à Neuchâtel et mes cours ont déjà commencé depuis quelques semaines. J'ai été reçu ici d'une manière à laquelle je ne me serais jamais attendu et que je ne dois qu'à votre bienveillance pour moi et à vos recommandations amicales. Recevez mes plus vifs remerciements pour la peine que vous vous êtes donnée, ainsi que pour votre incessante sympathie. Permettez-moi de vous prouver, par mon travail futur plutôt que par des paroles, que je prends la science au sérieux et que mon âme n'est pas insensible à un aussi noble encouragement que celui que vous me donnez.

Vous aurez reçu ma lettre de Carlsruhe. Si seulement je pouvais vous dire tout ce que j'ai pensé et observé sur l'histoire du développement de notre terre, sur la succession des animaux qui l'ont peuplée et sur leur classification génétique ! Je ne pourrais pas le condenser dans les limites d'une lettre; je veux néanmoins en faire la tentative, quand mes cours me laisseront plus de loisir et que mes yeux seront moins fatigués.

J'aurais renvoyé jusqu'alors de vous écrire, si je n'avais pas eu aujourd'hui quelque chose d'un intérêt au moins secondaire à vous annoncer. C'est à propos de la lettre incluse, reçue aujourd'hui et où l'on m'offre une chaire de professeur à Heidelberg. Si vous pensez que je ne doive pas la prendre en considération et si vous n'avez pas le temps de me répondre, votre silence me fera connaître votre opinion.

Je vous indiquerai les raisons qui m'engagent à rester pour le moment à Neuchâtel et je crois à l'avance que vous les approuverez. Mes cours me prenant peu de temps, je pourrai d'autant mieux me consacrer à d'autres ouvrages et la position de Neuchâtel est très favorable pour faire, sur le développement de différentes classes d'animaux, les observations que j'ai commencées. Ajoutez à cela l'espoir de me libérer du fardeau de mes collections et la tranquillité dont je jouirai et qui est nécessaire à ma santé un peu ébranlée par la fatigue. Ces circonstances se joignent au désir que j'éprouve de rester ici, étant persuadé qu'on m'aidera avec empressement à mener à bien mes publications. Quant à mes « Poissons », je puis après tout mieux diriger ici l'impression lithographique des planches. Je viens d'écrire à ce sujet à Cotta et lui ai proposé d'augmenter le prix des lithographies. Je m'occuperai soigneusement de tout cela et me contenterai pour le moment de mes ressources restreintes. Cotta pourra peu à peu me rembourser mes dépenses par les ventes successives, et je ne réclamerai de bénéfice que lorsque le succès de l'ouvrage l'aura justifié. J'attends sa réponse. Cette offre me paraît la meilleure et la plus propre à faire avancer ma publication.

Depuis mon arrivée nous avons déjà obtenu, avec l'aide de M. Coulon, quelques résultats scientifiques. Nous avons fondé une Société d'histoire naturelle[1] et j'espère que, si l'année prochaine vous nous faites la visite promise, vous trouverez ce germe déjà en feuilles et en fruits, quoique ne portant pas encore des graines.... M. Coulon m'a dit avant hier qu'il avait parlé avec M. le trésorier de Montmollin de l'achat de ma collection et que celui-ci en écrirait à M. Ancillon[2].... Voulez-vous avoir la bonté d'en dire un mot à ce dernier, quand l'occasion s'en présentera. ..... Cette collection serait non seulement de la plus grande utilité au Musée de Neuchâtel, mais pour ce qui me concerne, le produit de cette vente me permettrait de pousser plus loin des recherches que je ne puis pas continuer sur une échelle aussi grande que je le voudrais, avec la somme de quatre-vingts louis, souscrite pour mon traitement de professeur.

J'attends à présent avec impatience la réponse de Cotta à ma dernière proposition; mais quelle qu'elle soit, je commencerai tout de suite après le Nouvel an à faire lithographier les planches, car elles doivent être exécutées sous mes yeux et sous ma direction. Je puis bien le faire, puisque mon oncle, le docteur Mayor de Lausanne, m'a donné cinquante louis dans ce but. C'est la paie d'une année de Weber, mon ancien lithographe à Munich; aussi lui ai-je écrit de venir et je l'attends après le Nouvel-an. Avec mes appointements, je puis aussi entretenir Dinkel qui dessine actuellement à Paris les derniers fossiles que j'ai décrits....

La réponse à cette lettre manque, mais on peut s'en faire une idée par les lignes suivantes :

[1] La Société des Sciences naturelles de Neuchâtel.

[2] Ministre des affaires étrangères du roi de Prusse et en même temps Directeur du Département de Neuchâtel.

Alexandre de Humboldt à Louis Coulon fils.

Berlin, le 21 janvier 1833.

Il m'est bien doux, Monsieur, de pouvoir vous remercier de l'accueil flatteur que vous et vos concitoyens avez fait à M. Agassiz, qui occupe un rang si élevé dans les sciences et dont l'aménité de caractère relève les qualités de l'intelligence. On m'avait écrit de Heidelberg qu'on destinait à mon jeune ami la chaire de zoologie qu'occupait M. Leuckart. C'est M. Tiedemann qui a proposé ce choix et certes rien ne peut être plus honorable pour M. Agassiz ; cependant je désire vivement que celui-ci refuse. Il faut qu'il reste quelques années dans un pays où de si nobles encouragements facilitent la publication d'un ouvrage, dont la zoologie et la géognosie des formations anciennes profiteront à la fois, et que la science ne possède pas encore.

J'ai parlé à M. Ancillon et lui ai laissé une note officielle pour l'achat de la collection. La difficulté se trouvera, comme dans les choses humaines, dans la prose de la vie, l'argent. M. Ancillon m'écrit ce matin : « Votre mémoire en faveur de M. Agassiz est une créance scientifique à laquelle nous tâcherons de faire honneur. Ce serait une double conquête pour la principauté de Neuchâtel que d'acquérir un homme précieux et une collection précieuse. J'ai demandé un rapport au Conseil d'État sur les moyens de faire et de s'assurer cette acquisition. J'espère que les particuliers pourront nous aider. Je voudrais, pour concilier tous les intérêts, que nous trouvions de quoi vivre et embellir la vie à la fois. »

Voilà du moins la chose mise en bon chemin. Je ne pense pas que les caisses du roi donneront au delà de mille écus de Prusse, pour le moment....

Quant aux offres de Heidelberg, Agassiz était déjà décidé. Dans une lettre qu'il écrit à son frère à ce sujet, il exprime l'intention de refuser, ajoutant que suivant lui, l'augmentation des honoraires était contrebalancée par la perspective de vendre sa collection à Neuchâtel et de se libérer ainsi d'un lourd fardeau.

A cette époque, Agassiz fut menacé d'un grand malheur. Déjà à Paris, ses yeux commençaient à souffrir de l'usage trop fréquent du microscope. Son état empira sérieusement et, pendant plusieurs mois, il fut obligé de restreindre son activité et de renoncer à écrire même une lettre. Pendant ce temps, il était enfermé dans une chambre obscure et étudiait les fossiles par le seul toucher, se servant même quelquefois du bout de la langue pour se rendre compte des empreintes, lorsque les doigts ne pouvaient en venir à bout. Il disait qu'il était sûr de parvenir par ce moyen à une si grande délicatesse dans le toucher, que la perte de la vue ne l'empêcherait pas de continuer ses travaux. Après quelques mois sa vue s'améliora, et quoique menacé parfois d'une nouvelle atteinte de ce mal, il put, pendant le reste de sa vie, faire un usage continuel de ses yeux, sans en souffrir. Il ne paraît pas que ses leçons, toujours improvisées, aient été interrompues pour ce motif.

La lettre suivante, adressée à Humboldt par Agassiz, provient d'un brouillon inachevé, probablement mis de côté à cause du mauvais état de sa vue et qui ne fut terminé qu'au mois de mai. Bien qu'imparfait, il donne des éclaircissements sur la réponse de Humboldt que nous verrons plus loin et qui nous renseigne sur les travaux d'Agassiz à cette époque.

Louis Agassiz à Alexandre de Humboldt.

(Trad. de l'allemand.)

Neuchâtel, le 27 janvier 1833.

..... Mille remerciements de votre dernière lettre qui a
été vraiment la bienvenue. Je puis à peine vous dire quel
plaisir elle m'a fait, combien je jouis d'avoir des relations
aussi intimes avec vous et à quel point mon zèle en est
stimulé.

Depuis que je vous ai écrit, j'ai réfléchi à différentes
choses, entre autres à mon projet de publier ici les « Poissons fossiles ». Il me reste cependant quelques doutes au
sujet desquels j'ai à vous demander conseil. Cotta étant
mort, je ne puis pas attendre jusqu'à ce que j'aie pu conclure un arrangement avec son successeur. En conséquence, je laisse de côté les « Poissons d'eau douce » pour
activer les « Poissons fossiles ». A mon grand étonnement,
j'ai trouvé ici tout ce qui est nécessaire à la publication
d'un tel ouvrage, deux bons lithographes et deux impri-
meurs qui ont d'excellents types. J'ai donné l'ordre à
Weber de graver les planches ou de les dessiner sur
pierre; il sera ici à la fin de ce mois. Je commencerai
aussitôt et j'espère pouvoir faire paraître la première
livraison en mai....

Nos magistrats, aussi bien que les particuliers, s'intéressent beaucoup à l'instruction publique et je suis persuadé que tôt ou tard on achètera ma collection, quoiqu'on ne m'en ait rien dit dernièrement [1].

Afin de pouvoir faire une description plus exacte de ma
famille des *Lepidostei*, à laquelle appartiennent tous les

---

[1] Cette collection fut définitivement achetée par la ville de Neuchâtel au printemps de 1833.

poissons osseux antérieurs à la craie, je désirerais beaucoup obtenir, pour la dissection, un *Polypterus Bichir* et un *Lepidosteus osseus*, ou telle autre espèce appartenant exclusivement à la création actuelle. Jusqu'à présent je n'ai pu en examiner et décrire que le squelette et les parties extérieures. Si vous pouviez m'en procurer des exemplaires, vous me rendriez le plus grand service. Si cela était nécessaire, je m'engagerais à renvoyer les préparations. Je vous prie très instamment de me faire obtenir ces poissons. Veuillez excuser les demandes contenues dans cette lettre et n'y voir que mon sérieux désir d'atteindre un but pour lequel vous m'avez déjà aidé si souvent et si amicalement...

* Alexandre de Humboldt à Louis Agassiz.

Sans-Souci, le 4 juillet 1833.

Je suis heureux de vos succès, mon cher Agassiz, heureux de votre aimable lettre du 22 mai, heureux de l'espoir d'avoir pu faire quelque chose qui pût vous être utile pour la souscription. Le nom du Prince royal m'a paru de quelque importance pour vous. J'ai tardé de vous écrire, non parce que je suis un des hommes les plus tourmentés de l'Europe (le tourment va crescendo; il n'y a pas un savant en Prusse ou en Allemagne qui ne croie devoir me faire son fondé de pouvoir, s'il demande quelque chose au roi ou à M. d'Altenstein), mais parce qu'il fallait attendre le retour du Prince royal de sa tournée militaire et pouvoir lui parler seul, ce qui n'a pas lieu quand je suis avec le roi.

Votre prospectus est plein d'intérêt; vous avez rendu justice aux personnes qui vous ont fourni des matériaux; mais c'est une ruse de cœur, ruse d'une belle âme comme la vôtre, qui vous a porté à une exagération en me nommant ainsi que vous le faites. Je vous en veux un peu [1].

Voici le commencement d'une liste. Je pense que le Département des Mines de province prendra trois ou quatre exemplaires de plus. On n'a pas reçu de réponse. Ne vous effrayez pas de la brièveté de la liste.

Je suis d'ailleurs l'homme le moins apte à recueillir des souscriptions, ne voyant personne que la cour et étant forcé d'être trois ou quatre jours par semaine hors de ville. C'est aussi à cause de cette inaptitude que je vous supplie de ne m'adresser que mes trois exemplaires, et d'adresser les autres par voie de librairie aux personnes portées sur la liste, en marquant simplement sur l'exemplaire que la personne a souscrit sur la liste de M. de Humboldt.

Avec tout le dévouement que je professe pour vous, mon excellent ami, il me serait impossible de me charger de la distribution ou de la rentrée des fonds. Les librairies de Dümmler ou de Humblot et Dunker vous seraient utiles à Berlin. J'ai d'ailleurs bien de la peine à concevoir qu'en vous faisant éditeur vous puissiez naviguer sans danger au milieu des corsaires littéraires ! J'ai fait insérer dans la Gazette officielle de Berlin *(Berliner Staatszeitung)*, un petit éloge de votre ouvrage.

Vous voyez que je ne néglige pas vos intérêts et que même, par amour pour vous, je me fais journaliste. Vous avez oublié de dire dans le prospectus, si vos gravures sont lithographiées, comme je le *crains,* et si elles sont coloriées, ce qui me paraît peu nécessaire. Vos superbes

---

[1] Ce sont les lignes suivantes qui donnèrent lieu à cette protestation de Humboldt. Après avoir nommé toutes les personnes qui lui étaient venues en aide, soit par l'envoi de spécimens, soit d'une autre manière, Agassiz ajoute : « Enfin M. de Humboldt m'a communiqué « des notes très importantes sur les poissons fossiles et fait parvenir « des encouragements tels que je craindrais, en les énumérant, de « blesser la délicatesse de celui qui me les a prodigués. »

dessins originaux sont-ils restés votre propriété, ou sont-ils compris dans la vente de votre cabinet ?...

Je n'ai pu me servir de votre lettre au roi, cher ami, je l'ai supprimée. Vous avez été mal conseillé pour les formes. *Erhabener König* est une tournure beaucoup trop poétique et nous avons ici les formes les plus prosaïques et les plus avilissantes. M. de Pfuel doit avoir quelque Archi-Prussien avec lui, qui vous arrangera la formule de la lettre. Il faut en haut : *Allerdurchlauchtigster, grossmächtigster König, allergnädigster König und Herr*. Puis vous commencerez, *Euer königlichen Majestät wage ich meinen lebhaftesten Dank für die allergnädigst bewilligte Unterstützung zum Ankauf meiner Sammlung für das Gymnasium in Neuchâtel tiefgerührt allerunterthänigst zu Füssen zu legen. Wüsste ich zu schreiben, etc.* Le reste de votre épître était très bien ; mettez seulement, *so vieler Gnade zu entsprechen* à la place de *so vieler Güte*. Vous terminerez par les mots : *Ich ersterbe in tiefster Ehrfurcht Euer Königlichen Majestät allerunterthänigster, getreuster*. Le tout en petit folio, cacheté ; dehors : *An des Königs Majestät, Berlin*. Envoyez la lettre, non à moi, mais par la voie officielle de M. de Pfuel [1].

La lettre au roi n'est pas absolument nécessaire, mais elle fera plaisir, le roi aimant beaucoup ce qui lui vient d'affectueux d'un pays qui est devenu le vôtre [2]. Cela sera utile aussi pour la demande de l'achat de quelques exemplaires, que nous ferons au roi dès que le premier cahier aura paru. Si je vous avais procuré le nom du roi aujourd'hui (ce qui même m'aurait été difficile, le roi détestant les souscriptions), nous aurions gâté l'affaire qui va suivre. Il me paraîtrait aussi très convenable que vous

---

[1] Ces formules ne sont plus en usage. Elles appartiennent à une génération passée.

[2] Neuchâtel était alors une principauté ayant pour souverain le roi de Prusse.

écriviez une lettre de remerciement à M. Ancillon. Ne croyez pas qu'il soit trop tard. On lui écrit : « Monsieur, et non comme autrefois : Votre Excellence. » Je vous écris la lettre la plus pédantesque du monde, à vous qui m'avez envoyé des lignes pleines de charmes. Il doit vous paraître ridicule que je vous écrive en français, quand vous, Français d'origine, ou plutôt de langue, vous préférez m'écrire en allemand. Dites-moi, de grâce, avez-vous donc appris comme enfant la langue allemande que vous l'écriviez avec autant de pureté ?

Je suis heureux de voir que vous publiez tout à la fois. Le morcellement d'un tel ouvrage vous aurait forcé à des lenteurs sans fin; mais, de grâce, soignez vos yeux; ce sont les *nôtres*. Je n'ai pas négligé les souscriptions en Russie, mais je n'ai point encore de réponse. J'ai placé comme au hasard sur ma liste le nom de M. de Buch. Il est absent; on croit qu'il va cet automne en Grèce. De grâce, faites-vous une règle de ne pas faire des cadeaux de votre ouvrage; si vous vous laissez aller sur cette pente, vous êtes pécuniairement perdu.

J'aurais bien voulu assister à votre cours. Ce que vous m'en dites m'enchante; cependant je vous aurais fait la guerre sur ces métamorphoses du globe terrestre qui se sont glissées même dans votre titre. Je vois par votre lettre que vous tenez à l'idée *der inneren Lebensprozesse der Erde*, que vous regardez les suites des formations comme les différentes phases de la vie, les rochers comme les produits de métamorphoses. Ce langage symbolique, je pense, doit être employé avec bien des réserves. Je connais cette manière de voir de l'ancienne *Naturphilosophie*, je l'ai examinée sans préjugé; mais rien ne me paraît plus différent de la métamorphose d'un végétal pour former le calice ou la fleur, que la formation successive de couches, de conglomérats. Il y a de l'ordre dans les couches superposées, dans l'alternance quelquefois des mêmes substances, une cause intérieure, même un développement successif, partant d'un centre de chaleur ; mais peut-on appliquer à tout cela le terme de *vie ?* Le calcaire n'engendre pas le grès. Je ne sais aucunement s'il existe ce que les physiologistes appellent une force vitale, différente des forces physiques que nous reconnaissons dans la matière, ou opposée à elles. Je pense que le *Lebensprozess* n'est qu'un mode particulier d'action, de limitation de ces forces physiques, action que nous n'avons point encore approfondie. Je crois qu'il y a des orages nerveux (électriques), comme ceux qui embrasent l'atmosphère, mais cette action particulière que nous appelons organique, dans laquelle chaque partie devient cause et effet, me paraît distincte des changements qu'a subis notre planète.

Je termine, car je sens que je vous contrarie, et je vous aime trop pour courir cette chance. D'ailleurs, un homme supérieur comme vous, mon cher ami, plane au-dessus des objets et laisse quelque marge au doute philosophique.

Adieu ; comptez sur le peu de vie qui me reste et sur mon tendre dévouement. A vingt-six ans, avec tant de savoir, vous ne faites qu'entrer dans la vie, et moi, je me prépare à en partir, laissant ce monde bien autre que je ne l'espérais dans ma jeunesse.

Je n'oublierai pas votre désir à l'égard du *Bichir* et du *Lepidosteus*.

Pensez toujours que vos lettres me procurent une jouissance bien vive.....

P.-S. Prenez bonne note du nouveau cahier de Poggendorf, dans lequel vous trouverez de belles découvertes microscopiques d'Ehrenberg sur la différence de structure du cerveau et des nerfs qui régissent le mouvement, comme sur les cristaux qui forment la partie argentée du ventre de l'*Esox lucius*....[1]

---

[1] Le brochet.

En octobre 1833, Agassiz célébra son mariage avec Mlle Cécile Braun, sœur de son fidèle ami Alexandre Braun. Il emmena sa femme à Neuchâtel, où ils occupèrent un petit appartement et se mirent en ménage le plus simplement possible, avec toute l'économie exigée par la modicité de leurs ressources. Mme Agassiz avait pour le dessin un beau talent qui, jusqu'alors, avait été mis à la disposition de son frère pour ses ouvrages de botanique et qui trouva ici un nouveau champ d'activité. Habituée à une grande exactitude par ses dessins d'histoire naturelle, elle avait en outre l'œil d'une artiste pour saisir la forme et la couleur. Quelques-uns des meilleurs dessins des « Poissons fossiles » et des « Poissons d'eau douce » ont été faits par elle.

Pendant l'été, Agassiz ne cessa pas de s'occuper de son ouvrage, malgré l'état de sa vue ; ses deux dessinateurs, M. Dinkel, à Paris, et M. Weber, à Neuchâtel travaillaient constamment à ses planches.

Quoiqu'il ne fût alors âgé que de vingt-six ans, nous voyons par sa correspondance que l'intérêt des savants de l'Europe entière se portait déjà sur lui et sur son ouvrage. Des hommes distingués, tant de son propre pays que de France, d'Italie, d'Allemagne, d'Angleterre et même d'Amérique, l'Eldorado lointain des naturalistes de cette époque, lui faisaient des offres de coopération, accompagées de poissons fossiles et de dessins de spécimens rares ou uniques. Il était connu dans tous les musées d'Europe comme un travailleur et un collectionneur infatigable, cherchant partout des matériaux pour ses études.

Parmi les lettres de cette date, il en est une de

J. de Charpentier, l'un des pionniers des recherches sur les glaciers, sous les auspices duquel Agassiz en commença l'étude deux ans plus tard. Charpentier lui écrit de son domicile près de Bex, dans la vallée du Rhône, la terre classique des glaciers, et l'invite à venir voir les fossiles du voisinage ainsi que certains phénomènes de soulèvements produits par l'influence plutonique, phénomènes qu'il supposait devoir l'intéresser particulièrement. Il ne se doutait pas que le jeune naturaliste se joindrait bientôt à lui dans ses recherches favorites.

Les naturalistes anglais, tels que Buckland, Lyell, Murchison et autres, désirant lui faire examiner leurs magnifiques collections de fossiles, ne tardèrent pas à lui adresser aussi de pressantes invitations.

Le professeur Buckland à Louis Agassiz.

Oxford, le 25 décembre 1833.

.... J'aimerais beaucoup pouvoir vous remettre le peu de matériaux que je possède dans le Musée d'Oxford, concernant les poissons fossiles, et que vous puissiez voir ceux des différents musées d'Angleterre. Sir P. Egerton a une très grande collection de poissons d'Engi et de Oeningen, qu'il désirerait mettre à votre disposition. Ainsi que moi, il vous enverrait volontiers des dessins; mais des dessins faits sans connaissance des détails anatomiques, que vous désirez avoir et que l'artiste ne connaît pas, ne vous serviraient pas à grand'chose. Je vous prêterais volontiers mes exemplaires, si je pouvais les garantir des mains barbares des douaniers par lesquels ils doivent passer. Ce que je vous proposerais comme le meilleur moyen de voir toutes les collections d'Angleterre et en même temps d'obtenir des souscripteurs à votre ouvrage, serait de venir assister à la réunion de l'Association britannique pour l'avancement des sciences, en septembre prochain. Vous y rencontrerez tous les naturalistes d'Angleterre et je ne doute pas que, parmi eux, vous ne trouviez un bon nombre de souscripteurs.

Vous verrez aussi une nouvelle mine de poissons fossiles dans le schiste argileux de la formation houillère, à New Haven, sur les bords de la Forth, près d'Edimbourg.

Vous pourrez également vous arranger à visiter les Musées de York, Whitby, Scarborough, Leeds, de même que celui de Sir P. Egerton, sur votre chemin, soit en allant à Edimbourg, soit en revenant. Vous pourrez aussi voir les Musées de Londres, de Cambridge et d'Oxford; partout il y a des poissons fossiles et telle est la rapidité, la facilité et le bon marché des diligences en Angleterre, qu'en six semaines ou même moins, vous pourrez exécuter tout ce que je vous ai proposé.

Comme j'espère sérieusement que vous viendrez en Angleterre aux mois d'août et de septembre, je me dispense présentement de penser à d'autres moyens de mettre en votre possession les dessins ou échantillons (exemplaires) de nos poissons fossiles anglais. J'oubliais de mentionner la très riche collection de poissons fossiles du Musée de M. Mantell à Brighton, d'où vous pourrez vous embarquer, je crois, aussi bien que de Londres, pour Rotterdam, par les bateaux à vapeur partant chaque semaine, et en peu de jours vous arriverez de Londres à Neuchâtel.....

Louis Agassiz au professeur Buckland.

Neuchâtel, le 9 janvier 1834.

.... Je vous remercie infiniment de tous les précieux détails que vous avez bien voulu me donner sur les riches collections d'Angleterre; je ferai tout ce qui dépendra de moi pour pouvoir les visiter déjà cette année, et je réclamerai de votre bienveillance quelques lettres de recommandation pour obtenir la faculté de les examiner en détail. Ce n'est pas que je mette un instant en doute la libéralité des naturalistes anglais. Tous les savants du continent qui ont visité vos musées louent trop la bienveillance avec laquelle on leur a confié les objets les plus rares, pour que je ne sache pas que, sous ce rapport, les Anglais rivalisent de largesse avec les autres nations et même les laissent bien en arrière. Mais pour obtenir de tels avantages, il faut les avoir mérités par des travaux scientifiques et pour un commençant, ce serait là une faveur à laquelle je n'oserais prétendre.....

Quelque temps après, Agassiz reçut, comme on le verra dans la lettre suivante, une preuve matérielle et très réjouissante de l'intérêt que les naturalistes anglais portaient à son ouvrage :

Charles Lyell à Louis Agassiz.

Somerset House, Londres, le 24 février 1834.

.... C'est avec le plus grand plaisir que je vous annonce de bonnes nouvelles. La Société géologique de Londres m'a chargé de vous informer qu'elle vous a accordé cette année le prix que le docteur Wollaston a fondé. Il nous a légué la somme de mille livres sterling et nous a priés de faire don chaque année de l'intérèt de cet argent (trente guinées, ou à peu près sept cent cinquante francs) pour l'encouragement de la géologie. Votre ouvrage sur les poissons a été considéré par le Conseil et les officiers de la Société géologique comme digne du prix, car le docteur Wollaston a ajouté que le prix pourrait aussi être accordé aux ouvrages non achevés. On m'a remis les trente guinées ou L. 31,10 s., mais je ne voudrais pas vous les envoyer avant de savoir exactement où vous êtes et où je dois remettre cet argent. Probablement que vous donnerez des ordres à quelque banquier suisse.

Je ne puis encore vous donner un extrait du discours du président, dans lequel votre ouvrage est mentionné, mais je l'aurai bientôt. En attendant vos ordres, je suis chargé de vous dire que la Société ne veut pas recevoir votre magnifique ouvrage en cadeau, mais qu'elle veut s'y abonner et qu'elle en a déjà commandé un exemplaire au libraire.....

* *Louis Agassiz à Charles Lyell.*

Neuchâtel, le 5 mars 1834.

.... Vous ne sauriez vous représenter le plaisir que m'a procuré votre lettre. Le prix que vous m'avez accordé a été en même temps pour moi une distinction si inattendue et un secours si bien venu, que je n'en croyais pas mes yeux en lisant votre lettre, et que j'en pleurais de joie et de reconnaissance. Ma pénurie ne me fait pas de honte auprès d'un savant, puisque j'ai employé le peu que j'avais uniquement à des recherches scientifiques. Aussi je ne crains pas de vous avouer qu'en aucun temps votre envoi n'aurait pu me faire plus de plaisir..

Des amis généreux m'ont aidé à mettre au jour la première livraison de mes « Poissons fossiles »; les planches de la seconde sont terminées; mais avant que le paiement de la première livraison fût effectué, j'étais très embarrassé de savoir combien je devais en faire imprimer. Le texte est prêt aussi, en sorte que dans quinze jours je pourrai l'expédier et, la rotation une fois établie, j'espère que les livraisons précédentes me fourniront toujours les moyens de publier les suivantes sans interruption. Je compte même sur cette ressource pour faire bientôt un voyage en Angleterre et, si rien ne vient à la traverse, j'espère pouvoir partir cet été et assister à la prochaine réunion des naturalistes anglais.

Malgré tout cela, je n'en suis pas moins content; mais il me faut souvent travailler plus que je ne puis, ou que je ne devrais raisonnablement le faire.....

La seconde livraison de mes « Poissons fossiles » contient le commencement de l'anatomie des poissons, mais seulement des parties que l'on peut trouver à l'état fossile. J'ai commencé par les écailles; je traiterai ensuite les os et les dents. Elle comprend, en outre, la continuation de la description des Ganoïdes et des Scombéroïdes et enfin, un feuilleton additionnel qui renferme une esquisse de ma classification ichthyologique. Les planches ont encore mieux réussi que celles de la première livraison. Si tout va bien, la troisième livraison paraîtra en juillet prochain. Je suis très impatient de pouvoir visiter un jour vos riches collections; j'espère que, lorsque cela me sera possible, j'aurai le bonheur de vous trouver à Londres.....

J'ai pensé qu'il convenait d'adresser une lettre particulière à M. le président et aux membres de la Société géologique en général. Voulez-vous avoir la bonté de la remettre à M. Murchison ?

La première livraison des « Poissons fossiles » avait
été accueillie avec enthousiasme par les savants. Elie
de Beaumont écrit à Agassiz en juin 1834 : « J'ai lu
« avec grand plaisir votre première livraison; elle
« nous promet un ouvrage aussi important pour la
« science que remarquable par l'exécution. Ne vous
« laissez point décourager par les obstacles quels
« qu'ils soient; ils disparaîtront devant le concert de
« louanges que suscitera un ouvrage aussi excellent.
« Je serai toujours heureux de vous aider à surmonter
« les obstacles ».

Peut-être convient-il de donner ici une courte
esquisse du grand ouvrage auquel Agassiz travailla
pendant dix années (1833-1843).

La dédicace exprime en quelques mots le respect
et la reconnaissance de l'auteur pour Humboldt :

« A Son Excellence M. Alexandre de Humboldt,

« Permettez-moi d'ajouter à tous les témoignages
« publics de considération qui vous sont rendus à
« tant de titres, le tribut de ma reconnaissance, de
« mon dévouement et de l'affection la plus profonde.
« Ces feuilles vous doivent le jour : veuillez en agréer
« l'hommage. »

Le titre détaillé de l'ouvrage nous en indique clairement le but : « Recherches sur les Poissons fossiles,
« comprenant une introduction à l'étude de ces ani-
« maux; l'anatomie comparée des systèmes organiques
« qui peuvent contribuer à faciliter la détermination
« des espèces fossiles; une nouvelle classification des
« poissons, exprimant leurs rapports avec la série des

« formations [géologiques]; l'exposition des lois de
« leur succession et de leur développement durant
« toutes les métamorphoses du globe terrestre, ac-
« compagnée de considérations géologiques générales;
« enfin, la description d'environ mille espèces qui
« n'existent plus et dont on a rétabli les caractères
« d'après les débris qui sont contenus dans les cou-
« ches de la terre. »

Les résultats les plus remarquables de cet ouvrage
peuvent être résumés ainsi : 1º Un changement complet dans la classification des poissons fossiles ou
vivants; les Ganoïdes sont mis à part pour former un
ordre distinct; 2º La constatation, dans les poissons
des premières époques géologiques, des combinaisons
de caractères appartenant aux reptiles et aux oiseaux;
l'auteur les appelle en conséquence des « types prophétiques »; 3º La découverte d'une analogie entre
les phases embryoniques des poissons actuels les plus
parfaits et l'apparition graduelle des poissons. Les
deux séries révèlent une correspondance mutuelle.
Ces lois s'appliquant aussi à d'autres classes du règne
animal, on peut dire que leur découverte a contribué
à l'avancement, non seulement de l'ichthyologie, mais
de la zoologie générale.

L' « Introduction » de cet ouvrage forme comme
le prélude d'un vaste chapitre de l'histoire naturelle,
où l'auteur présente l'apparition simultanée des quatre
grands embranchements du règne animal, les Radiés,
les Mollusques, les Articulés et les Vertébrés; puis
vient le développement graduel et progressif du premier type créé représentant les Vertébrés, c'est-à-dire
les poissons. Les Placoïdes et les Ganoïdes, avec leurs

caractères tenant à la fois du reptile et du poisson, représentent les premières époques géologiques, tandis que dans les suivantes, les Cycloïdes et les Ctenoïdes, simples poissons osseux, prennent plus d'importance.

Ici, pour la première fois, Agassiz présente ses types « synthétiques ou prophétiques », savoir : des types primitifs qui montraient, pour ainsi dire, dans leurs caractères généraux, des traits qui, plus tard, se répartissent dans des groupes différents, mais ne seront plus réunis dans un seul. Ces vues générales sur les rapports de structure ne sont pas moins remarquables que l'exposé clair et simple de la distribution de la classe entière des poissons, relativement aux formations géologiques ou, en d'autres termes, à l'histoire physique de la terre. En lisant cette « Introduction », ceux qui ont connu Agassiz croiront encore l'entendre, passant en revue, ainsi qu'il avait l'habitude de le faire, la longue liste des êtres vivants introduits graduellement sur la terre. On peut dire que tous ses futurs travaux d'ichthyologie et jusqu'à un certain point de zoologie générale, sont ébauchés ici.

Les parties techniques de cet ouvrage, à la fois si clair dans son exposé et si précis dans ses détails, ne pourraient intéresser que les naturalistes, mais aucun esprit réfléchi ne peut rester indifférent à ses généralisations. Agassiz traite les relations anatomiques, zoologiques et géologiques de la classe des poissons, soit fossiles, soit vivants, dont il donne de nombreux dessins, et, par les révélations de l'embryologie, il jette un jour nouveau sur l'ensemble.

« Malgré ces différences si frappantes, dit l'auteur

« au commencement du cinquième chapitre, il n'est
« pas moins évident, pour tout observateur attentif,
« qu'une seule idée a présidé au développement de
« la classe entière et que toutes les déviations se
« laissent ramener à un plan primitif, si bien que, si
« le fil paraît quelquefois interrompu dans la création
« actuelle, on peut ordinairement le renouer dès que
« l'on aborde le domaine de l'ichthyologie fossile. »

Après avoir démontré comment la création actuelle
lui donne la clef des créations passées, comment les
squelettes complets des poissons vivants ont permis
de reconstituer les débris épars des poissons fossiles,
particulièrement de ceux dont la structure molle et
cartilagineuse était exposée à la décomposition, il
présente deux manières d'étudier le type dans son
ensemble, soit par l'anatomie comparée, soit par
l'embryologie comparée. « Les résultats de ces deux
méthodes, ajoute-t-il, se complètent et se contrôlent
mutuellement. » En effet, dans toutes les recherches
subséquentes d'Agassiz, l'histoire de l'individu dans
ses phases successives marche toujours de front avec
l'histoire du type. Il contrôlait toujours ses résultats
zoologiques par des investigations embryologiques.

Après une description précise du développement
embryologique de la corde dorsale, il établit un certain parallélisme entre les degrés comparatifs de
développement de la colonne vertébrale parmi les
différents groupes de poissons, et les phases de son
développement embryonique chez les poissons d'une
conformation plus relevée. Il démontre ensuite la
même coïncidence dans le système des nageoires. « Il
« y a donc, dit-il, une certaine analogie ou plutôt un

« certain parallélisme à établir entre le développe-
« ment embryologique des Cycloïdes et des Ctenoïdes
« et le développement génétique ou paléontologi-
« que de toute la classe. Envisagée sous ce point de
« vue, nul ne contestera que la forme de la caudale
« ne soit d'une haute importance pour les considéra-
« tions zoologiques et paléontologiques, puisqu'elle
« démontre que la même pensée, le même plan, qui
« préside aujourd'hui à la formation de l'embryon,
« s'est aussi manifesté dans le développement suc-
« cessif des nombreuses créations qui ont jadis peuplé
« la terre. »

Ceci n'est pas en désaccord avec la position qu'il
prit plus tard comme principal antagoniste de la
théorie darwinienne de la transformation. Agassiz
admettait bien un développement, mais celui d'un
plan qui se manifeste par la structure des êtres
et non par la transformation d'un organisme en
un autre. Il envisageait que le progrès était dû à
une cause intelligente et non pas aux simples forces
de la matière, et il résume ainsi ses convictions au
sujet de cette question : « De pareils faits proclament
« hautement des principes que la science n'a pas
« encore discutés, mais que les recherches paléonto-
« logiques placent sous les yeux de l'observateur avec
« une insistance toujours croissante. Je veux parler
« des rapports de la création avec le Créateur. Des
« phénomènes étroitement liés dans l'ordre de leur
« succession et cependant sans cause suffisante en
« eux-mêmes de leur apparition; une diversité infinie
« d'espèces, sans lien matériel commun, se groupant
« pour présenter le développement progressif le plus

« admirable, auquel notre propre espèce est enchaî-
« née; ne sont-ce pas là des preuves incontestables
« de l'existence d'une intelligence supérieure dont la
« puissance a seule pu établir un pareil ordre de
« choses ?.....

« Plus de quinze cents espèces de poissons fossiles
« que j'ai appris à connaître me disent que les es-
« pèces ne passent pas insensiblement des unes aux
« autres, mais qu'elles apparaissent et disparaissent
« inopinément, sans rapports directs avec leurs pré-
« curseurs; car je ne pense pas qu'on puisse pré-
« tendre sérieusement que les nombreux types des
« Cycloïdes et des Cténoïdes, qui sont presque tous
« contemporains les uns des autres, descendent des
« Placoïdes et des Ganoïdes. Autant vaudrait, en effet,
« affirmer que les mammifères, et avec eux l'homme,
« descendent directement des poissons. Toutes ces
« espèces ont une époque fixe d'apparition et de dis-
« parition; leur existence est même limitée à un
« temps déterminé. Et cependant elles présentent,
« dans leur ensemble, des affinités nombreuses plus
« ou moins étroites, une coordination déterminée
« dans un système d'organisation donné, et qui a des
« rapports intimes avec le mode d'existence de chaque
« type et même de chaque espèce. Il y a plus, un fil
« invisible se déroule dans tous les temps à travers
« cette immense diversité et nous présente comme
« résultat définitif un progrès continuel dans ce dé-
« veloppement dont l'homme est le terme, dont les
« quatre classes d'animaux vertébrés sont les inter-
« médiaires et la totalité des animaux sans vertèbres
« l'accompagnement accessoire constant. Ne sont-ce pas

« là des manifestations d'une pensée aussi puissante
« que féconde, des actes d'une intelligence aussi
« sublime que prévoyante, des marques d'une bonté
« aussi infinie que sage, la démonstration la plus
« palpable de l'existence d'un Dieu personnel, auteur
« premier de toutes choses, régulateur du monde en-
« tier, dispensateur de tous les biens? C'est du moins
« ce que ma faible intelligence lit dans les ouvrages
« de la création, lorsque je les contemple avec un
« cœur reconnaissant. C'est d'ailleurs un sentiment
« qui nous dispose à mieux sonder la vérité et à la
« rechercher pour elle-même, et j'ai la conviction
« que si, dans l'étude des sciences naturelles, on se
« dispensait moins souvent d'aborder ces questions,
« même dans le domaine de l'observation directe, on
« ferait généralement des progrès plus sûrs et plus
« rapides [1]. »

Agassiz nous explique fort bien la difficulté d'établir les comparaisons si exactes et si étendues dont
il avait besoin pour reconstruire les relations organiques existant entre les poissons fossiles de toutes
les formations géologiques et ceux du monde actuel :
« Ne possédant point moi-même de poissons fossiles,
« et renonçant à acquérir jamais d'aussi précieuses
« collections, j'ai dû chercher les matériaux pour
« mon ouvrage dans toutes les collections d'Europe
« qui en renferment des débris; aussi ai-je fait de
« fréquents voyages en Allemagne, en France et en
« Angleterre pour examiner, décrire et faire figurer
« les objets qui entraient dans le cadre de mes re-

---

[1] *Recherches sur les Poissons fossiles,* vol. I, p. 171 et 172.

« cherches. Mais malgré l'empressement avec lequel
« on a mis partout à ma disposition les pièces les
« plus précieuses que je désirais voir de près, il est
« résulté pour moi un grave inconvénient de cette
« manière de travailler ; c'est que j'ai rarement pu
« comparer directement les divers exemplaires de la
« même espèce que j'ai examinés dans différentes
« collections, et que j'ai été le plus souvent obligé de
« faire mes déterminations de souvenir ou d'après
« de simples notes, et, dans les cas les plus heureux,
« seulement d'après mes dessins. Il est impossible
« de se faire une juste idée de ce qu'une pareille
« méthode a de fatigant, et jusqu'à quel point elle
« épuise toutes les facultés. La précipitation ordi-
« naire des voyages, jointe à l'impossibilité de s'en-
« tourer des moyens d'observation les plus ordinaires,
« n'a pas contribué à rendre ma tâche plus facile. Je
« me crois dès lors en droit de réclamer l'indulgence
« pour celles de mes déterminations qu'un examen
« ultérieur, prolongé et fait à loisir, pourrait mo-
« difier, et pour celles de mes descriptions qui por-
« tent encore le cachet de la précipitation avec laquelle
« elles ont été rédigées. Le nombre des poissons
« fossiles que j'ai examinés est très considérable ; il
« s'élève à plus de vingt mille exemplaires, qui se
« trouvent épars dans une foule de collections [1]. »

Ce fut peut-être cette expérience qui lui donna un si
vif désir d'établir aux États-Unis un musée de zoologie comparée, musée si riche en matériaux, que

[1] *Recherches sur les Poissons fossiles,* vol. I, additions à la préface XIII.

celui qui cherche à s'instruire y trouve non seulement des représentants de toutes les classes du règne animal, mais encore des exemplaires en quantité assez considérable pour qu'on puisse en sacrifier quelques-uns à la comparaison et à l'étude. Il n'entendait pas qu'on fût entravé sur le seuil de la science, comme cela lui était arrivé maintes fois, lorsqu'on lui montrait quelque précieux exemplaire, sans lui permettre de l'emporter ou même de l'examiner sur place, parce qu'il était unique.

CHAPITRE VIII

1834-1837 — 27 à 30 ans

Première visite en Angleterre. — Générosité des naturalistes anglais. — Premiers rapports avec les savants d'Amérique. — Lettre à Humboldt. — Second séjour en Angleterre. — Poissons fossiles et autres publications. — Premières observations sur les glaciers. — Visite à J. de Charpentier. — Vente des dessins originaux des « Poissons fossiles ». — Réunion de la Société helvétique des sciences naturelles. — Discours sur la période glaciaire. — Lettre de Humboldt et de L. de Buch.

Au mois d'août 1834, Agassiz, suivant son ardent désir, se rendit en Angleterre, où il fut reçu avec une cordiale sympathie par les savants de ce pays; on ne lui laissa ni un jour, ni une heure de loisir pendant le court séjour qu'il y fit. Parmi les nombreuses lettres qui lui furent adressées, dès son arrivée, pour lui offrir l'hospitalité et les services dont il pouvait avoir besoin, nous choisissons la suivante :

Le docteur Buckland à Louis Agassiz.

(Trad. de l'anglais.)

Oxford, le 26 août 1834.

Je suis charmé d'apprendre votre heureuse arrivée à Londres et vous écris pour vous prévenir que je me trouve à Oxford, où je serai très heureux de vous recevoir et de vous offrir un lit dans ma maison, si vous pouvez venir immédiatement. Demain après midi, j'attends M. Arago et M. Pentland. Je serai extrêmement heureux de vous faire voir notre Musée d'Oxford et d'aller avec vous du côté d'Edimbourg. Sir Philip Egerton a, près de Chester, une belle collection de poissons fossiles que vous devriez visiter en route. Je lui ai à peu près promis d'être chez lui lundi, 1er septembre; mais je pense qu'il serait désirable pour vous d'y aller samedi, afin d'avoir le temps de faire des dessins de ses poissons fossiles. Avant d'avoir vu M. Arago, je ne puis pas dire sûrement quel jour je partirai d'Oxford; j'espère que vous le trouverez chez moi à votre arrivée et que je vous verrai mercredi soir ou jeudi matin. Venez, je vous prie, dans ma maison de Christchurch avec votre bagage, dès que vous arriverez à Oxford.....

Agassiz se rappelait toujours avec le plus grand plaisir sa première visite en Angleterre. Ce fut le commencement des rapports d'amitié qu'il conserva toute sa vie avec Buckland, Sedgwick, Murchison, Lyell et plusieurs autres savants. Reçu avec empressement dans bien des familles, il pouvait à peine faire face aux nombreuses invitations qui suivirent la réunion d'Édimbourg.

Les poissons fossiles pleuvaient littéralement sur lui. Guidé par Buckland, qui connaissait non seulement toutes les collections publiques et particulières, mais peut-être encore chaque exemplaire rare du royaume, il allait de trésor en trésor. Chaque jour amenait de nouvelles découvertes, jusqu'à ce que sous l'accumulation de tant de faits auxquels il n'avait pas été initié, il se vit obligé de recommencer presque entièrement l'œuvre qu'il croyait très avancée. Il aurait pu être découragé par l'abondance de richesses qui semblaient lui ouvrir d'innombrables voies vers un horizon inconnu, mais grâce à la générosité des naturalistes anglais, il put choisir dans plus de soixante collections deux mille exemplaires de poissons fossiles et les envoyer à Londres, où la Société géologique lui permit de les déposer dans l'une des salles du Somerset House. Cette prodigieuse quantité de matériaux ainsi transportés et arrangés, le travail de comparaison et d'identification devint relativement facile.

Il appela sans délai auprès de lui son fidèle dessinateur M. Dinkel, qui commença immédiatement à copier tous les exemplaires propres à jeter un nouveau jour sur l'histoire des poissons fossiles; ce travail retint M. Dinkel en Angleterre pendant quelques années.

C'est à cette époque qu'Agassiz se fit deux amis dont la sympathie et la coopération à son œuvre furent inappréciables pendant toute sa vie, Sir Philip Egerton et Lord Cole (plus tard, comte d'Enniskillen) qui possédaient deux des plus belles collections de poissons fossiles de la Grande Bretagne [1]. Jusqu'à l'achèvement de son ouvrage sur les Poissons fossiles, leurs plus précieux exemplaires furent à sa disposition. Son dessinateur put travailler pendant des mois au milieu de leurs collections et, même après le départ d'Agassiz pour l'Amérique, ils ne manquèrent jamais de l'associer aux avantages obtenus par l'augmentation de leurs musées. Dès ce moment leur correspon-

---

[1] Elles sont actuellement la propriété du Musée britannique.

dance, surtout celle de sir Philip Egerton, témoigne de l'intérêt toujours croissant qu'ils portaient à la carrière scientifique d'Agassiz et à ses difficultés.

Ce fut à regret qu'Agassiz quitta l'Angleterre en octobre et qu'il vint reprendre ses cours à Neuchâtel, emportant avec lui tous les spécimens qui lui étaient indispensables pour la continuation de son ouvrage. Pendant l'hiver suivant, chaque heure de loisir fut consacrée à ses Poissons fossiles.

Une lettre du professeur Silliman de New Haven (Connecticut), marque le commencement de ses relations avec son futur pays d'adoption et fait connaître ses premiers souscripteurs de la Nouvelle-Angleterre.

Le Docteur B. Silliman à Louis Agassiz.

(Trad. de l'anglais.)

Yale Collège, New Haven, le 22 avril 1835.

..... Le 6 mars, j'ai eu l'honneur de vous remercier de votre lettre du 5 janvier et du magnifique cadeau que vous me faites de votre grand ouvrage sur les Poissons fossiles dont j'ai reçu les livraisons des n° 1 à 22 avec les planches. J'ai aussi écrit une notice sur votre ouvrage dans le numéro d'avril du *American Journal of Science and Arts* et j'ai reproduit le rapport de M. Bakewell sur votre visite au musée de M. Mantell.

J'ai fait à Boston quelques démarches pour placer votre ouvrage et j'ai le plaisir de vous mentionner les souscriptions suivantes : l'Université Harvard à Cambridge, l'Athenæum de Boston et Benjamin Green, président de la Société d'histoire naturelle à Boston. Je m'adresserai à d'autres institutions ou à des particuliers, mais je ne me hasarde pas à promettre quelque chose de plus que ma meilleure volonté pour vous aider.

Lorsqu'il lisait cette lettre, Agassiz ne songeait guère combien ce lointain pays lui deviendrait familier et combien souvent, dans l'avenir, il parcourrait à pied, de jour et de nuit, les quatre milles qui séparent Boston de Cambridge.

Comme nous allons le voir, Agassiz continuait à entretenir des relations intimes avec Humboldt qui s'intéressait aux progrès de son ouvrage.

Alexandre de Humboldt à Louis Agassiz.

Berlin, le 10 mai 1835.

Je suis bien coupable envers vous, mon cher et excellent ami; mais dans la douleur qui m'attriste et me rend peu capable d'entretenir des communications scientifiques, vous ne serez pas assez cruel pour m'en vouloir de mon long silence. Vous êtes trop vivement pénétré de l'idée que je conserve pour toute la vie la plus haute estime de vos talents et de votre caractère, et vous connaissez trop bien la tendre amitié que je vous ai vouée, pour craindre un moment d'être oublié.

J'ai vu succomber lentement celui que j'aimais le plus, celui qui seul me donnait quelque intérêt pour cet aride pays. Depuis quatre longues années, mon frère souffrait d'un tremblement de tous les muscles, qui me faisait toujours croire que le siège du mal était dans la mœlle allongée. Cependant sa démarche était assurée; la tête était entièrement libre; ses hautes facultés intellectuelles restaient dans toute leur énergie. Il travaillait douze à treize heures par jour à ses ouvrages, en lisant ou en dictant, car le tremblement l'empêchait d'écrire lui-même. Environné d'une nombreuse famille, habitant un site qu'il avait créé, une maison qu'il avait enrichie de marbres antiques, éloigné des affaires, il tenait encore à la vie. La maladie qui l'a emporté en dix jours, une fluxion de poitrine, n'était qu'une conséquence secondaire de son mal. Il est mort sans douleur avec une force de caractère et une sérénité d'esprit, dignes de la plus grande admiration. C'était un cruel spectacle de voir lutter une si haute intelligence pendant dix longues journées contre la destruction physique. On dit que dans les grandes douleurs on doit s'enfoncer dans l'étude de la nature avec une énergie redoublée. Cela est facile à conseiller; mais pendant longtemps on n'est pas capable de *vouloir* se distraire.

Mon frère laisse deux ouvrages que nous allons publier: l'un sur les langues et l'antique civilisation indienne de l'archipel d'Asie, l'autre sur la structure des langues en général et l'influence de cette structure sur le développement intellectuel des peuples. Ce dernier ouvrage est d'une grande beauté de style. Nous allons le publier bientôt. Les rapports qu'avait le défunt avec toutes les régions de la terre dont il savait les idiomes, me donnent dans ce moment des occupations et des devoirs si multipliés, que je ne puis vous adresser, mon cher et excellent ami, que ce peu de lignes, comme un gage de ma constante affection et, je puis ajouter aussi, de l'admiration que j'ai pour vos éminents travaux. C'est un bonheur de voir grandir la renommée de ceux qui nous sont chers; et qui mérite plus le succès que vous, dont l'élévation de caractère s'oppose à toutes les tentations de l'amour-propre littéraire ? Je vous remercie du peu que vous m'avez dit de votre vie domestique. Il ne suffit pas d'être loué et d'être reconnu comme un grand et profond naturaliste, il faut encore le bonheur domestique....

Je termine mon grand et ennuyeux ouvrage, un examen critique de la géographie du Moyen âge, dont cinquante feuilles du Ier volume sont déjà imprimées. Vous recevrez les volumes dès qu'ils paraîtront. J'ai dévoré votre quatrième livraison. Les planches sont presque plus belles que les précédentes, et le texte, quoique parcouru à la hâte, m'a vivement intéressé, surtout le catalogue raisonné de Bolca et les vues générales et très philosophiques sur les poissons en général, page 57-64. Ce dernier morceau est aussi très remarquable de style....

M. de Buch, qui sort de chez moi, vous salue tendrement. Il trouve diabolique cependant vos textes dont on reçoit des lambeaux de différents volumes. Je m'en plains aussi, tout humblement; mais je conçois que cela tient à la difficulté de terminer une famille, quand de nouveaux matériaux vous arrivent chaque jour. Je dis par conséquent continuez comme vous avez fait. Selon moi, M. Agassiz ne fait jamais mal....

Cette lettre, quoique écrite en mai, ne parvint à Agassiz qu'à la fin de juillet, lorsqu'il était de nouveau en route pour l'Angleterre d'où est datée sa réponse.

* *Louis Agassiz à Alexandre de Humboldt.*

Londres, octobre 1835.

..... Il me serait impossible de vous exprimer la joie que j'ai ressentie en lisant votre lettre du 10 mai (qui malheureusement ne m'a été remise que vers la fin de juillet, lors de mon passage à Carlsruhe)..... La certitude que j'ai acquise par là d'avoir occupé un moment votre pensée, même dans les jours d'affliction et de douleur que vous avez eu à supporter, m'a relevé à mes propres yeux et a redoublé mes espérances d'avenir; cela dans un moment où j'en avais besoin pour supporter les privations que je suis obligé de m'imposer, afin d'achever ma tâche en Angleterre.

Je suis ici depuis environ deux mois et j'espère terminer, avant de m'en retourner, la description de tout ce que
j'ai recueilli l'an passé à la Société géologique. Sachant
cependant que vous êtes à Paris, je ne puis résister à la
tentation d'aller vous voir, si votre séjour se prolongeait
encore de quelques semaines; ce serait même mon chemin
le plus direct pour retourner chez moi. Je voudrais vous
raconter un peu en détail ce que j'ai fait et comment j'ai
vécu depuis que je ne vous ai vu..... J'ai certainement été
bien imprudent de me lancer dans une entreprise aussi
considérable pour mes moyens que la publication de mes
« Poissons fossiles ». Mais après avoir commencé, il ne me
reste plus d'alternative; il n'y a plus pour moi de salut
que la réussite. J'ai pourtant la ferme assurance que je
mènerai à bien mon ouvrage, quoique souvent le soir je
ne sache pas comment je ferai tourner la machine le
lendemain.....

Par grand bonheur pour moi, sur la proposition de
Messieurs Buckland, Sedgwick et Murchison, l'Association
britannique a renouvelé cette année le vote de cent guinées pour faciliter mes recherches sur les poissons fossiles en Angleterre, et j'espère que la plus grande partie
de cette somme me sera encore adjugée, en sorte que je
pourrai faire exécuter la plupart des dessins qui me
sont nécessaires. Si j'avais obtenu en France seulement la moitié des souscriptions que j'ai eues en Angleterre, je serais à flot; mais jusqu'ici M. Baillière n'a placé
qu'une quinzaine d'exemplaires.....

Quant à mon travail, il avance rapidement; j'ai bientôt
décrit toutes les espèces que je connais et dont le nombre
s'élève maintenant à près de neuf cents. Il me faudra
seulement rester quelques semaines à Paris pour comparer plusieurs espèces des terrains tertiaires, avec les
espèces vivantes, afin de m'assurer de leurs rapports
spécifiques et j'aurai terminé mon ouvrage, sauf à mettre

en ordre toutes mes notes. Avec mes longues vacances, le temps ne me manquera plus maintenant pour y mettre tous mes soins.....

Adieu, mon bienveillant ami, conservez toujours une petite place dans vos pensées pour celui qui vous aime avec toute la tendresse d'un fils reconnaissant.

Le second séjour en Angleterre, pendant lequel Agassiz écrivit cette lettre, fut essentiellement employé à revoir l'ouvrage de son peintre, auquel il adjoignit un second dessinateur, M. Weber, qui avait travaillé autrefois avec lui à Munich. Agassiz assista aussi à la réunion de l'Association britannique à Dublin, passa quelques jours à Oulton Park pour jeter encore un coup d'œil sur les collections de Sir Philip Egerton, puis fit une seconde grande tournée en Angleterre et en Irlande pour examiner les poissons fossiles et revint enfin à Neuchâtel, laissant ses dessinateurs à Londres, les mains plus que pleines d'ouvrage.

Tandis qu'Agassiz continuait son travail sur les poissons fossiles avec une ardeur et une audace effrayantes, si l'on réfléchit à l'exiguïté de ses ressources, il trouva encore le temps de poursuivre d'autres investigations. Pendant l'année 1836, tout en activant constamment la publication de ses « Poissons fossiles », il fit paraître dans les Mémoires de la Société des sciences naturelles de Neuchâtel son « Prodrome de la classe des Echinodermes », ainsi que la notice, accompagnée de planches, sur les Echinodermes fossiles appartenant au groupe néocomien du Jura neuchâtelois. Peu de temps après, il publia dans les

Mémoires de la Société helvétique la description des
« Echinodermes fossiles particuliers à la Suisse», ainsi
que la première livraison d'un ouvrage plus étendu,
la « Monographie des Echinodermes ».

Ce fut pendant cette année que la Société géologique de Londres lui décerna la médaille de Wollaston, nouvelle preuve de la sympathie des naturalistes
anglais.

L'été de 1836, qui ouvrit à Agassiz un nouveau et
brillant champ d'étude, fut une époque mémorable
dans sa vie. L'attention générale avait déjà été attirée
par les singuliers phénomènes glaciaires observés
dans les vallées des Alpes. De simples paysans avaient
déjà raconté l'étrange histoire de blocs de pierre
transportés sur la glace, du retrait et de l'avancement
alternatifs des glaciers qui, sous l'influence de quelque puissance inexplicable, tantôt se resserrent dans
d'étroites limites, tantôt envahissent les terres voisines. Les savants connaissaient bien tout l'intérêt
que présentent ces faits, mais ils n'y voyaient que
des phénomènes particuliers et locaux. Venetz et
Charpentier furent les premiers à leur assigner une
plus grande importance. Venetz, ingénieur valaisan,
traça les anciennes limites des glaciers des Alpes
d'après les débris et les matériaux épars qu'ils ont
laissés en se retirant; Charpentier alla plus loin et
affirma que tous les blocs erratiques, répandus dans
la plaine suisse et sur les pentes du Jura, avaient été
déposés par la glace et non par l'eau, comme on
l'avait supposé jusqu'alors.

Agassiz fut d'abord du nombre de ceux qui envi-

sagèrent cette hypothèse comme improbable et insou-
tenable. Cependant il tenait beaucoup à voir les faits
sur place; aussi alla-t-il passer ses vacances d'été
dans le joli village de Bex, dans la vallée du Rhône,
Charpentier lui ayant offert avec empressement de lui
servir de guide. Il y séjourna plusieurs semaines en
compagnie de sa femme et de son jeune fils [1], et tout
en explorant la contrée, il se reposait de ses travaux
sédentaires. Son but avait été de confirmer ses propres doutes et de désabuser son ami Charpentier de
ses erreurs; mais, après avoir visité avec lui les glaciers des Diablerets, ceux de la vallée de Chamounix
et les moraines de la grande vallée du Rhône et de
ses principales vallées latérales, il revint convaincu
que la seule méprise de Charpentier était une interprétation trop limitée du phénomène glaciaire.

Ce séjour aurait été plein de charme pour Agassiz,
s'il n'eût été poursuivi par la crainte continuelle d'être
obligé, faute de ressources, de suspendre la publication des « Poissons fossiles ». Il écrivit de Bex à Sir
Philip Egerton, au sujet de la vente de ses dessins
originaux, la seule valeur qui fût en sa possession :
« Il m'est absolument impossible de publier même
« une seule nouvelle livraison, tant que cette vente
« n'est pas effectuée..... Je me considérerai plus que
« payé, si je reçois seulement ce que m'a coûté la
« collection entière de dessins, pourvu cependant que
« je puisse garder ceux qui ne sont pas encore litho-
« graphiés, jusqu'à ce que le travail soit terminé. »
Sir Philip Egerton fit tout ce qui était en son

---

[1] Alexandre Agassiz, né le 17 décembre 1835.

pouvoir pour vendre cette collection au Musée britannique; il ne réussit pas alors, mais elle fut achetée plus tard par un de ses généreux parents, Lord Francis Egerton, qui en fit don au Musée britannique. En même temps, pour qu'Agassiz pût garder Dinkel à son service, Sir Philip Egerton et Lord Cole offrirent de faire dessiner à leurs frais par cet habile artiste les spécimens de leurs propres collections, nécessaires à l'ouvrage. Ces dessins devaient naturellement rester leur propriété.

Pendant le séjour d'Agassiz à Bex, son esprit et son imagination furent vivement excités par les phénomènes glaciaires. A son retour à Neuchâtel et pendant l'hiver de 1837, il entreprit d'autres recherches sur les pentes du Jura et reconnut que là aussi les faits confirmaient la même théorie. Quoiqu'il eût repris avec une ardeur infatigable ses différents ouvrages sur les Poissons, les Radiés et les Mollusques, ses pensées se portaient constamment sur ce nouveau champ d'étude.

Lorsque, l'été suivant, la Société helvétique des sciences naturelles se réunit à Neuchâtel, son jeune président, Louis Agassiz, dont on attendait là communication de nouvelles découvertes sur les poissons fossiles, fit tressaillir ses auditeurs en leur présentant une théorie glaciaire par laquelle les phénomènes erratiques locaux des vallées suisses prenaient une signification cosmique. Il convient de faire remarquer ici que les premiers grands traits par lesquels Agassiz, encore jeune homme, esquissa ses vastes conceptions, ont été le germe de ses ouvrages subséquents. Ainsi, les généralisations qui servirent de base à toutes ses futures recherches zoologiques sont ébauchées dans sa préface des « Poissons fossiles » et son discours d'ouverture de la Société helvétique, en 1837, présente déjà la période glaciaire dans son ensemble, telle qu'il l'envisageait encore à la fin de sa vie, après avoir étudié ce phénomène sur trois continents.

Dans son discours, écrit pendant la nuit qui précéda la séance générale, Agassiz, en souhaitant la bienvenue à ses chers amis et confédérés, s'excuse de ne pouvoir leur présenter qu'une partie des collections disposées dans les salles du musée qui viennent d'être terminées; il rappelle en termes élevés le lien qui unit les sciences et la grande pensée qui les domine, celle d'une « création intelligible » et d'un développement progressif tendant toujours vers le même but.

« Notre Société, dit-il, n'est point restée étrangère « à ce grand mouvement; c'est elle qui a servi de « modèle à ces vastes associations dont l'Allemagne, « l'Angleterre, la France se glorifient à tant de titres, « et si les travaux qu'elle a entrepris ont paru moins « brillants, à côté de ceux de sociétés plus vastes, elle « n'en a pas moins donné l'élan à plus d'une reprise. »

Comme exemple de cet esprit d'initiative des savants suisses, il cite les découvertes que MM. Venetz et de Charpentier viennent de faire en établissant l'ancienne extension des glaciers démontrée par les blocs erratiques épars loin des Alpes, par l'existence d'anciennes moraines et par les roches polies et striées, observées jusque sur les bords du Léman.

Mais il va plus loin que ses initiateurs; il a poursuivi ces mêmes phénomènes tout le long de la chaîne

du Jura jusqu'au sommet de Chaumont et sur les
flancs des vallées jurassiennes. Il combat la théorie
qui attribue le transport des blocs et des graviers
alpins à des torrents d'eàu; c'est la glace qui l'a accompli. Comment, par exemple, expliquer autrement
la présence d'une moraine alpine au-dessus de Noi-
raigue dans le Val-de-Travers ?

Le phénomène prend à ses yeux une extension
immense; il voit une épaisse couche de glace étendue
non pas seulement des Alpes au Jura, mais sur toutes
les parties de la terre où l'on trouve des roches polies
et des blocs erratiques [1], et pour l'expliquer, il admet
un abaissement général de la température.

« L'apparition des Alpes, dit-il, résultat du plus
« grand des cataclysmes qui ont modifié le relief de
« notre terre, a donc trouvé sa surface couverte de
« glace, au moins depuis le pôle Nord, jusque vers
« les bords de la Méditerranée et de la mer Cas-
« pienne..... Puis la surface de la terre s'est réchauf-
« fée de nouveau, et la chaleur dégagée de toutes
« parts a dès lors commencé à faire fondre ces
« masses de glace, qui se sont successivement reti-
« rées jusque dans leurs limites actuelles. Ce serait
« donc une grave erreur de confondre les glaciers
« qui descendent des Alpes avec les phénomènes de
« l'époque des grandes glaces, qui a précédé leur
« existence. »

Quant à ce refroidissement insolite de l'époque
glaciaire, qui vient interrompre et bouleverser le

---

[1] Il put, vers la fin de sa vie, trouver la confirmation de ses vues
hardies lors de son voyage dans les régions tropicales du Brésil.

refroidissement graduel de la surface de notre globe,
il l'explique en admettant des oscillations de température. Celle-ci a baissé à la fin de chaque époque
géologique avec la disparition des êtres qui la caractérisent, pour se relever d'une certaine quantité avec
l'apparition d'une création nouvelle au commencement de l'époque suivante. Chaque époque serait donc
marquée par un réchauffement à son début et un
refroidissement à sa fin, sans que rien fût changé
cependant au refroidissement graduel général.

« Cette manière de voir, dit-il en terminant, ne
« sera pas partagée, je le crains, par un grand nom-
« bre de nos géologues, qui ont sur ce sujet des opi-
« nions arrêtées; mais il en sera de cette question
« comme de toutes celles qui viennent heurter des
« idées reçues depuis longtemps.

« Quand M. de Buch affirma pour la première fois,
« en face de l'école formidable de Werner, que le
« granit est d'origine plutonique et que les monta-
« gnes se sont élevées, que dirent les Neptunistes? Il
« fut d'abord seul à soutenir sa thèse, et ce n'est
« qu'en la défendant avec la conviction du génie, qu'il
« l'a fait prévaloir. Heureusement que dans les ques-
« tions scientifiques, les majorités numériques n'ont
« jamais décidé de prime abord aucune question. »

C'était là jeter le gant aux partisans des phénomènes erratiques, expliqués par les inondations, les
courants d'eau et les glaces flottantes. Plusieurs géologues et savants étrangers de la plus haute distinction assistaient à cette réunion, entre autres Léopold
de Buch qui pouvait à peine contenir son indignation,

mêlée de mépris, pour ce qu'il regardait comme l'opinion d'un observateur jeune et inexpérimenté. La discussion qui s'engagea ensuite dans la section spéciale entre de Buch, Charpentier et Agassiz, fut des plus intéressante. Élie de Beaumont, qui aurait dû être le quatrième membre de cette section, n'arriva que plus tard. Les divergences d'opinion toutefois n'altérèrent jamais les relations cordiales qui existaient entre de Buch et son jeune adversaire. En effet, Agassiz conserva toute sa vie un respect profond et une admiration sincère pour la mémoire de ce savant distingué.

Les hommes qui avaient fait une étude spéciale de ce sujet, ne furent pas les seuls à décourager Agassiz. Les lettres de son cher maître de Humboldt, en 1837, témoignent du regret qu'il éprouvait de ce qu'une partie de l'énergie de son jeune ami eût été distraite de la zoologie pour se porter vers des recherches qu'il envisageait alors comme reposant sur de pures théories, plutôt que sur des démonstrations précises. Peut-être était-il aussi un peu influencé par les préventions de son ami L. de Buch. Quoiqu'il en soit, il écrivait à Agassiz : « Ainsi que vous le « savez déjà, Léopold de Buch est furieux contre vos « moraines et celles de Charpentier, considérant ce « sujet comme sa propriété exclusive. Quant à moi, « bien que moins hostile à ces nouvelles vues et prêt « à admettre que les blocs n'ont pas tous été trans- « portés de la même manière, je suis cependant dis- « posé à croire que les moraines sont dues à des « causes plus locales. »

La lettre suivante nous montre que Humboldt craignait sérieusement que ce nouveau champ d'activité, avec ses théories entraînantes, n'arrachât Agassiz à ses recherches ichthyologiques.

* *Alexandre de Humboldt à Louis Agassiz.*

Berlin, ce 2 décembre 1837.

Je reçois dans ce moment, mon cher et excellent ami, par la voie d'un ministre de cabinet, M. de Werther, vos huitième et neuvième livraisons avec un beau cahier de texte. Je m'empresse de vous en exprimer ma plus vive reconnaissance, et je félicite le public de la résolution que vous avez prise, un peu tard, de donner beaucoup de texte. On ne doit flatter ni les rois, ni les peuples, ni ses plus chers amis. Je prétends donc qu'on ne vous dit pas assez combien les mêmes personnes qui admirent avec raison votre ouvrage, se plaignent journellement de ce genre de publication fragmentaire, qui met au désespoir ceux qui n'ont pas le loisir de caser vos feuilles éparses et de débrouiller la fourmilière[1].

Je pense qu'il serait bien utile de publier pendant quelque temps plus de texte que de planches. Vous le pourriez d'autant mieux que votre texte est excellent, plein d'idées neuves, importantes et exprimées avec une admirable clarté. L'aimable lettre (encore sans date), qui a précédé votre envoi, m'a douloureusement affecté. Je vois que vous êtes de nouveau bien souffrant; vous vous plaignez de congestions à la tête et aux yeux. De grâce,

---

[1] Par suite de l'irrégularité avec laquelle il recevait ses matériaux, Agassiz était tantôt en avance, tantôt en retard, avec certaines parties de son sujet, en sorte que les planches et les textes ne paraissaient pas toujours ensemble, ce qui causait beaucoup d'ennuis à ses lecteurs.

soignez une santé qui nous est si chère! Je crains que
vous ne travailliez trop, et (voulez-vous que je vous le
dise franchement ?) que vous ne répandiez votre intelligence sur trop de choses à la fois. Je pense que vous
devriez concentrer, cher ami, vos forces pécuniaires et
surtout vos forces morales sur ce bel ouvrage des « Poissons fossiles ». Vous rendriez par là plus de services à la
géologie positive que par ces considérations générales
(un peu glaciales), sur les révolutions du monde primitif,
considérations qui, vous le savez bien, ne laissent de conviction qu'à ceux qui les enfantent. En acceptant des
sommes considérables de l'Angleterre, vous avez contracté,
pour ainsi dire, des obligations que vous devez acquitter
en terminant un ouvrage qui sera tout à la fois un monument élevé à votre gloire et à l'histoire des sciences.
Quelque belles et exactes que soient sans doute vos recherches sur d'autres pétrifications, c'est toujours les
poissons que vous demandent vos contemporains.

Vous direz que c'est vous rendre l'esclave des autres;
sans doute, mais telle est l'aimable combinaison des
choses d'ici-bas. Ne m'a-t-on pas forcé, pendant trente-
trois ans, à m'occuper de cette ennuyeuse Amérique et
ne suis-je pas insulté encore journellement, parce que,
après avoir publié trente-deux volumes de la grande
édition in-folio et in-quarto et douze cents planches, il
manque un seul volume de la section historique? Nous
autres hommes de lettres, nous sommes les serviteurs
d'un maître narquois et despotique que nous avons eu
l'imprudence de choisir, qui d'abord nous flatte et nous
soigne, et puis nous tyrannise, si nous ne travaillons pas
à son gré. Vous voyez, mon cher ami, que je fais le vieillard grondeur et que je me range du côté du public des-
pote, ce qui doit vous déplaire foncièrement.....

Sous le rapport de l'abaissement général ou périodique
de la température du globe, je n'ai jamais cru à la né-

cessité d'admettre, à cause de l'éléphant de la Léna, ce refroidissement subit dont parlait Cuvier. Ce que j'ai vu en Sibérie, ce qui a été vu sur la côte nord-ouest de l'Amérique, dans l'expédition du capitaine Beechy, prouve simplement qu'il existe une couche de terrain de transport gelé, dans les pentes duquel, encore aujourd'hui, se conserverait intacte la chair de tout animal qui y tomberait accidentellement. C'est un petit phénomène local. L'ensemble des phénomènes géologiques me paraît prouver, non l'empire de cette surface de glace sur laquelle vous faites rouler les blocs, mais une température très élevée jusque vers les pôles, température favorable à l'existence d'organismes analogues à ceux de nos tropiques actuels. Vos glaces me font peur, et quelque plaisir que j'éprouverais à vous embrasser ici, mon cher ami, je ne sais si, pour soigner votre santé et pour ne pas voir ce pays, déjà si hideux, sous une couche de neige et de glace (en février), vous ne feriez pas mieux de venir deux mois plus tard, à la première verdure.

Ceci a rapport à une lettre que M. d'O.... a reçue hier et qui m'a un peu effrayé, parce que l'état de vos yeux vous avait forcé à vous servir d'une main étrangère. De grâce, ne pensez pas à voyager avant que vous ne soyez entièrement remis. Je termine cette lettre dans la ferme persuasion qu'elle ne renferme pas une ligne qui ne soit l'expression de l'amitié et de la haute estime que je vous porte à jamais.

La magnificence de vos derniers cahiers, n° 8 et 9, n'a pas de nom. Quelle exécution que vos *Macropoma*, l'*Ophiopris procerus*, la grande bête de Mantell, les minutieux détails des *Dercetis*, *Psammodus*, — les squelettes. — Il n'y a rien de semblable dans tout ce que nous possédons sur les vertébrés.

J'ai commencé aussi à étudier votre texte, si riche en faits bien disposés, la monographie des *Lepidostei*, le morceau sur les rayons osseux[1], et je n'ai pas voulu en croire mes yeux, cher Agassiz : soixante-cinq pages du troisième volume, qui se suivent sans interruption ! Vous allez gâter le public. Vous avez aujourd'hui des renseignements sur un millier d'espèces; *claudite jam rivos !* Votre ouvrage peut marcher avec deux cent cinquante souscripteurs, mais si vous continuez à faire voyager deux dessinateurs, je vous prédis, en homme d'affaires, qu'il ne marchera pas. Vous ne pourrez pas même publier ce que vous possédez depuis cinq ans. Pensez, mon excellent ami, qu'en voulant donner un aperçu de tous les poissons fossiles qui existent maintenant dans les collections, vous poursuivez une ombre qui fuit constamment devant vous. Il faut quinze ans pour terminer un tel ouvrage; ainsi, ce *maintenant* est un élément indéterminé ! Ne pourriez-vous prendre sur vous-même de vous en tenir à ce que vous possédez à présent ? Faites revenir vos dessinateurs. Avec la réputation dont vous jouissez en Europe, on vous enverra ce qui pourrait essentiellement changer vos opinions sur certaines organisations.

Si vous continuez à avoir deux ambassadeurs en pays étrangers, les fonds que vous voulez destiner à la gravure et à l'impression seront absorbés. Vous lutterez avec des difficultés domestiques et à l'âge de soixante ans (tremblez à la vue de ce chiffre), vous serez tout aussi incertain qu'aujourd'hui de posséder seulement dans la collection de vos dessins tout ce qui existe chez les amateurs. Comment épuiser un océan dont les espèces augmentent indéfiniment ? Finissez d'abord ce que vous possédez en décembre 1837 et recommencez, si le métier ne vous répugne pas, à publier des suppléments en 1847. Vous n'oublierez pas que ces suppléments doivent être de deux genres : 1° Des notions qui modifient quelques-uns

---

[1] Des nageoires de certains poissons.

de vos anciens aperçus; 2° De nouvelles espèces. Ce n'est que le premier genre de supplément qui serait vraiment désirable.

De plus, il faut regagner votre indépendance intellectuelle et ne plus vous faire gronder par M. de Humboldt. J'aurais beau disparaître de la scène du monde à votre quatorzième numéro, quand je serai fossile à mon tour, je vous apparaîtrai comme une ombre, ayant sous le bras les pages que vous n'avez pas encore intercalées et le volume de l'éternelle América que je dois au public. Je finis par la petite pièce pour que ma lettre paraisse moins doctrinaire.

Mille tendres amitiés. Pas de glaces, peu d'échinodermes, beaucoup de poissons, rappel des ambassadeurs *in partibus,* et grande sévérité vis-à-vis des libraires, race infernale de gens, dont j'ai tué trois ou quatre sous moi.

A. HUMBOLDT.

Je gémis de la peine que vous causera mon horrible écriture.

Une lettre de Léopold de Buch, de même date à peu près, prouve que, malgré ses violentes attaques contre la géologie hétérodoxe d'Agassiz, il n'en éprouve pas moins une profonde sympathie pour son œuvre en général.

* *Léopold de Buch à Louis Agassiz.*

Berlin, 22 décembre 1837.

.... Je vous prie de me remettre en grâce dans l'esprit des bienfaiteurs dont j'ignore encore le nom. Par un très grand malentendu, on a renvoyé à Neuchâtel les Annales de la Société qui m'avaient été adressées. La poste, sachant que je refuse la foule de journaux d'éducation qu'on m'envoie de France et qui me coûteraient beaucoup plus de port que mes moyens ne me le permettent, a cru que ce journal était du nombre parce que le port s'élevait à plusieurs écus. J'en suis fâché. J'ignore, même à présent, jusqu'au contenu de ce cahier; il renfermait, sans doute, un de vos mémoires plein de génie et de chaleur. J'aime votre manière d'observer la nature et je crois que, par vos observations, vous rendez de grands services à la science. Un bon esprit vous fera facilement apercevoir que là est la route de la gloire et qu'il ne faut pas suivre celle qui se plaît dans de vaines analogies et dans des spéculations passées de mode depuis longtemps. Je suis affligé d'apprendre que vous souffrez et que vos yeux vous refusent leur service. M. de Humboldt me dit que vous avez le dessein de chercher ici un meilleur climat, au mois de février. Effectivement, vous le trouverez, grâce aux poêles. Mais comme nous aurons encore de la glace dans les rues, vos opinions glacées ne feront pas fortune dans cette saison.

J'aurai du plaisir à vous présenter un mémoire ou une monographie des Spirifers et des Orthis que j'ai publié; mais je me garderai bien de faire payer le port à qui que ce soit pour un travail qui, par sa nature, ne peut avoir qu'un intérêt très limité..... J'attendrai votre arrivée pour vous remettre ces descriptions. Vos cahiers de poissons ne sont pas encore ici. Humboldt m'en a souvent parlé. Oh! comme je vous aime mieux dans un domaine qui est entièrement le vôtre, que là où vous détruisez cette marche mesurée et circonspecte que de Saussure avait introduite en géologie. Vous en reviendrez et vous ne traiterez plus avec si peu d'égards ce que de Saussure et Escher ont cru.

Tout ici se change en infusoires. M. Ehrenberg·vient·

de découvrir qu'une couche de vingt pieds d'épaisseur, en apparence sablonneuse, sous la *Lüneburger Heide* est entièrement composée d'infusoires, comme ceux qui vivent actuellement dans le voisinage de Berlin; elle repose sur une couche brune qui a jusqu'à dix pieds de profondeur. Celle-ci se compose pour un cinquième du pollen de Pinus, qui peut brûler. Le reste est formé d'infusoires. Ces animaux sont donc capables d'élever des chaînes de montagnes; et dire que l'œil ne peut les apercevoir!!

Dans la lettre suivante que nous reproduisons ici, quoiqu'elle soit datée de 1838, Humboldt, tout en comprenant mieux l'ardeur de son ami à explorer de nouveaux domaines de la science, lui réitère ses craintes, toujours du reste sur le même ton humoristique et affectueux.

* *Alexandre de Humboldt à Louis Agassiz.*

Berlin, 17 juin 1838.

Je viens de recevoir votre aimable lettre du 9 juin, mon cher ami, et je m'empresse de vous remercier du fond de mon cœur de votre souvenir affectueux et des détails intéressants que vous me donnez sur vos grands et utiles voyages. J'ai joué le rôle d'un vieux grondeur et je vois par votre lettre que vous ne m'en voulez pas de cet excès de franchise. Comment pouvez-vous supposer que je souhaite qu'un homme ayant votre talent, votre universalité, vos connaissances zoologiques, se renferme dans les étroites limites d'une classe d'animaux; que, brûlant du désir d'appliquer les lois découvertes dans cette classe, il n'aille pas au delà d'une limite déterminée. Comment croire que je voudrais vous détourner de la géologie dogmatique, manière de penser qui, quoi qu'on en dise, est un besoin pour chaque être humain ? Il est impossible de combiner les faits sans arriver pour conclusion à des dogmes.... Mon cher Agassiz, abandonnez-vous librement à toute la fougue de votre talent.

Ce qui m'alarme, mon cher ami, c'est la crainte que votre jeunesse ne soit pas assez longue pour l'achèvement de votre admirable ouvrage sur les poissons, la crainte que vos deux peintres voyageurs n'épuisent vos finances au point qu'il vous deviendra difficile de continuer l'impression des dessins que vous possédez déjà. Je n'ai certainement pas blâmé votre goût pour la géologie dogmatique, si intimément liée par le caractère des époques et des formations à vos recherches. Je suis loin aussi de rejeter l'origine des stries que vous attribuez à la glace, tandis que d'autres l'attribuent aux rochers; mais l'idée que vous paraissiez exprimer au sujet des alternances d'un état de choses glacial et tropical, ne m'a semblé justifiée en aucune manière par les faits, tels que je les connais, y compris le phénomène de Sibérie.....

Moi, qui, à cause de mon bras impotent, vous mets à l'épreuve avec mon horrible écriture, et qui cependant n'ai jamais eu le courage d'employer un secrétaire ou même un copiste, je suis épouvanté par les neuf personnes qui sont à vos gages. Je suis sûr qu'il doit y avoir de l'or quelque part dans vos roches polies. J'aimerais pouvoir trouver le secret que vous avez pour exploiter si promptement toutes ces mines. Je ne vous dis pas ceci dans un esprit de critique, car rien n'est plus noble que de se sacrifier ainsi à la science.

CHAPITRE IX

Quoique Agassiz traitât le phénomène glaciaire
d'une manière audacieuse qui excita beaucoup de
controverses et de commentaires fâcheux, d'un autre
côté l'éloquence et l'originalité avec lesquels il présentait son sujet produisirent une profonde impression. C'est en partie pour cette raison qu'il fut vivement sollicité à quitter Neuchâtel pour se fixer sur
un plus vaste théâtre. Un invitation des plus séduisante par la manière affectueuse dont elle était faite,
lui fut alors adressée de Genève par M. A. de la
Rive.

* *Auguste de la Rive à Louis Agassiz.*

Genève, le 12 maï 1837.

Mon cher ami. Je n'ai point encore reçu votre discours;
j'espère bien que vous ne tarderez pas à me l'envoyer,

car il me tarde de le faire connaître à nos lecteurs. J'espère aussi que vous n'oublierez pas ce que vous m'avez promis pour la *Bibliothèque universelle;* j'y tiens excessivement, d'autant plus que votre coopération viendra compléter celle de plusieurs hommes distingués, dont je viens de m'assurer.

Si je viens vous ennuyer d'une seconde lettre, ce n'est pas seulement pour vous rappeler vos promesses, relativement à la *Bibliothèque universelle,* mais pour un autre objet encore plus important et sutout plus urgent. Voici le fait. Nos cours académiques viennent de s'ouvrir sous des auspices très favorables. Le nombre des élèves a beaucoup augmenté: nous en avons, en particulier, un grand nombre d'Allemagne et d'Angleterre. Cette circonstance nous a fait d'autant plus sentir la convenance de nous compléter, et de le faire convenablement et promptement. Je ne veux pas faire le fin avec vous; je vous dirai franchement que vous nous paraissez l'homme nécessaire, l'homme *indispensable.* Après avoir causé avec quelques personnes influentes d'ici, je me fais fort, si vous me dites : « J'irai », de vous obtenir les conditions suivantes : 1° Trois mille francs de traitement fixe, indépendamment des rétributions des étudiants, que, vu la nature de votre enseignement, votre réputation, la nouveauté de votre cours, j'évalue trop bas en les cotant à mille francs, j'en suis convaincu; 2° La chaire vacante est une chaire de géologie et de minéralogie, mais pour peu que cela vous convînt, De la Planche continuerait à enseigner la minéralogie et vous la remplaceriez par la paléontologie, ou par tout autre enseignement qui vous conviendrait..... Ajoutez à cette ressource celle d'un cours pour les dames et les gens du monde, que vous pourriez donner pendant l'hiver comme à Neuchâtel. L'usage est ici de faire payer cinquante francs par personne pour ces cours de vingt-cinq à trente séances. Vous pouvez bien comprendre qu'à un semblable cours, vous auriez ici au moins autant de monde qu'à Neuchâtel, d'autant plus qu'on demande beaucoup la reprise de ces cours et que, depuis que M. Pictet est mort, que M. Rossi est parti et que M. de Castella n'en donne plus, personne n'a recueilli leur héritage qui était pourtant bien brillant. Les uns, parce qu'ils sont trop occupés, les autres, parce qu'ils n'ont pas le talent convenable, n'ont pas essayé de remplacer ces Messieurs pour le genre dont il s'agit, genre dans lequel vous excelleriez, soit par vos qualités heureuses, soit par la nature bien choisie du sujet que vous traiteriez, et qui est de tous le plus à la mode actuellement. Ainsi, venez vite exploiter chez nous cette riche veine, avant que d'autres se présentent pour le faire.

Enfin, puisqu'il faut que je vous fasse votre budget, la *Bibliothèque universelle* qui paie cinquante francs la feuille, vous présenterait une ressource toujours ouverte où vous viendriez consigner les fruits de vos loisirs. Certainement, il vous serait facile d'en tirer au moins mille francs.

Voilà donc une exposition claire, nette et complète de l'état des choses et de ce que vous pouvez espérer ici. Le moment est propice; il y a chez nous dans ce moment de l'élan pour les sciences; on va présenter cet hiver à notre Grand Conseil un projet de construction considérable pour notre Musée et la Bibliothèque. On se mettra à l'œuvre l'été prochain; vous comprenez combien vos idées et vos conseils seront précieux à cet égard. Peut-être sera-t-il question d'un directeur pour le Musée et d'un appartement pour lui dans le nouvel édifice. Vous comprenez à qui une semblable place serait destinée.

Mais n'anticipons pas sur l'avenir; bornons-nous au présent et voyez si, tel que je vous le propose, il vous convient.... Allons! laissez-vous ébranler. Sacrifiez la capitale à une ville de province. A Berlin, vous serez sans doute heureux, honoré. Voyez l'exemple de X...., qui brillait comme une étoile de premier rang à Genève, et qui n'est plus qu'une étoile de troisième ou quatrième rang à Paris. Ce ne serait pas votre cas, je le sais; toutefois, je suis convaincu que votre rôle serait encore plus brillant à Genève, où vous seriez un second de Saussure. Je sais que ces motifs d'amour-propre scientifique ont peu de prise sur vous; j'ai voulu toutefois, pour ne rien omettre, vous les faire valoir. Mais j'espère plus dans ceux que je vous ai présentés les premiers, parce qu'ils partent du cœur et que je sais que le cœur est chez vous aussi vibrant que le génie. Mais en voilà assez ! Je ne veux pas vous fatiguer de plus longues considérations. Je crois vous avoir fourni tous les éléments nécessaires pour votre décision.

Faites-moi donc l'amitié de me faire savoir le plus tôt que vous pourrez le parti que vous comptez prendre. Ayez aussi la bonté de ne pas ouvrir la bouche sur le contenu de ma lettre et de vous rappeler d'ailleurs que ce n'est pas le Recteur de l'Académie de Genève, mais le professeur Auguste de la Rive qui vous écrit en son propre et privé nom. Je le répète : promptitude et silence sont mes deux recommandations, dans l'espérance du *oui* qui nous rendrait si heureux.....

Agassiz reçut quelques mois plus tard l'offre officielle d'une chaire de professeur à Lausanne, proposition rendue plus séduisante encore par les sollicitations affectueuses de parents et d'amis qui le pressaient de céder à des raisons de famille et de patriotisme pour venir se fixer dans son canton d'origine. Mais il avait jeté son dévolu sur Neuchâtel et il était invulnérable à tous les arguments. Il resta fidèlement attaché au poste qu'il avait choisi, jusqu'au moment où il le quitta pour se rendre en Amérique,

croyant alors qu'il s'agissait seulement d'un séjour
temporaire. Les habitants de sa ville adoptive lui
témoignèrent en ces termes leur reconnaissance de la
fidélité dont il avait fait preuve envers eux.

* *Louis Coulon* [1] *à Louis Agassiz.*

Neuchâtel, 19 mars 1838.

Nous sommes touchés de votre récente et généreuse
décision. Vous avez refusé les offres très avantageuses de
différentes Universités et Académies étrangères pour
rester dans une ville que votre présence honore. Aussi,
après avoir communiqué aux chefs de l'administration
dont nous dépendons, ainsi qu'à certains membres influents de notre gouvernement, cette décision si précieuse
pour nous et si désintéressée de votre part, nous avons
jugé convenable de vous offrir, comme témoignage de
notre estime personnelle, une marque de la reconnaissance
que nous éprouvons, reconnaissance qui est partagée par
nos concitoyens, touchés comme nous de votre décision.
Nous avons donc l'honneur de vous annoncer que nous
mettons à votre disposition la somme de deux mille
francs de France annuellement, pour trois années successives à dater de ce jour. Nous osons espérer que vous
accepterez cette somme comme un témoignage de la vive
et sincère reconnaissance d'un grand nombre de nos concitoyens qui se sont empressés d'y contribuer. Cela ne
pourra jamais servir de compensation pour les services
que vous avez rendus volontairement en notre faveur;
mais vous ne devez pas douter de la réalité de l'attachement et de la profonde estime qu'éprouvent pour vous les
amis qui prennent la liberté de vous l'offrir.....

---

[1] Au nom de la Commission d'éducation.

L'été de 1837 fut triste pour Agassiz et pour sa famille; son père, encore dans la force de l'âge, mourut à Concise, emporté par une fièvre. Le joli presbytère, auquel on s'était tant attaché, passa en d'autres mains et dès lors Madame Agassiz séjourna alternativement chez l'un ou l'autre de ses enfants.

En 1838, Agassiz fonda à Neuchâtel un atelier de lithographie qui, pendant plusieurs années, fut sous sa direction. Jusqu'alors ses planches avaient été lithographiées à Munich, mais, à une telle distance, leur exécution entraînait des ennuis continuels et quelquefois une grande perte de temps et d'argent, causée par l'expédition et le retour des épreuves. L'idée d'établir à ses risques et périls une presse lithographique, était certainement imprudente pour un homme sans fortune; mais Agassiz espérait pouvoir faciliter ainsi ses propres publications et en perfectionner l'exécution. Soutenu d'un côté par la générosité de plusieurs personnes et de l'autre par les efforts de son fondateur, l'établissement lui dut presque exclusivement le développement de son activité.

Agassiz eut la bonne fortune de s'assurer la coopération d'un artiste lithographe très capable, M. Hercule Nicolet, qui avait déjà une grande expérience dans l'exécution des objets d'histoire naturelle et qui, en particulier, connaissait bien l'art nouvellement découvert de la chromolithographie.

Toutes ces entreprises étaient menées de front; outre ses occupations comme professeur, Agassiz publiait à la fois ses « Poissons fossiles », ses « Poissons d'eau douce » et ses « Recherches sur les Échinodermes et les Mollusques »; les planches de ces divers ouvrages étaient soumises chaque jour à son inspection; leur exécution, grâce au talent de M. Nicolet, était admirable pour l'époque. Le professeur Arnold Guyot, dans sa biographie d'Agassiz, s'exprime ainsi au sujet des planches des « Poissons d'eau douce » : « On est émerveillé de leur beauté « ainsi que de la perfection du dessin et du coloris, « quand on réfléchit que c'étaient presque les pre- « miers essais dans l'art nouvellement inventé de la « chromolithographie et que ces planches paraissaient « dans un moment où la France et la Belgique ré- « pandaient avec profusion des récompenses pour « des ouvrages semblables, qui, bien que très infé- « rieurs, étaient envisagés pourtant comme occupant « le premier rang dans les progrès de l'art. »

Tout ce travail aurait difficilement pu être exécuté sans aides. En 1837, M. Edouard Desor vint rejoindre Agassiz à Neuchâtel et, pendant bien des années, resta intimement associé à ses travaux scientifiques. Une année ou deux plus tard, M. Charles Vogt se réunit au groupe d'investigateurs et d'artistes dont Agassiz formait le centre et la force. M. Ernest Favre parle en ces termes de cette période de la vie d'Agassiz : « L'énergie qu'il déploya pendant ces « années fut quelque chose d'inouï et dont l'his- « toire de la science n'offre peut-être pas d'autre « exemple [1]. »

Parmi les recherches zoologiques les plus importantes de cette époque, on doit mentionner celles sur les Mollusques. La méthode qu'Agassiz employait

---

[1] *Louis Agassiz*, par Ernest Favre, p. 16.

pour étudier cette classe d'animaux est trop originale
et trop caractéristique pour être passée sous silence.
La science de la conchyliologie avait été basée jusqu'alors presque entièrement sur l'étude de la coquille
vide, ce qui paraissait superficiel à Agassiz. Désirant
connaître les relations entre l'animal et son enveloppe
extérieure, il pensa que le moule intérieur de la
coquille donnerait au moins la forme de son habitant.
Pour la partie pratique de ses recherches, il prit à
son service un excellent mouleur, M. Stahl, qui continua à être un des employés de la lithographie,
jusqu'au moment où il fut attaché d'une manière
permanente au Jardin des plantes à Paris. Avec son
concours et celui de son collègue et ami, M. Henri
Ladame, professeur de physique et de chimie à
Neuchâtel, qui prépara les alliages fusibles de mé-
taux servant au premier moule, Agassiz obtint des
empreintes ,intérieures ayant exactement la forme
des animaux dont il ne possédait que les coquilles [1].
Cette méthode fut dès lors adoptée partout et on
arriva ainsi à un nouveau moyen de reconnaître les
relations entre les Mollusques fossiles et les vivants.
Ces moules lui rendirent de grands services pour ses
« Études critiques sur les Mollusques fossiles », vol.
in-quarto illustré d'une centaine de planches.

La lettre suivante, adressée à Sir Philip Egerton,
donne une idée des entreprises d'Agassiz à cette
époque et des difficultés que leur nombre et leur
variété lui occasionnaient.

---

[1] Le moule de métal pouvait être reproduit en plâtre à un nombre
indéfini d'exemplaires.

* *Louis Agassiz à Sir Philip Egerton.*

Neuchâtel, le 10 août 1838. '

.... Ces derniers temps ont été, en effet, une époque d'épreuves pour moi, ayant été forcé de renoncer presque entièrement à ma correspondance, pour suffire aux exigences toujours croissantes de mon travail. Or, vous savez combien il est difficile de trouver un moment de repos pour écrire à tête libre, quand on est poursuivi par des épreuves d'impression, de lithographie et par l'obligation de préparer continuellement de l'occupation à de nombreux employés. Joignez à cela un travail de rédaction exigeant beaucoup de recherches et certainement vous trouverez excusable le délai que j'ai mis à vous écrire.

Je crois vous avoir déjà dit que, pour avoir tout sous mes yeux, j'ai fondé à Neuchâtel une lithographie, dans l'espoir d'éviter à l'avenir les lenteurs que mes impressions subissaient à Munich..... J'espère que mes nouvelles publications seront assez bien accueillies pour me permettre de soutenir un établissement unique dans son genre et que j'ai fondé dans l'intérêt de la science, au péril de mon repos et de ma santé. Si je vous donne tous ces détails, c'est pour vous prouver que mon silence à votre égard n'était pas une pure négligence, mais qu'il y va de mon existence à faire réussir ce que j'ai osé entreprendre seul.....

J'adresserai cette semaine au secrétaire de l'Association britannique pour l'avancement des sciences tout ce que j'ai pu terminer jusqu'ici, ne pouvant l'apporter moi-même comme je l'aurais désiré. Vous m'obligeriez infiniment si vous vouliez jeter un coup d'œil sur ces ouvrages qui, je l'espère, vous intéresseront à différents titres. Il s'y trouvera d'abord la dixième livraison des « Poissons fossiles » (les exemplaires pour les libraires ne seront expédiés que dans quelques semaines), puis les sept premières planches de mes Oursins, qui sont gravées avec beaucoup de détails et avec tout le soin possible. Une troisième série de planches est relative à des études critiques sur les Mollusques fossiles, peu ou mal connus, et sur leurs moules intérieurs; c'est un côté tout nouveau de l'étude des coquilles qui jettera beaucoup de jour sur l'organisation d'animaux dont on n'a connu jusqu'à présent que la coquille. J'en ai fait faire pour la Société géologique une collection en plâtre, qui est emballée depuis longtemps, mais que mon récent voyage à Paris m'a empêché d'expédier plus tôt; dès que j'aurai un moment, j'en dresserai le catalogue. Quand vous irez à Londres, ne négligez pas de les examiner; c'est assez curieux.

Enfin, la majeure partie des planches de la première livraison de mes « Poissons d'eau douce » est aussi achevée et se trouve également dans mon envoi à New-Castle..... Les planches sont exécutées par des procédés nouveaux et imprimées à plusieurs teintes sur différentes pierres, d'où il résulte une uniformité remarquable dans le coloris de tous les exemplaires.

Tels sont les nouveaux titres avec lesquels je me présente pour venir vous remercier de l'honneur que vous m'avez fait de penser à moi, à l'occasion de la nomination à la place vacante de la Société royale de Londres. Si un dévouement sans bornes aux intérêts de la science était un titre suffisant pour mériter une pareille distinction, j'aurais été moins surpris de la nouvelle que vous m'avez annoncée dans votre dernière lettre. La préférence flatteuse que la Société royale a daigné accorder au candidat de votre choix, a mis le comble au vœu que je n'aurais osé former que dans bien des années, d'être associé à un corps aussi illustre que la Société royale de Londres.

Toutes les fois que je vous écris, je voudrais pouvoir terminer ma lettre en vous disant que j'espère avoir bientôt le plaisir de vous voir; mais il faut travailler d'arrache-pied, c'est mon sort, et les jouissances qui y sont attachées me font trouver mes occupations douces, quelque nombreuses qu'elles soient.....

Tandis que ces divers travaux zoologiques d'Agassiz étaient ainsi poursuivis avec une activité incessante, les glaciers et leurs phénomènes particuliers, qui avaient captivé son imagination à un si haut degré, occupaient toujours sa pensée. En août 1838, une année après avoir fait connaître à la réunion de la Société helvétique sa théorie de l'action de la glace sur tout l'hémisphère nord, il fit deux importantes excursions dans les Alpes; la première dans la vallée du Hasli et la seconde aux glaciers du Mont-Blanc. Il était accompagné par son collaborateur M. Desor, dont l'intrépidité et l'ardeur égalaient presque celles d'Agassiz, par son dessinateur, M. Dinkel, et par un ou deux étudiants et amis.

Ces excursions furent le début de séjours plus longs et d'une série d'observations qu'Agassiz et ses compagnons firent dans les Alpes et qui, plus tard, produisirent une profonde impression dans le monde scientifique. Mais quoiqu'ils n'emportassent avec eux que le matériel le plus indispensable pour faciliter leurs recherches et leurs expériences, ces premières explorations n'étaient nullement des excursions d'amateurs. Agassiz avait tracé dans son esprit le cadre qu'il se proposait de remplir. La signification des phénomènes glaciaires était déjà claire pour lui, ce qu'il cherchait, c'était le rapport qu'ils avaient entre eux. Adoptant la même méthode comparative que pour les poissons fossiles, il voulait suivre pas à pas les traces de la glace, jusqu'à ce que les faits isolés, étant comparés et coordonnés, prissent une signification plus générale et révélassent d'un bout à l'autre l'histoire des glaciers.

Dans ses explorations de 1838, il observa partout les mêmes phénomènes : les surfaces polies et striées; les roches arrondies et moutonnées, situées souvent bien au-dessus et bien au delà des limites actuelles des glaciers; les anciennes moraines, depuis long- temps abandonnées par la glace, mais qui en déter- minent encore l'emplacement primitif; les blocs erratiques transportés fort loin de leur lieu d'origine et disposés dans un ordre et d'une manière qui ne peuvent être expliqués par l'action des eaux.

Quoique ces excursions offrissent des dangers et des fatigues, elles étaient pleines de charmes pour des hommes qui, si sérieux que fût leur but, étaient cependant encore assez jeunes pour se lancer, comme des collégiens, dans des entreprises aventureuses. Agassiz n'avait que trente-un ans; marcheur infati- gable, il aimait à faire des courses forcées et à grim- per sur les rochers les plus escarpés. Dinkel raconte que, s'étant arrêtés un jour à Grindelwald pour se reposer, ils furent accostés par un voyageur âgé, qui, les ayant entendus prononcer le nom d'Agassiz dans leur conversation animée, leur demanda s'il avait peut-être sous les yeux le fils du célèbre professeur de Neuchâtel. Leur réponse le frappa d'étonnement; il ne pouvait croire qu'un si jeune homme fût précisément le grand naturaliste dont la réputation était européenne.

C'est à l'occasion de ce séjour dans les Alpes, qu'Agassiz écrivit sa première lettre en anglais ; elle est adressée à Buckland et contient le passage suivant : « Depuis que j'ai vu les glaciers, je suis d'une « humeur tout à fait neigeuse ; je veux que toute « la surface de la terre ait été couverte de glace et « que toutes les créations qui ont précédé la nôtre « soient mortes de froid. En effet, je suis entièrement « convaincu que tous les derniers changements, sur- « venus à la surface de l'Europe, doivent être attri- « bués à l'action de la glace. »

La réponse de Buckland paraît curieuse, si l'on réfléchit aux travaux qu'il entreprit plus tard avec Agassiz sur les anciens glaciers et moraines d'Angleterre, d'Écosse, d'Irlande et du pays de Galles : « Je « regrette de ne pouvoir adopter entièrement la nou- « velle théorie que vous soutenez pour expliquer le « transport des blocs erratiques par les moraines, « car, en supposant même qu'elle suffise pour jus- « tifier ce phénomène en Suisse, elle ne pourrait être « appliquée aux blocs de granit et aux dépôts de « gravier en Angleterre, que je ne puis attribuer « qu'à l'action de courants d'eau. »

Pendant le même été, Mme Buckland, voyageant en Suisse avec son mari, écrit d'Interlaken à Agassiz :

« Nous avons fait une jolie excursion dans l'Ober- « land et nous avons vu les glaciers..... mais le « Dr Buckland est plus loin que jamais d'avoir la « même opinion que vous. »

Nous verrons plus tard qu'il se convertit complétement à la théorie glaciaire d'Agassiz.

Arnold Guyot, jusqu'ici à peine mentionné dans cette biographie, fut cependant le compagnon d'Agassiz dans ses recherches sur les glaciers. Amis d'enfance, leurs études universitaires les séparèrent pendant quelque temps, Guyot étant à Berlin, tandis qu'Agassiz séjournait à Munich. Peu d'années après que ce dernier se fut établi à Neuchâtel, ils devinrent collègues dans cette ville et, depuis ce moment, il n'y eut presque plus d'interruption dans leurs relations. Ils partirent pour l'Amérique à peu près à la même époque et se fixèrent définitivement dans des Universités peu éloignées, l'un à l'Université Harvard à Cambridge (Massachusetts) et l'autre à celle de New-Jersey, à Princeton. Ils se faisaient part mutuellement de tout ce qui les intéressait et, à un âge avancé, Guyot vint encore en aide à son ami pour l'établissement d'une école scientifique dans l'île de Penikese, faisant preuve d'autant de zèle et de dévouement qu'il en avait montré jadis pour organiser une station d'observation dans les hautes régions des Alpes.

Au printemps de 1838, Agassiz, passant à Paris, communiqua ses plans à Guyot qui y séjournait alors et le persuada d'entreprendre une partie des investigations qui lui paraissaient indispensables. En conséquence, déjà pendant le même été, Guyot fit une tournée de six semaines au centre des Alpes et étudia la structure et le mouvement des glaciers, tandis qu'Agassiz recherchait leurs anciennes limites dans l'Oberland bernois, dans le Haut-Valais et plus tard dans la vallée de Chamounix. Au retour de leurs

excursions respectives, ils comparèrent leurs observations qu'ils communiquèrent à la réunion de la Société
géologique de France, alors en session à Porrentruy,
où Agassiz fit un rapport sur les résultats généraux
qu'il avait obtenus et où Guyot lut un mémoire (dont
le contenu n'a jamais été entièrement publié) sur le
mouvement des glaciers, sur leur conformation et sur
la structure lamellaire, ou bandes bleues qu'on remarque dans la glace jusqu'à de grandes profondeurs [1].

Pendant les années suivantes, Guyot étudia spécialement la question de la distribution des blocs
erratiques et des dépôts glaciaires dans le but de
déterminer l'ancienne extension des glaciers. Ses
recherches l'entraînèrent bien loin du centre d'activité de ses compagnons et le conduisirent dans des
vallées écartées, sur les versants nord et sud des Alpes,
d'où il suivit les traces des glaciers jusque dans les
plaines de l'Europe centrale et dans celles du nord
de l'Italie. C'est pour cette raison que nous le
voyons rarement faire partie du groupe d'explorateurs
qui finit par s'établir sur le glacier de l'Aar. Ses
observations n'en faisaient pas moins partie inté-
grante du plan général, car tous les résultats, obtenus
par les divers départements, étaient réciproquement
communiqués et comparés. Agassiz avait l'intention
de publier un ouvrage en trois volumes, dont le premier, écrit par lui-même, devait comprendre le « Sys-

---

[1] Voir *Memoir of Louis Agassiz,* par Arnold Guyot, publié pour
l'Académie nationale des sciences aux États-Unis, p. 38; et le *Mémoire* d'Arnold Guyot, publié dans le XIIIme vol. des procès-verbaux
de la Société neuchâteloise des sciences naturelles, année 1883.

tème glaciaire », le second, écrit par Guyot, les « Blocs erratiques des Alpes », et le troisième, par E. Desor, le « Phénomène erratique en dehors de la Suisse ».

Le premier volume fut seul achevé; des circonstances imprévues rendirent impossible la continuation de l'ouvrage, et les cinq mille spécimens de roches erratiques de la Suisse, recueillis par Guyot, en vue de sa part de publication, furent déposés par lui dans le musée de l'Université du New-Jersey à Princeton.

Pendant l'été de 1839, Agassiz choisit la chaine du Mont Rose et du Cervin, comme offrant un champ d'étude plus vaste et plus systématique. Outre Desor, le dessinateur Bettanier et deux ou trois autres amis, Agassiz était accompagné du géologue Bernard Studer, de Berne, qui jusqu'alors avait été un des plus puissants adversaires de ses opinions, et sa conversion à la théorie glaciaire, pendant cette excursion, fut envisagée par tous comme une grande victoire. On trouvera dans la lettre suivante quelques détails sur ce séjour dans les Alpes.

* *Louis Agassiz à Sir Philip Egerton.*

10 septembre 1839.

.... Dans ces circonstances, j'ai cru ne pas pouvoir mieux faire que d'aller passer quelques semaines dans les solitudes des hautes Alpes; j'ai vécu, pendant quinze jours environ, dans la région des glaciers, remontant presque chaque jour sur quelque nouvelle mer de glace, ou cherchant à gravir les flancs glacés de nos plus hautes cimes. J'ai ainsi examiné successivement tous les glaciers qui des-

cendent des majestueuses sommités connues sous les noms
de Mont Rose et de Mont Cervin, et dont les nombreuses
crêtes forment l'amphithéâtre le plus gigantesque qui
s'élève au-dessus des neiges éternelles. J'ai ensuite visité
la mer de glace qui, de la Jungfrau, du Mönch et de
l'Eiger, s'écoule vers Brieg sous le nom de glacier
d'Aletsch; puis je suis allé au glacier du Rhône et de là,
établissant mon quartier général à l'hospice du Grimsel,
j'ai remonté les glaciers de l'Aar jusqu'au .pied du Finsteraarhorn. Là, j'ai constaté le fait le plus important
que je connaisse maintenant, relativement à la marche
des glaciers, c'est que la cabane construite par Hugi,
en 1827, au pied du rocher appelé *im Abschwung,* est
maintenant à quatre mille pieds plus bas. Malgré le peu
d'inclinaison du glacier, elle a marché comme lui avec
une rapidité étonnante et, chose remarquable, cette vitesse est allée en croissant, car, en 1831, la cabane n'était
encore qu'à quelques cents pieds du rocher; en 1836,
elle avait déjà parcouru une distance de près de deux
mille pieds, et dans les trois dernières années, cette distance a encore été doublée. Non seulement j'ai confirmé
sur ce nouveau terrain mes vues sur les glaciers et les
phénomènes qui s'y rattachent, mais j'ai complété encore
mes observations relativement à différents détails, et j'ai
eu, en outre, la satisfaction de convaincre de l'exactitude
de mes observations un de mes antagonistes les plus prononcés, M. B. Studer, qui a fait une partie de ces courses
avec moi.....

L'hiver de 1840 fut employé à préparer la publication des « Études sur les glaciers » qui parurent avant
la fin de l'année, accompagnées d'un atlas de trente-
deux planches. Le texte contient d'abord un résumé
historique de tout ce qui avait été fait jusque-là dans

ce domaine, puis un exposé des observations d'Agassiz et de ses compagnons sur les glaciers des Alpes. Leur structure, leur aspect extérieur, leurs aiguilles, leurs tables, leurs blocs, leurs cônes graveleux, leurs fissures et leurs crevasses, ainsi que leurs mouvements, leur mode de formation et leur température intérieure, tous ces sujets y sont successivement traités. Mais les chapitres les plus caractéristiques du point de vue de l'auteur et les plus nouveaux pour les lecteurs étaient les derniers, traitant de l'ancienne extension des glaciers de la Suisse et décrivant ces temps passés où une nappe de glace immense et non interrompue couvrait tout l'hémisphère nord. Personne jusqu'alors n'avait tiré d'aussi vastes conclusions des phénomènes locaux, observés dans les vallées des Alpes.

« Le sol de l'Europe, dit Agassiz, orné naguère
« d'une végétation tropicale et habité par des troupes
« de grands éléphants, d'énormes hippopotames et de
« gigantesques carnassiers, s'est trouvé enseveli subi-
« tement sous un vaste manteau de glace, recouvrant
« indifféremment les plaines, les lacs, les mers et les
« plateaux. Au mouvement d'une puissante création
« succéda le silence de la mort. Les sources tarirent,
« les fleuves cessèrent de couler, et les rayons du
« soleil, en se levant sur cette plage glacée (si toute-
« fois ils arrivaient jusqu'à elle), n'y étaient salués
« que par les sifflements des vents du nord et par le
« tonnerre des crevasses. qui s'ouvraient à la surface
« de ce vaste océan de glace [1]. »

---

[1] *Études sur les glaciers,* ch. XVIII, p. 315.

L'auteur ajoute que, lors de la rupture de ce linceul universel, la glace a dû s'attarder plus longtemps dans la région des montagnes et que tous ces points de retrait devinrent, comme les Alpes le sont actuellement, des centres de distribution des débris rocailleux, des graviers et des blocs erratiques, répandus avec une espèce de régularité le long de certaines lignes et dans certaines régions du nord et du centre de l'Europe. Nous verrons comment il poursuivit cette idée dans ses recherches subséquentes.

CHAPITRE X

1840-1842 — 33 à 34 ans

Station d'été sur le glacier de l'Aar. — Hôtel des Neuchâtelois. — Travaux sur le glacier. — Ascension de la Strahlegg et du Siedelhorn. — Séjour en Angleterre. — Recherches des traces de glaciers dans ce pays. — Terrasses de Glen Roy. — Opinion des naturalistes anglais sur la théorie glaciaire d'Agassiz. — Lettre de Humboldt. — Visite au glacier pendant l'hiver. — Été de 1841. — Descente dans un puits du glacier. — Ascension de la Jungfrau.

Pendant l'été de 1840, Agassiz établit pour la première fois une station permanente dans les Alpes. Jusqu'alors ses principales études s'étaient portées sur les phénomènes extérieurs, tels que l'action de la glace sur les rochers et les terrains environnants. Maintenant, le glacier lui-même devint le principal objet de ses recherches et il prit avec lui une quantité d'instruments pour en constater la température : des baromètres, des thermomètres, des hygromètres et des psychromètres, ainsi qu'un appareil de forage, au moyen duquel on pouvait faire pénétrer jusqu'au cœur même du glacier un thermomètre à minima. On y ajouta encore des microscopes pour étudier les insectes et les plantes qu'on pourrait trouver dans ces régions glacées. L'hospice du Grimsel fut choisi comme base d'approvisionnement et l'on prit pour

guides Jacob Leuthold et Jean Währen, qui, l'un et
l'autre, avaient accompagné Hugi lors de son ascension du Finsteraarhorn en 1828, et qui connaissaient
le mieux tous les dangers des Alpes.

Lé glacier inférieur de l'Aar parut être le point le
plus favorable pour les divers travaux à entreprendre,
ainsi que pour l'ascension des sommités voisines.
Sur sa grande moraine médiane se trouvait un énorme
bloc de schiste micacé dont un des angles s'avançait
en forme de toit; en murant un des côtés, en nive-
lant le sol par un arrangement convenable de pierres
plates et en suspendant une couverture sur le devant
pour en fermer l'entrée, on parvint à transformer le
tout en une cabane primitive dans laquelle six personnes pouvaient trouver un gîte pour la nuit. Un
réduit, abrité par la partie extérieure du bloc, servit
de cuisine et de salle à manger, et sous un autre gros
bloc on installa la cave pour les provisions. Telle fut
la demeure si connue plus tard sous le nom de
« Hôtel des Neuchâtelois ». Ses premiers hôtes furent
Louis Agassiz, Edouard Desor, Charles Vogt, François
de Pourtalès, Célestin Nicolet et Henri de Coulon.
Elle offrait peut-être un abri aussi tolérable que l'ancienne cabane de Hugi, dont ils avaient d'abord espéré
faire leur demeure temporaire, mais à leur grand
désappointement celle-ci s'était écroulée pendant son
voyage sur la glace et ses débris gisaient à deux cents
pieds plus bas que l'endroit qu'elle occupait l'année
précédente.

Le travail fut immédiatement distribué entre les
différents membres de l'expédition. Agassiz, secondé
par son jeune ami et élève favori, François de

Pourtalès, se réserva les observations météorologiques et particulièrement celles sur la température des glaciers [1]; M. Vogt entreprit l'étude microscopique de la neige rouge et des êtres organisés qu'elle contient; M. Nicolet, la flore des glaciers et des rochers environnants, et M. Desor les phénomènes glaciaires proprement dits, y compris les moraines; dans ses longues et pénibles excursions, il avait comme aide et compagnon M. Henri de Coulon.

Nous n'entrerons pas ici dans les détails scientifiques. Le résultat des recherches d'Agassiz sur les glaciers des Alpes est exposé dans ses « Études sur les glaciers » et son « Système glaciaire », ouvrages auxquels il consacra une grande partie de son temps et de ses forces pendant dix années, soit de 1836 à 1846.

Le professeur Guyot donne le court résumé suivant des travaux exécutés par Agassiz et ses compagnons pendant ces années-là : « La position de dix-huit des « principaux blocs du glacier fut déterminée par un « habile arpenteur, au moyen d'une triangulation « exacte; puis elle fut mesurée chaque année pour « établir le degré de vitesse de chaque partie du gla- « cier; on constata les différences de vitesse tant « entre les parties supérieures et inférieures du gla- « cier qu'entre les diverses saisons de l'année; on « évalua la quantité de glace fondue annuellement,

---

[1] Voir les Tables de température, dans le *Système glaciaire*, d'Agassiz. Ces résultats sont aussi mentionnés dans les *Séjours dans les glaciers*, par E. Desor, qui contiennent des détails intéressants et humoristiques sur les séjours et excursions d'Agassiz et de ses compagnons dans les Alpes, pendant plusieurs étés.

« enfin, on étudia tous les phénomènes se rattachant
« aux glaciers. Les pics environnants, tels que la
« Jungfrau, le Schreckhorn, le Finsteraarhorn, con-
« sidérés la plupart comme inaccessibles, furent
« escaladés, et l'on parvint ainsi jusqu'à la limite
« supérieure de l'action glaciaire; en un mot, toutes
« les lois physiques des glaciers furent mises en
« lumière [1]. » -

Après plusieurs jours employés à l'étude des phénomènes locaux, nos explorateurs portèrent leur attention sur la seconde partie de leur programme et, en
particulier, sur l'ascension de la Strahlegg qui devait
être terminée par une descente sur Grindelwald. En
conséquence, un matin de la fin d'août, les guides,
suivant qu'il avait été convenu, les réveillèrent à trois
heures, c'est-à-dire une heure plus tôt qu'à l'ordinaire;
mais au premier coup d'œil jeté hors de la hutte, il y
eut un cri général de désappointement, car on était
cerné de tous côtés par un épais brouillard. Leuthold,
toutefois, alluma le feu et prépara le déjeuner en les
engageant à ne pas désespérer, car le soleil pourrait
bien tout arranger. En effet, un peu plus tard, appa-
rurent l'une après l'autre les cimes du Schreckhorn,
du Finsteraarhorn, de l'Oberaarhorn, de l'Altmann,
du Scheuchzerhorn qui, surgissant comme des îles
du milieu de l'océan de brouillards, étincelaient aux
premiers rayons du soleil et peu à peu les vapeurs
finirent par se dissiper. '

Au bout de trois heures, les ascensionnistes arri-

---

[1] Voir l'*Esquisse biographique,* publiée par A. Guyot, sous les
auspices de l'Académie nationale des États-Unis.

vèrent au pied de la Strahlegg. Leuthold et Währen
avaient engagé trois autres hommes, mais aucun de
ces cinq guides n'était de trop, vu les nombreux instruments qui devaient être transportés avec soin.
« Nous nous rangeâmes à la file, écrit Desor, pour
« faire la montée : Leuthold et Währen marchaient
« en tête, sondant le névé pour s'assurer s'il ne ca-
« chait pas quelque crevasse. Peu à peu la pente
« devint très raide, et la neige tellement fine et
« incohérente, qu'on y enfonçait jusque par dessus
« les genoux. Craignant alors qu'il n'y eût quelque
« mauvaise chance à courir, nos guides jugèrent
« convenable de nous attacher les uns aux autres, à
« l'aide d'une longue corde que nous avions emportée
« dans ce but..... Leuthold et Währen seuls ne s'y
« étaient pas attachés, afin de pouvoir reconnaître
« avec plus de liberté le chemin que nous devions
« prendre. Il faisait beau voir avec quelle circons-
« pection et, en même temps, avec quelle assurance
« ces deux intelligents et robustes montagnards nous
« frayaient la route; tantôt foulant la neige pour
« nous empêcher de trop enfoncer, tantôt taillant à
« coups de hache des marches dans le névé durci, et
« nous encourageant du geste et de la voix à ne pas
« changer de pied, à rester toujours à égale distance
« l'un de l'autre et à ne pas regarder en arrière, vu
« que la pente était telle qu'elle pourrait donner le
« vertige, même à ceux qui y sont le moins sujets [1]. »
Après une rude montée, ils arrivèrent à neuf heures
au petit plateau couvert de neige, qui forme le som-

---

[1] *Excursions et séjour de M. Agassiz sur la mer de glace du
Lauteraar et du Finsteraar*, par E. Desor.

met de la Strahlegg. Le temps était magnifique. Ils
avaient à leurs pieds la vallée de Grindelwald et devant eux se dressaient les masses colossales de l'Eiger
et du Mönch, tandis que la Jungfrau s'élevait au-
dessus de la longue chaîne des Viescherhörner; plus
bas, on apercevait la Scheidegg, le Faulhorn, le
Stockhorn et la pyramide du Niesen. Ils se débarrassèrent de leur corde et déposèrent leurs instruments,
puis, au premier moment d'enchantement et d'admiration silencieuse, succéda une explosion de folle joie,
si nous en jugeons d'après le journal du plus jeune
d'entre eux, François de Pourtalès, alors âgé de dix-
sept ans : « Les guides se mirent à lutter à la façon
« des montagards des Alpes et nous à danser, lorsque
« tout à coup nous vîmes un chamois, suivi de son
« petit, gravir le flanc de la cime la plus voisine et
« un instant après, quatre ou cinq autres vinrent
« tendre le cou au-dessus d'un rocher pour voir ce
« qui se passait. Lutteurs et danseurs s'arrêtèrent
« en retenant leur souffle, de peur de déranger par
« le moindre mouvement des êtres si craintifs. Ces
« jolis animaux s'approchèrent de nous jusqu'à une
« petite portée de fusil, puis, prenant le galop, dis-
« parurent bientôt derrière une arête de rochers. »

Nos explorateurs passèrent au sommet de la Strahlegg
près d'une heure employée à faire différentes observations et à prendre des mesures, puis s'étant récon-
fortés avec les provisions qu'ils avaient apportées,
ils commencèrent la descente, qui s'opéra d'autant
plus promptement qu'une grande partie put se faire
en glissant; ils évitèrent ainsi une marche lente et
pénible. « Arrivés au pied de ces pentes de neige,

« dit encore le journal du jeune de Pourtalès, des
« rochers presque verticaux, d'étroites bandes de
« terrain recouvertes de gazon nous servirent de
« chemin et nous permirent d'atteindre le glacier de
« Grindelwald. Nous fûmes obligés de traverser une
« crevasse d'une grande profondeur et d'une vingtaine
« de pieds de largeur, en nous servant d'un étroit
« pont de glace dont une des extrémités était brisée,
« en sorte qu'il nous fallut sauter par dessus. Une
« fois sur le glacier, le reste n'était plus rien; c'était
« à qui courrait le plus vite et bientôt nous fûmes
« dans le sentier des touristes. »

Arrivés au village de Grindelwald à trois heures
de l'après-midi, ils eurent beaucoup de peine à persuader les gens de l'hôtel qu'ils avaient quitté le glacier de l'Aar le matin même. Ils s'en retournèrent au
Grimsel par la Scheidegg, visitant en chemin le
glacier supérieur de Grindelwald et ceux de Schwartz-
wald et de Rosenlaui, afin de voir de combien ils
avaient avancé depuis leur dernière visite. Après un
court arrêt à l'hospice du Grimsel, Agassiz revint
avec deux ou trois de ses compagnons à sa cabane
sur le glacier de l'Aar, pour planter des jalons dans
les trous qu'il avait fait percer dans la glace. Il espérait avoir ainsi un moyen de mesurer exactement la
vitesse de la marche du glacier.

Les travaux de l'été se terminèrent par l'ascension
du Siedelhorn. Pendant toutes ces excursions, on
avait mis le plus grand soin à constater jusqu'où
l'action de la glace pouvait être reconnue sur les
cimes des montagnes et quelle était la limite où ces-
saient les surfaces polies pour faire place à ces ro-

chers bruts et anguleux que la glace n'a jamais façonnés.

C'est pendant ce séjour dans les Alpes que le nom
d'Agassizhorn fut choisi par les compagnons d'Agassiz
pour désigner une des principales sommités qui dominent le glacier de l'Aar ; ce nom fut admis et ratifié
plus tard par le public scientifique. Voici ce que
rapporte Desor à ce sujet : « Ayant appris de nos
« guides que, de toutes les cimes qui forment le
« prolongement du Finsteraarhorn au sud-est, il n'y
« en avait qu'une qui eût un nom, l'Oberaarhorn,
« nous décidâmes que nous désignerions les autres
« d'après le nom des plus célèbres géologues et phy
« siciens suisses..... Nous proposâmes, à notre tour,
« d'appeler Pic d'Agassiz (*Agassizhorn*) la cime élevée
« qui forme le prolongement direct du Finsteraarhorn
« au nord, et qui, vue de la plaine, se dessine comme
« une arête tranchante orientée dans le même sens
« que le Finsteraarhorn lui-même. Sa hauteur est
« d'environ douze mille pieds [1]. »

Agassiz était à peine de retour des Alpes, qu'il
partit pour l'Angleterre. Il avait souvent pensé que
les montagnes d'Écosse, la région accidentée des lacs
d'Angleterre et les montagnes du Pays de Galles ainsi
que celles d'Irlande, devaient présenter les mêmes
phénomènes que les Alpes. Le Dr Buckland, qui l'avait
jadis aidé à passer en revue les poissons fossiles de
la Grande-Bretagne, s'offrit pour lui servir de guide
dans ses recherches sur les traces des glaciers. Sans

---

[1] *Excursions et séjour dans les glaciers,* par E. Desor, p. 161
et 162.

perdre un moment, dès que la réunion de l'Association britannique à Glasgow, à laquelle ils assistaient tous deux, fut terminée, ils partirent ensemble pour la Haute-Écosse. Agassiz rappelait encore ce voyage, avec tout l'enthousiasme d'un jeune homme, dans une conférence qu'il donna à son école scientifique de Penikese, quelques mois avant sa mort. Parlant de l'isolement scientifique où il se trouvait alors, par suite de son opposition aux théories de tous les géologues éminents de l'époque, il s'exprimait ainsi : « Parmi les vieux naturalistes, un seul était de mon « côté : le Dr Buckland, doyen de Westminster, qui, « sur mes pressantes sollicitations, était venu en « Suisse dans le but strict d'examiner mes preuves « et qui, pleinement convaincu de l'ancienne exten- « sion des glaciers dans ce pays, consentit à m'ac- « compagner à la recherche de glaciers dans la « Grande-Bretagne. Nous visitâmes d'abord les mon- « tagnes de l'Écosse et c'est un des plus beaux sou- « venirs de ma vie que le sentiment que j'éprouvai, « lorsqu'en approchant du château du duc d'Argyll, « dans une vallée assez semblable à celles de la Suisse, « je dis à Buckland : « Nous trouverons ici nos « premières traces de glaciers ». En effet, lorsque « la diligence arriva dans la vallée, nous passâmes « sur une ancienne moraine terminale qui en mar- « quait l'entrée ».

Ainsi qu'il l'avait prévu, Agassiz constata que dans les montagnes de l'Écosse, du Pays de Galles et du nord de l'Angleterre, les vallées, de même qu'en Suisse, étaient souvent traversées par des moraines terminales et bordées par des moraines latérales. Il n'y manquait aucun des phénomènes habituels. Les traces caractéristiques laissées par la glace, qu'il connaissait aussi bien que le chasseur celle du gibier, les raies, les stries, les sillons, les surfaces polies, les roches moutonnées, les rochers durs ou tendres taillés au même niveau, comme si l'on eût employé un outil d'acier, les débris non stratifiés et la distribution de matériaux désagrégés, tout enfin s'accordait avec ce qu'il savait déjà de l'action des glaciers.

Il visita les fameuses terrasses parallèles de Glen Roy, dans les monts Grampians, à propos desquelles maintes lances avaient été rompues pour la défense des anciennes théories d'affaissement et de soulèvement. Agassiz reconnut dans ces terrasses parallèles les rives d'un lac glaciaire, retenu temporairement dans son bassin par les glaciers avoisinants, qui descendaient des massifs supérieurs. Les terrasses marquaient les niveaux successifs auxquels l'eau s'était arrêtée à mesure que ces barrières diminuaient et lui permettaient de s'échapper. L'action glaciaire dans cette région était telle qu'il ne pouvait rester aucun doute dans l'esprit d'Agassiz sur le fait que Glen Roy et les « glens », ou vallées voisines, avaient été jadis le bassin par lequel s'opérait l'écoulement des nombreux glaciers qui occupaient alors les chaînes occidentales des monts Grampians [1].

Agassiz revint de son voyage, convaincu que les

[1] Pour les détails, voyez une notice d'Agassiz, *The Glacial Theory and its recent progress*, dans le *Edinburgh New Philosophical Journal* d'octobre 1842, qui est accompagnée d'une carte de la région de Glen Roy; puis un article intitulé : *Parallel Roads of Glen Roy in Scotland* dans le second volume des *Geological Sketches*, d'Agassiz.

districts montagneux de la Grande-Bretagne avaient
tous été des centres de distribution glaciaire et que
les dépôts de graviers et les blocs erratiques, répandus
dans tout le pays, étaient dus exactement à la même
cause qu'en Suisse.

Le 4 novembre 1840, il lut à la Société géologique de Londres un mémoire contenant un résumé
des résultats scientifiques de cette excursion; le
Dr Buckland, qui était devenu un ardent partisan des
opinions d'Agassiz, présenta aussi un rapport sur le
même sujet. Quelque temps auparavant, il avait écrit
les lignes suivantes à propos de cette réunion :

Le Dr Buckland à Louis Agassiz.

(Trad. de l'anglais.)

Taymouth Castle, le 15 octobre 1840.

.... Lyell a adopté in toto votre théorie !!! Lorsque je lui
fis remarquer, à moins de deux milles de la maison de son
père, un magnifique groupe de moraines, il a instantané-
ment accepté vos opinions comme résolvant une foule de
difficultés qui l'avaient embarrassé pendant toute sa vie..
Non seulement ces moraines, mais d'autres encore et des
détritus de moraines, qui couvrent la moitié des comtés
voisins, s'expliquent fort bien par votre théorie. Sur ma
proposition, il a consenti à les relever toutes sur une
carte du comté et à les décrire dans un mémoire qu'il
lira, après le vôtre, à la Société géologique. Le même
jour je me propose de lire, comme preuve de mon adhé-
sion, une liste des localités où j'ai observé de pareils dépôts glaciaires, tant en Écosse, depuis que je vous ai
quitté, que dans différentes parties de l'Angleterre.

Il y a de grands bancs de gravier dans les vallées calcaires des districts marécageux du centre de l'Irlande; ils ont un nom particulier que j'ai oublié. Sans aucun doute, ce sont des moraines. Si vous n'avez pas encore vu de ces bancs, veuillez, je vous en prie, les examiner. Mais il ne vaudra pas la peine de vous déranger beaucoup pour en observer plus d'un, car tous les autres ne sont que la répétition du même phénomène. Je compte que vous ne manquerez pas d'être à Edimbourg le 20 et chez Sir W. Trevelyan, le 24.....

Une lettre d'Agassiz écrite un peu plus tard nous montre que ses opinions gagnaient du terrain chez ses amis d'Angleterre.

* Louis Agassiz à Sir Philip Egerton.

Londres, le 24 novembre 1840.

.... Notre réunion de mercredi s'est très bien passée. Aucune de mes preuves n'a été entamée, quoique Whewell et Murchison aient cherché à faire de l'opposition; mais comme toutes leurs objections étaient tirées de la lune et des étoiles, elles n'ont pas produit beaucoup d'effet. Je suis cependant enchanté qu'il y ait eu une opposition en apparence sérieuse, parce que cela m'a donné une nouvelle occasion d'insister sur l'exactitude de mes observations et sur le peu de consistance des objections qu'on me fait. Le Dr Buckland a été vraiment éloquent; il possède maintenant tout à fait ce sujet, dont il est parfaitement maître.

Je suis heureux de pouvoir vous annoncer que tout est arrangé avec Lord Francis [1] et que maintenant je sens en

---

[1] A propos de la vente à Lord Francis Egerton des dessins originaux des *Poissons fossiles*.

moi un courage qui doublera mes forces. Je viens de lui
écrire pour le remercier. Demain je m'occuperai des fossiles que Lord Enniskillen m'a. envoyés et je vous en
enverrai la liste.....

Une lettre, de date plus ancienne, écrite par
Humboldt, nous apprend que lui aussi commençait à
considérer avec plus d'indulgence les conclusions
d'Agassiz sur les phénomènes glaciaires.

Alexandre de Humboldt à Louis Agassiz.

Berlin, le 15 août 1840.

Je suis le plus coupable des mortels, mon cher et excellent ami. Il n'y a pas trois personnes sur la terre dont le
souvenir et l'affection me soient aussi précieux que les
vôtres et que j'admire et aime aussi tendrement que vous;
cependant je laisse passer plus de la moitié de l'année,
sans vous donner un signe de vie et sans vous offrir ma
vive reconnaissance pour les magnifiques cadeaux dont je
vous suis redevable [1].

Je suis presque comme mon ami républicain qui ne
répond plus à aucune lettre, parce qu'il ne sait par où
commencer. En moyenne, j'en reçois par an mille cinq
cents. Je ne dicte jamais. J'en ai horreur. Comment dicter
une lettre adressée à un savant que l'on estime ? Je me
laisse entraîner à répondre aux personnes que je connais
le moins et dont le courroux est le plus menaçant. Mes
plus tendres amis (et il n'y en a pas qui me soit plus cher
que vous) souffrent de mon silence. Je compte avec rai-

---

[1] Il s'agit probablement des planches des *Poissons d'eau douce*
et d'autres publications illustrées.

son sur leur indulgence. Le ton de vos excellentes lettres prouve que j'ai raison. Vous me gâtez. Vos lettres continuent à être douces et affectueuses. J'en reçois rarement comme cela. Parce que les deux tiers des lettres que l'on m'adresse (en partie des copies de lettres écrites au roi ou à des ministres), restent sans réponse, on me condamne, on me taxe de courtisan parvenu, d'apostat de la science. Cette âcreté de prétentions individuelles ne m'ôte pas mon vif désir de me rendre utile partout où cela m'est possible. J'agis plus souvent que je ne prends la plume pour répondre. Je sais que j'aime à faire quelque bien et cette bonne conscience me donne le calme au milieu d'une vie trop agitée. Vous êtes heureux, cher Agassiz, dans la position plus simple et toute glorieuse que vous vous êtes créée. Vous devez en jouir comme père de famille, comme savant illustre, comme créateur et source de tant d'idées nouvelles, de tant de grandes et nobles conceptions.

Votre admirable ouvrage sur les « Poissons fossiles » touche à sa fin. Vos derniers cahiers, si riches en découvertes, votre prospectus, rendant raison du véritable état de cette immense publication, ont calmé toutes les susceptibilités. Comme je vous suis vivement dévoué, je vous remercie du calme que vous avez ainsi fait répandre autour de vous. L'achèvement prochain des « Poissons fossiles » me délivre aussi de la crainte qu'une trop grande ardeur ne vous entraîne dans des pertes irréparables.

Vous avez prouvé ce que l'on peut faire, non seulement avec un talent comme le vôtre, mais avec ce noble courage qui triomphe d'obstacles qu'on aurait crus insurmontables.

Puis-je vous dire combien notre admiration est augmentée par ce nouvel ouvrage des « Poissons d'eau douce » ? Il n'a jamais rien paru de plus beau, de plus parfait en fait de dessin et de couleur. Cette lithographie chromatique ne ressemble à rien de ce qu'on a vu jusqu'ici. Quel goût a présidé à cette publication! Avec cela, les courtes descriptions qui accompagnent chaque planche ajoutent singulièrement à l'agrément et aux jouissances de ce genre d'étude. Recevez, cher ami, l'expression de ma vive reconnaissance. Je ne me suis pas borné à faire remettre au roi votre lettre et l'exemplaire qui y était joint; j'y ai ajouté une petite note, par écrit, sur le mérite d'une telle entreprise. Le conseiller de cabinet du roi me mande officiellement que le roi a décrété de prendre le même nombre d'exemplaires des « Poissons d'eau douce » que des « Poissons fossiles », c'est-à-dire dix exemplaires. L'ordre est déjà parvenu à M. de Werther. Ce n'est sans doute qu'un bien petit secours, mais je n'ai pu obtenir davantage et le placement de ce peu d'exemplaires, avec le nom du roi comme souscripteur, vous sera toujours utile.

Je ne puis terminer cette lettre, mon cher ami, sans vous demander humblement pardon de quelques expressions, peut-être trop vives, que mes dernières lettres contenaient sur vos vastes conceptions géologiques. L'exagération de mes expressions aurait dû vous avertir du peu de sérieux que je mettais à mes objections..... J'ai toujours le désir d'écouter et de m'instruire. Bercé dès ma jeunesse par l'idée que l'organisation des vieux temps était assez tropicale, effrayé des interruptions glaciales, j'ai d'abord crié à l'hérésie. Mais comment ne pas écouter volontiers une voix amie telle que la vôtre. Sur ces graves sujets, j'aime à lire de l'imprimé et si, dans ces derniers temps, vous avez publié quelque chose d'un peu complet sur l'ensemble de vos idées géologiques, daignez, de grâce, me l'envoyer par voie de librairie.....

Vous parlerai-je de mes pauvres et vieillissants travaux? Il manque un sixième volume à ma Géographie du quinzième siècle (Examen critique). Il paraîtra cet été. J'imprime le second volume d'un nouvel ouvrage qui portera le titre d' « Asie centrale ». Ce n'est pas une seconde édition des « Fragments asiatiques »; c'est un ouvrage tout différent. Les trente-cinq feuilles du premier volume sont imprimées, mais on publiera les deux volumes à la fois. Jugez de la difficulté d'imprimer à Paris et de corriger chaque épreuve ici, à Poretz ou à Töplitz. Je commence dans ce moment l'impression du premier cahier de mes idées sur la physique du monde sous le titre de « Cosmos ». *Ideen zu einer physikalischen Weltbeschreibung*. Ce ne sont aucunement les *Vorlesungen* que j'ai tenues ici; c'est le même sujet, mais rien ne rappelle la forme d'un cours tout populaire. Il faut comme livre quelque chose de plus grave et de plus élevé de style. Un « livre parlé » est toujours un mauvais livre, comme on ne fait qu'un mauvais cours, lorsqu'on essaie de lire un livre, fût-il même bien rédigé. J'ai horreur des cours publiés.

Cotta imprime aussi un livre allemand, *Physikalisch-geographische Erinnerungen*. Beaucoup de choses inédites sur les volcans des Andes, sur les courants, etc. Et tout cela à l'âge où l'on se pétrifie! C'est une témérité! Puisse cette lettre vous prouver, à vous, cher et excellent ami, et à l'aimable et bonne Madame Agassiz, que je ne me pétrifie que par les extrémités et que le cœur reste chaud encore. Conservez-moi une amitié qui m'est si chère.

A. DE HUMBOLDT.

Pendant les premiers jours du mois de mars 1841, Agassiz, accompagné de Desor, visita les glaciers de l'Aar et de Rosenlaui. Il voulait d'abord se rendre compte de la position des jalons qu'il avait plantés l'été précédent sur le glacier de l'Aar et comparer les températures de l'été et de l'hiver, aussi bien à la surface qu'à l'intérieur du glacier. Mais son principal objet était de reconnaître si l'eau continuait de couler au-dessous des glaciers pendant les fortes gelées de l'hiver; car ce fait devait avoir une influence décisive sur la théorie qui attribue essentiellement la fonte et le mouvement des glaciers à l'action de la chaleur centrale de la terre sur leur face inférieure. Bien que convaincu de la fausseté de cette opinion, Agassiz désirait cependant obtenir du glacier même des preuves convaincantes.

Le récit de la course d'hiver au glacier de l'Aar, par Ed. Desor, est d'autant plus intéressant qu'elle est une des premières qui aient été entreprises dans cette saison. A cette époque elle parut une témérité insensée, trahissant une dose d'exaltation que l'amour de la science avait peine à justifier.

Partis de Neuchâtel le 8 mars, ils arrivèrent à Meiringen où ils décidèrent M. Zibach, le tenancier de l'hospice du Grimsel, à les accompagner. En route, ils rallièrent, à Im Grund et à Boden, les guides J. Währen et J. Leuthold. Le vieux père de ce dernier ne les encouragea pas à tenter une aventure sans précédents, mais leur prédit le beau temps pour plusieurs jours. En montant la vallée du Hasli, ils purent observer de nombreuses avalanches tombées des montagnes et les étudier dans tous leurs détails. L'Aar était réduite à un petit ruisseau couvert çà et là de ponts de neige qu'ils franchissaient en toute sécurité pour abréger les contours de la route. Mais, à une heure au-dessus de Guttannen, la neige devint si profonde et la marche si fatigante que M. Zibach, n'en pouvant plus, les quitta et battit en retraite.

Il y avait tant ·de neige à la Handeck qu'on apercevait à peine la saillie du toit du chalet. La cascade si imposante et si bruyante en été, était muette et réduite à un mince filet d'eau limpide.

Après une marche très pénible, ils arrivèrent à l'hospice, gardé par un valet pour assurer les communications durant l'hiver. Cet homme leur raconta qu'il passait parfois un mois entier sans voir d'autres créatures vivantes que les chiens de garde, ses fidèles compagnons. Le petit lac voisin était couvert de neige, mais non congelé; le ruisseau qui s'en échappe coulait sous la maison. La température pendant ces trois jours se maintint dans le voisinage de zéro, et ne descendit jamais au-dessous de — 4° C, même par un ciel serein.

Le lendemain, à trois heures, ils étaient debout prêts à partir pour le glacier. Mais au lieu de la neige durcie sur laquelle ils comptaient et qui devait faciliter leur marche, ils trouvèrent une neige si molle qu'ils y enfonçaient jusqu'aux genoux. Desor, quoique vigoureux marcheur, était rendu; Agassiz marchait toujours en avant avec une ardeur que rien ne pouvait refroidir et encourageait son compagnon. Ils montent sur le glacier en franchissant la moraine terminale où rien n'accusait un mouvement de progression. Ils eurent de la peine à reconnaître, morne et muet sous la couche uniforme de neige, leur glacier de l'Aar, si varié et si animé en été pendant la journée par le babil incessant de mille filets d'eau et de joyeuses cascades. Mais, au-dessus, le ciel était bleu, l'air d'une transparence idéale; un papillon « petite tortue » volait devant eux séduit par l'air doux et le brillant soleil. Tous les pics voisins étaient revêtus d'une neige immaculée, sauf le Finsteraarhorn dont les flancs abruptes paraissaient aussi sombres qu'en été. Agassiz était d'une gaîté folle, heureux de visiter en hiver le théâtre de ses explorations; la fatigue n'atteignait pas ses muscles de fer. Pourtant le soleil éblouissant et sa réverbération sur la neige les forcèrent à s'entourer la tête d'un double voile.

A onze heures, ils arrivaient à « l'Hôtel des Neuchâtelois » qu'ils eurent bien de la peine à découvrir sous la neige et où ils ne purent entrer. Continuant leur marche, jusqu'au pied de · l'Abschwung, ils évaluèrent à dix mètres l'épaisseur de la couche de neige en cet endroit. A midi, ils étaient de retour à « l'Hôtel des Neuchâtelois »; là Desor, se sentant défaillir, prit congé de son ami, et suivi d'un guide s'en retourna à l'Hospice. Agassiz resta pour faire encore quelques observations de température, et mesura à huit piéds de profondeur — 4 $1/2°$ C; l'air était à + 1º C., mais, au soleil, le thermomètre indiquait 30º C.; et la chaleur était telle qu'ils ôtèrent leur redingote et leur gilet; le double voile était un supplice affreux.

Ils constatèrent dans cette revue, que le glacier ne fournissait point d'eau; celle qui coulait en minces filets était de l'eau de source : le torrent de l'Oberaar et la cascade de Trübtensee avaient disparu. Ils s'assurèrent que les crevasses n'étaient point comblées par la neige, mais seulement recouvertes d'une voûte plus ou moins épaisse; qu'elles ne contenaient point d'eau, et que la glace des parois ne présentait aucune trace de bandes bleues et blanches.

Pendant la nuit qu'ils passèrent à l'hospice, l'inflammation de leur visage, causée par le soleil, leur procura d'intolérables souffrances. Malgré cela, ils descendirent à Meiringen et montèrent le lendemain à Rosenlaui pour faire des observations analogues, et pour tailler sous le glacier, à sa partie inférieure, un triangle d'une certaine profondeur dans le rocher. Ils voulaient par là constater l'usure opérée par le mouvement de la glace, et le temps qu'il faut au glacier pour effacer et polir les aspérités de son lit. Le torrent qui s'échappe du glacier était également à sec et aucune trace d'eau ne s'échappait de la tranche terminale où la glace était visible.

En franchissant le pont au-dessus de l'effroyable crevasse qui sépare de la terre ferme la partie inférieure du glacier, Desor faillit perdre la vie. Il glissa du pont et tomba dans le vide sur la neige formant au-dessous une voûte, qui le soutint jusqu'au moment où J. Leuthold lui tendit son bâton et le retira.

Ce fut le seul accident de cette excursion qui, favorisée par un temps magnifique, se termina très heureusement. Agassiz en rapporta sur l'état du glacier en hiver des documents du plus haut intérêt et qui confirmaient ses théories.

A leur retour à Neuchâtel, la neige tombait à gros flocons.

Ed. Desor a publié dans le volume : « Excursions et séjours dans les glaciers » un récit intéressant de cette course, où nous avons puisé les détails qui précèdent. Quant aux résultats scientifiques, ils ont été consignés dans le « Système glaciaire ».

Pendant l'été de 1841, Agassiz fit un séjour plus

long que d'habitude dans les Alpes. Son but spécial
était d'étudier la structure des glaciers, les conditions
essentielles de leur origine et de leur existence, l'action que l'eau exerce sur leur mouvement et enfin
l'effet produit par leur contact direct sur les terrains
des vallées qu'ils ont occupées. Quant à leur ancienne
extension et à leurs oscillations actuelles, on pouvait
les considérer comme des faits suffisamment établis,
mais il fallait encore les mettre en rapport avec l'ensemble des phénomènes qui se produisent dans la
masse même du glacier. En un mot, les recherches
passaient du domaine de la géologie dans celui de la
physique.

Agassiz, comme il l'a souvent dit, n'était pas un
physicien; aussi désirait-il d'autant plus avoir la coopération des hommes les plus capables dans cette
science et les faire participer aux moyens d'observation qui étaient à sa disposition et aux résultats qu'il
avait déjà obtenus. Outre ses collaborateurs habituels,
Desor et Vogt, il invita donc, pour une partie de l'été,
le célèbre physicien James-D. Forbes, professeur à
Edimbourg, qui amena avec lui son ami M. Heath, de
Cambridge [1]. Plus tard, M. Escher de la Linth prit
aussi une part active aux derniers travaux de la saison.

A ce groupe de travailleurs, Agassiz avait ajouté un
habile ingénieur pour diriger les forages et les mesurages. M. Jacques Burkhardt, ami personnel d'Agassiz
et l'un de ses compagnons d'étude à Munich, l'accompagnait en qualité de dessinateur; il avait déjà

---

[1] Comme les opinions de M. Forbes ne furent connues que lorsqu'il publia le résultat de ses recherches, il n'est pas nécessaire d'en
parler ici.

travaillé pour lui à diverses reprises. C'était un homme
au cœur chaud, un ami fidèle, unissant beaucoup de
bon sens à une gaîté qui en faisait un compagnon
agréable et amusant. Il suivit plus tard Agassiz en
Amérique, s'établit chez lui et devint en quelque sorte
l'un des membres de sa famille; il l'accompagna dans
tous ses voyages et, jusqu'à sa mort en 1867, il lui
resta entièrement dévoué.

En vue des recherches projetées pour pénétrer jusqu'au cœur du glacier et atteindre si possible son
point de contact avec le fond de la vallée, Agassiz
avait fait transporter jusqu'à sa vieille cabane, sur le
glacier de l'Aar, un appareil de forage plus puissant
que celui qu'on avait employé auparavant. Les résultats de ses expériences, mentionnés dans le « Système
glaciaire » (publié en 1846 et contenant vingt-quatre
planches in-folio avec deux cartes) offrent le plus
grand intérêt. Ils établissent la structure intérieure
et la température de la glace, ainsi que l'entière per-
méabilité de sa masse à l'air et à l'eau.

Un jour, le foret étant parvenu à une profondeur de
cent-dix pieds, tomba subitement de deux pieds plus
bas, ce qui démontra qu'il avait passé à travers un
espace libre, caché dans l'épaisseur de la glace. Le
dégagement de globules d'air qui eut lieu en même
temps prouva que cette cavité glaciaire, ouverte si
soudainement, n'était pas hermétiquement fermée aux
influences atmosphériques du dehors.

Mais Agassiz ne se contentait pas des renseignements que ses instruments lui fournissaient sur ces
régions inconnues; il prit la résolution hardie de
visiter lui-même l'intérieur du glacier et à cet effet il

se fit descendre dans un des puits, fissure profonde
où viennent s'engouffrer la plupart des ruisseaux qui
serpentent à la surface. Voici ce qu'il rapporte à ce
sujet [1] :

« Je vais raconter en peu de mots cette descente
« que mes compagnons de voyage ont appelée plus
« tard « ma descente aux enfers.... » Nous trouvâmes
« à quelque distance de notre cabane un de ces
« puits qui nous parut approprié à notre but ; il
« avait huit pieds d'ouverture et paraissait descendre
« verticalement jusqu'à une grande profondeur. Je
« résolus de tenter l'aventure. Pour cela, il fallait
« commencer par détourner le ruisseau en lui tail-
« lant un autre lit. Nous nous mîmes tous à l'œuvre ;
« quand le nouveau lit fut achevé, je fis dresser au-
« dessus du puits le trépied qui avait servi au forage.
« Les guides fixèrent au bout de la corde une planche
« qui devait me servir de siège, puis il m'attachèrent
« à cette même corde au moyen d'une courroie qu'ils
« me passèrent sous les bras de manière à me laisser
« les mains libres. Pour me garantir contre l'eau qui
« n'avait pu être détournée complétement, ils me cou-
« vrirent les épaules d'une peau de chèvre et me mi-
« rent sur la tête un bonnet de peau de marmotte.
« Ainsi accoutré, je descendis muni d'un marteau et
« d'un bâton. Mon ami Escher devait diriger la des-
« cente ; à cette fin il se coucha sur le ventre, l'oreille
« penchée au bord du précipice, afin de mieux en-
« tendre mes ordres. Il fut convenu que si je ne de-

[1] *Excursions et séjours dans les glaciers*, par E. Desor, p. 306
et 307.

« mandais pas à remonter, on me laisserait descendre
« aussi longtemps que M. Escher entendrait ma
« voix....

« Je rencontrai à environ quatre-vingts pieds une
« cloison de glace qui divisait le puits en deux com-
« partiments ; j'essayai d'entrer dans le plus large, mais
« je ne pus pénétrer à plus de cinq ou six pieds, parce
« que le couloir se divisait en plusieurs canaux étroits.
« Je me fis remonter et, manœuvrant de manière à
« faire dévier la corde de la ligne verticale, je m'enga-
« geai dans l'autre compartiment. Je m'étais aperçu
« en descendant qu'il y avait de l'eau au fond du trou ;
« mais je la croyais à une bien plus grande profondeur,
« et comme mon attention était surtout dirigée sur les
« bandes verticales que je suivais toujours des yeux,
« grâce à la lumière que réfléchissaient les parois
« brillantes de la glace, je fus très surpris, lorsque
« tout à coup je me sentis les pieds dans l'eau. J'or-
« donnai aussitôt qu'on me remontât ; mais l'ordre
« fut mal compris et au lieu de me remonter, on me
« laissait toujours descendre. J'étais à une profondeur
« de cent-vingt pieds. Je poussai alors un cri de dé-
« tresse qui fut entendu, et l'on me retira avant que
« je fusse dans le cas de nager. Il me semblait que
« de ma vie je n'avais rencontré une eau aussi froide ;
« à sa surface flottaient des fragments de glace, sans
« doute des débris de glaçons. Les parois du puits
« étaient âpres au toucher, ce qui provenait sans doute
« des fissures capillaires.

« J'aurais bien voulu pouvoir m'arrêter plus long-
« temps à examiner les détails de la structure de la
« glace et à jouir du spectacle unique qu'offrait le

« bleu du ciel, vu du fond de ce gouffre; mais le
« froid m'obligea à remonter au plus vite. Lorsque
« j'arrivai à la surface, mes amis m'avouèrent qu'ils
« avaient eu un moment de rude angoisse en m'en-
« tendant crier au fond du puits; ils avaient eu toutes
« les peines possibles à me retirer, bien qu'ils fus-
« sent au nombre de huit. J'avais moi-même peu ré-
« fléchi au danger de ma position et il est certain
« que si je l'avais connu, je ne m'y serais pas exposé,
« car il eut suffi que le choc de la corde eût détaché
« l'un des gros glaçons collés contre les parois du
« gouffre, pour que ma perte fût certaine. Aussi je
« ne conseille pas à quiconque ne serait pas guidé
« par un puissant intérêt scientifique de répéter une
« pareille expérience. »

Agassiz désirait particulièrement constater jusqu'à
quel point la structure lamellaire ou rubannée de la
glace (bandes bleues) pénétrait dans la masse du
glacier. Ce caractère avait déjà été observé et décrit
par M. Guyot, mais M. Forbes avait de nouveau dirigé l'attention sur ce phénomène qui, suivant lui,
se rattachait à la nature intérieure du glacier. Agassiz,
dans cette circonstance, reconnut la structure lamellaire de la glace jusqu'à une profondeur de quatre-
vingts pieds et même fort au delà, quoique moins
distinctement.

Le séjour d'Agassiz sur le glacier fut interrompu
par différentes excursions, entre autres par l'ascension de l'Ewigschneehorn, qu'il fit en compagnie de
MM. Forbes et Heath avec Jacob Leuthold pour guide,
et ce fut à leur retour qu'ils résolurent leur fameuse
ascension de la Jungfrau, tentée déjà par plusieurs

personnes, mais qui n'avait encore réussi que deux fois.

Le 27 août 1841, à quatre heures du matin, ils partirent de l'hospice du Grimsel, au nombre de douze ; Agassiz, Desor, Forbes, Heath et deux voyageurs qui lui avaient témoigné le désir de les accompagner, M. de Chatelier, de Nantes et M. Jules de Pury, de Neuchâtel, étudiant en théologie et ancien élève d'Agassiz. Les six autres étaient les guides, parmi lesquels nous citerons les fidèles Jacob Leuthold et Johann Währen. Du col de l'Oberaar, ils descendirent sur le plateau de neige qui alimente le glacier de Viesch ; ils s'arrêtèrent dans ce magnifique amphithéâtre dominé par les cimes des Viescherhörner et s'y reposèrent, tout en prenant leur modeste repas.

« Nous descendîmes, dit M. Desor, des champs de « neige parfaitement homogène ; aussi marchions- « nous avec une entière sécurité, lorsque nous re- « marquâmes, à quelque distance de nous, plusieurs « petites ouvertures. Curieux d'en connaître la cause, « nous nous dirigeâmes de ce côté. Quel ne fut pas « notre étonnement lorsque, en regardant dans l'une de « ces lucarnes qui n'avait pas plus de trois pouces « de large sur un pied de long, nous vîmes qu'elle « cachait un immense précipice ! Et dans ce préci- « pice régnait une lumière azurée qui surpassait en « beauté, en transparence et en douceur, tout ce que « nous avions vu jusqu'alors dans les glaciers.... Nos « yeux en furent tellement fascinés que nous ne nous « aperçûmes pas d'abord que la croûte de neige qui « recouvrait ce caveau enchanteur, n'avait, en cet en- « droit, que quelques pouces d'épaisseur... Nous nous

« trouvions sur une immense crevasse de plus de
« trente mètres de largeur et d'une profondeur que
« nous évaluâmes à cent mètres au moins. A l'endroit
« où nous l'examinions, elle n'avait d'autre ouverture
« que la petite lucarne dont je viens de parler; mais
« plus loin, elle correspondait à une large crevasse
« par laquelle entrait la lumière[1]. »

Au delà des champs de neige et de névé, il leur
fallut encore cinq heures de marche fatigante pour
atteindre les chalets de Méril (Mœrgelen), où ils devaient passer la nuit. Le repos qu'ils comptaient
prendre et qui devait les préparer aux fatigues du
jour suivant, fut toutefois interrompu par un malen-
contreux incident. L'échelle, laissée neuf ans auparavant par Jacob Leuthold lorsqu'il accompagnait
Hugi en 1832, et sur laquelle il comptait, avait été
enlevée par un paysan de Viesch. Pendant la nuit,
il fallut dépêcher deux messagers au village pour la
réclamer, ce qui fit perdre beaucoup de temps; on
aurait dû partir à trois heures et il en était cinq;
aussi Jacob les prévint-il qu'il faudrait accélérer le
pas et que ceux qui ne se sentiraient pas la force de
suivre, devraient rester en arrière, car on n'attendrait
personne. Nul ne réclama.

Après avoir dépassé le lac Méril avec ses glaces
flottantes, ils arrivèrent au glacier d'Aletsch et à ses
champs de neige, où devaient commencer les véritables difficultés et les dangers de l'ascension; ils
s'arrêtèrent dans cet immense amphithéâtre où viennent se confondre les grands affluents du glacier

---

[1] *Séjours dans les glaciers*, p. 366.

d'Aletsch. Dans cet endroit solitaire, qu'ils appelèrent le « Repos », ils se débarrassèrent de tout ce qui ne leur était pas absolument nécessaire, n'emportant avec eux qu'un peu de pain et de vin, quelques instruments de météorologie et les objets indispensables pour toute grande ascension, l'échelle, la corde et la hache pour tailler des escaliers.

Sur leur gauche, dans un couloir profond ouvert entre la Jungfrau et le Kranzberg, on distinguait une série de terrasses superposées; c'était par là qu'ils allaient monter. Comme dans toute ascension, il y avait à gravir des pentes plus ou moins raides; tantôt ils enfonçaient profondément dans la neige tendre, tantôt ils devaient tailler des marches dans la glace, puis ils rencontraient des crevasses béantes qu'il fallait traverser au moyen de l'échelle et d'autres plus dangereuses encore, masquées par une couche de neige sur laquelle ils devaient marcher avec de grandes précautions, attachés les uns aux autres. Mais rien ne pouvait effrayer des montagnards aussi expérimentés, ayant le pied ferme et la tête sûre.

C'est ainsi qu'ils atteignirent un point d'où le sommet de la Jungfrau, se détachant de tout ce qui l'entourait, paraissait inaccessible dans son isolement. Tous, sauf les guides, ne voyaient que des difficultés insurmontables, et leur marche irrévocablement arrêtée par un chaos de précipices. Leuthold toutefois conservait sa confiance calme, disant qu'il voyait bien de quel côté il fallait se diriger. Il s'agissait d'abord de traverser un gouffre d'une profondeur inconnue, mais par places assez étroit pour que l'échelle de vingt-trois pieds pût servir de pont. De

l'autre côté de cette crevasse et immédiatement au-
dessus se dressait une pente de neige durcie d'une
inclinaison effrayante. Leuthold et Währen montèrent
les premiers en taillant des marches. Quand ils furent
arrivés à mi-côte de la terrasse, ils lancèrent la corde
qu'ils tenaient par l'un des bouts, et qui, fixée par
l'autre bout à l'échelle, devait servir de rampe aux
ascensionnistes. Au sommet, ils se trouvèrent sur
un étroit plateau, au delà duquel s'étendait une pente
plus douce jusque près du col du Roththal.

« Comme nous avions pris les devants, Agassiz,
« Leuthold, Jaun et moi, raconte Desor [1], tandis que
« nos autres compagnons de voyage franchissaient la
« première rimaye (crevasse), nous rencontrâmes une
« nouvelle crevasse qui semblait nous barrer le pas-
« sage; une de ses parois était plus mince et surplom-
« bait le précipice, circonstance qui en rendait la
« traversée plus difficile. Agassiz voulait qu'on attendît
« l'arrivée de l'autre détachement pour reprendre la
« corde, mais Leuthold pensait que nous passerions
« aussi bien sans cette précaution. Il trouva, en effet,
« un endroit où la crevasse était assez étroite pour
« se laisser enjamber; après l'avoir traversée, il nous
« tendit la main et nous aida à la franchir à notre
« tour. Nous étions les trois sur le bord de la lèvre
« septentrionale de la rimaye, lorsque nous fûmes
« témoins d'un accident fort extraordinaire. Nous
« entendîmes tout à coup un craquement sourd au-
« dessous de nous; en même temps la masse de
« neige, sur laquelle nous nous trouvions, s'affaissa

[1] *Séjour dans les glaciers,* par Desor, p. 388.

« d'environ un pied. Le guide Jaun était encore sur
« l'autre bord, de manière que tout en entendant le
« bruit, il voyait s'affaisser la surface qui nous por-
« tait. Il en fut tellement épouvanté qu'il nous cria :
« *Um Gottes Willen, schnell zurück !* (Au nom de
« Dieu, revenez vite !) Leuthold, au contraire, loin
« de se déconcerter, lui enjoignit de se taire sur le
« champ, et, nous faisant signe de le suivre, il con-
« tinua l'ascension d'un pas accéléré, en répétant
« dans son dialecte haslien : *Es ist nüt, ganget numme
« witer* (ce n'est rien ; allez toujours de l'avant).
« Quoique nous eussions une très grande habitude
« des glaciers, et que nous fussions en quelque sorte
« familiarisés avec tous les dangers qu'ils présentent,
« je dois cependant convenir qu'en ce moment je sentis
« mon cœur battre plus vite qu'à l'ordinaire ; mais
« telle était notre confiance en notre guide, que nous
« n'hésitâmes pas un instant à le suivre, quoique, en
« toute autre circonstance, il eût paru bien plus na-
« turel de rétrograder. Notre exemple décida le guide
« Jaun, qui ne tarda pas à nous rejoindre. Nous nous
« mîmes alors à discuter la cause probable de cet
« accident. Les guides prétendaient que c'était la
« couche de neige fraîche qui s'était affaissée sur la
« couche plus ancienne. »

Depuis le col du Roththal, la montée devint de plus
en plus pénible ; on n'avançait que très lentement,
car il fallait tailler des marches dans une glace si
dure, que pendant un moment les ascensionnistes ne
purent avancer que de quinze pas en un quart d'heure.
Les difficultés étaient aggravées par un froid intense
et par un brouillard si épais qu'il permettait à peine

au dernier de distinguer ceux qui étaient en tête de la colonne. Leuthold les fit marcher sur le bord de l'arête, parce que la glace y offrait moins de résistance à la hache. Mais il en résultait qu'ils avaient constamment le précipice sous les yeux, lorsqu'il n'était pas masqué par le brouillard, ce qui était bien fait pour mettre leurs nerfs à une rude épreuve. En effet, ils pouvaient traverser avec leurs bâtons ce toit de neige en surplomb et, par le trou qu'ils faisaient, jeter leurs regards sur le grand cirque qui s'étendait à leurs pieds à une profondeur énorme. Un de leurs guides fut même obligé de les quitter, ne pouvant supporter plus longtemps la vue des précipices au bord desquels ils cheminaient.

Au moment où ils approchaient du but de leurs efforts, le brouillard menaçait toujours de les priver du spectacle pour lequel ils avaient bravé tant de dangers ; mais tout à coup, comme touché de leur persévérance, le voile de nuages se souleva et découvrit tout près d'eux le sommet de la Jungfrau dans toute la beauté de ses formes puissantes et majestueuses. Il restait cependant encore une petite distance à parcourir avant d'atteindre la plus haute cime, mais ils durent s'arrêter subitement, « car, dit Desor, nous « vîmes avec une sorte d'effroi que l'espace qui nous « séparait du point culminant, était une arête presque « tranchante ayant de quinze à trente centimètres de « large sur une longueur d'environ six mètres, tandis « que les pentes à droite et à gauche avaient une in- « clinaison de soixante à soixante-dix degrés. « Il n'y « a pas moyen d'arriver là ! » dit Agassiz qui ne se « laissait pas facilement décourager, et c'était à peu

« près notre avis à tous. Leuthold, au contraire, pré-
« tendait qu'il n'y avait là aucune difficulté et que nous
« y irions tous. Déposant alors les objets qu'il por-
« tait, il se mit en route, passa son bâton par dessus
« l'arête, de manière à avoir celle-ci sous le bras
« droit et marcha sur le flanc occidental, en foulant
« autant que possible la neige sous ses pieds, afin de
« nous faciliter la voie. Il arriva ainsi en un instant
« et sans aucune difficulté au sommet. Tant d'assu-
« rance et de sang-froid ranimèrent notre courage et,
« lorsqu'il revint sur ses pas pour nous y conduire
« après lui, personne n'osa plus refuser.

« Le sommet est un très petit espace d'environ deux
« pieds de long sur un pied et demi de large. Comme
« il n'y avait place que pour une personne, nous y
« fûmes à tour de rôle. Agassiz y monta le premier,
« appuyé sur le bras de Leuthold qui le précédait.
« Il y resta à peu près cinq minutes et, lorsqu'il nous
« rejoignit, je vis qu'il était très agité; il m'avoua
« qu'en effet il ne s'était jamais senti pareille émo-
« tion.....

« Un phénomène extraordinaire se passa sous nos
« yeux et nous intéressa vivement. D'épais brouillards
« s'étaient amassés dans la direction du sud-ouest et
« s'élevaient du fond du Roththal..... Déjà nous crai-
« gnions qu'ils ne nous envahissent une seconde fois,
« lorsqu'ils se limitèrent subitement à quelques pieds
« de nous, sans doute par l'effet de quelque courant
« de la plaine qui les empêchait de s'étendre plus
« loin dans cette direction. Grâce à cette circonstance,
« nous nous trouvâmes tout à coup en présence d'un
« mur vertical de brouillard dont la hauteur fut éva-

« luée à quatre mille mètres au moins..... Comme la
« température était au-dessous du point de congéla-
« tion, les petites gouttelettes de brouillard s'étaient
« transformées en cristaux de glace et reflétaient au
« soleil toutes les couleurs de l'arc-en-ciel ; on eût
« dit un brouillard d'or qui étincelait autour de nous.
« C'était un spectacle à la fois terrible et attrayant. »

Lorsqu'ils furent de nouveau tous réunis au pied
de la dernière cime, Leuthold, en homme pratique,
versa à chacun un verre de vin et on se reposa sur
la neige avant de commencer la périlleuse descente.
En fait d'êtres vivants, ils n'aperçurent qu'un faucon
qui se balançait dans les airs au-dessus de leurs têtes,
et, en fait de plantes, quelques lichens qui croissaient
sur le rocher dans les points où sa surface était à nu.

Vers quatre heures, ils se remirent en route, la
face tournée contre l'immense et épouvantable pente
de glace, et, descendant à reculons, ils étaient obligés
de tâtonner avec les pieds pour retrouver une à une
les sept cents marches environ, taillées en montant.
Au bout d'une heure, ils atteignirent le col du Roththal, terme des plus grandes difficultés de la descente.

Le succès de la journée leur avait donné une telle
assurance qu'ils couraient plutôt qu'ils ne marchaient,
ne tenant plus compte de dangers relativement faibles
à côté de ceux auxquels ils avaient été exposés.
Leuthold, aussi prudent lorsque les autres étaient
téméraires qu'intrépide lorsqu'ils devenaient craintifs, ne cessait de recommander la prudence, en répétant avec le même calme qu'à la montée : *Hübschle !
nur immer hübschle !* (Doucement ! toujours doucement !)

A six heures ils arrivaient au « Repos », après avoir fait en deux heures un trajet qui leur en avait coûté six pour monter. A peine la nuit était-elle tombée, que la lune surgit en face d'eux, éclairant le glacier dont la surface entière reflétait une douce lumière argentée, interrompue seulement çà et là par l'ombre gigantesque de quelque pic voisin. Vers neuf heures, au moment où ils venaient de traverser la partie du glacier la plus dangereuse à cause de ses nombreuses crevasses, ils entendirent tout à coup avec joie le cri d'appel d'un pâtre dans le lointain. C'était un paysan auquel ils avaient donné l'ordre de venir à leur rencontre avec des vivres jusqu'à une petite distance du lac Méril, au cas où ils seraient surpris par la faim, la fatigue ou quelque accident. Il arrivait portant une boille [1] remplie d'un excellent lait chaud qu'il venait de traire ; on peut se représenter le plaisir qu'éprouvèrent nos voyageurs lorsque, entourant le pâtre, ils puisèrent à tour de rôle dans sa « boille », jusqu'à ce qu'elle fût vide. Il restait encore trois lieues à parcourir et à onze heures et demie, ils atteignirent enfin les chalets de Méril qu'ils avaient quittés au point du jour, plus de dix-huit heures auparavant.

Le lendemain, on se sépara ; Agassiz et Desor, accompagnés de leur ami M. Escher de la Linth, retournèrent à l'hospice du Grimsel, où ils se reposèrent pendant une journée, avant de regagner l'Hôtel des Neuchâtelois. Ils restèrent sur le glacier jusqu'au 5 septembre, employant ces dernières journées à

[1] Terme patois pour désigner de grands vases de bois dans lesquels les pâtres portent le lait sur leur dos.

achever leurs mesurages et à planter des rangées de pieux à travers le glacier, pour déterminer son degré d'avancement pendant l'année et la rapidité comparative de son mouvement sur certains points. Ainsi se termina l'un des plus remarquables séjours qu'Agassiz et ses compagnons firent dans les Alpes [1].

[1] Le récit de cette ascension et des autres courses dans les Alpes a été tiré de l'ouvrage de M. Desor, *Séjour dans les glaciers*, complété par les souvenirs personnels d'Agassiz.

CHAPITRE XI

Publications diverses. — Nomenclator zoologicus. — Bibliographia zoologiæ et geologiæ. — Correspondance avec des naturalistes anglais et avec Humboldt. — Séjour de 1842 sur les glaciers. — Correspondance avec le prince de Canino au sujet d'un voyage en Amérique. — Poissons fossiles du vieux grès rouge. — Séjour de 1843 sur les glaciers. — Mort du guide Leuthold.

Quoique les recherches d'Agassiz sur les glaciers aient marqué une époque importante dans sa vie scientifique, ses études de zoologie, particulièrement d'ichthyologie et surtout son ouvrage sur les poissons fossiles, ne subirent que peu d'interruption. Ses publications sur les Mollusques fossiles [1], sur les coquilles tertiaires [2], sur les Échinodermes vivants et fossiles [3], ainsi que beaucoup de brochures moins importantes sur des sujets spéciaux, furent entreprises et terminées pendant la période la plus active de ses travaux sur les glaciers.

[1] *Études critiques sur les Mollusques fossiles,* 4 livraisons in-4° avec 100 planches.

[2] *Iconographie des coquilles tertiaires réputées identiques,* 1 livraison in-4° avec 14 planches.

[3] *Monographie d'Échinodermes vivants et fossiles,* 4 livraisons in-4° avec 37 planches.

On est encore plus surpris en le voyant occupé d'ouvrages en apparence aussi arides et ingrats que son *Nomenclator zoologicus* et sa *Bibliographia zoologiæ et geologiæ*, au moment même où il poursuivait ses nouvelles recherches avec un enthousiasme passionné.

Le *Nomenclator*, gros volume in-quarto avec index, comprenait l'énumération de tous les genres du règne animal et l'étymologie de leurs noms, ainsi que ceux des savants qui les ont proposés les premiers et la date de leurs publications. Agassiz, soumettant autant que possible chaque division à la révision des spécialistes les plus distingués dans les diverses branches, obtint ainsi la coopération d'autres naturalistes.

En offrant cet ouvrage à la bibliothèque de l'Académie de Neuchâtel, il en indiquait le but et l'utilité dans sa lettre adressée à M. le baron de Chambrier, président du Conseil académique :

« Ayez la bonté d'accepter pour la bibliothèque de « l'Académie la cinquième livraison d'un ouvrage « sur les sources de la critique zoologique. C'est une « œuvre de patience, exigeant de longues et labo- « rieuses recherches. J'en avais conçu le plan pendant « mes premières années d'étude, et dès lors je ne l'ai « jamais perdu de vue. J'ose dire que ce sera une « barrière contre la confusion de Babel qui tend à « envahir le domaine de la synonymie zoologique. « Mon livre portera le titre *Nomenclator zoologicus...*»

La *Bibliographia* (quatre volumes in-8), était à certains égards un complément du *Nomenclator* et contenait la liste de tous les auteurs mentionnés dans

ce dernier ouvrage, ainsi qu'une notice sur leurs
publications. Elle parut en 1848, après le départ
d'Agassiz pour les États-Unis, et fut publiée en Angleterre par la Société Ray. Sentant de plus en plus
l'importance d'un tel guide destiné aux hommes
d'étude, il avait accumulé pendant des années les
matériaux de cet ouvrage. Il s'adressa aux naturalistes
de toutes les parties de l'Europe dans le but d'obtenir des renseignements sur la bibliographie scientifique de leurs pays respectifs. Grâce à leur concours,
il réussit à faire un catalogue aussi complet que possible de tous les ouvrages connus et de tous les Mémoires concernant la zoologie et la géologie. N'ayant
pas les moyens de publier ces matériaux coûteux et
improductifs, il fut heureux de pouvoir les abandonner à la Société Ray.

La capacité qu'Agassiz possédait à un si haut degré
de traiter à la fois tant de sujets différents, n'était
pas le fait d'un esprit superficiel et versatile. L'unité
était le caractère de son œuvre; tout était lié dans sa
pensée; aussi pouvait-il passer des glaciers aux fossiles
et des fossiles au monde vivant, avec le sentiment
qu'il traitait toujours des problèmes de même nature,
unis les uns aux autres par les mêmes lois. On ne peut
mieux en juger que par les bulletins de la Société
des sciences naturelles de Neuchâtel, dont il suivit
assidûment les séances de 1833 à 1846. Là, nous le
trouvons présentant des communications le plus souvent originales sur divers sujets d'histoire naturelle,
passant de considérations générales d'un ordre supérieur aux détails de structure les plus minutieux,
avec l'habileté d'un spécialiste et une largeur de vue

toute philosophique. Il décrit le développement embryologique des êtres organisés, leur distribution
géographique et leur succession géologique, passe en
revue les lois de classification qu'il réforme; tantôt il
éclaire le monde fossile à la lumière du monde vivant,
tantôt il trouve dans un passé lointain la clef des phénomènes actuels. Il reconstruit l'histoire de la période
glaciaire, montrant sa dernière phase dans les vallées
alpestres et rattachant de nouveau ces faits à des
phénomènes semblables dans différentes parties du
globe. Mais si vastes que soient ses vues et si variés
que soient ses sujets, ils sont tous reliés les uns aux
autres sous sa main et font partie d'un tout qu'il
s'efforce de faire comprendre dans son ensemble.

Quelques extraits de sa correspondance nous font
connaître les différents genres de recherches dont il
s'occupait à cette époque. La lettre suivante est de
Edward Forbes qui, l'un des premiers, étudia la
faune des grandes profondeurs océaniques. Agassiz
l'avait prié de l'aider pour son ouvrage sur les Échinodermes.

Edward Forbes à Louis Agassiz.

(Trad. de l'anglais.)

21 Lothian St. Edimbourg, le 13 février 1841.

.... Une lettre de vous m'est toujours le plus grand des
plaisirs et j'ai été charmé de pouvoir exécuter, quoique
imparfaitement, je le crains, la commission que vous
m'avez donnée. Je m'en serais acquitté plus vite, s'il n'y
avait pas eu des orages très violents dans les parages
voisins, à tel point que jusqu'à ces trois derniers jours, je

n'ai pu me procurer un oursin vivant pour faire le dessin que vous demandez...... Vous avez donné la folie des glaciers à tous nos géologues et ils transforment la Grande-Bretagne en glacière. Un ou deux soi-disant géologues ont fait quelques tentatives amusantes et très absurdes de s'opposer à vos vues, entre autres le pauvre X...., qui a lu à notre Société royale un mémoire tendant à démontrer que tous les phénomènes que vous attribuez aux glaciers, ont été causés par des blocs de glace, qui, lors du déluge, ont flotté jusqu'ici! Et que les fossiles des couches pliocènes étaient des Mollusques qui, ayant grimpé sur ces blocs de glace, furent entraînés malgré eux dans des régions plus chaudes!!!

A mon avis, une des meilleures preuves de la vérité de vos vues se trouve dans le caractère décidément arctique de la faune pliocène, qui doit être attribuée à l'époque glaciaire et qui ainsi est facilement comprise. Je me propose de recueillir pendant l'été des renseignements à ce sujet, afin de pouvoir présenter une grande quantité de preuves géologiques à l'appui de votre théorie.

Le Dr Traill me dit que vous avez l'intention de visiter de nouveau l'Angleterre l'été prochain. Si vous le faites, j'espère que nous nous rencontrerons, car j'aurai alors à vous montrer bien des choses que vous n'avez pas eu le temps de voir lorsque vous étiez ici. J'attends impatiemment la prochaine livraison de votre « Monographie des Échinodermes.... »

Sir Roderick Murchison à Louis Agassiz.

(Trad. de l'anglais.)

13 juin 1842.

..... Vos lettres m'ont fait beaucoup de plaisir en me prouvant premièrement, que votre zèle pour l'ichthyologie n'a pas diminué et que vous êtes sur le point d'en donner des preuves évidentes à l'Association britannique; secondement, que vous continuez avec enthousiasme vos admirables recherches sur les glaciers. Je serais enchanté de me mettre sous vos ordres dans une course au glacier de l'Aar; mais j'ose encore à peine le promettre.... Même en me hâtant beaucoup, je doute qu'il me soit possible d'arriver à temps pour votre réunion suisse [1]. Tout au plus pourrai-je vous rejoindre ensuite dans votre cantonnement du glacier; mais ceci dépendra de circonstances en dehors de ma volonté.

Je vous envoie cette lettre par mon ami l'amiral Sir Charles Malcolm qui, en se rendant à Genève, passera par Neuchâtel. J'y joins un exemplaire de mon dernier discours, que je vous prie d'accepter et de lire d'un bout à l'autre. Vous verrez que j'ai attaqué votre glace honnêtement et suivant mes propres convictions, mais que je n'ai jamais perdu de vue votre grand mérite. Mon dernier paragraphe vous convaincra, vous et tous vos amis, que, si je me trompe, cela ne provient d'aucune idée préconçue, mais seulement de ce que je juge d'après des preuves incomplètes. Votre: « Venez voir », retentit encore à mes oreilles....

Murchison resta pendant bien des années un adversaire déclaré de la théorie glaciaire dans son application la plus étendue. Le discours auquel il fait allusion, prononcé à la réunion anniversaire de la Société géologique de Londres en 1842, contient le passage suivant: « Si vous admettez avec Agassiz que les plus « profondes dépressions de la Suisse, telles que l'im- « mense lac de Genève, aient été jadis remplies de

---

[1] Probablement la réunion de la Société helvétique des sciences naturelles.

« neige et de glace, je ne vois plus où l'on pourrait
« s'arrêter. En partant de cette hypothèse, vous arri-
« veriez à remplir aussi la Baltique et les mers du
« Nord, à couvrir le sud de l'Angleterre, ainsi que la
« moitié de l'Allemagne et de la Russie, de couches
« de glace à la surface desquelles auraient été semés
« tous les blocs erratiques du Nord. Aussi longtemps
« que la plupart des géologues d'Europe seront oppo-
« sés à la vaste extension de cette théorie glaciaire,
« il y aura peu de chance qu'une pareille doctrine
« s'empare bien profondément des esprits... En tout
« cas, l'existence de glaciers en Écosse et en Angle-
« terre, comme dans les Alpes, n'est pas établie à la
« satisfaction, je crois, du plus grand nombre des
« géologues anglais. »

Vingt ans plus tard Murchison, avec une rare
candeur, adressait à Agassiz les lignes suivantes :
« Je vous envoie mon dernier discours d'anniver-
« saire que j'ai écrit moi-même en entier. Je vous
« prie de croire que, dans la partie qui a trait à la
« période glaciaire et à la géographie physique de
« l'Europe telle qu'elle existait à cette époque, j'ai
« eu le plus sincère plaisir à avouer que j'avais eu
« tort de m'opposer, comme je l'ai fait, à votre gran-
« diose et originale conception au sujet des monta-
« gnes de mon pays. Oui ! Je suis maintenant con-
« vaincu que les glaciers descendaient des montagnes
« dans les plaines, comme c'est le cas maintenant au
« Grœnland. »

Pendant l'été de 1842, à peu près au moment où
Murchison combattait la théorie glaciaire, Agassiz
recevait d'autre part une preuve particulièrement ré-

jouissante pour lui de l'impression favorable que ses
théories produisaient dans certaines parties de l'Angleterre.

Le Dr Buckland à Louis Agassiz.

(Trad. de l'anglais.)

Oxford, le 22 juillet 1842.

.... Vous vous réjouirez avec moi, j'en suis sûr, de l'ad-
hésion de Darwin : il admet maintenant d'anciens glaciers
au nord du Pays de Galles ; je vous envoie une copie de
sa lettre qui m'a été communiquée par le Dr Tritten, lors
de notre dernière réunion à Manchester et juste à temps
pour pouvoir la faire figurer dans ma discussion avec
Murchison, quand il soutenait que le transport des blocs
erratiques et les surfaces striées et polies devaient être
attribués à l'action exclusive de montagnes de glace flottantes. Cela a fait monter de cinquante pour cent la théorie glaciaire, en ce qui concerne les glaciers descendant
dans des vallées inclinées ; mais Hopkins et les Cantabri-
giens [1] sont plus obstinés que jamais dans leur opposition
au pouvoir d'expansion capable de pousser la glace à de
grandes distances sur une surface horizontale....

Voici la lettre à laquelle Buckland fait allusion :

C. Darwin au Dr Tritten.

Hier et les jours précédents, j'ai été occupé de la manière la plus intéressante à examiner les traces laissées
par des glaciers disparus. Je vous assure qu'un volcan

---

[1] Élèves de l'Université de Cambridge, en Angleterre.

éteint n'aurait pu en laisser de plus évidentes de son activité et de son immense force. Dans la moraine latérale,
j'en ai trouvé une tout à fait décisive que n'a pas remarquée le Dr Buckland. Si vous êtes en relations avec lui,
veuillez le remercier chaudement de m'avoir guidé par la
publication d'extraits de son mémoire et fait comprendre
des phénomènes qui m'ont procuré plus de plaisir que je
ne me rappelle en avoir jamais éprouvé à la vue d'un
cratère éteint. La vallée qui m'entoure et le lieu où est
située l'auberge d'où je vous écris, doivent avoir été jadis
recouverts d'une couche de glace compacte d'au moins
huit cents à mille pieds d'épaisseur ! Il y a onze ans, je
passai un jour entier dans cette vallée, où je ne voyais
alors rien que de l'eau et des roches dénudées; tandis que
hier le phénomène glaciaire m'est apparu parfaitement
clair. Ces glaciers ont été des agents grandioses. Je suis
d'autant plus content de ce que j'ai vu dans le nord du
Pays de Galles, que cela me prouve la justesse de mes
opinions sur la distribution des blocs erratiques, dans les
plaines de l'Amérique du Sud, par l'action des glaces
flottantes.

Je suis aussi toujours plus convaincu que les vallées
de Glen Roy et leurs environs en Écosse ont été occupés
par des bras de mer, et très probablement aussi par des
glaciers; car, sur ce point, je ne puis naturellement pas
mettre en doute les opinions d'Agassiz et de Buckland.

Agassiz souffrait de voir que Humboldt, le plus âgé
de ses amis scientifiques, restait encore incrédule à
l'égard de ses théories; mais il ne renonçait pas à
l'espoir de le convertir, comme nous le voyons par
les lettres de ce dernier.

Quant à celles qu'Agassiz lui écrivait, elles manquent depuis cette époque. Surchargé d'occupations

et se sentant plus à l'aise dans ses relations avec les savants, il avait cessé de faire des brouillons de lettres pareils à ceux d'où sa correspondance a été extraite jusqu'ici.

Alexandre de Humboldt à Louis Agassiz.

(Trad. de l'allemand.)

Berlin, le 2 mars 1842.

..... Quand on a été séparé si longtemps l'un de l'autre, même accidentellement, comme je l'ai été de vous, mon très cher et bien aimé Agassiz, il est difficile de savoir de quelle manière il faut commencer et finir une lettre. Le souvenir affectueux que vous m'envoyez est une preuve que mon long silence ne vous a pas paru étrange.... Je perdrais mon temps, si je vous disais comment j'ai été empêché par les devoirs toujours plus absorbants de ma vie de vous accuser réception des magnifiques ouvrages que vous m'avez envoyés sur les poissons vivants et fossiles, sur les Échinodermes et sur les glaciers et dont j'ai à vous remercier.

Mon admiration pour votre activité sans bornes et pour votre belle vie intellectuelle s'accroît chaque année. Cette admiration pour vos travaux et pour vos excursions hardies est basée sur l'examen attentif de toutes vos conceptions et de toutes vos recherches. Cette semaine encore, j'ai lu avec une grande satisfaction votre discours vraiment philosophique et votre long traité dans le quatrième numéro de la *Jahresschrift* de Cotta. Léopold de Buch lui-même a confessé que la première moitié de votre dissertation sur la succession des êtres organisés était pleine de vérité, de sagacité et de nouveauté.

Je ne vous reproche nullement, mon cher Agassiz, l'ardent désir exprimé dans toutes vos lettres de voir vos plus anciens amis accepter votre vaste théorie géologique de la période glaciaire. Il est très noble et très naturel de désirer que ce qui nous a paru vrai soit aussi reconnu comme tel par tous ceux que nous aimons... Je crois avoir lu et étudié tout ce qui a été écrit pour ou contre la période glaciaire, de même que sur le transport des blocs erratiques, soit qu'ils aient été charriés par des glaces flottantes ou par des inondations, soit qu'ils aient glissé sur des pentes. Ma propre opinion, comme vous le savez, ne peut avoir ni poids, ni autorité, tant que je n'ai pas vu par moi-même les faits décisifs.

En effet, je suis disposé, peut-être à tort, à envisager toutes les théories géologiques comme ayant leur source dans une région mythique, où, avec les progrès de la physique, les visions seront modifiées de siècle en siècle. Mais les « éléphants surpris par les glaces » et le « changement instantané de climat » de Cuvier, ne me paraissent pas plus compréhensibles à présent que lorsque j'ai écrit mes « Fragments asiatiques ». D'après tout ce que nous savons de la diminution de la chaleur sur la terre, je ne puis pas admettre un changement général de température assez notable pour empêcher la décomposition des chairs pendant toute cette période. Je comprends beaucoup mieux que des loups, des lièvres et des chiens qui tomberaient aujourd'hui dans une crevasse des régions glacées du nord de la Sibérie, puissent conserver leur chair et leurs muscles. Quoiqu'il en soit, la prétendue « glace d'éléphant » n'est en simple prose qu'un terrain de transport composé de débris porphyritiques mélangés de cristaux de glace....

Mais, dans votre royaume, je ne suis après tout qu'un sujet rebelle et grondeur.... Ne soyez pas fâché contre un ami qui est plus que jamais pénétré des services que vous rendez à la géologie par vos vues philosophiques sur la nature et votre profonde connaissance des êtres organisés.

Avec le vieil attachement et la plus chaude amitié, votre dévoué

A. DE HUMBOLDT.

Deux ou trois mois plus tard, Humboldt lui écrit encore sur le même ton :

« .... La grâce d'en haut, « dit Mme de Sévigné »,
« vient lentement. Je la désire surtout pour l'*Eiszeit*
« et la terrible calotte de glace qui me fait peur, à
« moi l'homme de l'Équateur. Mon hérésie, bien peu
« importante, puisque je n'ai rien vu, ne m'empêche
« pas, je vous le jure, mon cher Agassiz, d'être pé-
« nétré le plus chaleureusement du monde du vif
« désir que toutes vos observations soient publiées...
« Je jouis des bonnes nouvelles que vous me donnez
« des poissons ; vous affligerais-je, si j'ajoutais que
« l'ouvrage où vous avez répandu. tant de lumière
« sur le développement organique des êtres, est le
« vrai fondement de votre gloire ? »

* Louis Agassiz à Sir Philip Egerton.

Neuchâtel, juin 1842.

.... Je travaille de toutes mes forces à mon rapport sur les poissons de « l'Old Red [1] » dont une partie des planches, au moins, vous sera adressée à Manchester avec un résumé général des espèces de cette formation. Je désire que ce soit un travail soigné qui fasse faire de nouveaux et sensibles progrès à l'ichthyologie fossile.... Vous me

---

[1] Vieux grès rouge.

demandez comment je compte terminer mes « Poissons fossiles ». Voici mes projets. Dès que j'aurai achevé le cahier des espèces de « l'Old Red », je veux terminer le cadre général de l'ouvrage, comme je l'ai fait au IVme vol., afin que l'arrangement et les caractères de toutes les familles des quatre ordres puissent être étudiés dans leurs affinités zoologiques avec leurs genres et les principales espèces. Mais comme ce cadre ne pourrait plus embrasser les espèces innombrables que je connais maintenant, je veux reprendre monographiquement les espèces des différentes formations géologiques, dans l'ordre des terrains, et publier autant de suppléments qu'il y a de grandes formations, riches en poissons fossiles. Je me bornerai à énumérer les espèces déjà décrites dans le corps de l'ouvrage, en ajoutant seulement la description des espèces nouvelles de chaque terrain et les additions que j'aurai à faire pour les espèces déjà connues.

De cette manière, ceux qui voudront étudier les poissons fossiles au point de vue zoologique, pourront se borner à parcourir l'ouvrage dans son arrangement primitif, et ceux qui voudront les étudier dans leurs rapports géologiques pourront s'en tenir aux suppléments. Au moyen de registres doubles ajoutés à la fin de chaque volume, ces deux parties distinctes de l'ouvrage seront de nouveau réunies en un tout complet. C'est le seul plan qui me permette de publier successivement tous les matériaux que je possède sans devenir à charge à mes premiers souscripteurs, qui seront libres de ne pas accepter les suppléments. Si vous avez l'occasion de communiquer cet arrangement aux amis de l'ichthyologie fossile, veuillez le faire; je crois qu'il pourrait être dans l'intérêt de la chose que cela fût connu...

Mon intention est de reprendre avec un nouveau zèle mes recherches sur les poissons fossiles, dès que je serai de retour d'une dernière excursion que je ferai en juillet et en août au glacier de l'Aar, où je compte terminer définitivement mes travaux sur ce sujet.

Vous apprendrez sans doute avec satisfaction que le beau baromètre que vous m'avez donné a été mon fidèle compagnon dans les Alpes... J'ai aussi le plaisir de vous annoncer que le roi de Prusse m'a fait un fort beau cadeau, de près de deux cents livres sterling, pour poursuivre mes recherches sur les glaciers, en sorte que j'ai presque la certitude de pouvoir achever pendant cette campagne ce qu'il me reste à faire....

La campagne de 1842 s'ouvrit le 4 juillet. Le bloc erratique, ayant cessé d'offrir un abri sûr, avait été remplacé par une cabane en bois, couverte de toile [1]. S'il y avait lieu de regretter la hutte pittoresque sous le rocher, on trouvait quelque dédommagement dans le confort relatif de la nouvelle cabane. Elle était divisée en plusieurs compartiments; au

---

[1] En prenant congé du bloc erratique qui fut le premier « Hôtel des Neuchâtelois », mentionnons encore le sort qu'il eut plus tard. Il avait commencé à se fendre en 1841 et se brisa entièrement en 1844, puis le gel et les intempéries achevèrent de le désagréger. Chose étrange, quelques-uns de ses fragments, ayant encore les noms des compagnons d'Agassiz, furent retrouvés pendant l'été de 1884, entre autres un morceau portant des noms et la marque n° 2. Suivant le rapport qui mentionne ce fait, la pierre du milieu, sur laquelle était inscrit le n° 2, se trouvait au point d'intersection de deux lignes tirées, l'une du pavillon Dollfus au Scheuchzerhorn et l'autre du Rothhorn au Thierberg. D'après les mesurages exécutés en 1840 par Agassiz, l'Hôtel des Neuchâtelois était à 797 mètres du promontoire de l'Abschwung. En consultant la grande carte du glacier de Wild et Stengel, nous pouvons comparer la position actuelle de cette pierre avec celle qu'elle occupait autrefois et calculer la marche du glacier, depuis l'époque en question. Ce bloc erratique est donc encore de quelque utilité pour la continuation des travaux commencés par ceux auxquels il avait jadis servi d'abri.

fond se trouvait le dortoir des guides et des ouvriers ; au milieu, la chambre d'Agassiz et de ses amis et au devant, la salle à manger qui servait en même temps de laboratoire et de salon. Cette dernière chambre était meublée d'une table et de deux bancs ; on y voyait même deux chaises réservées comme sièges d'honneur aux visiteurs, un rayon pour les livres et les instruments et quelques clous pour suspendre les vêtements. Un plancher sur lequel on étendait des couvertures pour la nuit remplaçait avec avantage les dalles glacées de leur première demeure.

Comme l'étude topographique du glacier était un des buts principaux de cette campagne, M. Wild, ingénieur d'une habileté reconnue, se joignit aux explorateurs. Les résultats de ses travaux, qui furent poursuivis pendant deux étés, figurent dans la carte qui accompagne les « Nouvelles études ». Agassiz, de son côté, fit des expériences sur l'étendue et sur les ramifications du réseau de fissures capillaires qui conduisent l'eau dans l'intérieur du glacier ; il y introduisit, au moyen de forages, des liquides colorés et reconnut qu'ils s'infiltraient dans la glace et reparaissaient plus bas avec une rapidité étonnante. A dix mètres de profondeur, une galerie fut taillée à travers une paroi de glace qui séparait deux crevasses ; le liquide coloré, versé dans un trou au-dessus, apparut bientôt au sommet de la galerie. On remarqua avec surprise que le même résultat était obtenu de nuit et que le liquide pénétrait même plus rapidement depuis la surface du glacier jusqu'à la voûte de la galerie, ce qui fut expliqué par le fait que, les fissures étant alors privées de toute humidité, le passage s'effectuait sans empêchement[1].

L'avancement relatif des différentes parties du glacier fut constaté avec une plus grande précision qu'auparavant. La ligne droite de pieux, plantés à travers le glacier par Agassiz et par Escher de la Linth, pendant le mois de septembre précédent, avait formé un croissant dont la courbe inclinée du côté de l'extrémité du glacier montrait, contrairement aux prévisions d'Agassiz, que le centre se mouvait plus rapidement que les bords. Le rapport entre la courbe de la stratification et la courbe de la ligne de pieux confirma ce résultat. La stratification de la neige fut un des sujets d'étude les plus importants parmi les travaux de la saison et Agassiz, comme nous le verrons plus tard dans une de ses lettres, croyait avoir établi d'une manière indubitable cette particularité de la structure du glacier.

L'origine et le mode de formation des crevasses attirèrent aussi spécialement l'attention des observa-

---

[1] Des doutes ont été émis sur ces résultats, vu l'insuccès d'expériences pareilles répétées plus récemment. Agassiz dit à ce sujet dans ses *Geological sketches,* p. 236 : « L'infiltration a été niée par suite « de la non-réussite de quelques expériences, ayant pour but d'intro- « duire des liquides colorés dans le glacier. Je répondrai seulement « à ceci que j'ai complétement réussi dans la même expérience qu'un « investigateur a trouvée impraticable après moi, et que je ne vois « aucune raison de jeter des doutes sur la première, parce que la « suivante a manqué. On trouvera peut-être l'explication des diffé- « rences dans les résultats obtenus dans le fait que, comme une « éponge imbibée d'eau ne peut absorber plus de liquide qu'elle n'en « contient déjà, de même le glacier, dans certaines circonstances et « particulièrement en été à midi, peut être tellement imprégné d'eau « que tout essai d'y introduire des fluides colorés, doit nécessairement « échouer. »

teurs. Le 7 août, Agassiz eut l'occasion d'étudier ce phénomène dès son début. Attiré vers une certaine partie du glacier par l'agitation de ses ouvriers, il les trouva épouvantés par des bruits et des mouvements extraordinaires dans la glace. « J'entendis à peu de « distance, dit-il, un craquement semblable à des « détonations simultanées d'armes à feu; j'accourus « vers l'endroit d'où provenait ce bruit, qui se répéta « bientôt sous mes pieds avec des commotions pa- « reilles à celles d'un tremblement de terre. Le sol « semblait se déplacer et s'écrouler sous moi avec un « bruit différent des détonations qui avaient précédé « et semblable à celui d'un éboulement de rochers, « sans qu'on pût cependant remarquer un affaisse- « ment sensible de la surface. Le glacier tremblait « réellement, car un bloc de granit de trois pieds « de diamètre, perché sur un piedestal. de deux « pieds de haut, s'abattit brusquement. Au même « instant, je vis une crevasse s'ouvrir sous mes pieds « et se prolonger rapidement à travers le glacier en « ligne droite [1]. »

En une heure et demie, Agassiz vit s'ouvrir trois crevasses et en entendit d'autres se former à une plus grande distance; il en compta huit nouvelles sur un espace de cent vingt-cinq pas. Ce phénomène se continua dans la soirée et se reproduisit, mais moins fréquemment, pendant la nuit; il y eut même une crevasse qui traversa leur cabane et en ébranla les piliers, dont plusieurs s'écroulèrent. Les crevasses étaient étroites, la plus grande n'ayant qu'un pouce et demi

---

[1] Extrait d'une lettre de Louis Agassiz à M. Arago, datée de l'Hôtel des Neuchâtelois, glacier de l'Aar, le 7 août 1842.

de large; quant à leur profondeur, on put en juger
par la rapidité avec laquelle elles absorbaient l'eau
qui se trouvait dans leur voisinage immédiat. « Un
« trou de sonde, dit Agassiz, ayant cent trente pieds
« de profondeur, sur six pouces de diamètre et qui
« était plein d'eau, se vida complétement en quelques
« minutes, ce qui prouve que ces crevasses, quoique
« très étroites, pénètrent à de grandes profondeurs. »

Les travaux de l'été comprenaient aussi des observations sur le mouvement comparatif du glacier pendant le jour et pendant la nuit, sur l'ablation [1] de
sa surface, sur son accroissement, sur le névé et la
neige des hautes régions, sur les trous méridiens,
appelés les cadrans solaires des glaciers [2].

Le résultat le plus important de la campagne fut
le relevé topographique du glacier, tel qu'il figure
dans la carte des « Nouvelles études » publiées par
Agassiz sur ce sujet.

C'est à peu près à cette époque que ses lettres
commencent à faire quelque allusion à un voyage

---

[1] L'ablation est la diminution du glacier à sa surface par la fonte.

[2] « Çà et là sur le glacier, on remarque des amoncellements de
« débris, de poussière, de sable et de gravier, déposés par des filets
« d'eau et assez petits pour absorber la chaleur pendant le jour;
« naturellement, ils se chauffent au soleil d'abord du côté oriental;
« puis, avec plus d'intensité, du côté méridional et dans l'après-midi,
« moins fortement du côté occidental, tandis que le côté septentrional
« reste comparativement froid. De cette façon, ces amoncellements
« fondent la glace en demi-cercle à l'entour de plus de la moitié de
« leur circonférence et le glacier se couvre de petits trous en forme
« de croissants, ayant une pente abrupte d'un côté et une faible de
« l'autre, avec un petit amas de débris dans le fond. Ce sont les « trous
« méridiens » du glacier, indiquant l'heure par l'effet que produisent
« sur eux les rayons du soleil. » *Geological sketches*, par Louis
Agassiz, p. 293.

d'exploration aux États-Unis. Ce projet fut en particulier souvent discuté avec Charles Bonaparte, prince
de Canino, naturaliste presque aussi ardent qu'Agassiz,
qui soutint longtemps avec lui une correspondance
scientifique intime. En avril 1842, le prince lui écrit:
« Je me plais à rêver au voyage en Amérique que vous
« avez promis de faire avec moi. Quel délassement! et
« en même temps que de travaux utiles devant nous! »
Puis, quelques mois plus tard, il ajoute: « Tenez-moi
« bien au courant de vos projets, et, de mon côté, je
« tâcherai d'arranger mes affaires de manière à être
« libre de faire au printemps de 1844 un voyage, dont
« le but principal sera de montrer à mon fils aîné le
« pays où il est né et où chacun peut se développer
« sans entraves. L'idée seule de ce voyage est pleine
« de charme pour moi, puisque je vous aurai à mes
« côtés et qu'ainsi je serai sûr qu'il fera époque dans
« la science. » La réponse à cette lettre fut adressée
du glacier de l'Aar et la première partie a trait au
Nomenclator zoologicus, au sujet duquel Agassiz consultait souvent le prince.

* *Louis Agassiz au prince de Canino.*

Glacier de l'Aar, le 1ᵉʳ septembre 1842.

.... Je vous remercie infiniment de la peine que vous
avez bien voulu prendre de revoir mon épreuve et de me
signaler les fautes et les omissions que vous avez remarquées dans mon registre des oiseaux. Je les ai immédiatement corrigées et j'ai en outre pris la liberté de mentionner sur l'enveloppe de cette livraison la part que vous
avez bien voulu prendre à mon *Nomenclator.* Je tâcherai de

faire de mieux en mieux pour les classes suivantes; mais vous savez vous-même qu'il est presque impossible d'éviter toujours les fautes graves dans un pareil travail et qu'une deuxième et troisième édition peuvent seules épurer le tout.

Je vous aurais répondu plus tôt, si votre lettre ne m'était parvenue sur le glacier de l'Aar, où, depuis le commencement de juillet, je suis fort occupé à poursuivre des observations dont les résultats deviennent tous les jours plus importants et plus concluants. Le fait le plus saillant que j'ai mis hors de doute dans toute son extension, c'est que l'on peut poursuivre la stratification primitive des névés ou des champs de neige stratifiés des plus hautes régions, à travers tout le cours des glaciers jusqu'à leur extrémité inférieure. J'en ai dressé une carte générale avec des coupes transversales qui montrent comment les couches se redressent sur les bords des glaciers et à leur jonction, lorsqu'ils confluent de deux vallées, et comment, à la surface, les couches forment des lignes sinueuses ou des arcs concentriques de plus en plus fermés, à mesure que le glacier descend plus bas. Pour démontrer la chose, il faudrait vous envoyer mes cartes et mes plans dont je n'ai pas encore de doubles; mais le fait est dorénavant incontestable et vous m'obligeriez en l'annonçant à la Section de géologie de Padoue. M. de Charpentier, qui se rend à votre réunion, niera sans doute le fait, mais vous pourrez lui dire de ma part qu'il est aussi évident que la stratification des roches neptuniennes. Seulement, pour s'en rendre bien compte, il faut s'élever au-dessus de la surface du glacier, de manière à le dominer dans son ensemble. J'ajouterai encore qu'il ne s'agit point ici des bandes bleues et blanches de la glace dont je vous ai parlé l'année dernière, mais d'un phénomène qui en est bien distinct.

Je voudrais bien pouvoir me rendre à votre aimable

invitation, mais avant d'avoir approfondi l'affaire des glaciers et terminé mes « Poissons fossiles », je n'ose pas bouger, et certes ce n'est pas une petite tâche que de finir tout cela avant notre grand voyage que je vois approcher tous les jours avec plus de plaisir. Je regrette infiniment de ne pouvoir aller vous rejoindre à Florence et visiter avec vous les collections du nord de l'Italie; c'eût été un bien grand plaisir pour moi.....

Je vous écris par un jour de neige qui me retient sous ma tente et qui est si froid que j'ai de la peine à tenir ma plume. L'eau a gelé cette nuit à côté de mon lit. La plus grande privation que j'éprouve ici, c'est de n'avoir pas vu un fruit depuis le 1ᵉʳ juillet et de n'avoir pas même de légumes, que dis-je, pas même des pommes de terre une fois dans la quinzaine, mais toujours et tous les jours, soir et matin, du mouton, de l'éternel mouton et du potage au riz. Déjà à la fin de juillet, nous avons été pris par la neige pendant trois jours; je crains bien d'être obligé de déloger la semaine prochaine, avant d'avoir achevé mon travail. Quel contraste entre ce genre de vie et celui de la plaine !

J'ai peur que ma lettre ne soit bien des jours en route avant d'atteindre la ligne des postes; aussi je termine pour ne pas manquer l'occasion d'un messager qui vient de nous apporter des vivres et qui va redescendre à l'hospice du Grimsel, où quelque honnête guide se chargera bien de la porter jusqu'au premier bureau.

A peine Agassiz était-il revenu du glacier, que nous le retrouvons de nouveau au milieu de ses poissons fossiles.

* *Louis Agassiz à Sir Philip Egerton.*

Neuchâtel, le 15 décembre 1842.

.... Depuis quelques mois, j'ai fait des progrès très considérables dans la détermination des poissons fossiles. J'ai eu l'heureuse idée d'appliquer le microscope à l'étude des fragments de leurs os et surtout de ceux de la tête, et j'ai trouvé dans leur structure des modifications aussi remarquables et aussi nombreuses que celles que M. Owen a découvertes dans la structure des dents. Voilà encore un vaste champ nouveau à explorer. J'en ai déjà fait l'application à la détermination des poissons fossiles de l'*Old Red* de Russie que M. Murchison m'a envoyés pour les lui déterminer. Vous trouverez là-dessus de plus amples détails dans le rapport que j'ai adressé à M. Murchison. Je me félicite doublement de ces résultats, d'abord, à cause de leur grande importance pour la paléontologie et ensuite, parce qu'ils resserreront, je l'espère, mes rapports avec M. Owen que j'ai toujours eu tant de plaisir à rencontrer sur la même voie que moi et que je crois incapable de jalousie en pareilles matières.....

Le seul point sur lequel je pense avoir une petite lutte tout amicale à soutenir avec lui, sera au sujet du genre *Labyrinthodon*, que j'ai l'intention formelle de revendiquer pour la classe des poissons, d'après des preuves que je crois concluantes [1]. Dès que j'aurai le temps de le faire, je veux en écrire à M. Owen, ce qui ne doit pas vous empêcher de lui en parler, si vous en avez prochainement l'occasion. Je m'occupe maintenant exclusivement des « Poissons fossiles », que je veux finir à tout prix cet hiver.....

---

[1] En voyant les preuves d'Owen, quelques années plus tard, Agassiz reconnut immédiatement son erreur sur ce point.

Avant même de reprendre les glaciers, j'ai l'intention d'achever ma monographie de l'*Old Red*, afin que vous puissiez la présenter à la réunion de Cork, à laquelle il me sera impossible de me rendre..... Je vous remercie infiniment de ce que vous, et Lord Enniskillen, voulez bien me confier tous vos poissons de Sheppy; ce sera un moyen de me préparer à l'avance à la détermination rigoureuse de ces fossiles et je pourrai m'en rendre familiers tous les détails, en les ayant quelque temps sous les yeux. Quand je les connaîtrai à fond et que je les aurai comparés avec les collections de squelettes des musées de Paris, de Leyde, de Berlin et de Halle, j'irai alors en Angleterre pour voir ce qui se trouve dans d'autres collections que je n'ai pas eues ici à ma disposition.

Agassiz employa l'hiver de 1843 à donner des cours et surtout à achever les divers ouvrages de zoologie qu'il avait entrepris, ainsi qu'à reviser les matériaux rapportés du glacier. Il se pliait facilement à tous les changements que lui imposait sa carrière scientifique, passant sans transition de la vie du montagnard à celle du savant le plus sédentaire. Après avoir séjourné pendant des semaines sur la neige et la glace, constamment sur pied et en plein air, il revenait s'enfermer pour plus longtemps encore dans son laboratoire, où, le jour, il pouvait rester immobile pendant des heures, le microscope à la main, tandis que tard dans la nuit il écrivait, ne quittant son ouvrage, le plus souvent, que bien après minuit.

Il était aussi obligé d'accélérer ses publications pour rentrer dans les frais qu'elles lui avaient occasionnés; cette période de sa vie fut des plus critique. Jamais il ne put comprendre qu'une entreprise, qui se justifiait au point de vue intellectuel, n'était pas toujours productive, financièrement parlant; aussi ses coûteuses recherches zoologiques, son établissement lithographique et ses travaux sur les glaciers avaient-ils dépassé de beaucoup ses ressources. Les prédictions de son vieil ami Humboldt s'accomplissaient; Agassiz était surchargé d'engagements et, écrasé sous le poids de ses propres entreprises, il commençait à douter de pouvoir jamais réaliser son projet de voyage scientifique aux États-Unis.

Louis Agassiz au prince de Canino.

Neuchâtel, avril 1843.

.... J'ai travaillé tout l'hiver comme un esclave pour avancer mes « Poissons fossiles ». Je vous ai expédié, il y a deux jours, mes quinzième et seizième livraisons, renfermant plus de quarante feuilles de texte et une masse d'observations nouvelles. Je ne discontinuerai pas cet ouvrage jusqu'à ce qu'il soit complétement achevé, afin de me rendre indépendant, car, si ma position ne change pas, elle deviendra intenable pour moi et je serai obligé de chercher ailleurs d'autres moyens d'existence. Des projets extravagants me passent par la tête, comme c'est toujours le cas de ceux qui sont dans la gêne; celui de vous accompagner aux États-Unis me souriait si fort que je suis maintenant désolé de penser que dans mon dénûment son exécution devient impossible. Tous les grands projets de publications que j'avais conçus se trouvent ainsi ajournés et peut-être anéantis à tout jamais.....

Si, lorsque les « Poissons fossiles » seront terminés, il s'en vend quelques exemplaires, il serait possible que je parvienne à me relever. Mais je n'ose guère me livrer à cet espoir, après avoir vu les efforts que font plusieurs de mes amis pour obtenir quelques souscriptions en Italie et en France et comment ils échouent contre le peu d'intérêt que le gouvernement français met à tout ce qui ne se fait pas à Paris, et contre l'indifférence que doivent rencontrer en Russie des recherches d'une utilité peu directe.....

Croyez-vous qu'en cherchant à me placer aux États-Unis, je pourrais m'y arranger de manière à gagner assez pour pouvoir continuer la publication de ces malheureux livres, qui, parce qu'ils ne répondent pas aux besoins du grand monde, ne rapportent jamais leurs frais ?...

Au mois de juillet, nous le trouvons de nouveau sur le glacier de l'Aar ; mais la campagne de 1843 débuta tristement pour nos explorateurs. Arrivés à Meiringen, ils apprirent que Jacob Leuthold était malade et ne pourrait probablement pas les accompagner. Ils se rendirent chez lui, mais ils ne trouvèrent plus que l'ombre de celui qui avait été autrefois leur vaillant guide et dont les forces déclinaient rapidement. Néanmoins, il les reçut avec joie dans son humble logis et voulut les retenir pour leur offrir quelque rafraîchissement. Craignant de le fatiguer, ils ne restèrent que peu d'instants auprès de lui. Au moment de le quitter, l'un d'eux, montrant les montagnes, lui exprima l'espoir qu'il pourrait bientôt les rejoindre ; pour toute réponse, les yeux de Leuthold se remplirent de larmes. Trois jours après, il était mort. Il n'avait que trente-sept ans et avait la réputation d'être le plus intelligent et le plus intrépide des guides de l'Oberland. Jamais on ne l'avait vu s'égarer, même dans les lieux qu'il parcourait pour la première fois et jamais son calme ne l'avait abandonné au moment du danger. Sa mort causa un vif chagrin à tous ceux dont il avait guidé les pas, pendant des années, dans les passages les plus difficiles des Alpes.

Pendant l'été, on continua et on compléta les travaux de la saison précédente, à la fin de laquelle on avait relevé la position relative de certains blocs isolés sur le glacier, ainsi que d'une quantité de points sur les rochers de la vallée. Une ligne de pieux avait aussi été plantée à travers le glacier et la courbe de cette ligne, combinée avec le changement dans la position des blocs, par rapport aux points déterminés, devait enregistrer pour ainsi dire automatiquement le degré de progression du glacier, dans son ensemble aussi bien que dans ses parties.

On eut également soin de mesurer toutes les vingt-quatre heures la marche du glacier et d'en constater le mouvement diurne et nocturne, tout en prenant note de l'ablation de sa surface. La saison d'été avait été tardive et froide, par conséquent peu favorable, en sorte que la période des travaux fut plus courte que les années précédentes.

CHAPITRE XII

1843-1846 — 36 à 38 ans.

Poissons fossiles du vieux grès rouge. — Classification des poissons
d'après le crâne. — Correspondance avec le prince de Canino. —
Projet d'expédition aux États-Unis. — Correspondance avec
Sedgwick. — Fin de l'œuvre scientifique d'Agassiz à Neuchâtel.
— Nouvelles études ou Système glaciaire. — Séjour en Angle-
terre. — Départ pour les États-Unis.

Les « Recherches sur les poissons fossiles » furent
terminées en 1843, et en 1844 parut la « Monographie des poissons fossiles du vieux grès rouge ou
du système dévonien de la Grande-Bretagne et de la
Russie », grand volume in-quarto, accompagné de
quarante-une planches. Rien dans ses études paléontologiques n'intéressa autant Agassiz que cette curieuse
faune du vieux grès rouge. Elle est si singulière, que
les naturalistes, même les mieux renseignés, attri-
buaient ses débris fossiles à différentes classes du
règne animal et eurent longtemps des doutes sur leur
véritable nature.

Agassiz dit lui-même dans sa préface : « Jamais je
« n'oublierai l'impression que j'ai éprouvée à la vue
« de ces créatures pourvues d'appendices ressemblant
« à des ailes et qui pourtant appartenaient à la classe
« des poissons, comme je m'en étais assuré. C'était

« là, pour nous, un type entièrement nouveau, sur
« le point de rentrer dans la série des êtres pour
« la première fois depuis le moment où il avait cessé
« d'exister, car jusqu'ici rien de ce qui nous avait été
« révélé des créations éteintes ne pouvait nous faire
« soupçonner son existence. Tant il est vrai que
« l'observation seule est un guide sûr dans les lois
« du développement des êtres organisés et que nous
« devons nous mettre en garde contre tous ces sys-
« tèmes de transformation d'espèces, si légèrement
« inventés par notre imagination. »

L'auteur ajoute que la découverte de ces fossiles
est due essentiellement à Hugh Miller et que son
propre travail s'est borné à l'identification de leurs
caractères et à la détermination de leurs rapports
avec les autres poissons fossiles déjà connus. Cet
ouvrage consacré à une faune si extraordinaire nécessitait toutefois des comparaisons innombrables et
réitérées, ainsi qu'une étude minutieuse des plus petits
fragments de ces fossiles. La plupart des matériaux
furent obtenus en Écosse, et Sir Roderick Murchison
lui remit aussi sa collection particulière du vieux
grès rouge de Russie, ainsi que différents exemplaires provenant du même pays. Les poissons fossiles du vieux grès rouge intéressaient Agassiz non
seulement à cause de leur structure particulière,
mais aussi parce qu'avec eux la classe des vétébrés
prenait place pour la première fois dans les couches
fossilifères qu'on envisageait alors comme les plus
anciennes. Lorsqu'il commença ses recherches, on
n'avait encore découvert aucune trace de vertébrés
au-dessous du terrain houiller. Suivant son opinion,

la présence des poissons dans les couches dévo-
niennes et siluriennes plaçait le type des vertébrés
au même niveau que toutes les classes d'invertébrés
et prouvait que les quatre grands types du règne
animal, les Radiés, les Mollusques, les Articulés et
les Vertébrés avaient paru simultanément.

« Il est dès lors démontré, dit Agassiz, que les
« poissons furent compris dans le plan des premières
« combinaisons organiques, qui devinrent le point
« de départ de tous les habitants de notre globe
« dans la série des temps [1]. »

Suivant lui, cette simultanéité d'apparition, aussi
bien que la richesse et la variété qui caractérisent, dès
le commencement, les classes d'invertébrés attestent
« l'impossibilité de rattacher les premiers habitants
« de la terre à un petit nombre de souches qui se-
« raient allées en se différenciant sous l'influence de
« changements dans les conditions extérieures d'exis-
« tence. »

Il ajoute : « J'ai déjà présenté ailleurs mes vues
« sur le développement qu'ont parcouru les différentes
« créations pendant l'histoire de notre planète. Mais
« ce que je voudrais prouver ici par une discussion
« approfondie des faits rapportés dans les pages sui-
« vantes, c'est la vérité de cette loi, maintenant si
« clairement démontrée dans la série des vertébrés,
« que les créations successives ont parcouru des
« phases de développement analogues à celles de
« l'embryon pendant son accroissement et sembla-
« bles aux gradations que nous montre la création

---

[1] Introduction des *Poissons fossiles du vieux grès rouge,* p. 22.

« actuelle dans la série ascendante qu'elle présente
« dans son ensemble. On peut du moins considérer
« dès à présent comme établi que l'embryon du
« poisson pendant son développement, la classe des
« poissons actuels dans ses nombreuses familles, et
« le type poisson dans son histoire planétaire, par-
« courent à tous égards des phases analogues, à
« travers lesquelles on suit toujours la même pensée
« créatrice, comme un fil conducteur qui nous
« guide partout dans la recherche de l'enchaînement
« des êtres organisés [1]. »

Poursuivant rigoureusement cette comparaison, il
démontre comment la première phase embryonnaire
des poissons actuels est rappelée par la disposition
des nageoires des poissons du vieux grès rouge et
particulièrement par la nageoire caudale qui rend si
caractéristique la queue à lobes inégaux des poissons
des anciennes formes. Cette queue hétérocercale
n'est un caractère permanent de l'adulte que chez les
esturgeons de nos jours. La forme de la tête, ainsi
que la position de la bouche et des yeux, furent aussi
reconnues comme correspondant à celles des phases
embryonnaires des poissons actuels. D'après ces analogies et d'après la supériorité des poissons, seuls
vertébrés des anciens terrains et par conséquent leur
type le plus élevé, Agassiz conclut que cette faune
représentait l'âge embryonique de la classe des poissons et exprime dans les termes suivants les résultats
de ses recherches : « De l'ensemble des faits résumés
« plus haut, il me paraît résulter que non seulement

---

[1] Introduction des *Poissons fossiles du vieux grès rouge*, p. 26.

« les poissons du vieux grès rouge constituent une
« faune distincte et indépendante de celle des autres
« terrains, mais encore qu'ils présentent, dans leur
« organisation, l'analogie la plus remarquable avec
« les premières phases du développement embryonique
« des poissons osseux de notre époque, et un parallé-
« lisme non moins sensible avec les degrés inférieurs
« de certains types de la classe, telle qu'elle existe
« maintenant à la surface du globe. »

Un des biographes d'Agassiz a dit à propos de cet
ouvrage sur les poissons du vieux grès rouge : « Il est
« difficile de comprendre pourquoi les résultats de
« ces recherches admirables et d'autres plus récentes
« faites par lui, ne l'ont pas poussé à soutenir la
« théorie de la transformation, dont ils semblent être
« la conséquence naturelle [1]. » Il est vrai, qu'à l'exception de fréquentes allusions à une pensée, à un
plan de création, cette « Introduction des poissons du
vieux grès rouge », semble écrite par un partisan de
la théorie de l'évolution plutôt que par son adversaire
le plus acharné, tant il y est question de ces lois du
monde organique sur lesquelles se fonde actuellement
cette théorie. Ces lois, d'une grande portée, proclamées par Agassiz dans ses « Poissons fossiles »· et
qu'il a toujours rappelées avec insistance, ont été en
effet adoptées par les partisans de l'évolution, mais
avec une interprétation complétement différente.

Personne ne vit plus clairement qu'Agassiz la relation, qu'il signala le premier, entre la succession des
animaux du même type, à diverses époques, et les

---

[1] *Louis Agassiz, notice biographique*, par Ernest Favre.

phases de leur croissance embryonique actuelle; aussi disait-il souvent dans ses conférences : « L'histoire de l'individu est l'histoire du type ». Mais la coïncidence entre la succession géologique des animaux anciens, le développement embryonique, la gradation zoologique et la distribution géographique des animaux des temps présents était due, selon lui, à l'accomplissement d'un plan déterminé et non à l'activité des forces de la matière. De même aussi, la variabilité, en même temps que la stabilité des êtres organisés, à la fois si plastiques et si immuables, lui paraissaient régies par quelque chose de supérieur au mécanisme de forces ayant en elles-mêmes leur loi. Il resta toute sa vie inébranlable dans cette conviction, quoique la théorie de l'évolution soulevât autour de lui des discussions très vives. Ses opinions sont maintenant moins en faveur, mais ce serait ôter à sa carrière scientifique sa véritable base que de n'en pas faire ressortir toute l'importance; la croyance en un Créateur était le fondement même de sa conception de l'Univers.

Arnold Guyot, résumant les vastes résultats des travaux paléontologiques d'Agassiz et particulièrement de ses « Poissons fossiles », s'exprime ainsi : « Quelles « que soient les opinions que l'on puisse avoir sur « l'interprétation de quelques-unes de ces générali- « sations, la vaste importance des résultats obtenus « par les travaux d'Agassiz peut être appréciée par « le fait incontestable que presque toutes les ques- « tions, traitées maintenant par la paléontologie mo- « derne, ont été soulevées et, en grande partie, réso- « lues par lui. Elles forment déjà un code de lois

« générales qui est devenu l'un des fondements de
« l'histoire des manifestations de la vie sur notre
« globe; code que les recherches subséquentes de la
« science ont seulement modifié et élargi, mais non
« détruit. Nulle part l'esprit d'Agassiz ne montra une
« plus grande puissance de généralisation, plus de
« vigueur ou plus d'originalité. La découverte de ces
« grandes vérités est en réalité son œuvre; il les tira
« directement de la nature par ses propres observa-
« tions. C'est pourquoi toutes ses recherches zoologi-
« ques plus récentes aboutissent à un but commun,
« celui de donner par de nouvelles études, également
« consciencieuses, mais plus étendues, une base plus
« large et plus solide à ces lois qu'il avait lues dans
« la nature et qu'il avait proclamées déjà dans son
« immortel ouvrage sur les « Poissons fossiles ». Ne
« soyons pas étonnés que, jusqu'à la fin de sa vie, il
« soit resté fidèle à ces idées. C'était parce qu'il avait
« vu, qu'il croyait, et une telle foi ne peut pas être
« facilement ébranlée par de nouvelles hypothèses [1]. »

   * *Louis Agassiz à Sir Philip Egerton.*

                    Neuchâtel, le 7 septembre 1844.

.... Je vous écris bien à la hâte pour vous demander de
me donner une adresse à laquelle je puisse envoyer mon
rapport sur les poissons de Sheppy, de manière à ce qu'il
arrive infailliblement à York pour la réunion. Depuis ma
dernière lettre, j'ai fait des progrès très considérables
dans ces sortes de recherches. J'ai sacrifié tout ce que

---

[1] *Biographical Memoir of Louis Agassiz,* par Guyot, p. 28.

j'avais de doubles de poissons vivants pour faire des squelettes. J'en ai fait plus de cent depuis que je vous ai écrit la dernière fois, et je puis maintenant déterminer à coup sûr les familles et même les genres, à la simple vue du crâne. Il n'y a maintenant plus rien d'impossible dans la détermination des poissons, et pour peu que je sois secondé et que j'obtienne encore divers genres exotiques qui me manquent, je pourrai faire une ostéologie aussi complète des poissons que celle qu'on a déjà pour les autres classes de vertébrés. Chaque famille a son type particulier de crâne; c'est extrêmement intéressant.

J'ai déjà redressé une foule de faux rapprochements établis sur les caractères extérieurs et, pour ce qui est des fossiles, j'ai reconnu et caractérisé dix-sept nouveaux genres parmi les mauvais exemplaires indéterminés que vous m'avez adressés. Il y a plusieurs familles qui paraissent pour la première fois parmi les fossiles. J'ai pu déterminer à quelle famille appartiennent tous les genres qui étaient encore douteux à cet égard. Sheppy deviendra aussi riche en espèces que Monte Bolca.

Si vous voyiez maintenant vos exemplaires, vous ne les reconnaîtriez plus, tant ils ont changé; je les ai ciselés et brossés de manière à en faire de véritables préparations anatomiques. Tâchez de vous procurer encore le plus d'exemplaires que vous pourrez et envoyez-les moi. Je ne puis quitter Neuchâtel maintenant que je suis si bien en train de travailler, et puis, ce serait pour moi une dépense en pure perte.....

Vous recevrez, avec mon rapport, les trois livraisons qui complètent ma « Monographie des poissons du vieux grès rouge » et je suis sûr d'avance que vous en serez content.....

Sir Philip Egerton à Louis Agassiz.

(Traduit de l'anglais.)

Tolly House, Alness, Ross-Shire, le 15 septembre 1844.

.... J'ai reçu seulement aujourd'hui votre lettre du 6 et j'ai bien peur que ces lignes ne vous parviennent pas assez tôt pour vous être utiles. Je ne pourrai pas arriver à York pour le commencement de la réunion, mais j'espère y être samedi 28 septembre. La manière la plus prompte de me faire parvenir un envoi est de l'adresser à Sir Philip Egerton, Donnington Rectory, York. Je suis enchanté des beaux résultats de votre comparaison des fossiles de Sheppy avec les formes récentes. Vous paraissez avoir ouvert un champ d'investigation entièrement nouveau et qui probablement produira les plus brillants résultats. Si quelque accident retardait l'arrivée de votre Monographie pour la réunion de York, je me ferais un devoir de communiquer le contenu de votre lettre à nos amis scientifiques, car je suis sûr qu'ils seront heureux d'apprendre combien l'ichthyologie fossile a progressé dans vos mains de maître.

J'aimerais que vous passiez quelques jours ici, lors de votre prochaine visite. Nous sommes entourés de tous côtés par les débris des moraines d'anciens glaciers qui descendaient des flancs du Ben Wyvis et je crois que vous trouveriez un grand intérêt à les étudier. Nous avons aussi les couches de poissons de Cromarty à quelques milles de chez nous, ainsi que beaucoup d'autres objets intéressants au point de vue géologique..... Je verrai Lord Enniskillen à York et je lui communiquerai votre succès. Il va sans dire que nous nous procurerons tous les poissons de Sheppy que nous pourrons obtenir, soit par achat, soit par échange.....

Agassiz, surchargé de besogne par ses différentes publications, ne put quitter Neuchâtel pendant l'été de 1844. Pour la première fois, il lui fut impossible de faire partie de l'expédition au glacier, mais les résultats des travaux, poursuivis sans aucune interruption, lui étaient régulièrement communiqués. Son projet de voyage aux États-Unis n'en occupait pas moins constamment sa pensée.

* *Louis Agassiz au prince de Canino.*

Neuchâtel, le 19 novembre 1844.

.... Votre idée d'une ichthyologie américaine illustrée est excellente. Mais, pour cela, il nous faudrait avoir avec nous un dessinateur assez habile pour peindre en peu d'instants un poisson vivant; car, par le temps qui court, il n'est plus permis de faire les choses à demi. Je crois aussi qu'il y a une justice à rendre à Rafinesque. Quelque pitoyables que soient souvent ses descriptions, il n'en a pas moins été le premier à reconnaître la nécessité de multiplier les genres en ichthyologie, et cela à une époque où la chose était beaucoup plus difficile que de nos jours. Plusieurs de ses genres ont même la priorité sur ceux qui sont acceptés actuellement, et je crois qu'aux États-Unis il serait plus facile qu'ailleurs de retrouver une partie des matériaux sur lesquels il a travaillé.

Il ne nous faudrait pas négliger dès à présent de demander aux Américains tout ce dont nous avons besoin pour étendre cet ouvrage à toute l'Amérique du Nord. Si vous consentez à m'accepter pour votre collaborateur, je ferai de mon côté ce que je pourrai pour réunir des notes et des objets d'histoire naturelle. J'écrirai à quelques amis que j'ai aux États-Unis que, étant décidé à vous accompa-

gner dans le voyage que vous avez annoncé, je désirerais
connaître d'avance ce qu'ils ont fait en ichthyologie, afin
de pouvoir mieux tirer parti d'un séjour de peu de durée
dans ce pays. Cependant, je ne ferai rien à cet égard
avant d'avoir vos directions que, dans l'intérêt de la
chose, je sollicite le plus tôt possible.....

Grâce à une allocation généreuse, le voyage projeté
allait se présenter dans de tout autres conditions. Peu
auparavant, le prince, craignant que la position financière d'Agassiz ne l'empêchât de partir,-l'avait invité
à être son hôte pendant l'été qu'ils passeraient
ensemble aux États-Unis.

Louis Agassiz au prince de Canino.

Neuchâtel, le 7 janvier 1845.

.... J'ai reçu de Humboldt une excellente nouvelle que je
m'empresse de vous communiquer. J'ose croire qu'elle
vous intéressera...,. Je lui avais fait part de nos projets et
de votre offre bienveillante de me prendre avec vous aux
États-Unis cet été; je lui témoignais en même temps le regret
que j'avais de ne pouvoir visiter pendant cette expédition
les contrées qui m'intéresseraient le plus au point de vue
géologique, et je lui demandais s'il ne serait pas possible
d'intéresser le roi à ce voyage et d'obtenir de Sa Majesté
les fonds nécessaires pour prolonger mon séjour de l'autre
côté de l'Atlantique. Je viens de recevoir une réponse
bien inattendue et bien réjouissante pour moi; c'est que
le roi est disposé à m'accorder dans ce but la somme de
quinze mille francs, en sorte que je pourrai dans tous les
cas faire ce voyage. Je ne désire pas moins qu'il soit entrepris avec vous, et je crois qu'en combinant notre acti-

vité, nous obtiendrons des résultats plus considérables; je suis heureux de penser que je pourrai le faire sans vous être à charge. Avant d'accepter, je désirerais cependant savoir si votre projet est bien définitivement arrêté pour cet été et si cette combinaison vous agrée.....

Ce séduisant projet, médité depuis si longtemps, ne devait pas se réaliser. Au grand désappointement d'Agassiz, le prince fut obligé de renvoyer son voyage, qui n'eut jamais lieu.

Louis Agassiz au prince de Canino.

.... Je partirai donc sans vous; est-ce irrévocable? Dites-moi encore si, en différant mon départ jusqu'en septembre, il vous serait alors possible de quitter Rome. Ce serait trop beau de pouvoir faire ce voyage ensemble. Je désirerais aussi me mettre au courant de tout ce qui s'est fait ces dernières années dans le domaine de la paléontologie, de la zoologie et de l'anatomie comparée, pour que toutes les branches de ces sciences puissent profiter des circonstances dans lesquelles je me trouverai,.... Mais quel que soit le sort qui m'attend, je sens que jamais je ne cesserai de consacrer toute mon activité à l'étude si attrayante de la nature. Son charme tout puissant s'est tellement emparé de moi, que je lui sacrifierai toujours tout, même ce que les hommes envisagent ordinairement comme le plus nécessaire à la vie.

Avant d'entreprendre son long voyage, Agassiz tenait à achever toutes ses publications et à mettre en ordre sa correspondance et ses collections, comprenant une immense quantité de spécimens qui lui avaient été envoyés pour les déterminer ou pour faciliter ses propres recherches. Ses préparatifs furent longs et laborieux; peut-être pressentait-il que le changement serait plus important qu'on ne le supposait. Malgré ces prodigieux efforts, l'été de 1845 le retrouva encore à son poste.

Humboldt craignant que sa décision de terminer tout ce qu'il avait entrepris, entre autres le « Nomenclator », ne lui causât des perplexités et des délais sans fin, lui écrivit ce qui suit :

* *Alexandre de Humboldt à Louis Agassiz.*

Berlin, le 16 septembre 1845.

.... Votre « Nomenclator » m'effraie dans les doubles emplois. La voie lactée a passé par là, ce sont des nébuleuses que vous allez résoudre en étoiles. Conservez de grâce vos forces. Vous traitez ce voyage comme un départ pour toute la vie. Hélas! mon cher ami, on ne finit pas! Avec tout ce que vous avez dans votre tête, si immensément meublée, et dans ces papiers accumulés depuis tant d'années et dont vous-même vous pouvez à peine connaître la moitié, le mot achever, *aufräumen*, est malheureusement peu exact. Il vous restera toujours quelque chose sur le cœur. Je vous conjure donc, pour ne pas abuser de vos forces, de ne terminer que ce qui vous paraît le plus avancé.

Votre lettre m'est parvenue sans être accompagnée encore des ouvrages que vous avez la grâce de m'annoncer. Ces ouvrages arriveront sans doute par d'autres voies, et, malgré les agitations dans lesquelles je suis pour la continuation de mon « Cosmos », je saurai lire votre « Introduction » du *Old Red* et en profiter. Je commencerai par chanter des hymnes aux Hyperborées, pour

vous avoir aidé dans cette belle publication. Ce que vous
dites de la différence spécifique en ligne verticale et d'un
nombre plus grand d'époques biologiques est plein d'intérêt et de sagesse. Je comprends qu'il vous répugne de
croire que la Baltique renferme des animaux microscopiques que l'on dit identiques avec ceux qui sont enfouis
dans la craie! Je prévois avec chagrin une bataille de
Waterloo entre vous et mon ami sibérien Ehrenberg, qui
vient de m'accompagner, après les fêtes Victoria, au volcan de l'Eifel avec Dechen. Pas un pouce sans infusoires
dans ces parages! De grâce, ne vous jetez pas dans les
infusoires avant d'arriver aux lacs du Canada ou pendant
le voyage. Attendez une époque plus tranquille de votre
vie.....

Je dois terminer ici en vous priant de ne jamais douter
de ma tendre affection. Certes, je ne blâmerais pas les
cours que vous donneriez dans le Nouveau Monde et des
cours payés. Vous propagerez des idées qui vous sont
chères; vous répandrez des connaissances utiles et en
même temps vous vous procurerez, par le moyen le plus
honnête et le plus louable, des fonds supplémentaires
pour votre voyage.

Il est intéressant de retrouver dans la correspondance suivante avec le professeur Adam Sedgwick
l'attitude de ce dernier ainsi que celle d'Agassiz, dans
des questions qui, dès lors, ont acquis une importance scientifique encore plus grande.

Le professeur Adam Sedgwick à Louis Agassiz.

Traduit de l'anglais.

Trinity College, Cambridge, 10 avril 1845.

Mon cher Professeur,

L'Association britannique se réunira ici vers le milieu
de juin, et j'espère qu'à cette occasion vous reviendrez
en Angleterre et que vous m'accorderez le grand bonheur
de vous recevoir au collège de Trinity. En effet, je désire
extrêmement vous voir, car bien des années se sont maintenant écoulées, depuis que je n'ai eu ce plaisir. Que Dieu
préserve longtemps votre vie employée à nous faire
avancer vers les grands buts de la vérité et de la science !
J'ai à présent devant moi votre grand ouvrage sur les
« Poissons fossiles » et je possède aussi la première livraison de votre « Monographie des poissons du vieux
grès rouge ». J'espère que les nouvelles livraisons sui-
vront rapidement la première. J'aime à trouver de temps
en temps un repos d'esprit et vos ouvrages me le procurent toujours.

Les opinions de Geoffroy Saint-Hilaire et de sa sombre
école, paraissent gagner du terrain en Angleterre. Je les
déteste, parce que j'envisage qu'elles sont fausses. Elles
excluent tout argument d'*intention* et toute notion d'une
Providence créatrice; en cela, elles me paraissent dépouiller la physiologie de sa vie et de sa force et priver
le langage de sa beauté, ainsi que de sa signification.
Mes idées sont autant froissées par le pathos ampoulé et
mystique de Geoffroy, que par son matérialisme froid et
irrationnel. Quand les hommes de son école parlent des
affinités électives des types organiques, j'entends un
jargon que je ne puis comprendre et je m'en éloigne avec

dégoût; et quand ils parlent de générations spontanées et de transmutation d'espèces, ils me font l'effet de juger la nature par une hypothèse, au lieu de juger leur hypothèse par la nature.

Où sont les faits sur lesquels on pourrait établir une vérité inductive? Je nie leur point de départ. « Oh ! répliquent-ils, nous avons le développement progressif en géologie. » Eh bien ! je conviens, comme tous les géologues doivent le faire, qu'il y a un certain développement progressif. Par exemple, les premiers poissons viennent avant les reptiles, et les premiers reptiles sont plus anciens que l'homme. Je veux dire que nous avons des formes successives de vie animale, adaptées aux conditions successives (ce qui prouverait un plan) et non pas dérivées l'une de l'autre par une succession naturelle d'après les voies ordinaires de la génération. Mais si aucun fait isolé, dans la nature actuelle, ne nous permet de supposer que les nouvelles espèces et les nouveaux ordres ont été produits successivement selon la manière naturelle, comment ont-ils commencé ? Je réponds : d'une manière en dehors et au-dessus de ce qui est connu sous le nom de nature matérielle, et cette manière, je l'appelle *création.* Génération et création sont deux idées distinctes qui doivent être exprimées par deux mots distincts, à moins que nous ne voulions introduire une confusion complète d'idées et de langage. Je crois que vous êtes d'accord avec moi à ce sujet, car je vous en ai parlé quand nous nous sommes vus à Dublin, il y a, hélas ! déjà dix ans. Auriez-vous la grande bonté de me donner votre très précieuse opinion sur un ou deux points ?

1° Est-il possible, suivant les lois connues de la nature actuelle, ou est-il probable, d'après une analogie quelconque de la nature, que les immenses séries de poissons, depuis ceux du rocher de Ludlow et du vieux grès rouge,

jusqu'à ceux de nos mers, de nos rivières et de nos lacs
actuels, descendent d'un commun type, inférieur et original, par le moyen du développement et par la propagation ou génération naturelle ? Je dirai : *non*; mais mes
connaissances sont faibles et de seconde main; les vôtres
sont fortes et puisées à la source même;

2° Le type organique des poissons est-il plus élevé
actuellement qu'il ne l'était durant la période carbonifère,
lorsque les Sauroïdes étaient si abondants ? Si la théorie
progressive de Geoffroy était vraie, chaque classe d'animaux devrait être progressive dans son type organique.
Or, il me semble que cela n'est pas vrai. Dites-moi, s'il
vous plaît, quelles sont vos idées à ce sujet;

3° Il y a dans le vieux grès rouge des poissons baro-
ques, comme nous les appelons en plaisantant. Ceux-ci
passent-ils graduellement aux crustacés de manière à
former quelque chose qui fasse croire à un lien organique,
à ce point que l'un puisse provenir de l'autre par génération. D'après vos ouvrages, je dirai non. Mais, en admettant même la chose en vue de la discussion, n'y a-t-il pas
des types de poissons, beaucoup plus élevés, qui sont
contemporains des types inférieurs (si en réalité ils leur
sont inférieurs), et ces poissons plus perfectionnés du
vieux grès rouge n'anéantissent-ils pas l'hypothèse d'un
développement par voie de génération naturelle ?

4° Donnez-moi en quelques termes généraux vos vues
sur le rang qu'occupent les poissons du vieux grès rouge,
considérés comme un groupe naturel. Sont-ils rudimentaires au point de ressembler à des avortons ou à des
créatures dérivées de quelque classe inférieure et dont
le développement n'a pas encore atteint le type plus
élevé du poisson? Je dirai de nouveau non, mais il me
tarde d'avoir la réponse d'une autorité comme la vôtre.
Je suis très impatient d'avoir une idée générale exacte

des poissons du vieux grès rouge, en vue d'une classification intelligible ;

5° Enfin, y a-t-il l'ombre d'une raison de supposer que par un développement génératif naturel, les Ichthyosaures et autres formes pareilles de reptiles descendent des Sauroïdes ou d'un type quelconque de poisson ? Je crois que vous direz non; en tout cas, les faits géologiques ne prêtent aucun appui à une pareille opinion, car les espèces de reptiles les plus perfectionnées apparaissent dans des couches au-dessous de celles où l'on voit pour la première fois les Ichthyosaures.

Mais je ne veux pas vous importuner par d'autres questions. Le professeur Whewell est maintenant directeur du *Trinity College*. Nous nous réjouissons tous de vous voir.

Je reste toujours, mon cher professeur, votre plus fidèle et reconnaissant ami

A. SEDGWICK.

* *Louis Agassiz à A. Sedgwick.*

Neuchâtel, le 12 juin 1845.

.... Je suis bien coupable de n'avoir pas répondu immédiatement à votre excellente lettre du 10 avril, mais vous comprendrez facilement qu'au milieu des occupations accablantes que les préparatifs d'un voyage de plusieurs années entraînent nécessairement à leur suite, je ne me sois pas aperçu du temps qui s'est écoulé depuis le jour où je l'ai reçue jusqu'à aujourd'hui, où la vue de sa date m'a rempli de confusion. Et pourtant, je dois vous dire que depuis des années, je n'ai pas reçu de lettre qui m'ait fait plus de plaisir, je dirai davantage, qui m'ait plus vivement ému. J'ai senti, en la lisant, passer en moi cette vi-

gueur de conviction qui donne à tout ce que vous dites,
à tout ce que vous écrivez, ce caractère de mâle énergie
qui entraîne un auditoire ou le lecteur.

Comme vous, j'éprouve un sentiment douloureux à la
vue des progrès que font certaines tendances dans le domaine des sciences naturelles; mais ce n'est pas seulement
le formalisme aride de la philosophie de la nature qui
m'effraie (par là, je n'entends pas votre *natural philosophy,*
mais ce que les Allemands et les Français entendent par
Naturphilosophie). Je redoute tout autant les exagérations
du fanatisme religieux, qui, après avoir emprunté à la
science quelques lambeaux qu'il ne comprend souvent
pas, ou qu'il comprend mal, s'en sert pour prescrire aux
hommes de science tout ce qu'il leur est permis de voir
et de trouver dans la nature. Entre ces deux extrêmes,
il est bien difficile de suivre avec fermeté une route sûre.
La raison en est, je crois, que le domaine des faits n'est
pas encore assez généralement connu et qu'en même
temps, les croyances traditionnelles ont encore trop d'influence sur l'étude des sciences.

Voulant résumer les idées que je me suis faites sur
toutes ces questions, j'ai donné ici cet hiver un cours
public sur le plan de la création dans le développement
du règne animal, cours que je voudrais pouvoir vous
transmettre en entier; je crois que vous en seriez assez
content, mais malheureusement je n'ai pas eu le temps
de l'écrire et je n'en ai pas même un canevas. Cependant,
mon intention est de travailler ce sujet et, plus tard, de
publier là-dessus un livre. Si je vous en parle aujourd'hui,
c'est que j'ai traité dans ce cours toutes les questions sur
lesquelles vous me demandez mon opinion. Permettez-moi
d'y répondre d'une manière un peu aphoristique.

Il m'est impossible d'attribuer les phénomènes biologiques qui se sont passés et qui se passent encore à la surface du globe, à la simple action des forces physiques de

là nature. Je les crois dus, dans leur ensemble aussi bien qu'individuellement, à l'intervention directe d'une puissance créatrice, agissant librement, d'une manière autonome..... J'ai cherché à faire voir ce plan intentionnel dans l'organisation du règne animal, en montrant que toutes les différences que nous présentent les animaux ne constituent pas un enchaînement matériel, analogue à une série de phénomènes physiques liés par la même loi, mais bien plutôt les phases d'une pensée qui se formule peu à peu dans un but déterminé. Je crois que nous en savons assez maintenant en anatomie comparée pour devoir abandonner à tout jamais l'idée d'une transformation des organes d'un type dans ceux d'un autre. Les métamorphoses de certains animaux, des insectes en particulier, que l'on a si souvent citées à l'appui de cette idée, prouvent justement le contraire par la fixité avec laquelle elles se répètent dans des espèces innombrables. Quand on voit cent mille espèces d'insectes subir annuellement des métamorphoses toujours semblables, mais différentes dans chaque espèce, et cela dès l'établissement de l'ordre de choses qui règne actuellement dans le monde, n'aura-t-on pas là la preuve la plus directe que la diversité des types organiques n'est pas due aux influences naturelles extérieures. J'ai poursuivi cette idée dans tous les types de l'organisation animale. Puis j'ai cherché à montrer cette intervention directe de la puissance créatrice dans la distribution géographique des êtres organisés à la surface du globe, où les espèces ont des circonscriptions déterminées.

Pour prouver la fixité des types génériques et l'existence d'une puissance causale supérieure et libre, je me suis servi d'un moyen que je crois nouveau comme procédé de raisonnement. La série des reptiles, par exemple, nous présente dans la famille des lézards, des formes apodes, des formes à pieds rudimentaires, puis composés successivement d'un nombre de doigts plus grand jusqu'à ce qu'on arrive, par des gradations en apparence insensibles, du genre Anguis, Ophysaurus et Pseudopus, aux Chamosauria, Chirotes, Bipes, Seps, Scincus et enfin aux vrais lézards. Il peut paraître évident à tout homme raisonnable que ces types sont des transformations d'un type primitif unique, tant cette série de degrés présente des modifications rapprochées les unes des autres; et cependant, je repousse maintenant formellement toute supposition pareille et je vois dans ce fait, étudié d'une manière plus complète, la preuve la plus directe d'une création immédiate de toutes les espèces. En effet, il ne faut pas oublier que le genre Anguis est d'Europe, Ophysaurus de l'Amérique du Nord, Pseudopus de Dalmatie et de la steppe caspienne, Seps de l'Italie, etc. Or, je le demande, comment des portions de la surface du globe aussi indépendantes se seraient-elles réunies pour former une série zoologique continue, maintenant aussi bizarrement répartie, et ce développement peut-il avoir une autre cause que l'intention du Créateur manifestée dans l'espace? Ces mêmes intentions, cette même constance dans l'emploi des moyens, avec le même but final, se lisent encore plus clairement dans l'étude des fossiles des différentes créations. Les espèces de toutes les créations sont matériellement et généalogiquement aussi indépendantes les unes des autres que celles des différents points de la surface du globe. J'ai comparé des centaines de ces espèces réputées identiques dans plusieurs terrains successifs, et que l'on a toujours invoquées pour prouver une transition, du moins indirecte, d'un ensemble d'espèces à un autre, et j'ai toujours trouvé entre elles des différences spécifiques tranchées. Dans quelques semaines, je vous transmettrai un long Mémoire que j'ai publié sur ce sujet et où je crois avoir prouvé la chose d'une manière complète.

Quant à l'idée d'une procréation des espèces nouvelles

par d'autres espèces antérieures, c'est une supposition tout à fait gratuite et complétement opposée à toute saine notion physiologique. Il n'en est pas moins vrai cependant qu'il y a une gradation dans l'ensemble des êtres organisés des formations géologiques successives, et que le but de ce développement est l'apparition de l'homme sur la terre. Mais cette liaison sériale de tant de créations successives n'est point matérielle; pris isolément, ces groupes d'espèces ne sauraient être rattachés les uns aux autres par des intermédiaires issus génétiquement les uns des autres. Cette liaison ne ressort que dans l'ensemble, considéré comme un tout, émanant d'une puissance créatrice qui serait l'auteur de toutes ces choses.

Quant à vos questions spéciales, je puis maintenant y répondre très brièvement.

Les poissons descendent-ils d'un seul type primitif? Je suis si loin de croire la chose possible, que j'admets au contraire qu'il n'y a pas eu une espèce de poissons fossiles maintenant éteinte, ni une espèce de poissons, tant de mer que d'eau douce, qui n'ait été créée individuellement avec une intention spéciale et avec un but particulier, alors même que nous ne pouvons saisir qu'une partie de ses nombreuses relations et de son but essentiel.

Les poissons actuels sont-ils supérieurs aux plus anciens? En thèse générale, je dirai non; il me semble même que les poissons qui, dans le plan de la création, ont précédé l'apparition des reptiles, avaient certains caractères supérieurs à ceux qui leur ont succédé, et ce qu'il y a de surprenant, c'est que ces poissons anciens ont quelque analogie avec les reptiles qui n'existaient pas encore. On dirait que le Créateur y songeait déjà et les avait en vue pour un avenir alors peu éloigné.

Les poissons de l'*Old Red* peuvent-ils être considérés comme des embryons de ceux des époques postérieures? Ce sont bien les premiers types dans la série des vertébrés, y compris les poissons plus anciens du système silurien; mais ils constituent chacun une faune indépendante, aussi nombreuse que celle de n'importe quel parage des bords actuels de nos mers, étudiés sur des étendues comparables à celles des terrains d'où proviennent ces poissons. Je connais maintenant cent quatre espèces de poissons fossiles de l'*Old Red*, appartenant à quarante-quatre genres, qui rentrent dans sept familles, dont plusieurs n'ont que fort peu d'analogie entre elles, quant à leur organisation; en sorte qu'il est absolument impossible de les considérer comme provenant d'une même souche primitive. La diversité primitive de ces types est déjà aussi remarquable qu'elle ne l'est à des époques beaucoup plus récentes. Il n'en est pas moins vrai cependant que, considérée dans le plan général de la création du règne animal, cette faune se présente comme un type inférieur de la série des vertébrés qui se rattache directement, dans la pensée créatrice, à la réalisation des faunes postérieures. La dernière de ces faunes, qui me paraît le but général de la création, devait placer l'homme à la tête des êtres organisés comme clef de voûte et terme de toute la série, comme le point de mire final dans l'intention préméditée du plan primitif qui a été réalisé progressivement dans la série des temps. Je dirai même que je crois que la création de l'homme a clos la création sur la terre, et je tire cette conclusion du fait que le genre humain est le premier type dans la nature qui soit cosmopolite. On peut même affirmer que l'homme est annoncé positivement, dans les phases du développement organique du règne animal, comme le dernier terme de cette série.

Enfin, y a-t-il quelque raison de considérer les Ichthyosaures comme des descendants des poissons Sauroïdes antérieurs à l'apparition de ces reptiles? Pas la moindre. Je considérerais même tout naturaliste qui poserait sé-

rieusement cette question comme incapable de la discuter
et de la juger. Il se mettrait en dehors de toute réalité et
raisonnerait en ne se basant que sur ses propres idées.....

La *Revue suisse* d'avril 1845 contient l'article suivant sur le cours auquel Agassiz faisait allusion dans
cette dernière lettre :

« Un auditoire très nombreux se réunissait le
« 26 mars pour assister à la séance d'ouverture du
« professeur Agassiz sur le « Plan de la création ».
« C'est toujours avec un plaisir nouveau que notre
« public vient entendre ce savant, jeune encore et
« déjà si célèbre, qui, non content de poursuivre dans
« la retraite ses nombreuses investigations scienti-
« fiques, s'est fait une habitude de communiquer
« presque annuellement devant un auditoire moins
« restreint que l'auditoire académique, le résultat
« général de quelques-uns de ses travaux. Un intérêt
« tout particulier s'attachait au cours qu'il a ouvert
« aujourd'hui ; chacun savait que, pour la dernière
« fois avant d'entreprendre un lointain voyage auquel
« l'appellent tout ensemble le développement de ses
« propres études et la confiance d'un souverain aussi
« éclairé que généreux, M. Agassiz se faisait entendre
« devant ses compatriotes qui l'aiment et savent
« apprécier l'avantage et l'honneur de le posséder au
« milieu d'eux. Aussi, lorsqu'en commençant l'expo-
« sition du plan général de son cours, il a annoncé
« que c'était en quelque sorte son testament scienti-
« fique qu'il allait nous faire connaître, l'émotion
« contenue du professeur a été ressentie par son
« auditoire, et cette circonstance a prêté à la séance

« d'ouverture de ces études publiques un intérêt sym-
« pathique et affectueux auquel personne sans doute
« n'a pu rester étranger.

« On retrouvait d'ailleurs dans son exposition préli-
« minaire toutes les qualités auxquelles M. Agassiz a
« accoutumé ses auditeurs, cette parole abondante et
« facile qui fait ressembler ses cours à une causerie
« savante; cette aisance digne, jointe à la simplicité
« et, si j'osais même le dire, à la candeur d'un savant
« qui ne procède pas, comme tant d'autres, par voie
« d'aphorismes et en rendant des oracles, mais qui fait
« assister son public à l'élaboration et au résultat de
« ses recherches; cette faculté de généralisation s'ap-
« puyant toujours sur l'étude patiente des faits scien-
« tifiques, qu'un enseignement déjà long lui permet
« de présenter avec une clarté remarquable et dans
« un langage à peu près à la portée de tous. Je ne
« suivrai pas le savant professeur dans la déduction
« des idées qu'il a exposées..... Il me suffira de dire
« que M. Agassiz se propose de montrer dans le dé-
« veloppement général du règne animal l'existence
« d'un plan déterminé, préconçu et successivement
« réalisé; en d'autres termes, la manifestation d'une
« pensée supérieure, de la pensée de Dieu. Cette
« pensée créatrice sera poursuivie et recherchée sous
« trois points de vue différents : d'abord dans la
« pensée qui apparaît, au milieu de la diversité de
« leur organisation, entre toutes les espèces animales
« existant aujourd'hui à la surface du globe; puis,
« dans leur distribution géographique sur les diffé-
« rentes zones de la terre; enfin, dans l'examen des
« êtres organisés, à partir des époques primitives

« jusqu'à celle de la constitution définitive et actuelle
« de notre globe. »

L'été de 1845 fut le dernier qu'Agassiz passa en
Suisse; il en profita pour faire encore une visite
courte et précipitée au glacier de l'Aar, au sujet de
laquelle aucun détail n'a été conservé. Il ne pensait
pas alors qu'il prenait un congé définitif de sa cabane
perdue au milieu des rochers et des glaces.

. A peine de retour du glacier de l'Aar, à la fin
d'août, il se rendit à Genève à la réunion de la Société helvétique des sciences naturelles. M. le professeur L. Favre, qui s'y trouvait aussi, nous écrit à ce
sujet : « J'eus l'inestimable avantage de faire le trajet
« en bateau à vapeur avec MM. Agassiz, Léopold de
« Buch, J. de Charpentier, B. Studer, A. Guyot, Louis
« Coulon, Dollfus-Ausset, DuBois de Montperreux,
« H. Ladame et bien d'autres savants, et d'être logé
« avec eux chez M. A. de la Rive qui remplissait avec
« distinction les fonctions de président.

« Dans la séance générale, Agassiz fit, sur la struc-
« ture des nageoires des poissons, une communication
« si brillante qu'elle provoqua de longs applaudisse-
« ments partant surtout de la tribune occupée par les
« dames de Genève. Au banquet, qui eut lieu aux Pâ-
« quis, à l'hôtel de la Navigation, Agassiz était d'une
« gaîté toute juvénile; il porta avec entrain un toast
« humoristique aux progrès des sciences en général
« et en particulier à la Terre de Van Diemen, naguère
« à l'état sauvage et où venait de paraître un journal
« qui n'avait rien à envier à ceux de la vieille Europe.

. « Dans les séances générales ou de sections, à

« table, dans les promenades après le travail de la
« journée et dans les salons où nous fûmes invités,
« Agassiz, beau et débordant de vie et d'intelligence,
« était le point de mire de tous les regards, le centre
« des conversations; il semblait être le roi de la fête.
« Notre joie aurait été bien troublée, si nous avions
« pu prévoir qu'il nous serait sitôt ravi.

« Le passage suivant d'un discours prononcé par le
« vénérable professeur Cellérier à ce même banquet,
« nous paraît résumer, on ne peut mieux, la disposi-
« tion des esprits et des cœurs à l'égard d'Agassiz :

« Je voudrais redire tous les noms de ces savants
« qui sont autant de titres de gloire pour la Suisse.
« Ne le pouvant pas, je désignerai du moins à votre
« reconnaissance celui de l'illustre étranger, de ce
« Nestor de la géologie, qui est venu de Berlin ap-
« porter à notre fête l'éclat de sa haute renommée, le
« tribut de son vaste savoir. M. L. de Buch a droit à
« cette distinction; elle n'est qu'un bien faible témoi-
« gnage des sentiments que fait naître sa présence au
« milieu de nous.

« A ce nom célèbre, Messieurs, je vous demande
« la permission d'en ajouter un autre, un seul, auquel
« sa valeur scientifique et des circonstances particu-
« lières doivent bien mériter à vos yeux ce juste pri-
« vilège. C'est celui de l'habile et aimable professeur
« de Neuchâtel, celui de M. Agassiz, qu'un voyage
« lointain va séparer de nous pour longtemps. Que
« toutes nos sympathies l'accompagnent dans l'expé-
« dition que lui fait entreprendre le noble amour de
« la science; qu'elles lui soient un encouragement,
« un appui, une consolation dans les difficultés et les

« périls qui l'attendent peut-être. Puisse la Providence
« veiller sur lui et le rendre bientôt à nos vœux et à
« notre affection ! Alors, Messieurs, notre souvenir
« qui l'aura suivi dans toutes les vicissitudes de son
« voyage, qui l'aura soutenu dans ses mauvais jours,
« le ramènera parmi nous, riche de faits et d'observa-
« tions, chargé d'un butin précieux, dont il nous fera
« généreusement part, et qui ajoutera un lustre nou-
« veau à celui que notre patrie lui doit déjà. »

Retenu en particulier par les démarches relatives à
son remplacement, il resta encore une partie de l'hiver à Neuchâtel et ne se rendit à Paris que la première semaine de mars 1846. Sa femme et ses deux
filles étaient déjà parties pour Carlsruhe, où elles
comptaient rester pendant son absence sous la protection de son beau-frère, M. Alexandre Braun, tandis
que son fils Alexandre poursuivait ses études au collège de Neuchâtel.

Ce fut à deux heures du matin qu'Agassiz quitta
la ville dans laquelle il avait séjourné pendant tant
d'années. La tristesse était générale et les témoignages
d'affection et de respect lui furent prodigués. Les
étudiants vinrent en procession avec des flambeaux
lui donner une sérénade d'adieu, et un grand nombre
de ses amis et de ses collègues l'entourèrent alors
pour prendre congé de lui. M. le professeur Louis
Favre dit à ce sujet dans sa biographie d'Agassiz :

« Grand fut l'émoi à Neuchâtel, lorsque le bruit se
« répandit qu'Agassiz allait nous quitter pour un long
« voyage..... Il promettait bien de revenir, mais le
« Nouveau Monde lui prodiguerait tant de merveilles,
« qu'on n'osait guère compter sur son retour. Les

« jeunes gens, les étudiants, ceux qui avaient suivi
« ses cours, regrettaient le professeur aimé non seu-
« lement pour sa science, mais pour son affabilité,
« sa bonté, le charme de sa parole, l'ardeur qu'il
« savait inspirer; ils regrettaient aussi ce compagnon
« de courses, gai, jovial, infatigable qui les initiait à
« la connaissance de tous les objets de la nature et qui
« savait les intéresser par ses récits, les expériences
« qu'il provoquait, les recherches qu'il encourageait. »

Après s'être arrêté à Carlsruhe, il se rendit à Paris,
où il fut reçu avec la plus grande cordialité par le
monde scientifique. L'Académie lui décerna le prix
Monthyon de physiologie, pour son ouvrage sur les
« Poissons fossiles ». Il apprécia d'autant plus cette
distinction que c'était la première fois que l'on signalait la haute portée de ces recherches pour la physiologie expérimentale; il pouvait en conclure qu'il
avait réussi à donner une nouvelle direction et un
caractère plus général aux études paléontologiques.

Agassiz passa quelques mois à Paris, employant
son temps à activer la publication des « Nouvelles
études ou Système glaciaire », son second ouvrage
sur ce sujet. Les « Études sur les glaciers » contenaient le résumé des recherches scientifiques entreprises jusqu'en 1840 dans la région glaciaire des Alpes,
ainsi que des résultats obtenus, y compris les propres
travaux de l'auteur à cette date et son interprétation
plus étendue des faits. Les « Nouvelles Études » étaient
particulièrement consacrées aux investigations qu'il
avait poursuivies avec ses compagnons sur un seul
glacier; elles exposaient ses caractères géodésiques et
topographiques, son hydrographie, sa structure inté-

rieure, ses conditions atmosphériques, son degré de progression diurne et annuel et ses relations avec les glaciers environnants. Comme nous l'avons vu, et comme Agassiz le dit lui-même dans sa préface, ils avaient vécu pendant une série d'années dans l'intimité du glacier, s'efforçant de découvrir le secret de sa formation et de sa marche annuelle. L'ouvrage comprenait trois cartes et neuf planches et contenait trop de détails techniques pour laisser de la place aux descriptions pittoresques; aussi l'auteur parle-t-il peu des scènes merveilleuses dont il fut témoin et ne mentionne-t-il pas leurs aventures et les dangers qu'ils avaient courus.

Ses occupations ne le retenant plus à Paris, il se rendit en Angleterre, où il devait passer le peu de jours qui lui restaient encore avant son départ. Au moment de quitter l'Ancien Monde, Agassiz, qui était loin de prévoir l'établissement définitif qu'il allait trouver en Amérique, reçut, parmi les dernières paroles d'adieux, quelques lignes de Humboldt datées de Sans-Souci :

Alexandre de Humboldt à Louis Agassiz.

Sans-Souci, le 16 juillet 1846.

.... Soyez heureux dans cette nouvelle expédition et conservez-moi la première place dans votre cœur à titre d'ami. Je ne serai plus quand vous reviendrez, mais le roi et la reine vous recevront sur cette colline historique avec l'affection que vous méritez à tant de titres.

Votre illisible et affectionné ami

A. DE HUMBOLDT.

Ici se termine la première période de la vie d'Agassiz. La suivante allait s'ouvrir par des scènes nouvelles et dans des conditions complétement différentes. Il s'embarqua pour l'Amérique en septembre 1846.

CHAPITRE XIII

1846 — 39 ans

Arrivée à Boston. — Correspondance avec Charles Lyell et John-A. Lowell. — Rapports avec M. Lowell. — Premières conférences. — Lettre à ses amis de Neuchâtel. — Ses impressions sur les États-Unis.

Agassiz arriva à Boston dans la première semaine d'octobre. Il n'était pas venu en Amérique sans avoir en perspective quelques occupations indépendantes de celles qui se rattachaient directement à son but scientifique. En 1845, lorsque ses projets de voyage aux États-Unis commencèrent à prendre une forme définitive, il avait écrit à Lyell pour lui demander si, malgré sa connaissance imparfaite de l'anglais, il n'aurait pas quelque chance de réussite comme conférencier, espérant que par ce moyen et avec la somme allouée par le roi de Prusse, il pourrait faire face à ses dépenses scientifiques.

La réponse de Lyell, écrite par sa femme, fut très encourageante :

Madame Lyell à Louis Agassiz.

Londres, le 28 février 1845.

.... Mon mari approuve votre projet de conférences et croit qu'il aura sûrement du succès, car les Américains

aiment beaucoup ce genre d'instruction. Nous nous rappelons que vous parliez autrefois l'anglais d'une manière agréable, et si dès lors vous vous êtes un peu
exercé, vous aurez probablement acquis plus de facilité à
vous exprimer; d'ailleurs, un léger accent étranger n'est
pas un inconvénient. Vous pourriez donner vos conférences dans différentes villes; mais il serait surtout très
désirable que vous puissiez le faire à l'Institut Lowell
qui les paie bien..... En six semaines, vous gagneriez assez
pour couvrir les frais d'un voyage de douze mois et de
plus, vous passeriez agréablement votre temps à Boston,
où se trouvent plusieurs naturalistes distingués..... Mon
mari devant écrire demain à M. Lowell à propos d'autre
chose, lui demandera s'il reste quelque place vide dans
son programme de cours, car, dans ce cas, il est assuré
qu'on serait heureux de vous avoir..... M. Lowell est le
seul directeur de l'Institut et il peut choisir qui bon lui
semble. Cet établissement a été richement doté pour des
conférences par un négociant de Boston, mort il y a peu
d'années, et nulle part vous ne trouveriez une aussi large
rémunération.....

Lyell et M. Lowell s'entendirent promptement au
sujet des premiers arrangements; il fut convenu
qu'Agassiz commencerait sa tournée aux États-Unis
par un cours à l'Institut Lowell de Boston. Lui-même,
quelque temps avant son départ, avait écrit à M. Lowell,
les lignes suivantes :

* *Louis Agassiz à John-A. Lowell.*

Paris, le 6 juillet 1846.

.... Le temps presse, l'été se passe, et je sens qu'il est
de mon devoir de vous écrire à propos des cours projetés,

afin que vous ne soyez pas dans l'incertitude à cet égard.
Je suis entièrement prêt à les donner; toutes les illustrations nécessaires sont terminées et, si je ne me trompe,
elles doivent être maintenant entre vos mains. D'après ce
que M. Lyell m'a communiqué, vous désireriez que mon
cours ait lieu en octobre. Immédiatement après mon arrivée à Boston, je consacrerai tout mon temps à m'y préparer. Si toutefois une date plus éloignée vous convenait
mieux, je n'aurais aucune objection à me conformer à vos
désirs, puisque, passant l'hiver entier sur les bords de
l'Atlantique, je serai toujours en mesure de me rendre à
Boston en peu de temps. Avec votre approbation, je donnerai à mon cours le titre de « Conférences sur le plan de
la création, spécialement en ce qui concerne le règne
animal ».

Ce fut sous les auspices de cette institution
qu'Agassiz se mit pour la première fois en rapport
avec un auditoire américain. La réception enthousiaste que sa réputation de savant étranger lui valut
se manifesta par un accueil affectueux, chaque fois
qu'il paraissait à la tribune. Il trouva dans le directeur de l'institution, M. John-A. Lowell, un ami sur
la sympathie et sur les sages conseils duquel il s'ap-
puya pendant tout le reste de sa carrière. La réception cordiale qu'il lui fit, ainsi que sa nombreuse
famille, le mit tout de suite à l'aise en pays étranger.
Jamais le talent d'Agassiz comme professeur et
le charme de sa parole ne se révélèrent mieux que
dans ce premier cours. Il parlait avec difficulté une
langue que ses deux ou trois voyages en Angleterre
n'avaient pas suffi à lui rendre familière, la plupart
de ses connaissances comprenant et parlant le fran-

çais. Il aurait été souvent embarrassé sans sa grande simplicité; ne pensant qu'à son sujet et jamais à lui-même, lorsqu'un arrêt critique survenait, il attendait patiemment le mot qui lui manquait et presque toujours il trouvait une phrase expressive, sinon grammaticalement correcte. Il a souvent dit plus tard que sa seule préparation pour ses cours était de s'enfermer pendant des heures pour étudier son vocabulaire, en passant en revue tous les mots anglais dont il pourrait avoir besoin. Comme Lyell l'avait prédit, l'accent étranger d'Agassiz ajoutait plutôt du charme à sa parole et les arrêts mêmes, pendant lesquels il semblait réclamer l'indulgence de ses auditeurs, tandis qu'il cherchait à traduire sa pensée, lui gagnaient les cœurs; aussi leur sympathie ne lui fit-elle jamais défaut.

Son habileté à dessiner à la craie, sur le tableau noir, lui fournissait le meilleur complément de sa parole. Quand son anglais lui faisait défaut, il expliquait sa pensée par des dessins si exacts, si éloquents qu'on ne s'apercevait presque plus de l'absence du mot. Il disait, à ce propos, qu'il n'était point dessinateur et que si ses dessins étaient corrects, c'était uniquement parce que l'objet était parfaitement clair dans son esprit. Quoi qu'il en soit, c'était un plaisir d'observer l'effet que produisaient ses croquis sur l'auditoire. Lorsque Agassiz, par exemple, démontrait le rapport du type des articulés dans son ensemble avec les métamorphoses des insectes de l'ordre le plus élevé, il conduisait ses auditeurs par les phases successives du développement des insectes, parlant en dessinant et dessinant en parlant, jusqu'à ce que tout à coup la créature ailée apparût bien définie sur le tableau noir, comme si, à ce moment même, elle fût sortie de sa chrysalide; alors éclataient les applaudissements enthousiastes du public dont l'intérêt avait progressé graduellement.

Dès sa première conférence à Boston, son succès ne fut plus douteux; il captivait son auditoire. Sa manière d'envisager le règne animal d'après la méthode comparative, montrant les grands types dans leurs relations entre eux et avec l'histoire physique du monde, était nouvelle pour ses auditeurs. Agassiz avait aussi le rare talent de dépouiller son sujet des détails techniques et superflus qui l'auraient obscurci. Cette simplicité de forme et de langage était particulièrement appropriée à un public peu initié aux faits et à la nomenclature de la science, quoique animé du désir de s'instruire.

Donnons ici quelques détails sur le genre d'auditoire qu'Agassiz avait trouvé à l'Institut Lowell. L'intention du fondateur avait été d'éclairer les masses, plutôt que d'instruire un public d'élite. Il l'avait libéralement dotée; l'entrée en était gratuite et les billets tirés au sort; par conséquent, les ouvriers et les ouvrières avaient autant de chance que leurs patrons d'obtenir des places. Comme ces cours étaient largement rétribués et que le privilège de les donner était ambitionné par les hommes les plus éminents dans la littérature et les sciences, il en résultait que l'instruction était de premier ordre, et que les gens les plus cultivés, les personnes du monde, aussi bien que le peuple, s'estimaient fort heureux d'obtenir un de ces billets d'entrée qu'on ne pouvait se procurer en payant.

Cet auditoire, composé d'éléments très mélangés et d'après des principes purement démocratiques, eut, dès le début, un attrait particulier pour Agassiz. Pédagogue dans toute la force du terme, il cherchait et trouvait des élèves dans les différentes classes de la société; aussi ce fut une joie pour lui d'être mis, dès son arrivée en Amérique, en contact avec le peuple, et ce fait contribua beaucoup à le fixer dans ce pays. Le secret de sa puissante influence se trouvait dans la nature sympathique de son caractère. Son amour pour l'humanité entretenait chez lui comme un feu intérieur. C'est par là qu'il savait exciter l'enthousiasme de ses auditeurs pour les sujets les plus nouveaux, inspirer à ses élèves un désintéressement égal au sien, charmer les enfants à l'école, gagner enfin, en vue du but élevé de la science, l'intérêt cordial et la coopération de toutes les classes, riches ou pauvres, de la société.

Son premier cours ne devait commencer qu'en décembre; il profita donc de quelques semaines qu'il avait à sa disposition, pour faire un court voyage et visiter à New-Haven le vieux professeur Silliman, avec lequel il correspondait depuis longtemps. Peu avant de quitter l'Europe, Agassiz lui avait écrit : « Je puis à « peine vous dire combien je me réjouis de vous voir « et de faire la connaissance personnelle des savants « distingués de votre pays, dont j'ai étudié dernière- « ment les travaux avec un intérêt particulier. Il y a « quelque chose de captivant dans l'activité prodigieuse « des Américains et la pensée d'entrer en relations « avec les hommes supérieurs de votre jeune et glo- « rieuse république, renouvelle ma propre jeunesse. »

La lettre suivante, en nous racontant ce voyage, nous fait part de ses premières impressions sur les savants, sur les sociétés et sur les collections scientifiques des États-Unis; elle est adressée à sa mère et à quelques amis intimes de Neuchâtel, avec lesquels il avait, depuis nombre d'années, l'habitude de se réunir.

* *Louis Agassiz à sa mère et à ses amis de Neuchâtel.*

Boston, le 2 décembre 1846.

Le temps passe si rapidement que j'ai à peine un moment pour écrire. Le seul moyen que j'aie d'abréger mon absence est de ne pas perdre un instant, afin d'accomplir plus vite la tâche que je me suis imposée. Heureusement que ma santé est excellente et me permet de faire à peu près tout ce que je veux. Je suis régulièrement quinze heures par jour à l'ouvrage, déduction faite du temps des repas et des visites qui sont par trop nombreuses. Ici, tout le monde se croit autorisé à témoigner l'intérêt qu'il porte aux sciences par le temps qu'il prend à ceux qui s'en occupent, et il est absolument impossible de se soustraire à ces visites. Il est d'usage d'aller droit à la porte de tout le monde, de heurter et d'entrer sans autre formalité, aussi me suis-je vu dans la nécessité d'avoir deux logements, dont l'un restera ignoré et où j'espère pouvoir travailler à mon aise; du moins j'y ai réussi jusqu'à présent.

N'ayant pas le temps de rédiger un récit complet du voyage que j'ai fait le mois dernier, je vais me borner à vous transmettre ici, telles quelles, les notes fugitives que j'ai inscrites dans l'un des jolis calepins que j'ai emportés comme souvenir de Neuchâtel. Tracées, chemin faisant, dans les voitures des chemins de fer, elles portent l'empreinte de la précipitation avec laquelle elles ont été écrites et des interruptions ▪constantes auxquelles on est exposé en voyage.....

En partant de Boston, le 16 octobre, j'ai fait route vers New-Haven, par Springfield, en chemin de fer. La rapidité des locomotives est effrayante pour celui qui n'en a pas l'habitude, mais bientôt on se met au pas et l'on finit, comme tout le monde, par s'impatienter des moindres délais. Je comprends cependant très bien l'antipathie que l'on peut avoir pour tout ce qui se rattache au chemin de fer. Il y a quelque chose d'infernal dans cette puissance irrésistible de la vapeur, entraînant des masses aussi lourdes avec la rapidité de la foudre. Les habitudes qui résultent du contact continuel des chemins de fer et l'in-fluence qu'ils exercent sur une partie de la population, sont loin d'être agréables pour celui qui n'y est pas accou-tumé. Vous jetteriez les hauts cris, si vous voyiez vos effets jetés pêle-mêle, comme des bûches de bois et entassés les uns sur les autres, sans aucun soin; des boîtes à chapeau, des sacs de nuit, des malles, des caisses, tout y passe et personne ne s'étonne d'en voir voler quelques-uns en éclats. Peu importe, on va vite, on gagne du temps et c'est l'essentiel. Les plus prudents s'arrangent en consé-quence et n'emportent avec eux que ce qui est indispen-sable, c'est-à-dire une chemise de rechange qu'on met le soir, avec ses bottes, derrière la porte de sa chambre, pour la trouver lavée le lendemain.....

Les mœurs du pays diffèrent tellement des nôtres en tous points, qu'il me paraît impossible de s'en faire une juste idée et de les bien juger, avant d'avoir vécu long-temps au milieu d'une population aussi active et aussi mobile que celle des États du Nord de l'Union. Je n'en-treprendrai donc pas de l'apprécier. Tout ce que je puis dire, c'est que les Américains instruits sont d'un commerce très facile et très agréable; leur obligeance est à toute épreuve et leur prévenance envers les étrangers surpasse tout ce que j'ai rencontré ailleurs. Je puis même ajouter que si j'avais à me plaindre de quelque chose, ce serait plutôt d'un excès d'attentions; j'ai eu souvent de la peine à faire comprendre qu'il me convenait mieux de rester à l'hôtel, pour y travailler plus à mon aise, que d'accepter l'hospitalité qu'on m'offrait.

J'ai fait la connaissance d'un grand nombre d'hommes dévoués à la science, quoique occupés pour la plupart d'une profession spéciale; les médecins surtout se vouent à l'étude des sciences et, en particulier, de l'histoire naturelle. Il résulte cependant un inconvénient de cette vie entrecoupée, c'est que les études se dirigent sur les détails, qui supportent des interruptions fréquentes, plutôt que sur les branches qui exigent une méditation profonde et suivie. Je crois que l'étonnante activité des Anglo-Américains et leur extrême mobilité est en grande partie due à l'influence du climat, à ce ciel si pur, à cet air si vif, qui n'a rien de l'effet assoupissant des latitudes parallèles de l'Ancien Monde.

Certainement, rien n'est plus frappant que le contraste entre les allures pressées des Yankees (c'est le sobriquet que les Anglais donnent aux Américains), et le flegme des Indiens qui habitaient jadis la contrée. Ces derniers paraissent ne s'émouvoir de rien et rester aussi insensibles aux beautés de la nature et de l'art, qu'aux privations et aux souffrances physiques.

En parcourant les campagnes et en traversant les villes en chemin de fer, j'ai été surtout frappé de voir les bestiaux et les chevaux rester aussi tranquilles à l'approche des sifflets de la machine à vapeur, qu'à l'approche de leur gardien et les hommes et les enfants se ranger devant les trains le long des rues, comme s'il passait une simple voiture. Nulle part des barrières, point de ces

palais d'attente qui absorbent les capitaux de nos amateurs d'agiotage, partout de simples hangars; aussi ces
entreprises font-elles de bonnes affaires et les chemins de
fer se multiplient-ils comme de simples routes. Il y en a
huit lignes, de plus de cent lieues chacune, qui aboutissent
à Boston seulement. Ah! quel pays!

Tout le long de la route, entre Boston et Springfield
on ne voit que roches polies et anciennes moraines. Il
faut n'en avoir jamais vu le long des glaciers, pour douter
de la cause réelle du transport de toutes les masses erratiques qui couvrent, à la lettre, le pays..... J'ai eu le plaisir
de convertir à ma manière de voir plusieurs des géologues
les plus distingués de l'Amérique, entre autres le professeur Rogers, qui va faire mardi prochain une leçon publique sur sa conversion à la foi des glaciers, devant un
auditoire de plus de deux milles personnes.

Rien ne ressemble moins à nos mœurs que la manière
de vivre des Américains. Tout se fait en public dans les
hôtels. Les chambres des voyageurs ne sont pour la plupart que de petites chambres à coucher, à une fenêtre. Il
y en a jusqu'à quatre cents dans un grand établissement
et tout ce monde vit pêle-mêle dans trois ou quatre grands
salons. Les uns écrivent, les autres lisent ou fument dans
le premier coin venu; même dans les corridors vous ren-
contrez des hommes écrivant leurs lettres sur des banques
alignées comme dans une boutique. Les dames font partout bande à part; à table elles ont des places réservées,
des bancs réservés dans les chemins de fer, des cabines
distinctes dans les bateaux à vapeur, des entrées particulières dans les hôtels, des bureaux distincts à la poste.
Cela paraît étrange au premier abord; mais quand on
réfléchit à l'égalité absolue qui règne de droit entre les
hommes, quel que soit le degré de leur éducation, on
comprend que cette distinction soit nécessaire. Les hommes mariés, accompagnant des dames, ont seuls libre

entrée dans les appartements qui leur sont réservés. Une autre singularité des hôtels de ce pays, c'est que les prix y sont fixes et pour tout le monde les mêmes : tant par jour, ordinairement deux dollars. Tant pis pour ceux qui ne sont pas là aux heures des repas. On sert à heures fixes ; chacun a la carte du dîner sur son assiette et se fait servir pêle-mêle tout à la fois sur la même assiette, le plus souvent du rôti, du fruit cuit, des pommes de terre et du riz, empilés comme une macédoine et on avale cela en cinq minutes, puis on s'en va. Nulle part on ne sert de vin ; peu de personnes en boivent à l'ordinaire.....

Les réunions nombreuses, accompagnées de discours publics, sont un autre trait caractéristique de la vie des Américains. Pendant les premiers temps de mon séjour à Boston, j'ai assisté à une réunion de près de trois mille ouvriers, chefs d'ateliers et commis. Rien n'est plus décent et plus convenable que ces réunions ; la mise de tout le monde est soignée ; il n'y a pas jusqu'au plus simple manœuvre qui n'ait du linge propre. C'est un spectacle unique de voir une pareille assemblée réunie dans le but de se créer une bibliothèque, écoutant attentivement et dans le plus profond silence un discours de près de deux heures sur les avantages de l'instruction et de la lecture, et sur les moyens d'employer utilement les moments de loisir que laisse une vie remplie de travaux pénibles. Les hommes les plus éminents rivalisent d'empressement pour instruire le peuple et faire son éducation, aussi n'ai-je pas rencontré un individu désœuvré, ni un mendiant, excepté à New-York, qui est un égoût de la population d'Europe.....

Ne pensez pas que pour tout cela j'aie perdu le souvenir des avantages que présente notre vieille civilisation. Loin de là, je sens plus que jamais tout ce que vaut un long passé qui nous appartient et dans lequel nous avons grandi. Il faudra des générations à l'Amérique pour acquérir toutes ces collections d'objets d'art et de science qui embellissent nos villes, toutes ces bibliothèques auxquelles nous allons librement puiser, tous ces établissements d'instruction publique qui sont autant de sanctuaires consacrés à ceux qui veulent se vouer à l'étude. Ici, tout le monde travaille pour vivre ou pour faire fortune; peu d'établissements ont suffisamment vieilli et pris racine dans les habitudes du peuple pour être à l'abri des innovations; peu d'institutions offrent un ensemble d'études qui réponde aux besoins de la civilisation moderne; tout se fait par des efforts isolés d'individus généreux ou de corporations trop souvent guidées par les besoins du moment. Aussi la science américaine n'a-t-elle pas ce caractère de profondeur qui distingue l'instruction supérieure de notre vieille Europe. Les objets d'art sont des curiosités peu appréciées et généralement encore moins comprises. En revanche, la population entière participe à l'instruction très avancée qui est mise à la portée de tous.....

.... Je vous parlerais volontiers aussi des habitudes religieuses des Américains, s'il n'était pas si difficile d'en juger en général. Nous sommes trop enclins, en pareil cas, à prendre nos propres conxictions comme une mesure absolue pour apprécier judicieusement les besoins spirituels des autres. Ce qu'il y a de certain, c'est qu'aucune nation n'est plus scrupuleuse dans l'accomplissement de ses devoirs religieux que les Américains, à en juger du moins par la fréquentation des églises, qui sont toujours toutes remplies. A l'heure des services, les rues sont pleines d'allants et de venants qui se rendent chacun dans leur église et le fractionnement des cultes est poussé à l'excès. Chaque service a son caractère et les moindres divergences dans la croyance et dans les formes du culte deviennent le sujet de subdivisions ultérieures dans l'Église. Chacun exprime ses convictions à sa manière et

dans les limites de sa foi, et fréquente le service du pasteur
qui répond le mieux à ses convictions. Il n'y a pas, en
matière religieuse, cette largeur de vues qui devrait toujours caractériser nos Églises protestantes, en raison
même de la nature de leur origine; mais il y a plus de zèle
et plus de ferveur en général que chez nous et surtout
une tolérance parfaite de toutes les sectes les unes envers
les autres, en principe du moins; cependant il me semble
déjà avoir remarqué certains symptômes qui indique-
raient une tendance à des luttes religieuses. Cette expression libre de toutes les croyances est certainement un
grand bienfait de la Constitution américaine et un gage
de sécurité de plus pour un État basé sur le suffrage universel et si fréquemment sujet à de grands changements
politiques.....

..... De Springfield, le chemin de fer suit le cours du
Connecticut jusqu'à Hartfort pour gagner directement
les côtes de la mer. Cette vallée ressemble beaucoup à
celle du Rhin entre Carlsruhe et Heidelberg. Ce sont les
mêmes roches et le même aspect de la campagne; partout du grès bigarré. Les forêts sont pareilles à celles de
l'Odenwald et des environs de Baden-Baden. A mesure
que l'on s'approche des côtes, on voit s'élever des cônes
de basalte, semblables à ceux de Brissac et de Kaiserstuhl.

Le phénomène erratique est également très développé
dans ces contrées; partout des roches polies sur le vieux
grès rouge et sur le basalte, avec de magnifiques sillons
et des séries de moraines parallèles qui se dessinent
comme des remparts sur la plaine.

A New-Haven, je passai trois jours chez le professeur
Silliman, avec lequel j'étais en correspondance depuis
nombre d'années. L'Université possède une magnifique
collection de minéraux, d'instruments et d'appareils de
physique et de chimie créée par les soins du professeur
Silliman, qui est le patriarche de la science en Amérique;

il dirige depuis trente ans un grand journal scientifique qui, depuis sa fondation, a été la voie par laquelle les travaux scientifiques d'Europe se sont fait connaître en Amérique. Son fils, maintenant professeur, s'occupe aussi avec succès de chimie. Un de ses gendres, M. Dana, jeune homme encore, me parait devoir être un jour le naturaliste le plus distingué des États-Unis. Il a fait partie de l'expédition du capitaine Wilkes autour du monde et vient de publier un magnifique volume contenant une monographie complète de toutes les espèces de polypes et de polypiers, avec des remarques très curieuses sur leur mode d'accroissement et sur les îles de coraux. J'ai été très surpris de trouver dans la collection de New-Haven un bel exemplaire de la grande salamandre fossile d'Œningen, l'*Homo diluvii testis*, de Scheuchzer.

De New-Haven, je me rendis à New-York par le bateau à vapeur. Le Sound, entre Long-Island et la côte du Connecticut, présente sur ses rives une suite de villes et de villages des plus riants; des maisons isolées couvrent la campagne, de magnifiques arbres projettent leur ombre dans la mer et, à mesure qu'on avance, une foule d'oiseaux aquatiques s'élèvent continuellement du bout du navire pour aller de nouveau se poser à quelques cents pas plus loin. Jamais je n'avais vu de telles troupes de canards et de guillemots.

A New-York, je m'empressai d'aller voir Auguste Mayor dont mon oncle vous aura sans doute donné des nouvelles depuis que je lui ai écrit. Obligé de continuer directement ma route pour rejoindre M. Gray à Princeton, je m'arrêtai à New-York seulement un jour, que je passai en grande partie chez M. Redfield, auteur d'un Mémoire sur les poissons fossiles du Connecticut. Sa collection, qu'il a mise tout entière à ma disposition, est d'un grand intérêt pour moi; elle renferme beaucoup de poissons fossiles de différents genres, provenant d'un terrain

dans lequel on n'en a encore trouvé qu'une espèce
en Europe. Le grès bigarré du Connecticut comblera
ainsi une lacune considérable, qui existait encore dans
l'histoire des poissons fossiles, et cette acquisition est
d'autant plus importante, qu'à l'époque du grès bigarré
il s'est opéré un changement très grand dans les caractères anatomiques des poissons. C'est un type intermé-
diaire entre les formes primitives des terrains anciens et
les formes plus régulières des terrains jurassiques.

Rien n'est imposant et grandiose comme la baie de
New-York; la position de la ville est admirable. M. Asa
Gray, professeur de botanique à Cambridge, près de Boston, m'avait offert de m'accompagner dans mon voyage
à Washington. Nous nous étions donné rendez-vous à
Princeton, petite ville à une demi-journée de New-York,
chez le professeur Torrey, où j'allai le rejoindre.

Princeton est le siège d'une Université très considérable et l'une des plus anciennes des États-Unis. Le cabinet de physique, sous la direction du professeur Henry,
est surtout riche en modèles de machines et en appareils
électriques, qui servent aux recherches spéciales du professeur; le musée renferme une collection d'animaux et
des ossements fossiles. Dans les fossés des environs de la
ville, on trouve en abondance une espèce de tortue, très
rare ailleurs, remarquable par la forme particulière de
ses mâchoires et la longueur de sa queue. Je tiens à me
la procurer, ne fût-ce que pour obliger M. le professeur
J. Müller, à Berlin, qui désire l'examiner; mais je n'ai
pas pu en avoir une seule, parce qu'elles se sont déjà
retirées dans leurs quartiers d'hiver. M. Torrey m'a
promis d'en faire pêcher pour moi au printemps. Il n'est
du reste pas facile d'en avoir, car on redoute leur mor-
sure.

Malgré le vif désir que j'avais d'aller jouir des beautés de la campagne sur les rives de la riche baie de

Delaware et sur les bords du Schuylkill, entre lesquels
la ville est située, je passai quatre jours à Philadelphie,
tout occupé des magnifiques collections de l'Académie des
sciences et de la Société de philosophie. Les collections
zoologiques de l'Académie des sciences sont les plus anciennes des États-Unis, les seules, avec celles du capitaine
Wilkes, qui puissent rivaliser d'intérêt avec nos musées
d'Europe. C'est là que sont déposés les restes des collections du premier naturaliste distingué des États-Unis, de
Say ; c'est là aussi que sont les ossements fossiles et les
animaux décrits par Harlan, par Godman et par Hayes
et les fossiles dont parlent Conrad et Morton ; c'est là que
se trouve la collection unique des crânes humains du
Dr Morton. Figurez-vous une série de six cents crânes, la
plupart d'Indiens de toutes les tribus qui habitent ou qui
ont habité jadis l'Amérique tout entière ! Il n'existe rien
de pareil nulle part. Cette collection, à elle seule, vaut un
voyage en Amérique. M. Morton a eu l'obligeance de me
donner le grand ouvrage in-folio, avec planches qu'il a
publié et qui représente tous les types qu'il a recueillis.

Tout récemment, un riche citoyen de Philadelphie vient
d'enrichir ce musée de la belle collection d'oiseaux du duc
de Rivoli, qu'il a achetée pour trente-sept mille francs et
donnée à sa ville natale. Le nombre d'ossements fossiles
que renferme ce musée est considérable, surtout en Mastodontes et en autres fossiles des terrains crétacés et
tertiaires..... Ajoutez que tout cela est à ma pleine et entière disposition pour le décrire et le figurer et vous
comprendrez le plaisir que j'en éprouve. La libéralité des
naturalistes américains envers moi est sans pareille.

Je ne dois pas oublier la collection de coquilles fluviatiles de M. Lea ; figurez-vous une série de ces magnifiques
Unio des fleuves et des lacs d'Amérique, environ quatre
cents espèces et variétés, représentées chacune par une
vingtaine d'exemplaires de tous les âges. Si je n'avais pas

été empêché par un rendez-vous à Washington, et si j'avais pu rester trois ou quatre jours de plus pour les étiqueter et les emballer, j'aurais déjà pu emporter ces précieux objets, qui seront d'une grande importance pour vérifier et rectifier la synonymie des conchyliologistes d'Europe. Après avoir vu les étonnantes variations que subissent ces coquilles dans leur accroissement, j'ai acquis la conviction que tout ce que les naturalistes européens ont écrit sur ce sujet est à revoir. Ce n'est qu'avec de grandes séries d'individus que l'on peut tirer au clair l'histoire de ces animaux, et nous n'en avons que des individus isolés dans nos musées. Si j'avais le temps et les moyens de faire dessiner toutes ces formes, la collection serait à ma disposition et ce serait un travail très utile pour la science. Mais il faut viser à l'économie pour pouvoir au moins tout examiner, et le coin de pays que j'ai déjà vu est bien petit en comparaison de la vaste étendue de ce continent.

Il y a encore à Philadelphie plusieurs autres collections publiques et particulières que je n'ai vues qu'en passant; celle de l'École de médecine et celle du vieux Peale qui a découvert le premier Mastodonte entier des États-Unis (maintenant monté de toutes pièces dans son musée), celle du Dr Griffith, riche en coquilles du golfe du Mexique, celle de M. Ord, etc.

Pendant mon séjour, il y avait aussi une exposition des produits de l'industrie à l'Institut Franklin, où j'ai surtout remarqué les produits chimiques. Il n'y a pas moins de trois professeurs de chimie à Philadelphie : MM. Hare, Booth et Frazer; le premier est, je crois, le plus connu en Europe. Comme les choses paraissent différentes de près! Je me croyais passablement au courant de ce qui se faisait dans les sciences aux États-Unis, mais j'étais loin de m'attendre à y voir tant de choses intéressantes et importantes. Ce qui manque à tous ces hommes, ce n'est ni le zèle, ni le savoir; sur l'un et l'autre de ces points, ils peuvent rivaliser avec nous, et leur activité, leur ardeur surpasse celle de la plupart de nos savants; ce qui leur manque, c'est du loisir. Jamais je n'ai éprouvé plus vivement qu'à présent ce que je dois de reconnaissance au roi pour m'avoir fourni les moyens de me consacrer entièrement à la science, sans inquiétude, sans distractions. Aussi je ne perds pas un moment, et lorsque je reçois des invitations trop en dehors du cercle des hommes que je tiens à connaître particulièrement, je refuse tout simplement, en ajoutant que je ne suis pas libre de disposer pour mon plaisir d'un temps qui ne m'appartient pas. Personne ne peut s'en offenser et je ne m'en trouve que mieux.....

Je ne m'arrêtai à Baltimore que le temps nécessaire pour voir la ville; c'était un dimanche; je n'aurais pu faire aucune visite et je tenais à arriver de bonne heure à Washington; aussi profitai-je du premier départ du chemin de fer pour m'y rendre. Le plan de la capitale des États-Unis a été établi sur des dimensions gigantesques; aussi la plupart des quartiers sont-ils à peine indiqués par quelques maisons isolées, ce qui a valu à la ville le surnom de « Cité aux magnifiques distances ». Quelques-unes des rues sont réellement belles et le Capitole est vraiment grandiose.....

C'est un beau trait du caractère des Américains que leur profonde vénération pour le fondateur de leur république. On en trouve partout des traces, chez les particuliers comme dans les monuments publics; plus de deux cents villages ou comtés portent son nom, ce qui n'est pas très commode pour l'administration des postes.

Après avoir visité le Capitole, ainsi que le palais du Président, et déposé ma lettre d'introduction chez le ministre du roi, j'allai voir le musée de l'Institut national. J'étais très impatient d'avoir le moyen d'apprécier, dans le domaine des sciences que je cultive, la juste valeur scientifique des résultats du voyage du capitaine Wilkes autour du monde, ce voyage ayant été l'objet de louanges et de critiques également exagérées. J'avoue que j'ai été très agréablement surpris à la vue des richesses des collections zoologiques et géologiques; je ne crois pas qu'aucune expédition européenne ait fait plus et mieux, et dans plus d'un département, par exemple pour les crustacés, la collection de Washington surpasse en beauté et en nombre toutes celles que j'ai vues. C'est surtout au Dr Pickering et à M. Dana qu'elles sont dues. N'ayant pas pénétré dans l'intérieur des continents, lorsqu'il visitait les régions tropicales, les collections d'oiseaux et de mammifères que M. Peale était chargé de faire sont moins considérables. M. Gray m'a dit que celles de botanique étaient immenses. Mais ce qui est peut-être encore plus précieux que toutes les collections, ce sont les magnifiques dessins de mollusques, de zoophytes, de poissons et de reptiles que MM. Dana et Pickering ont rapportés et qui ont été peints sur le vivant par un artiste bien distingué, M. Drayton. Toutes ces planches, au nombre de six cents environ, sont déjà en partie gravées; je ne puis les comparer qu'à celles de l'astrolabe; mais elles sont bien supérieures à celles des naturalistes français par la vérité des poses et le naturel des allures, surtout celles des mollusques et des poissons. Les Zoophytes vont paraître; ils sont admirables de détails..... La partie hydrographique, ainsi que le récit du voyage, rédigé par le capitaine Wilkes et publié depuis quelque temps, renferme une masse énorme de renseignements et surtout plus de deux cents cartes marines; c'est prodigieux! Le nombre des sondages est également immense. Malheureusement, le capitaine Wilkes était absent et je n'ai pas pu le voir[1].

---

[1] Agassiz s'occupa plus tard de ces collections de poissons; quant à la publication des résultats obtenus, elle dut être suspendue, faute de ressources.

Il existe en outre à Washington un bureau topographique où s'exécutent des cartes magnifiques du relevé des côtes et des ports, dont s'occupe maintenant le corps des ingénieurs de la marine. M. Bache, l'ingénieur en chef, était en campagne, en sorte que je n'ai pu lui remettre les lettres que j'avais pour lui, mais j'ai vu le colonel Abert, qui est à la tête du bureau et qui m'a donné sur les contrées de l'Ouest d'excellents renseignements, qui me seront utiles lorsque je m'y rendrai. Je lui dois en outre une série de documents imprimés par les ordres du gouvernement sur le haut Missouri et le Mississipi, la Californie et l'Orégon, et une collection de coquilles d'eau douce de ces contrées. Je désirerais lui offrir en échange les feuilles de la carte fédérale qui ont paru. Je prie Guyot de me les envoyer, dès qu'il en trouvera l'occasion.

Devant être de retour à Boston à jour fixe, j'ai dû remettre à une autre époque mon voyage à Richmond, à Charleston et au Sud. J'avais du reste recueilli suffisamment de matériaux pour souhaiter quelques semaines de tranquillité, afin de pouvoir les mettre en ordre. En revenant à Philadelphie, j'y fis la connaissance de M. Haldeman, auteur d'une monographie des coquilles d'eau douce des États-Unis, auquel j'avais donné rendez-vous, ne pouvant faire, pour aller le voir chez lui, cinquante lieues en dehors des lignes ordinaires de communication. C'est un naturaliste très distingué, également versé dans plusieurs branches de notre science. Je lui dois, en outre, d'être entré en relations avec un jeune naturaliste de l'intérieur de la Pensylvanie, M. Baird, professeur à l'Université de Carlisle, et qui possède des collections très étendues d'oiseaux et d'autres animaux du pays, dont il m'a offert des doubles.

Je désirerais à cette occasion, pour pouvoir faire plus promptement beaucoup d'autres acquisitions, que M. Coulon m'envoyât, à la fin de l'hiver, tout ce qu'il pourra se procurer d'oiseaux communs d'Europe, de nos petits mammifères et quelques peaux de chamois, et qu'il joignît à cet envoi les poissons que Charles a mis en réserve pour moi avant son départ. Le mieux serait de les envoyer à Auguste Mayor.

Ici, je me séparai de mon compagnon de voyage, M. Gray, qui devait se rendre plus directement chez lui. De Philadelphie, MM. Haldeman et Lea m'accompagnèrent à Bristol, chez M. Vanuxem, qui a une collection très considérable de fossiles des terrains anciens et qui m'a promis des doubles de tout ce qu'il possède. M. Vanuxem est l'un des géologues officiels de l'État de New-York et l'auteur d'un volume sur la géologie de ce pays, dont j'aurai à vous parler tout à l'heure.

Pour gagner du temps, je fis la route de Bristol à New-York par un train de nuit et j'arrivai chez Mayor à minuit; je lui avais écrit pour le prier de m'attendre. Dès le lendemain, je visitai le marché, et en cinq jours je parvins à remplir un grand baril de différentes espèces de poissons et de tortues d'eau douce; je fis en outre plusieurs squelettes et différentes dissections de mollusques. Quelle ressource pour un naturaliste qu'un marché dans un port de mer comme New-York ! Chaque matin, Auguste Mayor m'accompagnait au marché avant d'aller à son bureau et m'aidait à traîner mon panier quand il était trop plein. Un jour, j'ai rapporté vingt-quatre tortues pêchées d'un seul coup de filet; j'en ai fait quatre squelettes et disséqué plusieurs autres. Dans ces circonstances, la journée devrait avoir trente-six heures ouvrables.

Désirant employer mon temps le plus utilement possible, ce ne fut qu'à la veille de mon départ que je fis quelques visites aux savants de la ville et que je remis mes lettres de recommandation, de manière à éviter toute invitation. J'ai eu surtout du plaisir à faire la connaissance de MM. Leconte, père et fils, qui possèdent la plus belle collection d'insectes qui existe aux États-Unis. Je pourrai facilement en échanger quelques milliers, lorsque j'aurai reçu ceux que M. Coulon doit mettre à part pour mes échanges.....

Si j'étais peintre, je vous tracerais un panorama des rives de l'Hudson, au lieu de vous raconter le voyage que j'ai fait de New-York à Albany. Je ne connais que les bords du Rhin qu'on puisse comparer à ceux de ce magnifique fleuve. La ressemblance qu'ils ont entre eux est des plus frappante; les sites, la nature des rochers, l'aspect des villes et des villages, la forme des ponts d'Albany, jusqu'aux allures des habitants, la plupart d'origine hollandaise ou allemande, tout est semblable.....

Je m'arrêtai à West-Point pour faire la connaissance des professeurs de l'École militaire, sorte d'École polytechnique dans laquelle se forment surtout les officiers du génie. Je connaissais de réputation le professeur Bailey, auteur de recherches très minutieuses et très intéressantes sur les animalcules microscopiques d'Amérique. J'avais à lui remettre une brochure d'Ehrenberg auquel il a fourni de nombreux matériaux pour son grand ouvrage sur les infusoires fossiles. J'ai passé avec lui trois journées délicieuses à examiner ses collections dont il m'a largement fait part. Nous avons aussi fait plusieurs excursions dans les environs pour étudier le phénomène erratique et les traces des glaciers qui couvrent partout le sol. Le cortège habituel des glaciers s'y trouve en entier; on voit des roches polies très distinctes, des moraines continues sur de grands espaces et séparées par des limons stratifiés, comme sur les bords du glacier de Grindelwald, et l'œil suit à une grande distance dans l'intérieur les roches moutonnées.....

Albany est le siège du gouvernement de l'État de New-

York. Il y a là une Université et une École de médecine, une société d'agriculture, un musée géologique, un musée d'histoire naturelle. Le gouvernement vient d'achever la publication d'un ouvrage unique dans son genre; c'est une histoire naturelle du pays en seize volumes in-quarto, avec planches, imprimée à deux mille cinq cents exemplaires, qui ont été distribués dans le pays, et cinq cents seulement mis en vente. Quatre volumes sont consacrés à la géologie et à l'exploitation des mines, les autres à la zoologie, à la botanique et à l'agriculture..... Oui, deux mille cinq cents exemplaires d'un ouvrage de seize volumes in-quarto, répartis dans l'État de New-York seulement! Quand je pense que j'ai commencé mes études d'histoire naturelle par copier des centaines de pages d'un Lamarck qu'on m'avait prêté, et qu'aujourd'hui il y a un État dans lequel le moindre fermier peut avoir accès à un ouvrage de luxe, qui, à lui seul, équivaut à une bibliothèque, je bénis les efforts de ceux qui s'occupent de l'instruction publique. Savez-vous bien qu'en réunissant tous les Mémoires plus ou moins bien rédigés qui ont été imprimés à quelques cents exemplaires chez nous, tous les traités d'histoire naturelle et de géologie publiés en Suisse, nous n'aurions rien qu'on pût comparer à ce recueil.....

Je n'ai pas négligé l'occasion que la rivière du Nord (l'Hudson) m'offrait d'étudier les poissons d'eau douce de cette contrée. J'en ai rempli un baril. Les espèces sont très différentes des nôtres, à l'exception de la perche, de l'anguille, du brochet et du vengeron, que l'œil exercé peut seul distinguer; tous les autres appartiennent à des genres inconnus à l'Europe ou du moins à la Suisse.....

J'ai été assez heureux pour me procurer, en peu de jours, toutes les espèces que l'on prend dans les lacs et les rivières des environs d'Albany, outre celles que je viens de mentionner. On m'en a donné plusieurs autres du lac Supérieur. Depuis mon retour à Boston, je fais la chasse aux oiseaux et je m'occupe à les comparer à ceux d'Europe. Il y a une foule de différences restées inaperçues; j'en mets en peau tant que je puis. Si M. Coulon m'envoyait des œufs d'oiseaux d'Europe, même les plus communs, je pourrais les échanger contre une belle collection des espèces d'ici. Je me suis aussi procuré plusieurs mammifères intéressants, entre autres deux espèces de lièvres différentes de celles que j'ai rapportées d'Halifax, des écureuils rayés, etc. Vous verrez un jour tout cela au musée; le pire est que je dois faire deux collections et ce n'est pas petite affaire que de rester à jour. Aussi, suis-je bien impatient de voir arriver mes compagnons de voyage que j'attends tous les jours.....

Je vous parlerai une autre fois des collections de Boston et de Cambridge, les seules aux États-Unis qui puissent rivaliser avec celles de Philadelphie. Aujourd'hui, j'ai fait un premier essai de cours. Je vous en dirai davantage dans ma prochaine lettre, quand je saurai comment cela réussit. Ce n'est pas peu de chose de satisfaire cinq mille auditeurs auxquels on doit parler une langue qui vous est peu familière.

Les accidents en mer ont été nombreux et terribles cette année. Quand je me dis que deux fois j'ai échappé à ces dangers en faisant le contraire de ce que j'aurais désiré, cela pour suivre ce qui me paraissait être mon devoir, je suis pénétré de reconnaissance envers la Providence qui me protège visiblement. Je pense alors à vous; je pense surtout à toi, chère et bonne mère. Adieu, vous que j'aime tant.

Louis AGASSIZ.

CHAPITRE XIV

1846-1847 — 39 à 40 ans

Conférences à Boston sur les glaciers. — Correspondance avec ses
amis d'Europe. — Maison de East-Boston. — Maladie. — Lettre
à Élie de Beaumont. — Géologie et traces de glaciers.

Les conférences Lowell furent suivies d'un cours
sur les glaciers, dont le succès avait été garanti par
des souscriptions particulières, précaution du reste
inutile, car le public, attiré par l'intérêt et la nouveauté du sujet, aussi bien que par le charme d'élo-
cution du professeur et la richesse de ses démonstrations, fut nombreux et plein d'enthousiasme.

Agassiz était évidemment encouragé par ses succès;
car, à la fin de ses conférences Lowell, il écrivait ce
qui suit :

* *Louis Agassiz au chancelier Favarger, à Neuchâtel.*

Boston, le 31 décembre 1846.

.... Outre mon cours qui va être terminé dans huit jours
et l'ouvrage qui s'accumule à mesure que je me fami-
liarise davantage avec les environs de Boston où je resterai encore quelques semaines, j'ai tant à faire pour
tenir en ordre mon journal de notes et d'observations,

que je n'ai pu trouver un moment pour vous écrire, depuis le dernier steamer.... Jamais l'avenir ne s'est présenté à moi sous des couleurs plus rassurantes. Si je pouvais oublier un moment que j'ai une mission scientifique, à laquelle je ne ferai jamais défaut, pour m'occuper seulement des cours qu'on me demande et qui me seraient admirablement payés, je pourrais facilement faire plus que de me mettre à l'aise; mais je n'irai pas au delà de ce que je dois aux personnes qui m'ont aidé dans des circonstances difficiles et j'y arriverai sans détourner en rien mon attention de mes recherches. Après cela, tout convergera de nouveau vers la science qui est ma vraie mission.

Je suis heureux de ce que j'ai déjà pu faire et j'espère qu'à Berlin on sera satisfait des objets que je soumettrai dès mon retour à l'attention des hommes compétents. Pourvu seulement que j'aie le temps d'achever ce que j'ai commencé; vous savez que mes plans sont rarement restreints..... Pourquoi ne m'écrivez-vous pas ? Personne ne pense donc plus à moi dans votre aimable cercle, et moi je suis tous les jours et constamment avec mes amis de Neuchâtel.

Je vous souhaite la bonne année. Dites-le pour moi à tous les membres de notre cercle du Mardi. Bonjour et bon an.....

Dans la nuit du 31 décembre au 1er janvier.

Quelques fragments de la correspondance d'Agassiz avec ses amis et collègues d'Europe, pendant l'hiver et l'été de 1847, feront connaître ses occupations et les relieront à ses anciens travaux.

Louis Agassiz à M. Decaisne

(Trad. de l'anglais.)

Février 1847.

.... Je vous écris seulement pour vous remercier du plaisir que m'a fait votre billet. Lorsqu'on est très éloigné, comme je le suis, de tout ce qui vous rattache au passé, le plus faible témoignage de bon souvenir procure. une vraie joie. N'en concluez pourtant pas que l'Amérique ne me plaise pas. Au contraire, je suis enchanté de mon séjour ici, quoique je ne comprenne pas entièrement tout ce qui m'entoure. Je devrais plutôt dire que bien des principes que, théoriquement, nous avons eu l'habitude d'envisager comme parfaits en eux-mêmes, paraissent entraîner dans leur application des conséquences tout à fait contraires à notre attente.

Je me demande souvent ce qui vaut le mieux, de notre vieille Europe, où l'homme doué de facultés exceptionnelles peut se livrer absolument à l'étude et ouvrir ainsi un plus large horizon à l'esprit humain, au milieu d'une population indifférente et malheureuse, ou de ce Nouveau Monde dont les institutions tendent à maintenir chaque individu au niveau de la masse générale du peuple, sans y joindre, il faut le dire, de mauvais éléments. Oui, l'ensemble des citoyens ici est décidément bon. Tout le monde vit bien, s'habille convenablement, apprend quelque chose, a l'esprit ouvert et prend intérêt à tout.

L'instruction, comme il arrive en certaines parties de l'Allemagne, ne donne pas à l'homme un outil intellectuel pour lui en interdire ensuite le libre usage. La force de l'Amérique vient du nombre prodigieux d'individus qui pensent et travaillent en même temps; mais c'est là un écueil pour la médiocrité prétentieuse et, je le crains, l'originalité risque fort de s'y effacer. Vous avez raison de

croire qu'on travaille ou du moins qu'on peut travailler
à Paris mieux que partout ailleurs et je m'estimerais
heureux d'y avoir mon nid, mais qui le fera pour moi ?
Je suis moi-même incapable de faire des efforts pour
autre chose que pour mes travaux scientifiques.....

* *Louis Agassiz à H. Milne Edwards.*

Boston, le 31 mai 1847.

.... Après six semaines d'une indisposition qui m'a rendu
incapable de travailler d'une manière sérieuse, je sens le
besoin de me reporter au milieu de mes amis de Paris,
de ces hommes tout dévoués à la science et qui en comprennent si bien la portée et l'influence. Aussi me voilà
tout naturellement m'acheminant vers la rue Cuvier, où
je monte chez vous, sûr d'y rencontrer la société la plus
choisie. On m'adresse question après question sur ce
Nouveau Monde, où je n'ai encore fait que débarquer, et
sur lequel j'aurais néanmoins déjà tant à dire, si je savais
le faire assez brièvement pour ne pas abuser de votre
patience. Tout naturaliste que je suis, je ne puis m'empêcher de placer en première ligne, parmi les choses qui
m'ont le plus frappé, le peuple même qui a ouvert cette
partie du continent américain à la civilisation européenne.
Quel peuple et quel avenir ! Mais il faut être au milieu
d'eux pour les comprendre. Notre éducation, les principes
de notre société, les mobiles de nos actions, tout chez
nous est trop différent de ce que je vois ici, pour que je
me sente capable de vous tracer un portrait ressemblant
de cette grande nation qui passe de l'état d'enfance à
celui d'adolescence, ayant tous les défauts des enfants
gâtés avec toute la noblesse de caractère et l'enthousiasme
du plus bel âge de la vie. Tous leurs regards sont tournés

vers l'avenir; leur vie sociale n'est pas encore liée d'une manière inséparable à des antécédents féconds en exigences; aussi rien ne les arrête-t-il, si ce n'est peut-être l'opinion qu'on pourra avoir d'eux en Europe. C'est un fait curieux dans la vie du peuple américain en général et des individus en particulier, que cette déférence pour l'Angleterre, car malheureusement pour eux, l'Europe, c'est presque uniquement l'Angleterre. Ils nous connaissent assez peu, même après avoir fait une tournée en France, en Italie ou en Allemagne. C'est d'Angleterre qu'ils reçoivent leur littérature; c'est par elle que les travaux scientifiques de l'Europe centrale leur arrivent....

Malgré cette sorte de dépendance dans laquelle les savants américains se sont volontairement placés vis-à-vis des Anglais, j'ai conçu une très bonne opinion de leur savoir, depuis que j'ai appris à les connaître de plus près, et je crois que nous pourrions leur rendre un vrai service, et par là même à la science, en les relevant à leurs propres yeux et en les soustrayant à la tutelle qu'ils subissent, pour nous les rattacher plus étroitement. Ne pensez pas qu'il y ait dans ces remarques le moindre sentiment d'hostilité contre les savants anglais, que personne n'a de plus justes motifs que moi d'aimer et d'estimer. Mais quand je vois un aussi grand nombre d'hommes dignes de voler de leurs propres ailes, je me demande pourquoi on ne leur donnerait pas un coup de main pour leur aider à prendre leur essor. Il ne leur manque que de la confiance en eux-mêmes et quelque distinction venant d'Europe suffirait pour la leur donner...

Parmi les zoologistes de ce pays je place en tête M. Dana. Tout jeune encore, il est riche d'idées et de faits, également habile géologue et savant minéralogiste. Quand paraîtra le complément de son ouvrage sur les polypiers caractéristiques des genres et des espèces, vous pourrez mieux le juger. Vous en ferez un jour un correspondant de l'Institut, à moins qu'il ne se tue de travail, ou que sa propension à généraliser ne le fourvoie. Puis Gould, auteur d'une faune malacologique du Massachusetts, qui décrit maintenant les mollusques recueillis pendant le voyage du capitaine Wilkes. De Kay et Lea, dont nous connaissons depuis longtemps les noms et les ouvrages, sont, je crois, des hommes de détail. Je ne connais pas encore Holbrook personnellement. Pickering, zoologiste de l'expédition Wilkes, est un puits de science et je le crois le plus érudit des naturalistes d'ici. Haldeman connaît admirablement les gastéropodes fluviatiles de ce pays, sur lesquels il publie un ouvrage. Leconte, entomologiste critique, me paraît être au fait des travaux d'Europe; il s'occupe des articulés de l'expédition Wilkes, de concert avec Haldeman. Wyman, bon anatomiste, nommé récemment professeur à Cambridge, est l'auteur de plusieurs Mémoires sur l'organisation des poissons. Les botanistes sont moins nombreux; cependant Asa Gray et le Dr Torrey sont connus partout où l'on cultive l'étude du règne végétal. Gray, avec son zèle infatigable, gagnera encore du terrain sur son compétiteur.....

Les minéralogistes et les géologues sont la catégorie la plus nombreuse des savants de ce pays. Le fait que presque tous les États ont leur corps de géologues officiels, a développé cette branche des études au détriment des autres et je crains même que cela ne porte préjudice à la science, car cette direction tout utilitaire des travaux des géologues américains les retiendra stationnaires, tandis que chez nous ces recherches prendront un caractère plus scientifique. Néanmoins, les géologues américains forment maintenant un contingent très respectable. Les noms de Charles T. Jackson, James Hall, Hitchcock, des deux frères Henry et William Rogers sont depuis longtemps bien connus des savants d'Europe. A la suite des géologues, je dois encore mentionner le Dr Morton de

Philadelphie, bien connu par ses Mémoires sur les fossiles et mieux encore par son grand ouvrage sur la race indigène de l'Amérique. C'est un homme de science, dans la meilleure acception du mot, également respectable par son savoir et son activité. Il est le pilier de l'Académie de Philadelphie.

Les chimistes et les physiciens sont une autre catégorie d'hommes utilitaires, nombreux dans ce pays, mais comme les travaux scientifiques ne sont pas le but essentiel de leurs efforts, il est difficile, pour quelqu'un qui n'est pas de la partie, de distinguer entre les manipulateurs habiles et ceux qui ont des tendances plus relevées...

Les mathématiques ont aussi leur culte, qui remonte surtout à Bowditch, le traducteur de la « Mécanique céleste », l'auteur du « Navigateur pratique », mort à Boston et auquel on élève aujourd'hui une magnifique statue. M. Peirce, professeur à Cambridge, est considéré ici comme l'égal de nos grands mathématiciens. Ce n'est pas à moi, qui ne sais pas faire une addition, d'en juger [1].

Vous connaissez sans doute les travaux du capitaine Wilkes et le récit de son voyage autour du monde, écrit par lui-même. On vante beaucoup ses cartes nautiques; celles des côtes et des ports des États-Unis, relevées sous la direction de M. Bache et publiées aux frais de l'État, sont magnifiques. Les rapports du capitaine Frémont sur ses voyages en Californie et à travers les Montagnes Rocheuses, sont également pleins d'intérêt et instructifs pour les botanistes, surtout à cause des notes scientifiques qui les accompagnent.

Je ne vous parlerai pas au long de mes travaux, car cette lettre dépasse déjà les limites de l'intérêt que j'ose espérer de votre part. Pendant l'hiver, je me suis surtout

---

[1] Quoique l'un ne fût pas naturaliste et l'autre pas mathématicien, Pierce et Agassiz reconnurent vite que leurs buts intellectuels étaient les mêmes, et se lièrent intimement.

occupé à recueillir des poissons et des oiseaux et à faire une collection de bois. Les forêts de ce pays sont très différentes des nôtres, quoique sous des latitudes pareilles. J'ai même fait la curieuse remarque que, par leur caractère général, elles ressemblent d'une manière étonnante aux forêts de l'époque de la molasse, et cette analogie est encore confirmée par celle qui existe entre les animaux de ce pays et ceux des côtes orientales de l'Asie, comparés avec ceux de la molasse, les Chelydres, Andreas, etc. J'enverrai à ce sujet une note à M. Brongniart, dès que j'aurai trouvé le temps de la rédiger. J'ai aussi fait sur le phénomène erratique de nombreuses observations, que j'ai hâte de transmettre à M. Élie de Beaumont. Ce phénomène, déjà si difficile à expliquer chez nous, est ici compliqué par le voisinage de la mer et des vastes régions de pays plat sur lesquelles les glaciers se sont étendus.

Le développement des méduses m'a occupé récemment pendant quelques jours. En étudiant les actinies, j'ai fait une découverte qui m'a frappé et dont je vous prie de faire provisoirement part à l'Académie, en attendant que je puisse vous envoyer sur ce sujet un Mémoire accompagné de planches. Malgré leur apparence étoilée, les astéries ont, comme les oursins, des traces non équivoques d'une disposition symétrique de leurs organes par paires et une extrémité antérieure et une postérieure faciles à reconnaître à la forme particulière de certains plis de l'ouverture buccale. Je me suis assuré que les madrépores ont quelque chose d'analogue dans l'arrangement des feuillets de leurs cellules, en sorte que je suis tenté de croire que cette tendance à une symétrie paire est un caractère général des polypes, masqué sous une forme étoilée. Chez les méduses, on observe des faits semblables dans la disposition des appendices marginaux et des ocelles. J'attache d'autant plus d'importance à ces observations, qu'elles nous permettront sans doute d'établir un jour, d'une manière plus satisfaisante qu'on n'a pu le faire jusqu'à présent, les rapports naturels qui existent entre les animaux rayonnés et les autres grands types du règne animal.

Cet été, je compte explorer les lacs inférieurs du Canada et les régions à l'est jusqu'à la Nouvelle-Écosse; en automne, je reprendrai mes excursions sur la côte et dans les Alleghanys et je passerai une partie de l'hiver dans les Carolines. J'écrirai sous peu à M. Brongniart pour lui faire part de mes projets pour l'année prochaine. Si le Museum était disposé à m'aider dans mes entreprises, je désirerais faire, l'été prochain, un voyage dans une zone que les naturalistes ont complétement négligée jusqu'à présent; je veux parler de la région des petits lacs qui forment les sources du Mississipi, à l'ouest du lac Supérieur, et de celle qui s'étend entre ce grand bassin d'eau douce et l'anse méridionale de la baie d'Hudson. J'emploierai tout l'automne à explorer la grande vallée du Mississipi et je passerai l'hiver sur les bords du golfe du Mexique.

Mais pour exécuter de pareils projets, il me faudrait des ressources plus considérables que celles que je puis me créer par moi-même; car, sous peu, je serai au bout des subsides qui m'ont été accordés par le roi de Prusse. Cependant, je subordonnerai tous mes projets aux éventualités dont vous avez bien voulu me parler, car, malgré l'intérêt croissant qu'offre l'exploration d'une contrée aussi riche que celle que je viens de visiter, malgré l'accueil par trop flatteur qui m'a été fait ici, je sens très bien qu'après tout, on ne travaille nulle part mieux que dans notre vieille Europe, et l'amitié que vous m'avez témoignée est un motif plus que suffisant pour moi de retourner le plus tôt possible à Paris.

Veuillez, mon cher Monsieur, me rappeler au bon souvenir de nos amis communs. J'ai rassemblé quelques collections assez intéressantes que je vais envoyer au Museum, et qui vous prouveront que j'ai cherché à n'oublier personne et à remplir de mon mieux les promesses que j'ai faites avant mon départ.

Pendant l'été de 1847, Agassiz s'établit dans une petite maison de East-Boston, située près de la mer et dont il fit une station commode pour y rassembler des collections marines. Plusieurs de ses anciens compagnons d'étude se groupèrent autour de lui, et cet endroit, comme toutes les maisons qu'il avait habitées, devint bientôt une ruche pleine d'activité. Parmi ses principaux collaborateurs, citons le comte François de Pourtalès, son compagnon de voyage en Amérique, M. Edouard Desor, qui les rejoignit peu après leur arrivée, et M. Jacques Burkhardt qui les avait précédés et qui était le dessinateur en chef. Aux travaux de M. Burkhardt s'ajoutèrent bientôt ceux de M. A. Sonrel, l'excellent artiste lithographe qui a illustré les ouvrages les plus importants publiés dès lors par Agassiz. A une habileté consommée dans son art, il joignait une vive et intelligente perception des formes structurales, au point de vue du naturaliste, ce qui donnait une double valeur à son travail. Outre les personnes que nous venons de mentionner, plusieurs autres prenaient part à leurs travaux, soit dans une branche, soit dans une autre.

Il faut convenir que cet établissement, très original, avait plutôt l'apparence d'un laboratoire que d'une habitation, le confort domestique y étant subordonné aux convenances scientifiques. Chaque chambre était utilisée comme salle d'étude ou renfermait un aquarium, tandis que le grenier et la cave étaient réservés aux collections. Les règlements de la maison avaient assez d'élasticité pour satisfaire tous les goûts, et les heures des repas se prêtaient aux caprices des amateurs d'excursions; la seule règle inflexible était celle du travail.

Quant à Agassiz lui-même, il devait souvent s'absenter, car l'entretien de sa petite colonie reposait en grande partie sur lui. Pendant les hivers de 1847 et de 1848, tout en continuant ses cours à Boston, il donna des conférences dans toutes les grandes villes de l'Est, à New-York, à Albany, à Philadelphie et à Charleston. Partout il attirait des foules d'auditeurs et ceux-ci manquaient rarement de lui présenter quelque témoignage public de reconnaissance et de haute estime; des adresses rédigées par des étudiants, par des sociétés scientifiques et par de nombreux auditeurs ont été retrouvées dans ses papiers et attestent l'enthousiasme que son savoir avait éveillé. L'argent qu'il gagnait de cette manière lui permettait de poursuivre ses travaux et d'entretenir ses collaborateurs. Mais la tension que lui procuraient ces cours, jointe à la fatigue résultant de ses autres occupations, avait été une trop grande épreuve pour ses forces et, avant que l'année fût écoulée, il tomba sérieusement malade. Le Dr B.-E. Cotting, que sa position de membre du Comité de l'Institut Lowell avait mis en relations avec Agassiz, l'emmena alors chez lui à la campagne, où il le soigna avec dévouement pendant tout le temps que dura sa pénible maladie; pour hâter sa convalescence, il faisait avec lui de petites excursions dans les environs, d'où ils revenaient chargés d'objets d'histoire naturelle, de fossiles, de plantes, d'oiseaux.

Il passa sous ce toit hospitalier le quarantième anniversaire de sa naissance. C'était la première fois qu'il se trouvait si éloigné de sa patrie dans une circonstance pareille, et son hôte le voyant à la fenêtre, abattu et plongé dans ses réflexions, lui demanda : « Pourquoi êtes-vous si triste ? » — « D'être si vieux et d'avoir encore si peu fait », répondit-il. Peu de semaines après, il fut en état de reprendre ses travaux.

Agassiz ne pouvait pas tarder à vouer en Amérique, comme il l'avait fait en Europe, une attention toute particulière au phénomène glaciaire. Dans une conférence qu'il donna plus tard, il raconte ses premières impressions à cet égard :

« En automne 1846, dit-il, après avoir cherché « des traces de glaciers en Angleterre, je m'embar- « quai pour l'Amérique. Quand le steamer s'arrêta à « Halifax, impatient de mettre le pied sur ce nouveau « continent si rempli d'espérances pour moi, je sau- « tai à terre et je courus jusque sur les collines qui « dominent le débarcadère. Sur le premier terrain « vague en dehors de la ville, j'aperçus les traces « habituelles des glaciers : les surfaces polies, les « stries et les sillons si bien connus dans l'Ancien « Monde, et j'acquis la conviction, prévue comme « conséquence logique de mes recherches antérieures, « qu'ici également ce puissant agent avait accompli « son œuvre. »

Nous ne serons donc pas étonnés de le voir écrire, quelques mois après son arrivée, la lettre suivante :

Louis Agassiz à Élie de Beaumont.

(Trad. de l'anglais.)

Boston, le 31 août 1847.

.... J'ai attendu pour vous écrire d'avoir observé quelques faits dignes de réclamer votre attention. J'avoue que l'étude des animaux marins, que je puis pour la première fois observer dans leurs conditions naturelles d'existence, m'a occupé presque exclusivement depuis mon arrivée aux États-Unis, et ce n'est qu'accidentellement, pour ainsi dire, que j'ai porté mon attention sur la paléontologie et sur la géologie. Je dois cependant en excepter le phénomène glaciaire, problème dont la solution m'a toujours vivement intéressé.

Cette grosse question, loin de se présenter ici sous un aspect plus simple, se trouve compliquée par des détails que je n'avais jamais observés en Europe. Par bonheur, M. Desor, qui avait été en Scandinavie avant de me rejoindre, appela de suite mon attention sur certains points de ressemblance entre le phénomène, tel qu'il l'avait remarqué là-bas, et ce que j'ai vu dans le voisinage de Boston. Dès lors, nous avons fait ensemble différentes excursions et nous avons visité le Niagara; en un mot, nous nous sommes efforcés de recueillir tous les faits spéciaux concernant le phénomène glaciaire en Amérique.....

Vous savez sans doute qu'ici toutes les surfaces rocheuses sont polies. Je ne crois pas qu'il existe nulle part ailleurs, sur une plus grande étendue, des roches polies et moutonnées dans un meilleur état de conservation. Comme chez nous, les débris erratiques sont répandus sur cette surface avec des cailloux rayés, en-

tourés de boue, formant des masses non stratifiées, entremêlées et couvertes de grands blocs erratiques plus ou
moins striés ou rayés; ceux qui se trouvent au-dessus sont
ordinairement anguleux et sans marques. L'absence de
moraines proprement dites, dans une contrée peu accidentée, n'est pas surprenante. J'en ai cependant vu de
très distinctes dans quelques vallées des *White Mountains*
et dans le Vermont. Jusqu'à présent, on n'avait rien remarqué de bien nouveau relativement à l'aspect du phénomène dans son ensemble, mais en examinant attentivement les arrangements intérieurs de tous ces matériaux,
surtout dans le voisinage de la mer, on arriva bientôt à
la conviction que l'Océan les avait couverts partiellement
et plus ou moins remaniés. Dans certains endroits, il y a
des amas de sable stratifié, interposés entre les masses
de dépôts glaciaires; ailleurs, des bancs de sable et de
gravier couronnent les irrégularités de ces dépôts ou en
remplissent les dépressions. Dans d'autres localités, les
graviers glaciaires ont été lavés et débarrassés complètement du limon, tout en conservant cependant leurs marques, ou bien celles-ci peuvent avoir disparu et les matériaux sont arrangés en lignes, ou, pour ainsi dire, en
remparts de diverses conformations, dans lesquelles
M. Desor a reconnu toutes les modifications des œsars
de Scandinavie. Leur disposition, comme on la voit ici,
est évidemment due entièrement à l'action des vagues et
leur fréquence le long de la côte en est une preuve.

Dans une excursion que j'ai faite récemment avec le
capitaine Davis sur un navire du gouvernement, j'ai appris
à comprendre le mode de formation des digues sous-ma-
rines qui bordent la côte à différentes distances et qui
seraient des œsars, si elles étaient plus élevées. Avec l'aide
de la drague, je me suis convaincu de leur identité. Ayant
ces faits sous les yeux, je ne puis douter que les œsars
des États-Unis ne consistent entièrement en matériaux

glaciaires remaniés par la mer, tandis que plus dans l'intérieur des terres, nous avons un dépôt glaciaire intact, quoique atteignant la côte par-ci par-là. Sur quelques points, l'altération est si légère qu'elle dénote seulement une élévation passagère de la mer. Dans ces circonstances, on doit naturellement s'attendre à trouver des fossiles parmi ces dépôts, et M. Desor, en compagnie de M. de Pourtalès, fut le premier qui les découvrit à Brooklyn, sur Long-Island, au sud de New-York. Ces fossiles étaient ensevelis dans un dépôt glaciaire de limon présentant tous les caractères ordinaires de pareils dépôts, avec des traces légères de sable stratifié. Il est vrai que le plus grand nombre de ces fossiles, tous appartenant à des espèces qui vivent actuellement sur la côte, étaient brisés en fragments anguleux, sans même en excepter les coquilles épaisses de la *Venus Mercenaria*..... Le faubourg de Boston où je suis établi (East-Boston), est bâti sur une île d'un kilomètre et demi de longueur, s'étendant du nord-ouest au sud-est et variant sur différents points de deux cents à six ou sept cents mètres en largeur. La hauteur au-dessus du niveau de la mer est d'environ vingt mètres. Cette petite île est composée entièrement d'un dépôt glaciaire contenant des graviers rayés, mélangés de plus grands cailloux ou blocs et couvert également d'un nombre considérable de cailloux de formes et de dimensions différentes. A East-Boston, on ne peut pas voir ce qui se trouve sous ce dépôt, mais, sans aucun doute, il repose sur une masse arrondie de granit poli et strié, comme il y en a plusieurs autres dans le port même de Boston.....

Dans notre voyage au Niagara, nous nous sommes assurés, M. Desor et moi, que les dépôts de rivière dans lesquels on trouve parmi d'autres objets le mastodonte avec les coquilles d'eau douce de Goat-Island, sont postérieurs aux dépôts glaciaires. C'est un fait digne de remarque

que les mastodontes, trouvés en Europe, sont ensevelis dans une vraie formation tertiaire, tandis que le grand mastodonte des États-Unis est certainement postérieur aux dépôts glaciaires.....

Dans une autre lettre, je vous dirai quelque chose de mes observations sur la distribution géographique des animaux marins à diverses profondeurs et sur différents fonds, ainsi que sur les relations entre cette distribution et celle des fossiles dans les dépôts tertiaires.....

Louis Agassiz à James-D. Dana.

(Trad. de l'anglais.)

East-Boston, septembre 1847.

.... Que pensez-vous de moi, qui n'ai écrit ni au professeur Silliman, ni à vous-même, après l'aimable accueil que j'ai reçu de toute votre famille? Veuillez, je vous prie, m'excuser et prendre en considération les difficultés contre lesquelles j'ai à lutter, car j'ai à m'occuper chaque jour de centaines de choses nouvelles pour moi, ce qui m'entraîne toujours au delà des heures habituelles de travail; après cela, je suis tellement fatigué que je ne puis plus penser à rien. C'est néanmoins une délicieuse occupation de pouvoir examiner dans toute leur fraîcheur tant d'objets que je ne connaissais qu'imparfaitement par les livres. Le marché de Boston me fournit plus que je ne puis étudier. Depuis que j'ai eu le plaisir de vous voir, j'ai réussi à recueillir beaucoup de spécimens, particulièrement à New-York et à Albany.

J'ai été enchanté des collections de l'*Exploring Expedition*. Elles vous donnent droit aux plus chaleureux remerciements de tous les naturalistes, et j'espère aussi, de tous vos compatriotes en général..... Je suis impatient d'avoir l'occasion d'étudier vos coquilles fossiles. Je pense que dès que j'aurai terminé mon cours Lowell, je me trouverai libre; toutefois, je ne puis encore vous en indiquer l'époque précise. J'ai commencé à étudier vos « Zoophytes », mais c'est un livre si instructif que j'avance lentement. Il y a des années qu'un ouvrage ne m'a autant appris que le vôtre. Dès que j'ai vu que je ne pourrais pas le finir promptement, j'ai envoyé à l'un des journaux d'Europe les plus répandus, la *Preussische Staats-Zeitung*, un compte rendu préliminaire ne donnant qu'une idée générale de l'ouvrage, et j'adresserai à Erichson un rapport scientifique plus détaillé, quand j'aurai terminé ce volume.

Comme j'ai dans mes papiers une lithographie de l'exemplaire original de l'*Homo diluvii testis* de Scheuchzer, je l'expédierai au professeur Silliman en même temps que cette lettre. Vous trouverez, je crois, qu'il est le pendant du spécimen de votre musée, et qu'il est à peu près dans le même état de conservation. Ayant reçu dernièrement mes livres, je puis vous adresser une brochure d'Ehrenberg, qu'il me charge de vous remettre. Voici en outre les ouvrages que le professeur Silliman a eu l'obligeance de me prêter..... J'ai fait beaucoup d'observations que je désirerais publier, mais je ne puis pas trouver un moment pour vous en faire part. Je dois attendre que le temps soit assez mauvais pour empêcher les chasseurs et les pêcheurs de m'apporter quoi que ce soit.

Ainsi se termina la première année qu'Agassiz passa en Amérique; la seconde fut remplie d'événements qui eurent la plus grande influence sur sa carrière en même temps que sur toute sa vie.

CHAPITRE XV

1847-1850 — 40 à 43 ans

Excursions sur le *Bibb*. — Rapports avec le Dr Bache. — Troubles politiques en Suisse. — Établissement de l'École scientifique de Cambridge. — Chaire d'histoire naturelle offerte à Agassiz. — Établissement à Cambridge. — Relations littéraires et scientifiques à Cambridge et à Boston. — Voyage au lac Supérieur. — « Principes de zoologie », par Agassiz et Gould. — Lettre de Hugh Miller. — Second mariage.

Parmi les plaisirs dont Agassiz jouit pendant l'été de 1847, il faut citer ses excursions sur le *Bibb*, steamer qui, sous les ordres du capitaine, plus tard amiral, Charles-Henry Davis, était alors employé au relevé du port et de la baie de Boston. Agassiz n'aurait pu entrer sous de meilleures auspices en rapport avec le *Coast Survey* [1]. « Ma cabine me paraît triste sans vous », écrivait le capitaine Davis après leur première course.

Jusqu'alors, les bords de la mer avaient été un champ d'observations fermé pour Agassiz; maintenant ils lui fournissaient le sujet d'une étude non moins attrayante que celle qu'il avait entreprise sur les glaciers. Né et élevé dans un pays de montagnes, il ne savait des animaux marins que ce qu'on peut

[1] Service de l'inspection des côtes.

en connaître par les exemplaires de musées. Installé
à bord du *Bibb*, il adressait les lignes suivantes à
l'un de ses amis : « J'apprends plus ici en un jour
« que je ne le ferais pendant des mois à l'aide de
« livres et de spécimens desséchés. Le capitaine Davis
« est la bonté même. Tout ce que je puis désirer est
« à ma disposition, pourvu que ce soit dans les
« limites du possible. »

Le D𝗋 Bache, directeur du *Coast Survey*, comprit immédiatement que les recherches du naturaliste
pouvaient s'allier avec avantage aux travaux du relevé des côtes et lui accorda constamment son appui,
lui assurant en même temps un accueil hospitalier
sur tous les bâtiments relevant de son administration.
Ce fut comme hôte à bord de ces navires qu'Agassiz
explora les récifs de la Floride et les bancs de Bahama,
ainsi que les côtes de la Nouvelle-Angleterre ; ses premiers essais de dragage, avec le comte de Pourtalès,
se firent sur le *Bibb* et son dernier long voyage autour
du continent américain, de Boston à San-Francisco,
s'accomplit à bord d'un autre bâtiment du *Coast
Survey*, le *Hassler*, destiné à la station du Pacifique.
De pareilles ressources, mises si libéralement à sa
disposition, étaient certes un puissant motif pour
l'engager à rester aux États-Unis, car, nulle part,
peut-être, un naturaliste n'en eût trouvé de semblables.

Il se passait alors en Europe des événements qui
rendaient tout à fait précaire la position qu'Agassiz
et plusieurs de ses amis y avaient occupée jusque-là.
En février 1848, la proclamation de la république en
France éclata comme un coup de foudre dans un
ciel serein. Cette nouvelle eut des conséquences par-

ticulièrement graves à Neuchâtel où le parti républicain ne tarda pas à renverser le gouvernement et à rendre ce canton complétement indépendant de la monarchie prussienne. Pour le moment, tout y était bouleversé, l'avenir des institutions scientifiques semblait compromis et Agassiz se trouvait délié de ses engagements envers l'ancienne administration.

Dans ce même moment, on organisait à Cambridge (Massachusetts) une école scientifique dépendant de l'Université de Harvard. Cet établissement, connu sous le nom de *Lawrence scientific school*, devait son existence à la générosité d'Abbot Lawrence, jadis ministre des États-Unis à Londres. On offrit immédiatement à Agassiz la chaire d'histoire naturelle (zoologie et géologie) avec un traitement de quinze cents dollars, garanti par M. Lawrence lui-même, jusqu'au moment où les rétributions des étudiants procureraient trois mille dollars à leur professeur, ce qui toutefois n'arriva jamais. Les cours d'Agassiz étaient toujours très fréquentés, mais les étudiants de branches spéciales étant peu nombreux, ces rétributions n'élevèrent jamais d'une manière sensible les honoraires du professeur. Ce déficit cependant se trouva compensé jusqu'à un certain point par la clause de son contrat, qui lui accordait une entière liberté de donner ailleurs des conférences.

Par suite de la nouvelle position qui lui était faite, Agassiz dut s'établir à Cambridge, où il donna son premier cours en avril 1848. Il n'aurait pu arriver dans un moment plus favorable pour y former d'agréables relations. L'Université était alors organisée sur une plus petite échelle qu'aujourd'hui, mais parmi ses professeurs se trouvaient des hommes qui auraient illustré n'importe quel établissement scientifique. Les lettres étaient représentées par Longfellow, Lowell et Felton, l'helléniste distingué dont Longfellow a dit : « L'Attique eût dû te donner le jour ». Les sciences pouvaient citer avec honneur le mathématicien Pierce, le Dr Asa Gray, récemment installé au Jardin bota- nique et Jeffries Wyman, professeur d'anatomie com- parée, nommé à peu près en même temps qu'Agassiz. A ces hommes éminents ajoutons, comme ayant exercé beaucoup d'influence sur l'Université d'Harvard, le Dr Bache, directeur du *Coast Survey* et Charles-Henry Davis, chef de l'administration du *Nautical Almanac*.

Il eut été difficile de trouver une réunion d'hommes aussi remarquables et aussi unis entre eux par des relations personnelles et intellectuelles. Associons à ces noms ceux de Prescott, de Ticknor, de Motley et de Holmes qui se présentent tout naturellement. Si Emerson vivait un peu plus retiré dans sa campagne de Concord, son influence n'était pas moins puissante sur toute cette société, et la connaissance qu'il fit d'Agassiz se transforma promptement en chaude amitié. Tel était le cercle agréable et cultivé au mi- lieu duquel il fut accueilli dans ces deux villes, qui devinrent, presque à titre égal, son *Home* et où les liens intimes qu'il contracta adoucirent pour lui l'amertume de l'exil.

Il ne tarda pas à prendre part à la vie sociale de Cambridge, rendant à son tour les nombreuses invi- tations qui lui étaient adressées, et ses soirées du samedi ne manquaient pas d'attrait, malgré le carac- tère étrange et un peu original de son intérieur. Un

vieux pasteur suisse, M. Christinat, avait pris la direction du ménage et de la maison. Dès l'enfance d'Agassiz, il s'était attaché à lui et lui avait toujours témoigné
le plus vif intérêt, lui venant en aide de toutes manières. A la suite des événements politiques qui avaient
bouleversé l'Europe, il s'était décidé à aller le rejoindre en Amérique et à partager son sort. « Si ton
« vieil ami, lui avait-il écrit, peut aller vivre avec son
« fils Louis, ce sera pour lui le comble du bonheur. »

La présence de M. Christinat dans la maison était
une bénédiction; il surveillait les dépenses et agissait
comme commissaire en chef de la petite colonie.
Agassiz, obligé de s'absenter souvent à cause de ses
tournées de conférences, pouvait en toute sécurité
laisser à son vieil ami les soins du ménage, certain
qu'à son retour il trouverait tout en ordre et recevrait
toujours un accueil affectueux. En un mot, le *papa
Christinat,* comme on l'appelait généralement dans
cette famille hétérogène, s'efforçait, autant qu'un
vieillard peut le faire, d'adoucir auprès d'Agassiz
l'absence de sa femme et de ses enfants.

L'établissement était organisé d'une manière quelque peu anormale. La maison, sans être grande, était
suffisamment spacieuse pour recevoir quelques-uns
de ses amis et anciens collègues que les événements
d'Europe avaient privés de leurs places. L'arrivée
entre autres de M. Guyot, avec lequel Agassiz était
intimement lié depuis si longtemps, fut un bonheur
pour lui, car, dans ce moment, des chagrins de famille
l'accablaient. Sa femme, toujours délicate de santé,
venait de mourir chez ses parents à Fribourg en Bris-
gau et, quoique ses enfants fussent soignés avec la

plus grande tendresse, aussi bien dans la famille de sa femme que dans la sienne propre, ils n'en étaient pas moins séparés les uns des autres, ainsi que de leur père. Agassiz cependant ne pensait pas qu'il fût sage de les faire venir si jeunes en Amérique. Dans ces circonstances, la présence d'un ami sympathique, qui était pour lui comme un frère, lui devenait doublement précieuse. Il avait auprès de lui ses aides et collaborateurs habituels et recevait fréquemment des étrangers qui, en arrivant dans ce pays nouveau, trouvaient un pied-à-terre et de bons conseils dans cette petite colonie européenne. La maison était entourée d'une bande de terrain dont la culture faisait les délices du papa Christinat et qui devint bientôt un jardin zoologique en miniature où l'on faisait toute sorte d'expériences et d'observations sur les animaux. Des tortues dans une cuve, des lapins dans une grande huche, des aigles, un petit alligator, un ours apprivoisé et une famille d'opossums composaient la ménagerie qui s'augmentait de temps à autre de nouveaux arrivants.

Agassiz ne pouvait séjourner nulle part sans commencer à former un musée. Quand il accepta la place qui lui était offerte à Cambridge, il n'y avait dans l'établissement ni collections, ni laboratoires. Les spécimens indispensables pour ses cours étaient recueillis, pour ainsi dire, jour par jour, et son matériel d'enseignement, en dehors des tableaux illustrés qu'il avait apportés d'Europe, ne consistait qu'en un tableau noir. L'argent manquait pour acheter les objets nécessaires ; l'habileté et les ressources du professeur devaient y suppléer. Sur les bords de la

rivière Charles et à l'endroit où elle est traversée par
le pont de Brighton, se trouvait une vieille masure
en bois, bâtie sur pilotis; elle avait probablement
servi autrefois de maison de bain ou de hangar pour
les bateaux. On autorisa Agassiz à y déposer ses collections; avec quelques casiers et une ou deux tables
fixes pour les dissections, cet abri primitif devait
tenir lieu de laboratoire. La chose mérite d'être
mentionnée, car ce fut là le commencement du musée
de zoologie comparée de Cambridge, considéré maintenant comme un des établissements les plus importants du monde entier.

Pendant l'été de 1848, Agassiz organisa une expédition qu'il dirigea complétement d'après ses idées,
unissant l'instruction à l'observation sur place. Il
avait pour compagnons un certain nombre d'étudiants,
quelques naturalistes et des amateurs de voyages de
ce genre. Leur but était d'explorer les côtes orientales
et septentrionales du lac Supérieur, depuis le Sault
Sainte-Marie jusqu'au Fort William, région alors peu
connue des savants et des touristes. Le soir, autour
du feu de bivouac, ou lorsqu'on était retenu, soit
par le mauvais temps, soit par des circonstances imprévues, Agassiz donnait à ses compagnons des leçons
courtes et simples, tantôt sur les forêts dont ils étaient
entourés, sur les phénomènes erratiques du voisinage,
sur les terrasses formant le rivage, ou encore sur les
poissons du lac. Tout servait de salle de cours; le
matériel consistait en un tableau noir et un morceau
de craie; quant aux illustrations et aux spécimens,
on les avait sur place, partout où l'on faisait halte.

Le phénomène glaciaire, comme nous l'avons vu,

s'était présenté à lui à chaque pas depuis son arrivée aux États-Unis, mais nulle part il ne l'avait trouvé plus distinct que sur les bords du lac Supérieur; aussi cette expédition lui offrit-elle le plus grand intérêt. A mesure que les preuves s'accumulaient à ses yeux, il était toujours plus convaincu que l'agent qui, partout dans le pays, avait modelé et entaillé les rochers et recouvert le sol d'une couche de débris jusqu'au bord de la mer, devait être le même que celui qui avait laissé des traces pareilles en Europe. Sur un continent composé d'immenses plaines et de surfaces uniformes, offrant par conséquent peu de centres d'action glaciaire, le phénomène se présentait sur une plus grande échelle et d'une manière plus régulière qu'en Europe. Mais les détails, jusqu'aux plus petits, étaient les mêmes, tandis que la régularité dans la distribution des blocs et leur circonscription bien définie ne permettaient pas d'attribuer de tels effets à des courants ou à des inondations. Ici, comme partout, Agassiz reconnut immédiatement toutes les phases du phénomène et put les reconstituer dans son esprit jusqu'à l'époque où une vaste calotte de glace recouvrait tout le pays, jusqu'à l'Atlantique, ainsi que nous le voyons encore actuellement sur les côtes du Spitzberg et de l'Océan arctique.

Il fit aussi un relevé géologique très exact du lac Supérieur et du système de digues qui a produit son bassin et les contours de ses rives; mais les habitants de ses eaux attirèrent peut-être encore plus l'attention d'Agassiz que la configuration du terrain. En effet, la faune de ce grand lac l'intéressa vivement non seulement par sa variété et sa nouveauté, mais

encore par son importance au point de vue de la
distribution géographique des animaux. Pendant ce
voyage, il vit au Niagara, pour la première fois, un
gar-pike vivant, seul représentant, parmi les poissons
actuels, du type Lepidosteus qui·lui avait révélé plus
qu'aucun autre les relations entre les poissons des
temps passés et ceux de notre époque. A l'âge de
dix-neuf ans, voyant un gar-pike empaillé au musée
de Carlsruhe, Agassiz avait compris à première vue
que cet animal était le seul de son espèce parmi les
poissons vivants; mais sa véritable parenté avec le
Lepidosteus de la première époque géologique ne lui
devint évidente que plus tard, lorsqu'il étudia les
espèces fossiles. Il découvrit alors le caractère repti-
lien du type et remarqua que, d'après l'articulation
des vertèbres, la tête avait dû se mouvoir plus librement sur le tronc que celle d'aucun poisson de notre
époque. A sa grande joie, le premier exemplaire du
gar-pike ou Lepidosteus moderne qui lui fut apporté,
tournait la tête comme un saurien, à droite, à gauche
et en haut, ce que nul autre poisson ne peut faire.

Les résultats de cette expédition, pendant laquelle
on avait recueilli de précieuses collections d'histoire
naturelle, furent consignés dans un rapport sur la
faune et la géologie du lac Supérieur, y compris
le phénomène erratique. Un récit, rédigé par James
Elliot Cabot, servit d'introduction au rapport général
et fut accompagné de deux ou trois Mémoires plus
courts sur des sujets spéciaux et composés par d'autres membres de l'expédition. Cet ouvrage contient
un certain nombre de planches admirablement dessinées et coloriées par A. Sonrel.

Ce livre n'était pas le premier publié par Agassiz en Amérique : ses « Principes de zoologie [1] » avaient déjà paru en 1848. On en plaça une grande quantité d'exemplaires, en particulier dans les écoles, et les éditions se succédèrent rapidement, mais la vente en fut toutefois entravée, parce que le second volume ne fut jamais imprimé. Agassiz était toujours si entraîné par le courant de sa propre activité qu'il se voyait quelquefois forcé de laisser des ouvrages inachevés. Avant qu'il eût terminé la seconde partie de la zoologie, ses connaissances s'étaient étendues à un tel point que, pour rester fidèle aux faits, il aurait dû remanier le tout et il n'en trouva jamais le temps. Les lettres suivantes, ayant trait à ces publications, trouvent leur place ici.

Sir Roderick Murchison à Louis Agassiz.

(Trad. de l'anglais.)

Belgrave Square, le 3 octobre 1849.

.... Je vous remercie bien sincèrement de votre captivant ouvrage sur les « Principes de zoologie ». J'en suis tout à fait épris. J'ai été bien aise de voir que vous aviez placé les nummulites avec les terrains tertiaires, en sorte que les aperçus généraux que j'ai présentés dans mon dernier ouvrage sur les Alpes, les Apennins et les Carpathes sont complétement fondés, géologiquement parlant, et vous ne serez pas fâché de voir se justifier la vérité stratigraphique, en opposition à Elie de Beaumont et à X... Je vous supplie d'examiner mon Mémoire et surtout mes arguments à propos des formations miocènes et plio-

---

[1] « *Principles of zoology* », *by Agassiz and Gould.*

cènes des Alpes et de l'Italie. Il me paraît évident que le système d'accroissement par les animaux marins ne pourra jamais être appliqué aux successions tertiaires terrestres. Mes amis m'ont beaucoup félicité de ce dernier effort, et comme Lyell et d'autres savants, intéressés à combattre mes opinions, ont été les premiers à m'approuver, je commence à espérer que mes facultés ne sont pas encore usées et que, contrairement à l'évêque de Grenade, « mon dernier sermon ne se ressent pas de l'apoplexie ». J'ai cependant été désespérément mal; la goutte, le foie et toute sorte d'irritations, m'ont tourmenté tout l'été, le premier depuis bien des années où je n'ai pu me mettre en campagne. La réunion de Birmingham m'a toutefois ranimé.

Le professeur W. Rogers vous aura dit tout ce que j'ai fait. Buckland s'est plongé jusqu'au cou dans les égoûts et voudrait changer le Londres souterrain en un cloaque fossile de pseudo-coprolithes. Cela n'arrange pas tout à fait les chimistes chargés de la salubrité publique; ils craignent que le vénérable doyen n'empoisonne la moitié de la population en préparant ses fameux engrais. Mais en ceci, comme en tout ce qu'il fait, il y a de grandes vues qui tendent à tout balayer.

Quand nous verrons-nous de nouveau? Et quand aurons-nous un vrai duel à propos des erratiques des Alpes? Vous remarquerez, d'après un extrait de mon Mémoire, joint à ma brochure sur les Alpes, que je me suis gendarmé contre l'extension du Jura. En définitive, je ne crois pas que de grandes masses centrales de glaciers aient jamais rempli les vallées du Rhône et autres. Vous viendrez peut-être à notre prochaine réunion de l'Association britannique à Edimbourg, en août 1850. *Olim meminisse juvabit!* et alors, mon cher, mon précieux et savant ami, nous pourrons étudier ensemble, encore une fois, la surface des roches de mon pays natal.

Charles Darwin à Louis Agassiz.

Traduit de l'anglais.

Down, Farnborough, Kent, 15 juin 1850.

Cher Monsieur,

J'ai rarement été plus enchanté qu'en recevant votre très aimable cadeau du « Lac Supérieur ». J'en avais entendu parler et je désirais beaucoup le lire, mais je confesse que c'est le très grand honneur d'avoir en ma possession un ouvrage portant votre autographe, à titre de dédicace, qui m'a fait un si vif et si sincère plaisir. Je vous en remercie cordialement. J'ai commencé à le lire avec un intérêt extraordinaire qui augmente à mesure que j'avance.

Les Cirrepedia que vous et le Dr Gould avez eu l'obligeance de m'envoyer, m'ont été très utiles. Les espèces sessiles du Massachusetts sont au nombre de cinq..... Du genre Balanus nous avons, sur les côtes de la Grande-Bretagne, une espèce (B. perforata Bruguière) qui ne se rencontre pas aux États-Unis, de même que vous avez exclusivement le B. eburneus. Toutes ces espèces atteignent une grandeur moyenne un peu plus forte sur les côtes des États-Unis que sur celles de la Grande-Bretagne, mais les exemplaires tirés des couches glaciaires d'Uddevalla, d'Écosse et du Canada sont même plus grands que ceux des États-Unis.

Encore une fois, permettez-moi de vous remercier cordialement du plaisir que vous m'avez fait et croyez-moi, avec le plus profond respect,

Votre vraiment obligé,

C. DARWIN.

La lettre suivante, concernant le projet d'Agassiz de recommander au public américain l'ouvrage de Hugh Miller, les *Footprints of the Creator,* par une petite notice sur l'auteur, a ici son intérêt. Il est regrettable qu'aucune autre lettre de Hugh Miller n'ait été retrouvée parmi les papiers d'Agassiz, ce qui a lieu d'étonner, car ces deux savants avaient été en correspondance suivie et avaient eu des relations personnelles très cordiales, basées sur des vues communes.

Hugh Miller à Louis Agassiz.

(Trad. de l'anglais.)

Edimbourg, 2, Stuart Street, le 25 mai 1850.

Cher monsieur,

J'étais hors de ville quand votre bonne lettre est arrivée ici, et à mon retour, j'ai trouvé une telle accumulation d'ouvrage que c'est seulement aujourd'hui que je puis consacrer une demi-heure à vous répondre et à vous dire combien je suis profondément sensible à l'honneur que vous vous proposez de me faire. Lorsque j'avais si souvent l'occasion, en écrivant mon petit livre, les *Footprints,* d'en référer à mon maître, notre grande autorité en histoire ichthyologique, il ne m'est jamais venu à l'esprit que lui-même voudrait associer son nom à mon œuvre de l'autre côté de l'Atlantique, et qu'à son tour il en référerait à son humble auteur.

Je vous adresse, avec ces lignes, deux de mes ouvrages que vous n'avez peut-être pas encore vus et dans lesquels vous pourrez trouver quelques matériaux pour votre introduction. En tout cas, il se peut que dans une heure de loisir, ils vous procurent quelque amusement. Le plus volumineux des deux : « Scènes et Légendes », dont une nouvelle édition vient de paraître, et dont j'avais publié la première en 1835, après l'avoir laissée de côté pendant plusieurs années, est le premier des ouvrages auquel j'ai attaché mon nom. C'est une sorte d'histoire traditionnelle d'un district d'Écosse, situé à environ deux cents milles de la capitale et dans lequel le caractère du peuple a été à peine affecté par le cosmopolitisme qui l'a graduellement modifié et altéré dans les grandes villes. Comme on a souvent fait la remarque, plus ou moins vraie, qu'il y a entre les Écossais et les Suisses une plus grande ressemblance qu'entre tout autre peuple d'Europe, vous trouverez peut-être un certain intérêt à vous assurer si les traits de vos compatriotes ne se retrouvent pas quelquefois dans ceux des miens, tels qu'ils figurent dans mon histoire légendaire. Pendant longtemps, en effet, les deux peuples ont eu à peu près les mêmes difficultés à vaincre. L'un et l'autre eurent à soutenir pour leur indépendance, menacée par des nations beaucoup plus puissantes, une longue guerre qui fut à la fin couronnée de succès; et comme leurs montagnes ne produisaient guère autre chose que le « soldat et son épée », ils en vinrent à faire trafic à l'étranger de cet art de la guerre qu'ils avaient été obligés d'acquérir chez eux pour leur propre défense. Nous les trouvons étrangement associés jusque dans les lois de quelques nations. En France, par exemple, sous l'ancien régime, les propriétés de tous les étrangers qui mouraient dans le pays, étaient dévolues au roi, *les Suisses et les Écossais exceptés*.

L'autre volume : « Premières impressions sur l'Angleterre et ses habitants », contient quelques anecdotes personnelles et un peu de géologie.....

Je vous envoie aussi un article qui comprend ce qu'on peut appeler l' « Histoire naturelle du pêcheur » d'après mes observations personnelles, ainsi que le récit de quelques curieuses scènes dont j'ai été témoin il y a bien des années, lorsque, enfant désœuvré, je m'adonnais à la pêche du hareng pour mon plaisir. Beaucoup de mes observations sur les phénomènes de la nature datent de cette période d'oisiveté qui ne fut pas inutile dans ma vie.

Vous recevrez en outre, avec mes ouvrages, quelques moules de mes Asterolepis les moins fragiles. Dans deux d'entre eux, les surfaces externes et internes du bouclier crânial sont vraiment de très curieuses combinaisons de plaques et, quand on les regarde éclairées par une lumière oblique, elles font un effet sculptural qui n'est point disgracieux. J'ai vu sur nos tombes rustiques de plus mauvaises représentations d'anges ailés et drapés que celles formées par les plaques centrales de leur face intérieure, quand la lumière est placée de manière à tomber le long de leurs plus hautes protubérances, laissant les cavités dans l'ombre. Remarquez que votre prédiction, au sujet de l'aplatissement de la tête de cette curieuse créature est parfaitement réalisée par ces moules. Il n'est, en vérité, pas facile de comprendre que des yeux placés sur une surface aussi plate aient pu servir à autre chose qu'à regarder les étoiles; mais comme la nature ne fait pas d'erreurs en pareille matière, il est possible que ces animaux aient beaucoup vécu au fond des eaux, comme les poissons plats, et que presque tout ce qu'il leur était nécessaire de voir pouvait être vu de bas en haut.....

Je m'attends à avoir beaucoup de plaisir à lire votre ouvrage sur le lac Supérieur, quand il me parviendra, ce qui, je pense, aura bientôt lieu, puisque vos éditeurs l'ont confié aux soins d'un gentleman qui doit visiter ce pays. Il n'arrive pas souvent qu'une région aussi éloignée et aussi peu connue que celle qui entoure le grand Lac de l'Amérique, soit visitée par un naturaliste de premier rang. Je m'attends à d'étranges révélations sur cette terre inconnue, dévoilée enfin à des yeux si perspicaces.

Je suis, cher Monsieur, avec respect et admiration, votre bien dévoué,

Hugh MILLER.

Au printemps de 1850, Agassiz épousa Elisabeth Cabot Cary, fille de Thomas Graves Cary, de Boston. Ce mariage l'affermit dans sa résolution de rester, au moins pour le moment, aux États-Unis. Il l'unit par les liens les plus étroits à un nombreux cercle de famille dont il fut dès lors un membre chéri et honoré; il devint ainsi le beau-frère d'un de ses amis les plus intimes à Cambridge, le professeur C.-C. Felton. Se trouvant alors dans des conditions favorables pour l'éducation et les soins à donner à ses enfants, il les fit venir auprès de lui; son fils, âgé de quinze ans, l'avait déjà rejoint l'été précédent et ses deux filles, de quelques années plus jeunes que leur frère, arrivèrent en automne. Les joies de la famille lui furent ainsi rendues.

Ses compagnons habituels s'étaient déjà séparés, les uns pour retourner en Europe et les autres pour s'établir définitivement en Amérique. Parmi ces derniers, le professeur Guyot et M. de Pourtalès restèrent toujours intimement liés à Agassiz, à la fois comme amis et comme collègues par leurs travaux. Le *papa Christinat* était aussi parti. Ce bon vieillard, prévoyant qu'on s'opposerait à son départ et désirant épargner à son ami, aussi bien qu'à lui-même, le chagrin d'une séparation, s'esquiva sans prévenir personne et se rendit à la Nouvelle-Orléans, où il avait obtenu une place de pasteur. Ce fut un grand désappointement pour Agassiz et sa famille, qui l'avaient pressé de se fixer auprès d'eux. M. Christinat s'en retourna plus tard en Suisse où il finit ses jours. Jusqu'à sa mort, il resta en correspondance régulière avec la famille de Cambridge et fut tenu au courant de tout ce qui s'y passait. Parmi les anciens compagnons d'Agassiz, M. Burkhardt fut le seul qui devint un membre permanent du nouveau ménage.

CHAPITRE XVI

1850-1852 — 43 à 45 ans

Proposition du Dr Bache. — Exploration des récifs de la Floride. — Lettre à Humboldt. — Nomination à la chaire de professeur au Collège médical de Charleston. — Séjour au Sud. — Vues d'Agassiz sur les races humaines. — Prix Cuvier.

La lettre suivante du directeur du *Coast Survey* eut une grande influence sur les occupations d'Agassiz pendant l'hiver de 1851 :

Alexandre-Dallas Bache à Louis Agassiz.

(Trad. de l'anglais.)

Webb's Hill, le 30 octobre 1851.

Mon cher ami,

Vous serait-il possible de consacrer six semaines ou deux mois à l'examen des récifs et des écueils de la Floride dont on fait le relevé ? Il est urgent de s'assurer de ce qu'ils sont et comment ils se forment. Les uns les représentent comme des coraux en croissance, les autres comme des masses analogues à des oolithes et s'élevant en forme de barrière. Vous voyez qu'il s'agit de l'origine des récifs et de leur développement, question de la plus haute importance pour la navigation; puis, de la manière dont on peut les utiliser pour y placer nos signaux et y établir des phares; enfin, de bien d'autres questions d'une importance pratique considérable et d'un grand intérêt pour la science. Je mettrais un navire à votre disposition pendant le temps que vous seriez sur les récifs, soit six semaines ou à peu près.

Il doit y avoir bien des choses curieuses à constater au cap Floride ou dans le voisinage, de la côte de l'Atlantique avec son sable siliceux, jusqu'à la côte de la Floride avec son sable corallien. Vous aurez toute liberté d'aller d'un bout des récifs à l'autre, sur une étendue d'environ cent cinquante milles. Pendant la saison des coups de vent, la marche du côté de l'Est, quoique favorisée par le courant du *Gulf stream*, sera lente à cause des vents alizés.

Toutes les collections que vous aurez l'occasion de faire vous appartiendront. Je ne demanderai pour mon département que les informations et les spécimens qui auront de la valeur pour nos opérations, particulièrement pour l'hydrographie, puis un rapport sur ce sujet.

Si votre temps et vos engagements vous permettent d'accepter mes propositions, nous devrons conclure un arrangement financier, et je dois vous en parler, bien que ce soit à contre-cœur. Vous recevrez six cents dollars pour les deux mois, en prenant à votre charge vos dépenses personnelles; ou, si vous le préférez, je paierai tous vos frais de voyage à Key West, aller et retour, y compris votre entretien; en outre, je vous fournirai le navire et la nourriture pendant que vous serez là et vous remettrai quatre cents dollars.

Quels résultats la science ne retirera-t-elle pas de votre visite dans cette région ! Vous avez parlé de l'avantage qu'il y aurait à profiter de nos bâtiments pendant qu'ils sont occupés à leur service ordinaire. Eh bien ! je vous offre un navire qui sera entièrement à votre disposition,

ainsi que le concours de ses officiers et de son équipage.
Vous n'aurez aucun frais pour aller et revenir, ni pendant
que vous serez là, et vous choisirez le moment qui vous
conviendra le mieux pour ce voyage.....

Agassiz accepta avec joie cette offre et prit aussitôt
des arrangements pour emmener avec lui un dessinateur et un assistant, afin de donner à l'expédition
un caractère utile à la science en général, aussi bien
qu'au but spécial du *Coast Survey*. On va voir que
le Dr Bache consentit volontiers à tout ce qu'il désirait.

Alexandre-Dallas Bache à Louis Agassiz.

(Trad. de l'anglais.)

Washington, le 18 décembre 1850.

Mon cher ami,

En me basant sur vos précédentes communications,
je suis arrivé à donner une nouvelle extension au projet en question. Je me suis entendu avec le lieutenant-
commandant Alden pour qu'il expédie la goëlette
W.-O. Graham, du *Coast Survey*, sous les ordres d'un
officier capable de prendre intérêt à vos études et d'aider
à leur succès. Ce bâtiment se rendra à Key West à temps
pour vous rencontrer dès votre arrivée à bord de l'*Isa-
belle*, partant de Charleston pour Key West. La goëlette
sera mise à votre entière disposition pendant quatre à
six semaines, suivant votre convenance; elle fera exactement ce que vous voudrez et ira partout où vous le dési-
rerez. Si vous préfériez avoir plus qu'un ordre général,
je donnerais toutes les directions particulières que vous
pourriez proposer.....

J'ai recommandé de faire préparer la cabine pour vous
et vos deux aides, puisque vous désirez être accompagné
d'un dessinateur, et en vue de l'extension de votre plan
d'opérations dont je vois les avantages, j'en ai examiné
la partie financière et je propose d'ajouter deux cents
dollars aux six cents mentionnés dans ma lettre du 30 octobre, pour vous mettre en mesure d'exécuter ce projet.

Je vous engagerais à vous arrêter un jour à Washington,
pour recueillir les informations topographiques et géographiques que vous pourriez désirer et pour prendre tous
les arrangements à votre convenance et favorables au
but de votre expédition en Floride. Vous me dites que je
sourirai *de* vos projets; au lieu de cela on a souri *à* vos
projets. Voilà un mot pour vous, une vraie distinction
saxonne.

Si vous réussissez — et vous ne pouvez y manquer — à
faire connaître à notre *Coast Survey,* la nature, la structure et la croissance des récifs de la Floride, vous aurez
rendu au pays un service inappréciable.

Le directeur du *Coast Survey* n'eut jamais l'occasion de regretter les pleins pouvoirs qu'il avait ainsi
accordés. Grâce aux facilités si libéralement fournies,
quelques semaines suffirent à Agassiz pour trouver la
clef des phénomènes qu'il avait été chargé d'étudier
et le mirent en état d'expliquer les rapports qui
existent entre les îlots, les récifs extérieurs ou intérieurs et les marais limoneux ou canaux qui les séparent, et de relier ces derniers aux monticules et aux
marécages *(everglades)* de la terre ferme. Reste à
savoir si sa théorie se maintiendra, théorie d'après
laquelle toute la Floride, ou la plus grande partie
de cette péninsule, aurait été formée, comme son
extrémité méridionale, de récifs concentriques. Mais

ses indications sur les récifs actuels, leur structure, leurs lois d'accroissement, leurs relations entre eux et avec la terre ferme, de même que sur tout ce qui concerne le *Gulf stream* et ses courants prédominants, ont été d'une grande utilité pratique au *Coast Survey*. Ces recherches ont été particulièrement précieuses pour déterminer si le sol qui s'est formé par l'accumulation de limons et de débris de coraux resterait longtemps instable et mouvant, et jusqu'à quel point et en quelles localités on pouvait être assuré de rencontrer une base solide.

Lorsqu'au printemps suivant, Agassiz présenta à l'*American Association* un rapport sur sa récente exploration en Floride, le Dr Bache déclara que, pour la première fois, il comprenait toute la portée de ce sujet dont il avait pendant longtemps cherché à se rendre compte.

Peu après son retour, Agassiz écrivit la lettre suivante :

Louis Agassiz à Sir Charles Lyell.

(Trad. de l'anglais.)

Cambridge, le 26 avril 1851.

.... J'ai passé une grande partie de l'hiver en Floride pour étudier les récifs de coraux. J'ai reconnu qu'ils constituaient une nouvelle classe de récifs, distincts de ceux décrits par Darwin et par Dana sous le nom de récifs à franges, récifs à barrières et *atolls*. J'ai lu dernièrement sur ce sujet à l'*American Academy* un mémoire que je vous enverrai dès qu'il sera imprimé.

Voici de quoi il s'agit. Il y a plusieurs récifs concentriques séparés par de profonds canaux ; la péninsule de la Floride elle-même est formée par une succession de pareils récifs ; les marécages n'étant autre chose que des canaux comblés, tandis que les monticules formaient autrefois de petites îles intermédiaires, comme les îles de mangliers dans les canaux actuels. Mais, ce qui est très remarquable, c'est que ces récifs concentriques sont tous à la même hauteur au-dessus de la mer et qu'il n'y a aucun indice de soulèvement. Vous trouverez dans le journal de Silliman quelques observations de Tuomey sur les soulèvements ; il y a là une grosse erreur, comme je le démontrerai. Les Tortugas sont un véritable *atoll*, mais qui s'est formé sans la moindre trace d'affaissement.

Il est clair que ceci ne porte pas du tout atteinte aux vues de Darwin, car tout le terrain dans son ensemble présente des traits particuliers. Je désire que vous lui en disiez quelques mots. Un des faits les plus remarquables des récifs des Tortugas, c'est la composition des roches ; elles consistent essentiellement en corallines, en algues calcaires, et, seulement à un faible degré, en coraux réels.

Le rapport d'Agassiz au *Coast Survey*, sur les résultats de cette première investigation des récifs de la Floride, ne fut pas publié en entier à cette époque. Les parties les plus importantes pour le *Coast Survey*, au point de vue pratique, furent introduites dans les cartes subséquentes de cette institution. Quant aux résultats plus généralement scientifiques, concernant l'histoire physique de la péninsule dans son ensemble, ils parurent sous différentes formes, avec les conférences d'Agassiz et furent imprimés quelques années plus tard dans son ouvrage intitulé *Methods of study*. Le rapport original fut publié ensuite dans les « Mémoires du musée de zoologie comparée » par les soins d'Alexandre Agassiz, après la mort de son père. Il forme un volume in-quarto, contenant environ soixante pages de texte, avec vingt-deux planches représentant les coraux et leur structure, ainsi qu'une carte de la Floride méridionale avec ses récifs et ses îlots.

Cette expédition eut aussi une grande importance pour les collections d'Agassiz et pour le musée de Cambridge récemment créé; elle devint le point de départ d'une collection très complète de coraux de toute espèce et à tous les degrés d'accroissement. On lui abandonna tous les spécimens, depuis les immenses blocs de corail et les éventails à branches jusqu'aux plus petits fragments de coraux, et les dessins faits sur place des animaux vivants augmentèrent encore considérablement la valeur de cette collection.

C'est à cette période qu'appartient la lettre suivante :

Louis Agassiz à Alexandre de Humboldt.

(Trad. de l'allemand.)

Sans date, probablement 1852.

.... Il s'est écoulé bien du temps depuis ma dernière lettre ! Si vous n'aviez pas été constamment dans mes pensées et si vos conseils n'avaient pas été toujours présents à mon esprit, je me reprocherais ce long silence. J'espère que mes deux Mémoires sur les méduses, expédiés cette année, vous sont bien parvenus, ainsi qu'un autre sur la classification des insectes d'après leur développement. Je me suis occupé spécialement de l'organisation des animaux invertébrés et des faits qui peuvent servir à perfectionner leur classification. J'ai réussi à découvrir entre les trois classes des rayonnés et également entre les classes des mollusques, la même unité de structure qui avait déjà été observée chez les vertébrés et en partie chez les articulés. C'est vraiment un plaisir pour moi de pouvoir maintenant démontrer dans mes cours les gradations insensibles qui existent entre les polypes, les méduses et les échinodermes, et de pouvoir désigner par les mêmes noms des organes en apparence si différents. L'examen minutieux de l'épaisseur du test chez les échinodermes m'a spécialement révélé les relations inattendues qui existent entre les oursins et les méduses. Personne, je suppose, ne soupçonne à présent que l'enveloppe solide des *scutellæ* et des *clypeasters* soit traversée par un réseau de tubes radiés, correspondant à ceux des méduses, si bien définis par Ehrenberg dans l'*aurelia aurita.* Si les zoologistes de Berlin veulent se donner la peine de limer la surface du test d'un *echinarachnius parma,* ils trouveront un canal circulaire aussi large et aussi continu que celui des méduses. Les tubes aquifères, mentionnés ci-dessus, s'ouvrent à l'intérieur de ce canal.

Mais la même chose peut être remarquée avec diverses modifications dans d'autres genres de la même famille. Depuis que j'ai réussi, par exemple, à injecter un liquide coloré dans les Beroïdés et à les conserver vivants pendant que ce liquide circulait dans leur masse transparente, j'ai pu prouver l'identité de leurs zones de franges locomotrices (peignes), d'où vient leur nom de cténophores, avec l'appareil ambulacral (locomoteur) des échinodermes. Muni de ces faits, il n'est pas difficile de reconnaître les vraies formes beroïdales dans l'embryon des oursins et des étoiles de mer, d'après les magnifiques planches publiées par Müller, et de prouver ainsi l'origine médusoïde des échinodermes, de même qu'on a déjà établi l'origine polypoïde des méduses. Je ne fais pas allusion ici à leur origine primitive, mais simplement au fait général que, parmi les rayonnés, les embryons des classes plus élevées représentent en miniature les types des classes inférieures, comme, par exemple, ceux des échinodermes ressemblent aux méduses et ceux des méduses aux polypes.

Ayant passé la plus grande partie de l'hiver dernier dans la Floride, où j'étais spécialement occupé à étudier les récifs de coraux, j'ai eu la meilleure occasion possible de poursuivre mes recherches embryologiques sur les coraux. J'ai découvert parmi eux des relations qui me permettent maintenant de déterminer la classification de ces animaux, suivant leur mode de développement, avec une exactitude plus complète qu'il n'a été possible de le faire jusqu'à présent et même d'assigner à leurs différents types un rang supérieur ou inférieur, s'accordant avec leur succession géologique, comme je l'ai déjà fait pour les poissons. Je suis sur la voie de résultats semblables pour les mollusques et pour les articulés, et je puis même dire maintenant, en termes généraux, que les plus anciens représentants de toutes les familles appartenant à ces grands groupes rappellent d'une manière frappante les premières phases du développement embryonique de leurs successeurs dans des formations plus récentes, et même que les embryons de familles comparativement récentes rappellent des familles appartenant à d'anciennes époques. Vous trouverez quelques allusions à ces résultats dans mes conférences sur l'embryologie, mentionnées dans mon ouvrage sur le lac Supérieur; je vous en ai envoyé deux exemplaires, afin que vous le receviez sûrement. Mais ces premières données sont arrivées maintenant à une plus grande précision et je suis constamment obligé de recourir à mes fossiles pour m'éclairer sur les formes embryoniques que j'étudie, et, vice-versa, je dois consulter mes dessins embryologiques pour déchiffrer les fossiles avec plus de sécurité.

La proximité de la mer et la facilité que j'ai de visiter chaque partie de la côte sur un espace d'une vingtaine de degrés, me procurent des ressources inépuisables pour toute l'année, ressources dont je profite de plus en plus à mesure que le temps avance. D'un autre côté, l'abondance et l'état admirable de conservation des fossiles trouvés dans nos anciens dépôts, ainsi que la succession régulière des couches qui les contiennent, fournissent d'admirables matériaux pour cette étude comparative.....

Pendant l'été de 1851, la chaire de professeur au Collège médical de Charleston fut offerte à Agassiz. Elle lui convenait d'autant mieux qu'elle lui permettait de remplacer par des cours donnés aux étudiants, les conférences irrégulières et plus fatigantes auxquelles il devait recourir pour augmenter son faible traitement et faire face à ses dépenses. En effet, ces conférences données à des auditoires mélangés, dans des localités plus ou moins éloignées, exigeaient des déplacements continuels qui interrompaient ses travaux et avaient déjà exercé une influence fâcheuse sur sa santé. La nouvelle chaire lui promettait une vie plus paisible, quoique non moins utile, et entrait du reste dans ses convenances, puisque les cours devaient être donnés en hiver, c'est-à-dire entre ceux de Cambridge de l'automne et du printemps.

Agassiz entra en fonctions à Charleston en décembre

1851 et, grâce à l'obligeance de son amie, Mme Rutledge, qui mit sa maison de campagne à sa disposition, il eut bientôt établi un laboratoire sur l'île de Sullivan, où les deux ou trois aides qu'il avait emmenés avec lui travaillaient à l'aise. La maison, si rapprochée de la mer qu'on y entendait le bruit des vagues, était située au bout de la longue grève de sable durci qui entoure l'île sur une largeur de trois à quatre milles. Il eut été difficile de trouver un endroit plus favorable pour un naturaliste; aussi Agassiz y passait-il tous ses moments de loisir avec sa petite troupe de collaborateurs. Les études qu'il y faisait l'intéressaient d'autant plus qu'elles se rattachaient à ses précédentes recherches, non seulement sur les poissons, mais encore sur les animaux inférieurs des côtes de la Nouvelle-Angleterre et des récifs de la Floride, ce qui le mettait en état de comparer les différentes faunes répandues le long de l'Atlantique sur toute la côte des États-Unis.

La lettre suivante nous fournit quelques renseignements sur ses travaux à cette époque :

Louis Agassiz au professeur James-D. Dana.

(Trad. de l'anglais.)

Charleston, le 26 janvier 1852.

Mon cher ami,

Il faut au moins que vous sachiez souvent combien je pense à vous sur ce rivage. Et comment pourrais-je faire autrement quand, tous les jours, je trouve de nouveaux petits crustacés qui me rappellent l'important ouvrage que vous préparez sur ce sujet.

Il n'y a sans doute plus rien à découvrir dans les grandes espèces, après que le professeur Gibbs a passé par là; mais parmi les ordres inférieurs, il reste beaucoup de choses en réserve pour celui qui observe à l'aide du microscope. Je regrette seulement de ne pouvoir me livrer davantage à l'étude. Je sens que mon système nerveux est tellement surexcité, que tout effort prolongé me donne un accès de fièvre, en sorte que je ne puis qu'aller et venir, quand le temps le permet, et recueillir des matériaux pour de meilleurs jours.

Nous avons déjà examiné plusieurs méduses intéressantes, ainsi que la métamórphose complète et la génération alternante d'une nouvelle espèce de mon genre Tiaropsis. Vous apprendrez avec plaisir qu'ici, comme au Nord, le Tiaropsis est la méduse d'une Campanularia. M. Clark, un de mes assistants, a fait de très bons dessins de toutes ses périodes de croissance et de différentes autres méduses hydroïdes, particulières à cette côte. M. Stimpson, jeune naturaliste plein d'avenir, qui a été auprès de moi pendant quelque temps, dessine fort bien les crustacés et les bryozoaires dont on voit ici bon nombre de nouvelles espèces. Mon fils et mon vieil ami Burckhardt séjournent avec moi dans l'île de Sullivan et s'occupent des plus grandes espèces, en sorte que, lorsque je rentrerai à Cambridge, j'aurai probablement beaucoup augmenté mes connaissances sur la faune des côtes de l'Atlantique.

En ville, où je vais trois fois par semaine donner des leçons au Collège médical (outre un cours le soir devant un auditoire mélangé), je trouve le repos au sein de ma famille; aussi puis-je dire que mon bonheur serait complet, si ma santé était meilleure.

Quel dommage qu'un homme ne puisse pas travailler autant qu'il le voudrait ou du moins atteindre le but qu'il a en vue! Mais il vaut mieux, sans doute, qu'il en soit

ainsi, et ce n'est pas un mal que notre ambition soit limitée par les conditions de notre nature, puisque de cette
manière il n'est pas permis à nos meilleures facultés de
s'engourdir. Quoi qu'il en soit, je ne puis que regretter
d'être en ce moment hors d'état de profiter des belles
occasions que j'aurais ici d'étudier à fond l'anatomie des
échinodermes et en général l'embryologie des animaux
inférieurs.

Malgré les bornes imposées aux travaux d'Agassiz
par l'état de sa santé, cet hiver fut très heureux pour
lui. Comme il le fait entendre dans la lettre précédente, sa femme et ses filles l'avaient accompagné à
Charleston, où elles avaient loué un appartement.
Les jours de fête ou de congé se passaient chez le
Dr John-E. Holbrook, qui possédait, dans le voisinage
de Charleston, une campagne extrêmement jolie et
pittoresque, nommée l'*Arbre creux*. Agassiz y avait
été reçu presque comme un membre de la famille,
lors de sa première visite, peu après son arrivée aux
États-Unis. Il était heureux maintenant d'entrer en
relations intimes avec un savant qui lui était connu
depuis longtemps comme auteur de l'*Herpetology of
South Carolina* et qui s'intéressait aux mêmes études
que lui. La femme du Dr Holbrook, descendante
directe de John Rutledge, célèbre dans l'histoire de
la Révolution des États-Unis, s'associait aux travaux
de son mari; elle possédait de rares qualités intellectuelles développées par une éducation exceptionnelle-
ment soignée et par de nombreuses lectures. L'étendue et la variété de ses connaissances en histoire et
en littérature, ainsi que le charme de sa conversation, en faisaient une femme distinguée. Elle exerçait

la plus heureuse influence sur les jeunes gens qui l'entouraient et attirait à elle sans effort tout ce qu'il y avait de plus brillant et de plus intelligent dans la société de Charleston.

L'*Arbre creux*, où l'on jouissait d'une si aimable hospitalité, était devenu le centre d'une vie intellectuelle libre de toute gêne et de vaines formalités. C'est là qu'Agassiz et sa famille passèrent d'heureux moments pendant le séjour qu'ils firent au Sud, en 1852. Les fenêtres ouvertes et l'air embaumé de douces senteurs faisaient oublier, en dépit du feu de cheminée, qu'on était en hiver; les journées se passaient dans les forêts parfumées de jasmin jaune ou dans la vérandah ensevelie sous un fouillis de roses et de plantes grimpantes. Quant aux soirées, elles étaient souvent consacrées à des discussions sur des sujets scientifiques ou sur les théories du jour, ce qui les entrainait parfois de la région des faits dans celle de l'imagination.

Un sujet sur lequel on revenait toujours, était celui de l'origine de la race humaine. Agassiz croyait fermement que les hommes ne provenaient pas d'une souche commune, mais de centres divers et que les groupes primitifs de la famille humaine correspondaient d'une manière générale à la distribution des animaux et à leurs combinaisons en faunes [1]. Ses études spéciales de zoologie l'absorbaient trop pour lui permettre de pousser jusqu'au bout ses investigations sur ce grave sujet, mais il ne l'oubliait jamais

---

[1] Voyez: *Sketch of the Natural Provinces of the Animal World and their relation to the different Types of Man*, qui figure dans les *Types of Mankind*, de Nott et Gliddon.

dans ses vues sur l'ensemble du règne animal. L'intérêt que Mme Holbrook prenait à ses travaux, lui était d'un grand prix et nous reproduisons ici une lettre d'Agassiz qui semble être un écho de ces causeries du soir, au coin du feu, pendant l'hiver passé à l'*Arbre creux*.

Louis Agassiz à Madame Holbrook.

(Trad. de l'anglais.)

Cambridge, juillet 1852.

.... Je travaille de nouveau la question des races humaines et j'ai ouvert une nouvelle voie dans cette direction. La méthode, suivie par les précédents investigateurs, ne me paraît pas du tout la meilleure, puisqu'il y a si peu d'entente entre eux. La difficulté provient sans doute du fait que, d'un côté, on a cherché la preuve de l'unité des races en se préoccupant de mettre les résultats d'accord avec l'interprétation prédominante de la Genèse et que, d'un autre côté, on s'est placé à un point de vue trop zoologique, en ne s'attachant qu'aux différences observées. En outre, les deux opinions ont écarté presque toutes les preuves tirées de l'examen des races elles-mêmes.

Il me semble tout d'abord qu'il faut examiner la question de savoir si l'on doit appliquer à l'homme les mêmes règles qu'aux animaux, et se rendre bien compte des limites dans lesquelles ils habitent, ainsi que de toutes les différences observées parmi les races humaines, partout où la science a pu les signaler. Qu'en disent les singes ? Ou plutôt qu'auraient-ils à dire sur ce sujet ? Il y a entre eux d'aussi grandes et même de plus grandes différences que chez les hommes, car il est reconnu qu'ils

constituent divers genres et que ces genres comprennent
plus de cent espèces. Ce sont eux pourtant qui se rapprochent le plus de la famille humaine et nous pouvons au
moins tirer de leur étude quelques indications. Quels
croisements peuvent se faire entre ces espèces? Ces croisements sont-ils même possibles? Nous n'avons aucun
renseignement à cet égard. Un point est avéré, c'est que
les zoologistes sont aussi peu d'accord sur les limites de
ces espèces que sur les affinités des races humaines. Ce
que l'un considère comme des espèces distinctes est tenu
par un autre pour de simples variétés, et ces variétés ou
espèces diffèrent par des caractères qui ne sont ni plus
constants, ni plus importants que ceux qui distinguent les
races humaines. Le fait que les singes sont groupés en
divers genres, espèces et variétés, ne diminue pas la valeur de la comparaison; car le point en question est justement de savoir si les nations, les races et ce qu'on a aussi
appelé les familles humaines, comme la famille indo-
germanique ou sémitique, ne correspondent pas en réalité
aux familles, genres et espèces des singes. Eh bien! les
premières grandes subdivisions des vrais singes, à l'exclu-
sion des makis et des arctopithèques, sont fondées sur la
forme du nez; ceux du Nouveau Monde ayant une large
séparation entre les narines, tandis que ceux de l'Ancien
Monde en ont une étroite. Il est vraiment curieux que ce
fait, connu des naturalistes depuis un demi-siècle comme
un caractère essentiel chez les singes, ait été négligé chez
l'homme, quand en réalité les nègres et les Australiens
diffèrent de la même manière des autres races. Ceux-ci
ont en effet une large séparation entre les narines, qui
s'ouvrent sur les côtés, comme chez les singes de l'Amérique du Sud, tandis que les autres types de la famille
humaine ont une mince cloison et des narines s'ouvrant
en bas comme chez les singes de l'Asie et de l'Afrique.
En outre, les différences de moindre importance, telles

que l'obliquité des dents incisives, l'épaisseur des lèvres,
la saillie des pommettes, la position des yeux, les cheveux caractéristiques ou laineux, sont chez les hommes
aussi constantes que celles invoquées pour séparer en
genres distincts les chimpanzés, les orangs et les gibbons; et, d'autre part, les espèces respectives de ces dernières ne diffèrent pas plus entre elles que les Grecs, les
Allemands et les Arabes, ou les Chinois, les Tartares et les
Finnois, ou encore les habitants de la Nouvelle-Zélande et
les Malais, qui sont habituellement compris dans la même
race. La vérité est que les différentes espèces que quelques naturalistes admettent parmi les orangs, sont en
réalité des races chez les singes; sinon les races chez les
hommes ne seraient rien de plus que ce qu'on appelle
espèces parmi certains singes.....

Passez en revue les faits suivants en ayant sous les
yeux une carte du monde. Sur une étroite bande de terre,
le long du golfe de Guinée et depuis le cap Palmas jusqu'au Gabon, vivent deux prétendues espèces de chimpanzés. Dans les îles de Sumatra et de Bornéo, il y en a
trois ou quatre d'orangs; sur les côtes du golfe de Ben-
gâle, y compris les régions de Calcutta, du Birman, de
Malacca, de Sumatra, de Bornéo et de Java, on trouve
dix ou douze espèces de gibbons, qui tous sont les plus
proches parents de la famille humaine; quelques-uns sont
aussi grands que certaines races d'hommes. Il y a là un
total de quinze espèces de singes anthropoïdes répartis
sur un espace qui, à beaucoup près, n'égale pas la surface
de l'Europe. Quelques-unes de ces espèces sont limitées
à Bornéo, d'autres à Sumatra, d'autres à Java seulement,
d'autres à la péninsule de Malacca; c'est-à-dire à des
étendues de terres de même grandeur que l'Espagne, la
France, l'Italie et même l'Irlande. Tous sont des animaux
distincts, considérés par la plupart des naturalistes
comme des espèces distinctes, se rapprochant beaucoup

de l'homme par leur perfection structurale et leur taille, et limitées à des espaces moins grands que l'Espagne ou l'Italie. S'il en est ainsi, pourquoi le théâtre primitif d'une nation d'hommes n'aurait-il pas été circonscrit dans des bornes pareilles et n'aurait-il pas été, dès l'origine, aussi indépendant que celui du chimpanzé de la Guinée, ou des orangs de Bornéo et de Sumatra ?

Les capacités supérieures de l'homme lui ont sans doute permis d'entreprendre des migrations; mais combien sont limitées ces migrations et combien sont légères les traces qu'elles ont laissées derrière elles..... Malheureusement pour l'histoire naturelle, ce qu'on appelle l'histoire a enregistré plus fidèlement les faits d'une poignée d'aventuriers, que l'histoire réelle des nations primitives avec lesquelles les tribus émigrantes ont été mises en contact. Mais j'espère qu'il sera encore possible de plonger au-dessous de ces vagues d'émigration, afin de faire disparaître, pour ainsi dire, les traces de leur passage et de rétablir la vraie histoire des habitants primitifs des différentes parties du monde. Alors on verra si toutes les analogies ne sont pas trompeuses, et si chaque pays, de grandeur égale à ceux où des nationalités distinctes sont connues pour avoir joué leur rôle historique, n'a pas eu ses aborigènes distincts, dont le caractère, s'il n'est pas trop tard, doit nécessairement être rétabli par les naturalistes de la même manière que les paléontologues reconstruisent un animal avec des débris fossiles.

J'ai déjà fait quelques tentatives à ce sujet, en étudiant la géographie ancienne et j'espère que cette tâche pourra encore être accomplie. Prenez, par exemple, l'Espagne. Les Ibériens, connus comme ses premiers habitants, ne se sont jamais beaucoup étendus au delà des Pyrénées vers la Garonne, ou le long des golfes du Lion et de Gênes. Aussi loin que remonte la période de prospérité des Phéniciens, nous savons que ces Ibériens tiraient leur laine de leurs moutons indigènes, dérivés du mouflon, que l'on trouve encore à l'état sauvage en Espagne, en Corse et en Sardaigne; ils possédaient une race particulière de chevaux, différente encore aujourd'hui de tous les autres chevaux du monde. N'est-ce pas là un témoignage de leur origine indépendante, plus évident que ne l'est l'hypothèse d'après laquelle ils feraient partie de la famille indo-germanique et seraient venus d'Orient? Nous ne devons pas oublier du reste que le langage basque était autrefois le langage de toute l'Espagne, qu'il était celui que parlaient les Ibériens et qu'il n'a aucun rapport avec le sanscrit.

J'ai peu parlé des nègres et pas du tout des Indiens. J'ajouterai seulement que je commence à apercevoir la possibilité de distinguer différents centres d'origine en Afrique et en Amérique. Laissant de côté les migrations imaginaires, on se demande quel rapport on peut trouver, par exemple, entre les Esquimaux, qui habitent toutes les régions septentrionales de ce continent, et les Indiens des États-Unis, ceux du Mexique, du Pérou et du Brésil. Y a-t-il aucun lien réel entre les tribus des bords de la mer sur la côte Nord-Ouest, les contructeurs de tumuli, la civilisation astèque, les Incas et les Guaranis? Il me semble qu'il n'y en a pas plus qu'entre les Assyriens et les Égyptiens. Et quant aux nègres, il y a peut-être une plus grande différence entre eux, si l'on compare ceux du Sénégal et de la Guinée, puis les Cafres et les Hottentots, avec les Gallas et les Mandingues. Mais où trouver le temps pour poursuivre les recherches nécessaires à élucider ces questions? Écrivez-moi bientôt, je vous prie, ce que vous pensez de tout ceci et croyez-moi toujours votre ami dévoué.

L. AGASSIZ.

Au printemps de 1852, lorsque Agassiz était encore
à Charleston, il apprit que le prix *Cuvier*, accordé
pour la première fois, lui avait été décerné pour ses
« Poissons fossiles ». Il en ressentit d'autant plus de
plaisir que cette œuvre lui avait été confiée par Cuvier
lui-même. Sa mère, qui lui annonça cette nouvelle
avant qu'il en reçût l'avis officiel, en fut aussi tout
heureuse. « Tes « Poissons fossiles », qui t'ont causé
« tant d'inquiétudes, de travail, de sacrifices, lui
« écrivit-elle, sont maintenant estimés à leur juste
« valeur par les juges les plus compétents... Cela a
« été un si grand bonheur pour moi, mon cher
« Louis, que j'en ai les larmes aux yeux en t'écri-
« vant. » Elle avait pris une part trop intime aux
difficultés de la tâche pour ne pas partager aussi la
joie du succès.

CHAPITRE XVII

1852-1855 — 45 à 48 ans

Retour à Cambridge. — Achat des collections. — Second hiver à
Charleston. — Maladie. — Lettre à James-D. Dana. — Sa démis-
sion comme professeur à Charleston. — Propositions de Zurich.
— Lettre de Oswald Heer. — Lettres à Dana, Haldeman et autres.
— École de jeunes filles.

Agassiz, en revenant de Charleston, s'arrêta à
Washington pour y donner une série de conférences
au *Smithsonian Institute*. Il s'était peu à peu intimement lié avec le professeur Henry, qui le reçut, ainsi
que sa famille, avec la plus cordiale hospitalité pendant son séjour dans cette ville. Agassiz éprouvait la
plus vive sympathie pour cet homme et pour ses travaux scientifiques; il partageait d'ailleurs pleinement
ses vues sur le *Smithsonian Institute*, dont le professeur Henry était depuis quelques années le directeur
en chef. Lui-même ne tarda pas à être nommé l'un
des administrateurs de cette institution, et remplit
ces fonctions jusqu'à la fin de sa vie.

Les inquiétudes d'Agassiz au sujet de ses collections
devenaient de plus en plus vives. Pendant les six années passées aux États-Unis, il avait exploré toute la
côte de l'Atlantique, ainsi que la vaste région des lacs
et des rivières des États de l'Est et du centre et amassé
une telle quantité d'objets d'histoire naturelle que,

dans certaines branches, ses collections représentaient une valeur considérable. Elles étaient surtout riches en animaux inférieurs et en matériaux propres à étudier l'embryologie des êtres marins invertébrés. Depuis longtemps son idée favorite était, d'organiser, dans le musée qu'il espérait fonder, une section d'embryologie, création qui n'avait jamais été réalisée sur une aussi vaste échelle dans les principaux établissements zoologiques. Il pensait exercer par là une influence directe et puissante sur les progrès de la science moderne. Ses collections contenaient d'abondants matériaux pour ce genre de recherches, outre une quantité de beaux spécimens représentant presque toutes les classes du règne animal. Mais, entassées dans un espace trop étroit, elles pouvaient à peine lui être utiles à lui-même, et à plus forte raison à d'autres. Ses propres ressources s'épuisaient à préserver de la destruction ces objets précieux. Il est vrai qu'en 1850, l'Université lui avait alloué dans ce but quatre cents dollars par an et que, pour loger provisoirement ces collections, on avait mis à sa disposition, sur les terrains du Collège, un hangar en bois, bien préférable à la maison de bains qu'elles occupaient auparavant. Mais les frais d'entretien se comptaient par milliers et non par centaines de dollars, et la majeure partie de ce qu'Agassiz gagnait par ses conférences hors de Cambridge, était engloutie dans ce gouffre. Ce fait parvint à la connaissance de quelques amis qui s'intéressaient à lui autant qu'à la science ; ils prirent l'initiative d'une souscription dont le produit, s'élevant à douze mille dollars, servit à acheter les collections pour en assurer la possession à

l'Université de Cambridge. Cette somme était à peine
l'équivalent de ce qu'elles lui avaient coûté, mais
peu lui importait, car il était plus que jamais disposé
à la dépenser de nouveau dans l'intérêt du musée.

Cependant sa santé commençait à être sérieusement
ébranlée par des travaux aussi excessifs. A peine
était-il arrivé à Charleston et avait-il commencé son
cours au Collège médical, qu'il fut saisi d'une fièvre
violente et pendant quelques jours sa vie fut en danger; heureusement, il se trouvait alors à l'*Arbre creux*
à l'occasion des vacances de Noël. M. et Mme Holbrook
furent pour lui comme un frère et une sœur; nulle
part il n'eût pu trouver des soins plus affectueux. Un
jeune ami, autrefois son élève, auquel il était très attaché, le Dr St-Julian Ravenel, resta constamment auprès de son lit, unissant la vigilance du médecin à la
sollicitude du garde-malade. Ainsi traité et soigné,
Agassiz devait guérir pour peu que la chose ne fût pas
impossible. En effet, il sortit heureusement de cette
crise à la grande joie de ses amis et de tous ceux qui
avaient partagé leurs inquiétudes. Vers la fin de février il put reprendre ses cours et, malgré les lan-
gueurs de la convalescence, il se remit à l'œuvre
avec une admirable énergie, comme on peut le voir
par la lettre que voici :

Louis Agassiz à James-D. Dana.

(Trad. de l'anglais.)

Ile de Sullivan, Charleston, le 16 février 1853.

.... Il me semble vraiment que dans l'étude de la distribution géographique des animaux, la condition actuelle

du règne animal est trop exclusivement prise en considération. Dès qu'on pourra le faire pour toutes les classes, et j'espère que le temps n'en est pas éloigné, il conviendra de ne pas perdre de vue les rapports des espèces vivantes avec les fossiles. Puisque vous êtes aussi convaincu que moi que l'habitat des animaux et toutes leurs particularités ne sont pas le résultat d'influences physiques, mais proviennent de plans et d'intentions du Créateur, il devient évident que l'introduction successive de toutes les diversités de formes qui ont été observées depuis la première apparition d'une division quelconque du règne animal, jusqu'à la création actuelle, doit être en corrélation avec l'habitat des êtres qui existent maintenant.

S'il est vrai, par exemple, que chez les mammifères, les types les plus élevés, tels que les quadrumanes, sont essentiellement tropicaux, ne se peut-il pas que la distribution prédominante des pachydermes inférieurs dans les mêmes limites géographiques soit due à la circonstance que leur type a été introduit sur la terre dans une période plus chaude de l'histoire de notre globe, et que leur habitat actuel est en rapport avec ce fait plutôt qu'avec leur degré d'organisation ? Les Pentacrinites, les plus inférieurs des échinodermes, n'ont qu'un représentant vivant dans l'Amérique tropicale, où nous trouvons en même temps les Spatangues et les Holothuries les plus perfectionnés et les plus grands. N'est-ce pas là un cas tout à fait semblable à celui des singes et des pachydermes ? Car autrefois, les Crinoïdes étaient les seuls représentants de la classe des échinodermes. Ne pouvons-nous pas en dire autant des crocodiles, comparés aux anciens sauriens gigantesques ? Ou bien, les crocodiles, comme ordre, sont-ils distincts des autres sauriens et en réalité plus élevés que les tortues ? D'innombrables questions de cette nature, et de grande importance pour la géologie, se soulèvent à chaque pas, dès que nous comparons la distribution actuelle des animaux avec celle des habitants des périodes géologiques précédentes. Il est très remarquable que, parmi les crustacés, les Trilobites et les animaux semblables aux Limules, soient les seuls représentants de la classe pendant les âges paléozoïques; que les Macroures aient prévalu de la même manière pendant la période secondaire et que les Brachyures apparaissent seulement dans la période tertiaire.

Découvrez-vous dans vos recherches un rapport quelconque entre ces faits et la distribution actuelle des crustacés? Il y a certainement dans leur classification un trait qui doit paraître très frappant; c'est que, pris sur une grande échelle, le rang organique de ces animaux correspond en général avec leur ordre de succession dans les temps géologiques, et cette circonstance n'est pas de peu d'importance, quand il est reconnu que le même rapport entre le rang et la succession prévaut à travers toutes les classes du règne animal, et que des traits semblables se manifestent dans le développement embryonnaire de tous les types, autant qu'on peut en juger à présent.

Mais je sens que ma tête s'alourdit; je m'arrête en vous félicitant d'avoir terminé votre grand ouvrage sur les crustacés.....

Pendant le printemps de 1853, Agassiz revint au Nord par le Mississipi, s'arrêtant à Mobile, à la Nouvelle-Orléans et à Saint-Louis pour des conférences; mais ce ne fut pas sans éprouver un profond regret qu'il donna sa démission de professeur au Collège médical de Charleston, car, outre les liens personnels qu'il y avait formés, il s'était attaché à cette ville, à sa population et à l'œuvre qu'il y poursuivait.

Il avait espéré établir dans la Caroline du Sud une

station permanente pour des observations régulières
et continuer ainsi une série de recherches, qui, re-
liées à ses propres études sur les côtes de la Nouvelle-Angleterre et les régions voisines, ainsi que sur
les récifs et les rivages de la Floride, auraient cons-
titué un vaste champ de comparaisons. Mais il n'en fut
rien. A la vérité, le Collège médical refusa d'accepter
sa démission, lui accordant en même temps une
année de congé; toutefois, il devint bientôt évident
que sa santé, sérieusement ébranlée, nécessitait un
hiver passé dans le Nord, dont l'effet tonique devait
agir sur son tempérament; malgré cela, elle ne rede-
vint jamais ce qu'elle avait été auparavant. Il passa
à Cambridge l'hiver de 1854, s'accordant autant de
tranquillité et de repos que ses occupations pouvaient
le lui permettre.

Au mois de mai, il reçut des propositions de l'Université de Zurich, récemment créée; on le pressait d'accepter par patriotisme une chaire de professeur ainsi
que la direction du musée, richement doté, de cette
ville. Si séduisante que fût cette proposition, et malgré
les grands avantages qui lui étaient offerts, Agassiz
refusa. Il avait une passion — le mot n'est pas trop
fort — pour l'œuvre qu'il avait entreprise en Amérique et pour les espérances qu'il en concevait. Il
pensait que, par ses propres efforts, unis à l'enthousiasme général qu'il avait éveillé pour la science et
qu'il s'efforçait d'entretenir, il arriverait à créer aux
États-Unis un musée selon ses désirs, musée qui ne
serait pas seulement une vaste accumulation d'objets
d'histoire naturelle, mais qui devait avoir par son
arrangement même la valeur la plus haute au point

de vue de l'instruction. Comme nous allons le voir, ni les relations formées dans sa jeunesse, ni les avantages scientifiques les plus attrayants de l'Ancien Monde ne purent le détourner de ce but bien déterminé. Les propositions de Zurich n'étaient pas officielles, mais elles lui étaient parvenues par l'entremise d'un ami et collègue qu'il admirait et pour lequel il éprouvait une profonde sympathie. Le fait seul de travailler près de lui eût déjà été un grand attrait pour Agassiz.

Louis Agassiz au professeur Oswald Heer.

(Trad. de l'allemand.)

Cambridge, le 9 janvier 1855.

Très honoré ami,

Comment vous ferai-je comprendre pourquoi votre bonne lettre est restée jusqu'à présent sans réponse, bien qu'elle me soit parvenue il y a déjà quelques mois. Elle a trait à une question de grande importance pour toute ma carrière et, en pareil cas, il ne faut pas se décider à la hâte, ni même avoir trop égard à ses préférences. Vous ne pouvez douter que la pensée de faire partie d'une institution de ma patrie, et d'aider à stimuler le progrès scientifique dans le pays de ma naissance, de ma famille, de mes premiers amis, ne me touche profondément et ne m'attire par tout ce que je tiens de plus honorable et de plus cher dans la vie. Mais voilà huit ans'que je suis en Amérique; j'ai appris à apprécier la position qui m'y est faite et j'ai commencé des entreprises qui ne sont pas achevées. Je sens aussi combien est grande l'influence que j'exerce dans ce pays de l'avenir, et combien cette influence augmente en étendue et en force chaque année. Comment

donc choisir ? Comment voir clairement, au milieu de
tout cela, la place où je puis être le plus utile à la
science ?

Parmi les privilèges dont je jouis ici, je ne dois pas
oublier celui de passer une grande partie de mon temps
dans le voisinage de la mer, qui offre des ressources
inépuisables au zoologiste et à l'embryologiste. J'occupe
maintenant une maison située à quelques pas d'une localité admirable pour ces études et je puis, en conséquence,
les poursuivre sans interruption pendant toute l'année,
au lieu d'être limité pour ces études, comme la plupart
des naturalistes, aux courtes vacances d'été. Il est vrai
qu'il me manque les grands musées, les bibliothèques et
le stimulant que procurent les relations avec une quantité de collaborateurs animés du même esprit et poursuivant tous le même but. En revanche, je dois dire que le
nombre des investigateurs capables et influents augmente
ici chaque année et que parmi eux il s'en trouve qui
peuvent, à juste titre, réclamer une place éminente n'importe où.....

Les moyens de publication ne manquent pas non plus
ici. Les traités les plus volumineux, accompagnés d'illustrations coûteuses, paraissent dans les Mémoires du
Smithsonian Institute, dans les « Discussions » de la Société
philosophique américaine, dans celles de l'Académie des
sciences naturelles et dans les Mémoires de l'Académie
américaine, tandis que les petites communications trouvent place dans le Journal de Silliman, dans celui de la
Société d'histoire naturelle de Boston et dans les procès-
verbaux d'autres sociétés scientifiques. On a aussi créé
des musées..... et il y a, en outre, une quantité de collections particulières pour des branches spéciales de zoologie..... Mais ce qui vaut encore mieux que tout cela, c'est
l'intérêt vif et général que tout le monde ici prend aux
explorations. Chaque expédition scientifique que le gou-

vernement envoie dans l'intérieur, ou dans les États de
l'Ouest, dans l'Orégon ou en Californie, est accompagnée
d'une commission de zoologistes, de géologues et de botanistes. De cette manière, on est parvenu à réunir de magnifiques collections qui, pour être mises à profit, n'attendent plus que des investigateurs habiles. En réalité,
je ne crois pas qu'on ait nulle part ailleurs rassemblé
autant de choses nouvelles, et mon désir est de pouvoir
dorénavant contribuer à l'étude approfondie de ces trésors.

Dans ces circonstances, je me suis demandé depuis des
mois quelle décision je devais prendre. La question n'est
pas de consulter mes goûts, mais bien mon devoir envers
la science. Après y avoir mûrement réfléchi, je n'ai plus
de doutes et, quoique cela me peine, je viens vous prier
de renoncer à toute démarche qui pourrait m'attirer un
appel plus direct à Zurich. Je suis décidé à rester ici pour
un temps indéfini, ayant la conviction que j'exercerai
dans ce pays une influence plus active et plus étendue sur
les progrès de la science que je ne le ferais en Europe.

Je regrette de ne pouvoir accepter votre offre des fossiles d'Œningen. Pendant les deux dernières années, j'ai
dépensé plus de vingt mille francs pour ma collection et,
dans ce moment, je ne puis faire d'autres débours de
cette nature; mais dès que j'aurai de nouvelles ressources
à ma disposition, une collection pareille sera la bienvenue
et, si elle est encore en vos mains, je serai très content
d'en faire l'acquisition. Je ne puis pas non plus songer à
présent à échanger des doubles, parce qu'il ne m'a pas
encore été possible d'arranger mes collections et de mettre
de côté les spécimens convenables pour des échanges.
Pouvez-vous me procurer les poissons de Glaris en assez
grande quantité ? J'aimerais les acheter pour ma collection dès que j'en aurai les moyens; je ne tiendrais pas à
avoir des exemplaires isolés de chaque espèce, mais je

préférerais des séries complètes, afin de pouvoir réviser
mes précédentes déterminations par un examen plus approfondi.

Rappelez-moi au bon souvenir de tous mes amis de
Zurich et particulièrement de C. Escher.....

La correspondance d'Agassiz, que nous voyons
s'étendre toujours plus et atteindre enfin des proportions démesurées, atteste l'intérêt et l'empressement
avec lesquels chacun lui venait en aide. Ainsi, en
1853, il publia une circulaire par laquelle il demandait des collections de poissons provenant des différents bassins d'eau douce des États-Unis, afin d'obtenir
ainsi des données certaines sur les lois de leur distribution géographique et de leur habitat. Aussitôt
arrivèrent de toutes les parties du pays des centaines
de réponses, la plupart très intelligentes, lui fournissant d'abondants renseignements sur les mœurs des
poissons et sur leurs lieux d'habitation, et lui faisant
en même temps des offres générales de coopération.
Ce n'étaient pas là de vaines promesses, car une
grande partie des collections nombreuses et variées
qui enrichissent actuellement le musée de Cambridge,
furent adressées à Agassiz en réponse à cet appel.

A vrai dire, il commençait à recueillir, sous une
nouvelle forme, le fruit de ses tournées de conférences.
Il était entré de cette manière en contact avec toutes
les classes du peuple et avait rencontré, même dans
les populations ouvrières, plusieurs de ses auditeurs
les plus intelligents et les plus sympathiques, trouvant
souvent des collaborateurs parmi les agriculteurs, les
pêcheurs ou les marins. Nombre de capitaines de la
Nouvelle-Angleterre prenaient, en s'embarquant, des

bocaux qu'Agassiz leur fournissait pour recueillir,
dans des ports plus ou moins éloignés, les objets
d'histoire naturelle qui devaient être envoyés ensuite
au musée de Cambridge. Une ou deux lettres, écrites
à l'époque où paraissait la circulaire dont nous venons de parler, donneront une idée de la méthode
employée par Agassiz pour des recherches de cette
nature.

Louis Agassiz à James-D. Dana.

(Trad. de l'anglais.)

Cambridge, le 8 juillet 1853.

.... J'ai cherché dernièrement le moyen de découvrir jusqu'à quel point les animaux sont vraiment autochthones et
jusqu'à quelles limites ils se sont étendus. Je veux entreprendre cette étude pour Long-Island, la plus grande des
îles situées sur nos côtes. Pour le moment, je me bornerai
aux poissons et aux coquilles d'eau douce et, pour les
comparer, je tâcherai de recueillir soigneusement toutes
les espèces qui vivent dans les rivières des États du
Connecticut, de New-York et du New-Jersey, et je verrai
alors si elles sont identiques à celles de Long-Island. Le
résultat de ces recherches, quel qu'il soit, fournira des
données intéressantes sur la distribution locale des espèces. Je suis presque certain qu'on en retirera quelque
chose d'utile, car un fait important se rattache à cette
localité; la surface actuelle de Long-Island n'est pas plus
ancienne que la période du drift; tous ses habitants, par
conséquent, doivent y avoir été introduits depuis cette
époque. Je ferai en sorte de me procurer des collections
pareilles du cours supérieur du Connecticut, afin de

m'assurer, si, comme c'est le cas dans le Mississipi, les espèces diffèrent suivant les étages du bassin de la rivière.....

Agassiz au professeur S.-S. Haldeman à Columbia.

(Trad. de l'anglais.)

Cambridge, le 9 juillet 1853.

..... En remontant le Mississipi, le printemps dernier, j'ai été frappé du fait remarquable que les poissons diffèrent notablement dans chacune des parties de ce long fleuve, fait que j'avais déjà observé dans le Rhin, dans le Rhône et dans le Danube, bien que là les variations provinssent essentiellement de la présence, dans les hautes régions alpestres, de représentants de la famille des truites, qui ne se retrouvent pas dans le cours principal. Dans le Mississipi, toutefois, le cas est d'une autre nature et devient très frappant, parce qu'à des latitudes différentes on trouve des espèces distinctes du même genre, à peu près comme on l'observe dans des bassins distincts. Ces poissons habitent la rivière dont le cours entier leur est accessible et cependant ils restent fixés, comme par un charme, dans les régions qui leur conviennent le mieux. On se pose aussitôt cette question : Nos petites rivières présentent-elles de semblables différences? J'ai déjà pris des mesures pour obtenir des collections complètes de poissons, de coquilles et d'écrevisses des diverses régions du Connecticut, de l'Hudson et de leurs tributaires et j'aimerais beaucoup pouvoir comprendre dans mes comparaisons le Susquehannah, le Delaware et l'Ohio.

Mon but, en vous écrivant aujourd'hui, est de vous demander si vous pourriez m'aider à faire des collections bien distinctes et aussi complètes que possible de tous

ces animaux des bras Nord et Ouest du Susquehannah,
ainsi que du cours principal de ce fleuve, à Harrisbourg
ou à Columbia, puis du Juniata, du Schuylkill, du Lehigh,
du Delaware, de l'Alleghany et du Monongahela. J'ai
des amis suisses, qui m'ont promis de recueillir les
poissons du cours supérieur du Delaware et du Susquehannah dans les limites de l'État de New-York.
Je ne puis naturellement pas m'attendre à vous voir
explorer pour moi les eaux de votre État; mais parmi
vos connaissances en Pennsylvanie ne se trouverait-il
pas quelqu'un qui, aidé de directions convenables, pourrait s'en charger? Il va sans dire que je rembourserai
avec plaisir tous les frais. Le sujet me paraît assez important pour justifier les efforts qui seront faits dans ce
sens.

Il y a peu de chose à ajouter à ce qu'on connaît des
poissons mêmes, car je crois que la plupart des espèces
ont été décrites par De Kay, Kirtland ou Storer, mais une
bonne étude de leur distribution géographique spéciale
conduira probablement à des résultats aussi importants
pour la zoologie que la connaissance des espèces. S'il
vous est impossible d'écrire vous-même, veuillez au
moins me donner l'adresse des personnes qui seraient
peut-être disposées à m'aider dans cette recherche. Je
sais que vous avez recueilli autrefois des renseignements
pareils pour les Unios, en sorte que vous comprendrez et
apprécierez facilement le but que j'ai en vue.....

Il écrit dans le même sens au professeur Yandell
du Kentucky, en ajoutant : « Sous ce rapport, l'État
« du Kentucky est l'un des plus importants de l'Union,
« non seulement à cause des nombreuses rivières qui
« sillonnent son territoire, mais aussi parce qu'il est
« du petit nombre des États dont les poissons ont été

« déjà décrits par des naturalistes, entre autres par
« Rafinesque dans son *Ichthyologia ohioensis*, en sorte
« qu'une connaissance spéciale de tous ses types ori-
« ginaux est une affaire de première nécessité pour
« celui qui veut comparer les poissons des différentes
« rivières de l'Ouest.... Savez-vous s'il reste à Lexing-
« ton quelque chose des collections de poissons de
« Rafinesque et si, dans ce cas, les spécimens sont
« étiquetés, car il serait très important d'identifier
« ses espèces d'après ses propres indications ? Jamais
« je n'ai autant regretté que les circonstances ne
« m'aient pas encore permis de visiter le Kentucky et
« de faire un séjour à Louisville. »

En 1854, Agassiz transféra son domicile dans une
maison plus vaste que l'Université avait fait construire pour lui. Quoique très simple, l'espace n'y
avait pas été épargné et, pour la première fois, les
quelques milliers de volumes composant sa bibliothèque, purent être réunis dans la même pièce. Il
s'attacha de cœur à cette maison où, sauf quelques
absences, il passa le reste de sa vie. L'architecte,
M. H. Greenough, son ami personnel, tint compte
avec une grande complaisance des nombreux plans qui
lui furent proposés pour la rendre aussi confortable
que possible et l'adapter en même temps aux besoins
d'Agassiz. Du reste, le professeur se pliait avec une
facilité extraordinaire aux circonstances et s'accom-
modait de tout. Contrairement aux habitudes de la
plupart des hommes d'étude, il n'avait pas de place
marquée pour écrire ; aussi, malgré le confort et les
ressources que lui offrait sa belle bibliothèque, le
voyait-on souvent s'établir au salon, un papier sur

ses genoux, ses livres sur une chaise ou sur le parquet et lire ou écrire avec toute son attention, malgré les conversations et le bruit qu'on faisait autour de lui.

Quelquefois les jeunes gens de la famille et leurs invités faisaient de la musique ou se mettaient à danser. Agassiz tirait à lui une petite table dans un coin de la chambre et continuait la page commencée, avec autant de calme, de liberté d'esprit et de bonne humeur que s'il eût été complétement seul, adressant de temps à autre un gracieux sourire, ou une parole aimable, aux couples qui l'effleuraient et dont la gaité le rendait heureux. Les amis de ses .enfants étaient ses amis et, à mesure que ses filles grandissaient, il invitait leurs plus intimes compagnes, parmi lesquelles se trouvaient les filles de M. Ralph-Waldo Emerson, à venir chaque semaine passer une après-midi dans sa bibliothèque. Comme il ne pouvait se résoudre à gaspiller son temps en conversations oiseuses, pour lesquelles il était peu fait, un sujet intéressant d'histoire naturelle était bientôt mis sur le tapis.

C'étaient des jours de bonheur que ne peuvent oublier aucun de ceux qui ont eu le privilège d'en jouir. Après la mort d'Agassiz, ces réunions furent continuées par Emerson dans sa maison de Concord; la poésie, la littérature et la philosophie remplacèrent alors les entretiens sur l'histoire naturelle.

Pendant l'hiver 1855, Agassiz essaya de reprendre ses conférences publiques, afin d'augmenter ses ressources, ses appointements de quinze cents dollars ne suffisant pas à l'entretien de sa famille et aux

frais de ses recherches scientifiques. Mais le printemps venu, il éprouva tout à coup, par suite de cet
excès de travail, une faiblesse si grande et si inquié-
tante, qu'il devint nécessaire de recourir à d'autres
moyens de faire face aux dépenses du ménage. Dans
ces circonstances, sa femme et les deux aînés de ses
enfants, alors en état de l'aider, eurent la pensée de
fonder une école de jeunes filles à l'étage supérieur
de sa maison. Si la chose réussissait, elle remplacerait avantageusement ses tournées de conférences qui
non seulement fatiguaient le professeur mais interrompaient tout travail suivi. Ces projets furent con-
certés et discutés avec quelques amis avant d'être
communiqués à Agassiz, et quand les conspirateurs
lui révélèrent leur complot, sa joie fut sans bornes.
La première idée avait été d'établir une école ordinaire, en lui laissant la tâche d'en diriger l'organisation générale et en profitant des conseils de sa grande
expérience. Mais il réclama immédiatement un rôle
actif dans cette entreprise à laquelle il ne tarda pas
à donner des proportions plus amples, et ce fut sous
son propre nom que parut la circulaire annonçant
l'ouverture de l'école, avec ces mots à la suite du
programme des cours : « Je surveillerai moi-même les
« méthodes d'enseignement, et tout en maintenant
« dans les études la régularité et la précision, si impor-
« tantes dans l'exercice des facultés intellectuelles, je
« tâcherai d'empêcher que la discipline indispensable
« ne dégénère en une routine sans vie, meurtrière
« pour l'esprit du maître aussi bien que pour celui
« de l'élève. J'ai l'intention de me charger des leçons
« de géographie physique, d'histoire naturelle et de

« botanique, en donnant chaque jour, sauf le samedi,
« sur l'un ou l'autre de ces sujets, une leçon qui
« sera illustrée par des spécimens, des modèles, des
« cartes et des dessins. »

Cette école, qui réussit au delà de toute espérance,
lui assura des années heureuses et relativement paisibles; les familles les plus en vue y envoyèrent leurs
filles et les .revenus qu'elle procura permirent à
Agassiz de faire face à ses dépenses scientifiques et
particulières et l'aidèrent à rembourser les dettes
considérables qu'il avait contractées en Europe en
publiant son grand ouvrage des « Poissons fossiles »
et en se livrant à ses recherches sur les glaciers.
Au bout de huit ans, lorsque la guerre de séces-
sion vint bouleverser la société américaine, l'école
fut fermée, mais il n'avait plus besoin de ce secours,
l'Université avait augmenté son traitement et l'État
du Massachusetts, ainsi que des particuliers, avaient
fourni des fonds en faveur du musée qu'il organisait.
L'ère des embarras financiers et des inquiétudes était
définitivement close pour faire place à la sécurité et
à la liberté si nécessaires aux travaux de l'esprit.

A aucune époque de sa vie, il n'eut un auditoire plus attentif, ni plus avide de s'instruire que les
soixante ou soixante-dix jeunes filles qui se réunissaient autour de lui à la fin de chaque matinée;
jamais ses leçons ne furent mieux préparées, plus
intéressantes, plus à la portée de chacun, ni d'une
plus grande élévation de pensée. L'enseignement était
pour lui chose si naturelle que ces leçons, loin de le
fatiguer, lui procuraient une jouissance et un délassement. Il avait soin d'écarter les détails techniques

et tout ce qui pouvait obscurcir les idées, mais il ne craignait pas d'aborder les sujets profonds et difficiles qu'il parvenait à faire comprendre, grâce à la clarté, à la simplicité de sa méthode et au charme de son exposition. « Ce que je désire pour vous, leur disait-il, « c'est une culture intellectuelle générale, fondée sur « des bases solides et susceptible de développements « ultérieurs. Mon intention n'est pas de vous enseigner « telle ou telle science spéciale ; mon seul but est de « vous initier à la connaissance de la nature qui vous « entoure, et de vous donner une idée de la création « en vous en présentant les grands traits. » Il put aussi obtenir pour cette école la coopération de plusieurs professeurs de l'Université.

En passant rapidement en revue les cours donnés par Agassiz lui-même dans cette école privée, nous y voyons figurer : la géographie physique et la paléontologie, la zoologie, la botanique, les récifs de coraux, les glaciers, la structure et la formation des montagnes, la distribution géographique des animaux, leur succession géologique, leur croissance et leur développement, la philosophie de la nature, etc. Avec le secours de dessins, de cartes, de reliefs, de spécimens et d'innombrables illustrations sur le tableau noir, il rendait son sujet clair aux élèves et l'heure de ses leçons était attendue avec impatience comme la plus agréable de toute la matinée.

C'était, en effet, une fête et une récompense que d'assister aux cours du grand naturaliste ; les élèves en parlaient avec enthousiasme dans leurs familles et les parents demandaient comme une faveur d'y prendre part. Les relations amicales commencées ainsi, loin de s'éteindre, comme c'est le cas si souvent, se perpétuèrent jusqu'à la mort d'Agassiz. Pendant bien des années, le dernier jeudi de juin, jour anniversaire de la fin des cours, ses anciennes élèves se réunissaient au musée de Cambridge pour témoigner leur affection à leur vieux professeur qui, de son côté, leur faisait part de ses travaux, de ses projets pour l'accroissement et l'arrangement des collections et terminait par une leçon dans le genre de celles qu'il avait autrefois données à l'école. La dernière de ces réunions eut lieu en 1873, quelques mois avant la mort d'Agassiz. Ses élèves, qui n'étaient plus des jeunes filles, mais des mères de famille chargées de soins et de responsabilités, ayant appris qu'il avait grand besoin d'argent pour l'entretien des collections les plus récentes, avaient recueilli quatre mille cinquante dollars qu'elles lui présentèrent comme un témoignage de leur attachement, ainsi que de l'intérêt qu'elles prenaient à son œuvre et à l'établissement qu'il avait fondé. Sa lettre de remerciements, adressée à l'une de ces dames, mérite une place à la fin de ce chapitre :

« Peu de choses dans ma vie m'ont touché plus « profondément que le don que j'ai reçu cette se- « maine de mes anciennes élèves, et aucun témoi- « gnage de sympathie n'aurait pu m'être plus agréable. « J'emploierai ces fonds à la réalisation d'une idée « favorite qui me préoccupe depuis longtemps et dont « je me réserve exclusivement l'exécution, celle d'ar- « ranger au musée une collection spéciale montrant « en miniature toutes les relations qui existent entre « les animaux, travail que j'ai dû toujours renvoyer

« parce qu'il se présentait des choses plus pressantes
« et parce que mes ressources ne le permettaient
« pas. La pensée que vous travaillez toutes avec moi
« m'est encore plus précieuse que votre secours ma-
« tériel, si nécessaire qu'il soit. J'aimerais pouvoir
« écrire à chacune de vous en particulier et témoigner
« ma reconnaissance d'une manière moins générale.
« En attendant je vous adresse ces lignes, vous priant
« d'exprimer, quand vous pourrez le faire sans trop
« vous déranger, toute ma gratitude aux personnes
« qui vous ont aidées. Veuillez aussi leur dire que je
« me trouverai au musée le dernier jeudi de juin, à
« onze heures et demie, et que je serai charmé d'y
« rencontrer toutes celles qui pourront y venir. Le
« musée a pris une importance non seulement maté-
« rielle, mais scientifique, et il me serait bien agréa-
« ble de pouvoir vous faire de temps en temps un
« exposé de ses progrès, ainsi que de mes propres
« travaux et de mes projets.

« Combien votre aimable entreprise a dû vous
« coûter de préoccupations et d'efforts, dispersées
« comme vous l'êtes toutes ! Certes, il ne devait pas
« être facile de recueillir les noms et les adresses de
« toutes les personnes dont j'ai revu la signature avec
« tant de plaisir. Les paroles me paraissent bien
« insuffisantes; veuillez néanmoins accepter pour
« vous-même et pour vos compagnes d'étude, les
« chaleureux remerciements et les salutations cor-
« diales de votre vieil ami et ancien professeur,

« L.-R. AGASSIZ. »

CHAPITRE XVIII

1855-1860 — 48 à 53 ans

Contributions à l'histoire naturelle des États-Unis. — Lettres de Humboldt et de Owen. — Cinquantième anniversaire d'Agassiz. — Vers de Longfellow. — Laboratoire à Nahant. — Offre d'une chaire de professeur à Paris. — Fondation du musée de zoologie comparée à Cambridge. — Vacances d'été passées en Europe.

Peu de mois avant la circulaire relative à son école, Agassiz avait publié un autre prospectus, d'une plus grande importance ; c'était celui de son grand ouvrage « Contributions à l'histoire naturelle des États-Unis ». D'après son plan, il devait se composer de dix volumes, indépendants les uns des autres et, en cas d'interruption dans la publication, pouvant former chacun un tout complet. La quantité prodigieuse de matériaux qu'Agassiz avait accumulés depuis son arrivée en Amérique rendait cette entreprise presque nécessaire ; mais il n'osait y penser à cause des frais considérables que devait entraîner la publication d'un ouvrage illustré. Les « Poissons fossiles » lui avaient montré le danger de se lancer sans capital dans une affaire pareille ; peut-être même y eût-il renoncé, si des encouragements bienveillants n'étaient venus le tirer d'embarras.

M. Francis-C. Gray, de Boston, qui s'intéressait à
cette œuvre comme ami d'Agassiz et comme homme
de lettres et de science, proposa de faire un appel au
patriotisme américain en faveur d'un ouvrage consacré
entièrement à l'histoire naturelle du pays; il se char-
gea de la partie financière, ouvrit la souscription et la
fit réussir non seulement par une large contribution
personnelle, mais par des lettres et par des appels
au public. Le résultat dépassa de beaucoup l'attente
de tous ceux qui s'y intéressaient. En effet, si l'on
considère le caractère purement scientifique de cet
ouvrage, le nombre des souscripteurs fut extraordinaire et prouva de nouveau à quel point Agassiz avait
gagné le cœur et l'esprit des Américains. Les souscriptions n'arrivaient pas seulement de Boston et de
Cambridge, bien que celles du Massachusetts fussent
les plus nombreuses; elles ne provenaient pas non
plus exclusivement de milieux scientifiques ou littéraires, mais, au grand étonnement des éditeurs, on
recevait chaque jour des signatures de toutes les
parties du pays et de personnes appartenant à toutes
les classes de la société.

Dans sa préface, Agassiz s'exprime ainsi à ce sujet:

« Je prie mes lecteurs d'Europe de se rappeler que
« cet ouvrage est écrit en Amérique et tout particu-
« lièrement pour les Américains et que le public
« auquel il est spécialement destiné a des besoins très
« différents de ceux du public européen. Il n'y a pas
« ici une classe de savants en dehors et à part des
« autres membres cultivés de la société; au contraire,
« le désir de s'instruire est si général, que je m'attends
« à ce que mon livre soit lu aussi bien par des ou-

« vriers, des pêcheurs et des agriculteurs, que par
« les étudiants de nos collèges ou par des hommes
« appartenant aux professions libérales et il est na-
« turel que je cherche à me mettre à la portée de
« tous. »

Si Agassiz exagérait peut-être l'intérêt que le
public des États-Unis portait à des recherches de
cette nature, il faut l'attribuer à la surprise et à la
satisfaction d'avoir rencontré tant de sympathie pour
son œuvre. Quelques-uns des anciens souscripteurs
d'Europe, qui avaient contribué à la publication des
« Poissons fossiles », figuraient sur la nouvelle liste ;
on y remarquait entre autres le nom du roi de Prusse,
qui, sous l'influence de Humboldt, continuait à s'intéresser aux travaux d'Agassiz.

Alexandre de Humboldt à Louis Agassiz.

(Trad. de l'allemand.)

Le 1er septembre 1856.

.... J'apprends que par suite de quelque circonstance
fâcheuse, quoique fortuite sans doute, vous n'avez jamais
reçu, mon cher Agassiz, la lettre par laquelle je vous ex-
primais le plaisir, que je partage avec tous les vrais amis
de la science, de voir paraître votre important ouvrage
« Contributions to the Natural History of the United-
States ». Vous devez avoir été surpris de mon silence, en
vous rappelant non seulement les relations affectueuses
que nous avons toujours soutenues depuis votre premier
séjour à Paris, mais aussi l'admiration que je n'ai jamais
cessé d'éprouver pour les grands et solides ouvrages que
nous devons à votre esprit sagace et à votre incomparable

force intellectuelle..... J'approuve particulièrement les conceptions générales qui sont à la base du plan que vous avez tracé. J'admire la longue série d'investigations physiologiques, commençant par l'embryologie des organismes soi-disant simples et inférieurs, et s'élevant par degrés aux plus compliqués. J'admire aussi cette comparaison toujours renouvelée des types appartenant à l'état actuel de notre planète, avec ceux qu'on trouve maintenant en si grand nombre à l'état fossile, dans l'immense espace compris entre les côtes opposées de l'Europe et de l'Asie septentrionale. La distribution géographique des formes organiques que vous figurez en courbes d'égale densité, concorde à un haut degré avec les inflexions des lignes isothermes.....

Je suis chargé par le roi, qui connaît la valeur de vos anciens ouvrages, et qui éprouve toujours pour vous l'estime affectueuse qu'il vous a jadis exprimée personnellement, de vous demander de placer son nom en tête de votre longue liste de souscripteurs. Il espère qu'une excursion à travers l'Atlantique vous amènera un jour sur la colline historique de Sans-Souci, vous qui avez si courageusement gravi les sommités des Alpes.....

Toutes les lettres d'Agassiz à cette époque expriment le plaisir et la surprise qu'il éprouva de tant d'encouragements; il écrit à son vieil ami le professeur Valenciennes à Paris :

* .... Je viens de faire l'expérience de ce qu'on « peut tenter ici dans l'intérêt de la science. Il y a « environ six mois, je formai le projet de publier les « résultats de mes recherches en Amérique et de le « faire avec tout le soin et tout le luxe désirables. « J'ai estimé mes matériaux à dix volumes in-quarto, « et après en avoir fixé le prix à soixante francs le

« volume, je comptai que je pourrais placer cinq
« cents exemplaires de cet ouvrage. Je fis paraître
« mon prospectus et aujourd'hui j'ai dix-sept cents
« souscripteurs. Que dites-vous d'un pareil nombre
« pour un ouvrage qui doit coûter six cents francs et
« dont rien n'a encore paru, pas même un spéci-
« men ? Encore ne suis-je pas au bout, car tous les
« jours il m'arrive de nouveaux souscripteurs; ce
« matin même, j'en ai reçu quatre de Californie ! Où
« l'amour de la science ne va-t-il pas se nicher !.... »

Un peu plus tard, Agassiz écrit dans le même sens
à Sir Charles Lyell :

* « ..... Vous apprendrez sans doute avec plaisir que
« le premier volume de mes « Contributions to the Na-
« tural History of the United-States », ouvrage qui com-
« prendra dix volumes in-quarto, est maintenant sous
« presse et paraîtra cet été. J'espère qu'il prouvera
« que je n'ai pas été oisif pendant mes dix années de
« silence. J'ai quelque inquiétude sur ce qu'on dira de
« mon premier chapitre institulé : « Classification »,
« qui ne contient rien de ce que les zoologistes s'at-
« tendraient généralement à trouver sous ce titre. La
« souscription est merveilleuse. Imaginez-vous qu'il
« y a déjà deux mille et cent signatures avant l'appa-
« rition des premières pages d'un ouvrage coûtant
« cent vingt dollars ! Cela me met en état de réaliser
« pour l'histoire naturelle ce que je n'aurais jamais
« pensé pouvoir faire..... »

Cet ouvrage, tel qu'il avait été projeté à l'origine,
ne fut jamais achevé, par suite du mauvais état de la
santé d'Agassiz et des occupations pressantes que lui

imposait le développement du grand musée, devenu
l'intérêt dominant de sa vie. Il ne put en publier que
quatre volumes dont les deux premiers sont divisés
en trois parties : 1º Un essai sur la classification ;
2º Les tortues de l'Amérique du Nord ; 3º L'embryologie de la tortue. Ces deux dernières parties sont
accompagnées de trente-quatre planches. Les troisième
et quatrième volumes, consacrés aux Radiés, sont
composés de cinq parties, savoir : 1º Les Acalèphes
en général ; 2º Les Cténophores ; 3º Les Discophores ;
4º Les Hydroïdes ; 5º Les Homogénéités des Radiés
— et sont illustrés de quarante-six planches [1].

Pour la nouveauté du sujet, la clarté de l'exposition
et la beauté des illustrations, ces volumes ont été
hautement reconnus comme des modèles d'ouvrages
scientifiques ; mais les vues philosophiques de l'auteur étaient probablement trop en désaccord avec les
théories courantes du jour pour être généralement
admises. Dans son essai sur la classification en particulier, Agassiz entre en lutte contre les théories
transformistes et affirme que le monde animal est
l'expression organique de certaines conceptions abs-
traites, persistantes et indestructibles ; suivant lui, si
les influences physiques maintiennent, et dans de
certaines limites, modifient les organismes, ces influences ne peuvent aller jusqu'à affecter le type, ou
les caractères qui servent à distinguer les grands
groupes du règne animal. A ce point de vue, par
conséquent, l'influence du milieu est limitée et

---

[1] Les planches ont été dessinées avec une rare fidélité et une
grande perfection par A. Sonrel et la plupart des dessins microscopiques sont dus au professeur H.-J. Clark, principal aide d'Agassiz.

n'aboutit qu'à mieux faire ressortir son impuissance. Pour comprendre les arguments sur lesquels ces conclusions sont fondées, il faut en référer au livre lui-même. Cette question toutefois n'occupe que la première subdivision de cet « Essai sur la classification » les deux autres étant consacrées à des considétions générales et à une revue des systèmes modernes de zoologie.

Parmi les nombreuses lettres de félicitations qu'Agassiz reçut d'Europe au sujet de cet ouvrage, nous citerons la suivante :

Richard Owen à Louis Agassiz.

(Trad. de l'anglais.)

Le 9 décembre 1857.

.... Je ne puis laisser passer un jour sans vous remercier des deux volumes de votre grand ouvrage sur la zoologie de l'Amérique, qui, par votre manière approfondie et magistrale de traiter les questions, contribuera aux progrès de la zoologie dans toutes les parties du monde. Ce travail est digne de l'auteur des « Poissons fossiles », livre devenu classique. De tels ouvrages, comme les constructions cyclopéennes de l'antiquité, sont faits pour durer. Je me permets de vous exprimer, comme je le ressens, le vif espoir que vous conserverez votre santé et votre vigueur, et que vous pourrez réaliser votre grandiose projet.

J'ai remis à M. Trübner les six livraisons parues de mon « Histoire des Reptiles fossiles de la Grande Bretagne »; la septième sera bientôt publiée et comme elles vous seront toutes envoyées successivement, j'espère que vous me permettrez d'ajouter votre nom sur la liste de mes souscripteurs, comme un faible et insuffisant témoignage de réciprocité pour la générosité avec laquelle vous m'offrez votre ouvrage.

Croyez-moi toujours votre dévoué,

Richard OWEN.

Le cinquantième anniversaire d'Agassiz approchait; il avait décidé que l'apparition du premier volume des « Contributions » coïnciderait avec cette date et servirait ainsi de pierre milliaire pour marquer son demi-siècle. Il entreprit cette tâche avec l'ardeur persévérante qui caractérisait sa nature, lorsque toutes ses facultés se concentraient sur le même objet. Pendant de longues semaines, il consacra à ce travail plusieurs heures de la journée et une grande partie de ses nuits; de temps en temps il sortait dans l'obscurité pour respirer l'air et calmer sa fièvre de travail; puis il se remettait à l'œuvre. Il sentait bien que cette surexcitation dépassait la mesure de ses forces, et ce fut pour lui un immense soulagement, lorsqu'au moment fixé il put mettre le point final à la dernière page de ce volume.

Les étudiants qui lui étaient le plus attachés et qui cherchaient toutes les occasions de lui témoigner leur reconnaissance, ayant appris qu'il désirait faire coïncider l'achèvement de cette tâche avec l'anniversaire de sa naissance, projetèrent de lui donner la veille une sérénade en l'honneur de cette double circonstance. Ils mirent dans leur confidence M. Otto Dresel dont Agassiz appréciait l'amitié aussi bien que le talent pour la musique, et ce fut lui qui composa le programme de cette petite fête. Sûrs que leur professeur serait encore à l'ouvrage à minuit, les jeunes gens se placèrent sans bruit devant la maison, et lorsque l'horloge eut frappé les douze coups, le silence fut subitement interrompu par les sons harmonieux d'un choral de Bach. Étant sorti pour voir à qui il devait cette charmante surprise, il se trouva en présence de ses jeunes amis qui lui présentèrent des fleurs et des félicitations. Plusieurs morceaux bien choisis furent ensuite exécutés, y compris quelques chants d'étudiants allemands, en souvenir du séjour d'Agassiz à Heidelberg et à Munich et ce ne fut qu'à la pointe du jour que chacun se retira. Il est difficile de reproduire le charme original d'une scène pareille, au clair de lune d'une douce nuit de mai, calme et tiède comme une nuit d'été. Nous la rappelons seulement pour montrer l'intimité affectueuse qui existait entre Agassiz et ses élèves.

Ce fut aussi à cette occasion que Longfellow composa les vers bien connus qu'il lut le jour suivant à un dîner donné à Agassiz par le *Club du samedi*. Holmes en parle en ces termes : « Un jour, Longfellow récita à table une courte poésie, composée pour l'anniversaire d'Agassiz, et jamais je n'oublierai la modestie et la délicatesse de sentiment avec lesquelles il débita ses charmants vers. » Quoiqu'ils figurent dans la plupart des recueils de poésies de Longfellow, nous les reproduisons ici pour compléter ce récit :

« Voilà cinquante ans passés, au charmant mois de « mai, dans le beau pays de Vaud, un enfant dormait « en son berceau.

« Et la nature, cette vieille nourrice, prit l'enfant « sur ses genoux et lui dit : Voici un livre d'histoires ; « ton père l'a écrit pour toi.

« Viens avec moi, dit-elle, et nous voyagerons
« dans des régions encore inexplorées, et nous lirons
« ce qui n'a jamais été lu dans les œuvres de Dieu.

« Et l'enfant s'en alla au loin, bien loin, avec la
« nature, cette chère vieille nourrice, qui lui chan-
« tait nuit et jour les harmonies de l'univers.

« Et quand le chemin lui semblait long ou que son
« cœur commençait à faiblir, elle lui chantait une
« chanson plus belle, ou lui contait une histoire plus
« merveilleuse.

« Ainsi, elle le garda pendant qu'il était enfant; et
« maintenant elle ne veut plus le laisser repartir,
« bien que parfois son cœur batte avec violence pour
« le beau pays de Vaud,

« Bien que parfois aussi il entende dans ses rêves
« le Ranz des vaches des anciens temps et le bruit
« des torrents de la montagne qui tombent des gla-
« ciers, clairs et froids.

« Et la mère à son foyer, s'écrie : Écoutez, j'entends
« sa voix, et je souffre; il se fait tard et sombre, et
« mon enfant ne revient pas. »

Malgré ses habitudes laborieuses, Agassiz était éminemment sociable et appréciait ce Club du samedi,
dont la réputation s'est étendue au loin. Le Dr Holmes en fait la description suivante dans sa biographie
d'Emerson, l'un des membres les plus assidus de ce
club : « Au bout d'une des tables était assis Longfel-
« low, paisible, bienveillant, n'élevant jamais la voix,
« causeur plus agréable que brillant, mais qu'on voyait
« toujours avec plaisir et dont le silence même était
« préférable à la conversation de beaucoup d'autres
« personnes. A l'autre bout de la table se trouvait

« Agassiz, robuste, sanguin, animé, parlant beaucoup
« et riant comme un enfant. Un étranger qui eût
« demandé quelles étaient les personnes assises au-
« près d'eux, aurait entendu nommer Hawthorne,
« Motley, Dana, Lowell, Whipple, le fameux mathé-
« maticien Peirce, le juge Hoar, distingué au barreau
« comme au Conseil, Dwight, le premier critique
« musical de Boston, Sumner, le champion par excel-
« lence de la liberté, Andrew, le grand ministre de
« la guerre du Massachusetts, le Dr Howe, le phi-
« lanthrope, le peintre W. Hunt et d'autres encore
« bien dignes de faire partie d'une .telle société. »
Pour compléter la liste, ajoutons le nom de Holmes
lui-même, dont la présence contribuait pour beaucoup à donner au club sa réputation d'esprit et de
sagesse. En si bonne compagnie, il était facile de
s'oublier, et si Holmes a décrit le charme de ces
réunions autour de la table, Lowell a raconté la
promenade nocturne, lorsque, traversant le pont,
il s'en retournait à pied à Cambridge avec Agassiz.
En ne citant ici que des fragments, on risquerait de
gâter cette scène paisible et d'interrompre l'agréable
causerie des deux amis. Reproduisons cependant les
derniers vers. « Enfin, arrivés là où notre chemin se
« sépare : — Bonne nuit ! et avant que la distance
« devienne trop grande, — De nouveau : Bonne nuit !
« Et maintenant trompé par mon oreille, — je crois
« entendre encore celui qui ne m'entendra plus ja-
« mais [1]. »

Agassiz possédait à cette époque un petit labora-

---

[1] Voir le poème composé à la mémoire d'Agassiz, par James-
Russell Lowell.

toire situé au bord de la mer, sur la rive Nord-Est
de Nahant et à un jet de pierre de rochers escarpés
dont les profondes cavités lui fournissaient constamment des spécimens provenant d'aquariums naturels, qui se renouvelaient à chaque marée montante.
Ce laboratoire et un petit cottage voisin, qui, pendant l'été, était occupé par sa famille et par celle du
professeur Felton, lui avaient été donnés par son
beau-père, M. Cary. On avait prévenu avec tant de
sollicitude tous les désirs d'Agassiz que la table sup-
portant son microscope se trouvait isolée sur une dalle
fixée au sol même, afin qu'aucune secousse, occa-
sionnée par des pas ou par l'ébranlement des portes
et des fenêtres, ne pût le déranger dans ses observations.

C'est là qu'il poursuivait chaque été ses études sur
les méduses depuis les espèces les plus petites et les
plus mignonnes, telles que les Pleurobrachiées, les
Idyas et les Bolinas, jusqu'aux énormes Cyanées avec
leurs grands disques et leurs fortes tentacules de
plusieurs mètres de longueur. Rien n'est plus charmant que les petites espèces de ces animaux gélati-
neux. Leur structure est si délicate, quoique bien
définie, leur couleur si tendre et parfois si brillante,
leurs tissus si transparents, qu'on chercherait en vain
des termes de comparaison parmi la faune terrestre
et qu'on serait tenté de croire que la nature a fait
ses plus parfaits ouvrages pour la mer plutôt que pour
la terre. Souvent on voyait des centaines de ces petites méduses flottant dans les bocaux dont le laboratoire d'Agassiz était toujours amplement pourvu. Il
était toujours facile de se procurer de nouveaux exem-

plaires en allant en petit bateau à un ou deux milles
du rivage, soit pendant les heures chaudes et calmes,
lorsque ces animaux montent à la surface de l'eau,
soit de nuit par une mer phosphorescente, alors
qu'on peut être sûr de les trouver en abondance,
puisqu'ils fournissent eux-mêmes une grande partie
de cette lumière. Dans ces pêches, on retirait souvent
des filets beaucoup de spécimens nouveaux et intéressants, outre ceux que l'on cherchait.

Agassiz s'était fait aussi parmi les pêcheurs beaucoup d'amis et d'aides, qui ne manquaient jamais de
lui apporter tout ce qu'ils trouvaient de rare ou de
remarquable ; parfois même, oubliant leur propre
intérêt, ils s'occupaient plus du laboratoire que du
marché.

Ce genre de recherches n'était pas entièrement
interrompu en hiver, Nahant et Cambridge n'étant
éloignés que d'environ quinze milles. A cette époque
il écrivait à ses amis Holbrook :

« Vous pouvez difficilement vous imaginer quel
« délicieux endroit Nahant est à présent pour moi.
« En y allant de temps à autre pendant l'hiver, je
« puis, sans interruption, suivre toute l'année la crois-
« sance de mes petits animaux marins. J'ai là dans
« ce moment de jeunes méduses bourgeonnant sur
« leur polype nourricier, et j'espère les voir s'en déta-
« cher et prendre leur liberté dans peu de semaines. »

Après ces recherches, il s'occupa des raies et des
requins pendant plusieurs années, et il a laissé sur
ce sujet beaucoup de matériaux qui devaient former
un des volumes des « Contributions », mais qui mal-

heureusement n'étaient pas assez complets pour pouvoir être publiés.

En août 1857, Agassiz reçut la lettre suivante de M. Rouland, ministre de l'Instruction publique en France :

* M. Rouland à Louis Agassiz.

Paris, le 19 août 1857.

Monsieur,

Une chaire de paléontologie est vacante au muséum d'Histoire naturelle de Paris. Vous êtes Français, vous avez enrichi votre pays natal de travaux éminents et de recherches laborieuses; vous êtes membre correspondant de l'Institut. L'Empereur serait heureux de ramener en France un savant distingué, un professeur renommé. Je viens vous offrir en son nom la chaire vacante et votre patrie se félicitera de retrouver un de ses enfants les plus dévoués à la science.

Veuillez agréer Monsieur l'assurance de mes sentiments de haute estime.

ROULAND.

Si l'on avait dit à Agassiz, lorsqu'il quittait l'Europe, que dix années plus tard, on le rappellerait pour occuper une des places si recherchées du Jardin des plantes, ce grand centre de la vie scientifique et de l'influence en France, se serait-il cru capable de la refuser? Certes, ce n'est pas sans regret qu'un homme décline une offre qui, à une autre époque de sa vie, aurait été pour lui le comble du bonheur. Mais Agassiz n'hésita pas un instant. Sa réponse est empreinte de la reconnaissance et de la joie qu'il éprouve en voyant cette preuve du souvenir que l'on garde de lui en Europe. En refusant une position qu'il considérait comme la plus brillante qui pût être offerte à un naturaliste, il alléguait la tâche qu'il s'était imposée en Amérique et terminait en disant : « Permettez-moi de relever une erreur qui me concerne « personnellement. Je ne suis pas Français, bien que « Français d'origine; ma famille est suisse depuis « des siècles et malgré une absence de dix ans, je « suis encore Suisse. »

Cette correspondance n'en resta pas là. Quelques mois plus tard, l'offre fut courtoisement renouvelée par M. Rouland avec la promesse de lui réserver la place pendant une ou même deux années, afin de lui laisser le temps d'achever tous ses travaux commencés en Amérique. Il répondit à ce second appel que l'œuvre qu'il prétendait accomplir exigerait non pas des années, mais toute sa vie. Son refus ne fut pas pris en mauvaise part, car peu après la croix de la Légion d'honneur lui fut conférée, et de temps en temps il reçut des lettres amicales du ministre de l'Instruction publique qui le consultait volontiers sur des questions d'une haute portée scientifique.

Ces offres excitèrent beaucoup d'intérêt parmi les anciens amis d'Agassiz en Europe; les uns le pressaient d'accepter, d'autres applaudissaient à sa résolution de rester éloigné de la grande arène des rivalités et des ambitions. Parmi ces derniers se trouvait Humboldt, comme on le verra d'après le passage suivant, tiré d'une lettre qu'il écrivait le 9 mai 1857 à M. George Ticknor, de Boston, l'un des plus bienveillants et des meilleurs amis d'Agassiz dès son arrivée en Amérique.

Alexandre de Humboldt à G. Ticknor.

Le 9 mai 1858.

.... Le grand et bel ouvrage d'Agassiz (les deux premiers volumes) ne m'est parvenu que depuis quelques jours. Il produira beaucoup d'effet par la grandeur des vues générales et l'extrême sagacité dans les observations embryologiques spéciales. Je n'ai jamais cru que cet homme illustre, qui est en même temps un homme de cœur et une belle âme, accepterait les offres qu'on lui a noblement faites à Paris. Je savais que la reconnaissance le retiendrait dans une nouvelle patrie où il trouve un si immense terrain à exploiter et de si puissants secours pour faciliter ses travaux.....

En écrivant à l'un de ses amis à propos de cette offre, Agassiz s'exprime ainsi : « D'un côté, mon cot-« tage à Nahant, au bord de la mer et les récifs de « la Floride avec les navires du *Coast Survey* à ma « disposition, depuis la Nouvelle-Écosse jusqu'au « Mexique et sur toute la côte du Pacifique, si je le « désire; de l'autre côté, le Jardin des plantes avec « tous les trésors qui y sont accumulés. Tout bien « considéré, une occasion pareille d'étudier la nature « doit l'emporter sur les grands attraits qu'offre le « musée de Paris. J'espère être assez sage pour ne « pas me laisser tenter, même par la perspective « d'une nouvelle édition des « Poissons fossiles ».

Agassiz écrivait encore à son vieil ami le naturaliste Charles Martins :

* *Louis Agassiz à Charles Martins.*

Cambridge, le 3 novembre 1858.

.... Les travaux que j'ai entrepris ici et la confiance que j'ai su inspirer à tous ceux qui ont à cœur le développement intellectuel de ce pays, rendent mon retour en Europe impossible pour le présent, et comme vous l'avez très bien compris, je préfère édifier à nouveau en Amérique, plutôt que d'aller batailler au milieu des coteries de Paris. On m'offrirait un pouvoir absolu pour la réorganisation du Jardin des plantes, avec un revenu de cinquante mille francs, que je ne l'accepterais pas. J'aime mieux mon indépendance.....

Le fait qu'Agassiz avait reçu cette offre du gouvernement français et l'avait refusée, attira de nouveau l'intérêt du public sur ses projets. On sentait qu'on ne devait pas laisser dans une position précaire et difficile un homme prêt à se vouer sans réserve aux progrès de la science aux États-Unis. Ses collections, conservées en grande partie dans l'alcool et entassées dans un léger bâtiment en bois, étaient particulièrement exposées aux dangers du feu. Une étincelle, une allumette jetée négligemment, pouvait les détruire complètement en une demi-heure, et tout secours eût été inutile. Ce danger, toujours présent à la pensée d'Agassiz, ne lui laissait de repos ni jour, ni nuit. Ce frêle édifice, dans lequel se trouvaient empilés, de la cave au grenier, des caisses, des boîtes, des barils et des tonneaux, représentait le trésor qui devait servir à réaliser les rêves de sa jeunesse et les projets de sa maturité. L'espoir de créer un vaste musée dont toutes les parties seraient mises en rapport les unes avec les autres, de manière à représenter la nature et à illustrer l'histoire du règne animal dans le passé, comme dans le présent, avait toujours captivé son imagination. Il ne songeait pas seulement à créer des collections bien classées, il voulait aussi et surtout leur donner une valeur encore plus grande au point de vue de l'enseignement, qu'il avait à cœur autant que la science elle-même. Son musée idéal devait être un puissant auxiliaire des écoles de l'État du Massachusetts d'abord, et aussi de tout le pays. Dans sa pensée, ce musée, devenu un centre scientifique, répandrait au loin par des publications neuves et originales les notions des connaissances modernes. Cet espoir fut pleinement réalisé. Le premier numéro des « Bulletins du musée » parut en mars 1863 et celui du « Catalogue illustré » en 1864. Ces deux publications ont dès lors paru régulièrement.

Dans le plan général, qu'il ne perdait jamais de vue, il distinguait les exigences des travailleurs studieux et spéciaux, de ce que de simples visiteurs pouvaient réclamer d'un établissement destiné à instruire les uns et les autres. D'un côté, des chambres de travail amplement pourvues de tout ce qui est nécessaire aux études sérieuses, de l'autre, des collections classées de telle sorte qu'en les parcourant, chacun pût reconnaître les rapports des animaux entre eux, leur succession dans le temps et leur distribution sur la terre.

Mais la partie de ce plan immense qui séduisait le plus Agassiz était ce qu'il appelait la salle synoptique. Là, devait se trouver tout l'ensemble du règne animal en abrégé, un résumé de la création composé d'un petit nombre d'exemplaires bien caractérisés de tous les groupes de ses grandes divisions. Sur les murs, de larges écriteaux bien lisibles auraient fait de cette pièce, placée à l'entrée du musée et comme vestibule, une leçon d'histoire naturelle simple et claire, qui aurait servi d'introduction à la représentation plus détaillée de la faune générale.

Agassiz ne vécut pas assez longtemps pour achever, comme il l'entendait, cette vaste entreprise, mais, peu avant sa mort, il en expliqua tous les détails à son fils Alexandre qui en a soigné l'exécution. La chambre synoptique et la majeure partie des collections systématiques et faunales sont maintenant terminées, et les nombreux visiteurs qui s'y rendent pendant la belle saison sont une preuve de l'intérêt qu'elles excitent.

Cette belle conception, dont le musée de Cambridge est l'expression, s'est développée dans l'esprit de son fondateur bien longtemps avant qu'un seul dollar eût été recueilli pour la construction du bâtiment et que la première pierre en fût posée. Elle existait en lui comme le peintre voit en imagination son tableau tout entier, avant qu'il l'ait rendu vivant sur la toile. Sa compagne seule peut comprendre jusqu'à quel point cette pensée l'occupait et le charmait, tout en lui causant parfois de graves soucis, puisque l'exécution dépassait ses moyens et ses forces.

Mais son projet était connu de plusieurs de ses amis; il l'avait en particulier exposé en détail à M. Françis-C. Gray, homme intelligent et sympathique à toute entreprise utile. Ce dernier mourut en

1858, laissant par son testament un legs de cinquante mille dollars pour l'établissement d'un musée de zoologie comparée, à condition que cette somme ne serait employée ni à la construction du bâtiment, ni au paiement des employés, mais seulement aux besoins scientifiques du musée. Quoique ce legs ne contînt aucune allusion aux collections déjà réunies à Cambridge, on en comprit bien le but, et son héritier, M. William Gray, transmit cette somme à l'Université d'Harvard avec la réserve que ni les collections, ni aucun des bâtiments destinés à les recevoir, ne porteraient jamais d'autre nom que celui de « Musée de zoologie comparée de Harvard ».

Nous insistons sur ce point, parce qu'Agassiz lui-même avait choisi ce titre en opposition à ceux qui voulaient l'appeler de son propre nom. Suivant lui, l'œuvre étant impersonnelle, son nom ne devait pas y être attaché. Malgré cela et son indifférence absolue pour un tel honneur, il ne put s'y soustraire complétement. Le public l'identifia à son œuvre et, en dépit de sa dénomination légale, rebaptisa le musée du nom plus familier de « Musée Agassiz ».

Le legs de M. Gray eut une influence heureuse sous tous les rapports et stimula le zèle de chacun. L'Université s'empressa de fournir un terrain convenable et comme le fonds Gray ne pouvait être appliqué aux constructions, on s'adressa à la législature du Massachusetts qui accorda des terres pour une valeur de cent mille dollars, à condition que les particuliers de leur côté, contribuassent aux frais dans une certaine proportion. La somme de soixante-onze mille cent vingt-cinq dollars, dépassant un peu celle que la législature avait stipulée comme clause de sa participation, fut souscrite en peu de temps à Boston et à Cambridge. Agassiz, en outre, fit don de toutes les collections qu'il avait recueillies depuis la vente qu'il avait faite quatre ou cinq ans auparavant, et qui représentaient à elles seules, en comptant seulement ses déboursés, une valeur de dix mille dollars. Les architectes, H. Greenough et G. Snell, fournirent gratuitement les plans. M. Greenough connaissait depuis longtemps les idées d'Agassiz au sujet de la distribution de l'édifice, les points essentiels ayant été souvent discutés entre eux, de sorte que le plan fut bientôt terminé. Ces faits se succédèrent rapidement. Le legs de M. Gray avait été rendu public en décembre 1858 et déjà au mois de juin 1859, on donnait le premier coup de pioche et l'on posait la première pierre du musée futur [1].

Cet événement, si important pour Agassiz, eut lieu peu de jours avant son départ pour l'Europe. En effet, il s'était décidé à consacrer ses quelques semaines de vacances à une courte visite en Suisse. Il s'arrêta quelques jours en Irlande et en Angleterre pour revoir ses vieux amis, le comte d'Enniskillen et Sir Philip Egerton, et pour examiner de nouveau leurs

---

[1] Le plan, tracé en vue des besoins présents et futurs du musée, comprenait un bâtiment principal de trois cent soixante-quatre pieds de longueur sur soixante-quatre de largeur, avec des ailes de deux cent cinq pieds de longueur sur soixante-quatre de largeur; le tout en forme de carré ayant une cour au milieu. La partie construite en 1859 et 1860 ne formait qu'une section de l'aile Nord, soit deux cinquièmes de la longueur totale et donnait amplement de place pour les besoins immédiats du musée. Dès lors, des adjonctions y ont été faites et on a achevé l'aile Nord. Quant au musée Peabody, il occupe la place qui lui a été assignée dans l'aile Sud.

collections. A Londres il passa également quelques
heures au Musée britannique, visita Owen à Richmond
et eut l'occasion de renouer connaissance avec ses
anciens amis et collègues, réunis chez Sir Roderick
Murchison pour lui souhaiter la bienvenue. Il s'accorda aussi à Paris une semaine, rendue des plus
agréable par la cordialité et l'hospitalité des professeurs du Jardin des plantes et par l'accueil qu'il
reçut à l'Académie des sciences. Les moments les
plus heureux peut-être de ce court séjour, furent ceux
qu'il passa auprès de son vieil ami Valenciennes,
avec lequel il avait jadis travaillé à Paris, lorsque la
présence de Cuvier et de Humboldt y donnait un
puissant élan aux travaux scientifiques.

De Paris, il se rendit rapidement en Suisse auprès
de sa mère, lui consacrant, ainsi qu'à sa famille, tout
le temps dont il pouvait disposer, avant que ses devoirs le rappelassent à Cambridge. Ce furent d'heureuses semaines qui s'écoulèrent en grande partie
dans une retraite absolue à Montagny, au pied du
Jura, où Mme Agassiz vivait avec sa fille aînée. Les
journées se passaient ordinairement au jardin, dans
un bosquet entouré de lierre et ombragé par de
beaux arbres. Il se plaisait alors à raconter à sa mère
tout ce qu'il n'avait pu lui écrire sur sa vie et sur
son *home* des États-Unis, puis sur le musée qu'il
allait bientôt retrouver et qui lui fournirait les moyens
d'accomplir tout ce qu'il avait rêvé pour l'étude de la
nature. Ce paisible séjour à Montagny ne fut interrompu que par une visite de quelques jours à sa sœur
à Lausanne, par une course à Neuchâtel et une aux
Ormonts, où se trouvait alors son frère, devenu inva-

lide. Il passa aussi un jour ou deux à Genève, à l'occasion de la réunion extraordinaire que la Société helvétique avait convoquée dans cette ville, Lugano n'ayant pu la recevoir cette année-là, par suite de la guerre d'Italie. Il eut ainsi le plaisir de renouer d'anciens liens d'amitié avec A. de la Rive, Pictet de la Rive, de Candolle, A. Favre et d'autres savants suisses.

CHAPITRE XIX

Retour à Cambridge. — Transfert des collections dans le nouveau
musée. — Rapports avec les étudiants. — Commencement des
hostilités entre le Nord et le Sud. — Premières publications du
musée. — Médaille Copley. — Correspondance générale. — Conférences dans l'Ouest. — Circulaire concernant les collections
anthropologiques. — Lettre à Ticknor sur la distribution des
poissons en Espagne.

A son retour à Cambridge, vers la fin de septembre,
Agassiz trouva le bâtiment du musée très avancé;
mais il ne fut achevé que dans le courant de l'année
suivante. L'inauguration eut lieu le 13 novembre 1860.
Le transfert des collections se fit aussi promptement
que possible et, dans ces conditions favorables, le
musée ne tarda pas à se développer. Les salles de
cours furent bientôt ouvertes tant au public qu'aux
étudiants; les instituteurs, en particulier, y étaient
reçus avec empressement et gratuitement. Le professeur était heureux de pouvoir renouer ainsi les rapports intimes qu'il avait eus avec eux, dès son arrivée
aux États-Unis. Comme nous l'avons dit, il aimait les
écoles, les visitait, et l'éducation publique était une
de ses plus constantes préoccupations. Il ouvrit, dès
ce temps-là, l'entrée de ses cours de l'Université aux
femmes comme aux hommes, car il voyait avec un

vif plaisir chez elles le désir d'étendre leur champ d'étude et d'occupation, et il employa toujours un certain nombre de femmes comme aides au musée.

Les trois années suivantes furent pour lui une époque de travail incessant, mais sans événement particulier à signaler. Dès neuf ou dix heures du matin, la journée, à l'exception de l'heure destinée aux leçons de son école, était consacrée au musée, soit pour ses propres recherches et pour ses cours, soit pour distribuer et surveiller les travaux du laboratoire qu'il dirigeait entièrement. Passant de banc en banc et d'une table à l'autre, donnant ici un conseil, jetant là un coup d'œil scrutateur, mais bienveillant, il faisait sentir d'une manière sympathique sa présence dans tout l'établissement ; personne n'a exercé une influence personnelle aussi grande sur ses élèves et sur ses employés. Ses premières leçons d'histoire naturelle n'étaient guère encourageantes ; l'observation et la comparaison étant, suivant lui, les qualités fondamentales du naturaliste, il commençait par enseigner à ses élèves à bien voir ; il ne les aidait pas directement, mais les plaçait en face d'un spécimen, en leur recommandant avant tout de faire bon usage de leurs yeux et de lui rendre compte de ce qu'ils auraient observé. Il revenait de temps en temps demander au débutant à quel point il en était, mais ne lui adressait jamais une question en vue de le diriger, ne lui signalait aucun trait particulier de structure et ne provoquait ni supposition, ni conclusion. Cette manière d'étudier durait quelquefois plusieurs jours ; le professeur exigeant que l'élève distinguât non seulement les différentes parties de l'animal,

mais découvrît le rapport des détails qu'il avait observés lui-même avec les traits typiques plus généraux.
Ses élèves se rappellent encore avec plaisir leur cons-
ternation, lorsque, livrés à eux-mêmes, ils se trouvaient en présence d'un spécimen, sans secours à
espérer de leur professeur, jusqu'à ce qu'ils eussent
tiré de l'animal le secret de sa structure. Tous ont
reconnu que cette méthode, qui les astreignait à un
examen minutieux et attentif, avait exercé une grande
influence sur leurs facultés d'observation, quel qu'ait
été d'ailleurs leur champ d'activité. L'un d'eux, qui
avait l'intention de se vouer à l'entomologie, termine
ainsi le récit d'une de ses premières leçons, consacrée
uniquement à l'étude d'un poisson : « Ce fut la meil-
« leure leçon d'entomologie que j'aie jamais reçue ;
« son influence s'est fait sentir sur toutes mes études
« et c'est là un legs d'une inestimable valeur que le
« professeur m'a laissé, comme à tant d'autres étu-
« diants, et qui nous est devenu indispensable [1]. »

Si, pour développer l'indépendance et l'exactitude
des facultés d'observation, Agassiz commençait par
abandonner ses élèves à leurs propres ressources,
jamais maître, après ces préliminaires, ne fit plus
généreusement part de sa science. Son trésor intellectuel était toujours ouvert à ses élèves ; son matériel
particulier, ses ouvrages inédits, ses plus précieux
spécimens, ses dessins et ses livres, tout était à leur
disposition. Cette libéralité devenait par elle-même
un moyen d'éducation, car elle apprenait aux jeunes

---

[1] *In the laboratory with Agassiz*, par S.-H. Scudder.

gens à respecter les objets précieux et souvent uniques qui leur étaient confiés.

Ces sentiments de confraternité, établis et développés dans son laboratoire, créèrent une source de relations cordiales entre les étudiants et le professeur. Beaucoup d'entre eux lui étaient profondément attachés et de son côté il était soutenu par leur sympathie et leur affection. La plupart ne l'oublieront jamais; il est encore leur maître et leur ami, presque aussi vivant dans leur souvenir que lorsqu'ils travaillaient, soutenus et animés par sa présence et par sa parole.

Après avoir passé une grande partie de la journée au musée et à son école, Agassiz n'avait plus que les nuits pour écrire et rarement il quittait son bureau avant une ou deux heures du matin, quelquefois même plus tard. Ses deux derniers volumes des « Contributions », sur les Acalèphes, furent achevés à cette époque. La guerre venait d'éclater entre le Nord et le Sud et aucun Américain ne tenait plus que lui à la conservation de l'Union et de ses institutions. Il sentait que la tâche de ceux qui cultivaient les lettres et les sciences était de maintenir dans leur intégrité les aspirations et les ressources intellectuelles du pays pendant cette lutte pour l'existence nationale, et pour cela de stimuler la vie et l'activité des établissements scientifiques jusqu'au moment où, la paix étant rétablie, les études, ces vraies armes de la civilisation, reprendraient leur place et leur rôle.

Pour atteindre ce but, il se mit au travail avec une nouvelle ardeur et, tandis que ses amis le pressaient de restreindre ses dépenses pour le musée et de mé-

nager ses ressources jusqu'au moment où l'orage
serait passé, il ne cessa au contraire d'encourager,
par tous les moyens en son pouvoir, le développement de cette institution. De temps en temps, la
législature du Massachusetts venait à son aide; le
musée reçut ainsi au commencement de cette période
une nouvelle allocation de dix mille dollars. Au
moyen de ces fonds, on put commencer la publication illustrée, connue sous le nom de « Bulletin du
musée de zoologie comparée de Cambridge ».

A cette époque aussi, il sollicita vivement la création
d'une Académie nationale des sciences et s'occupa
activement de son organisation et de son adoption
officielle par le Congrès (1863). Il aimait à rappeler à
ce sujet l'histoire de l'Université de Berlin, et dans
un appel, qu'au milieu même de la guerre, il fit
au public en faveur des institutions scientifiques
des États-Unis, il écrivait : « Un fait bien connu dans
« l'histoire de l'Allemagne prouve que c'est en temps
« de grand danger politique que l'on peut jeter les
« bases les plus solides du développement intellectuel
« d'un pays. Lorsque, en 1806, après la bataille d'Iéna,
« la monarchie prussienne était écrasée, le roi, dou-
« tant même que sa couronne lui fût conservée, dé-
« cida, à l'instigation du philosophe Fichte la fonda-
« tion de l'Université de Berlin. Elle fut inaugurée
« l'année même où ce prince désespéré rentrait dans
« sa capitale. Depuis lors, cette Université a été la
« plus grande gloire de la Prusse et a fait de Berlin
« l'un des foyers de lumière de l'Allemagne. »

On peut ajouter ici, comme preuve de la confiance
d'Agassiz dans les institutions des États-Unis et dans

leur avenir, qu'il se fit naturaliser Américain à l'heure la plus sombre de la guerre, alors que les ennemis du pays prophétisaient en toute assurance sa ruine définitive. En devenant ainsi officiellement citoyen des États-Unis, il voulait attester sa foi dans la stabilité de la constitution et dans la justice de la cause du Nord.

On trouvera dans les lettres suivantes quelques détails sur les occupations d'Agassiz et les graves événements de cette époque.

Sir Philip Egerton à Louis Agassiz.

(Trad. de l'anglais.)

Londres, Albemarle Street, le 16 avril 1861.

Mon cher Agass [1],

J'ai reçu ce matin votre cadeau, aussi beau qu'il a été le bienvenu; ce troisième volume de votre grand ouvrage m'a rappelé combien j'ai été négligent en ne vous écrivant pas plus tôt. Au fond, je n'avais rien qui valût la peine de vous être communiqué et je sais que votre temps est trop précieux pour être gaspillé par un simple bavardage. Je n'ai naturellement pas eu le loisir d'étudier aucune des parties de votre Monographie, mais je l'ai feuilletée et ce que j'ai vu a suffi pour me mettre en appétit devant ce régal scientifique que vous nous servez si libéralement. A présent que votre esprit est déchargé de ce poids, j'espère apprendre prochainement que vous tiendrez cette année votre promesse de venir en Angleterre, pour cette

---

[1] Abréviation amicale dont Sir Philip se servait souvent avec Agassiz.

bonne longue visite, si longtemps renvoyée par suite de circonstances imprévues. Maintenant que votre fils partage vos travaux, vous pouvez alléger votre esprit de toute inquiétude sur ce qui se passe de l'autre côté de l'Atlantique pendant votre absence.

Ici nous sommes tous à nous quereller furieusement à propos des Celtes et des objets en silex, du combat pour l'existence, de la sélection naturelle, de l'âge du monde, des races humaines, des dates bibliques, des singes et des gorilles, etc.; le dernier duel a eu lieu entre Owen et Huxley au sujet des différences anatomiques entre le cerveau des singes anthropoïdes et celui de l'homme. Il y a eu aussi des controverses théologiques à la suite de la publication des *Essays and Reviews*, dont vous avez sans doute beaucoup entendu parler. Quant à moi, j'ai été très occupé à préparer avec Huxley une nouvelle décade de poissons fossiles, tous du vieux grès rouge d'Écosse.... Enniskillen se porte tout à fait bien. Il est à présent à Lyme Regis.....

C'est à peu près à cette époque que la médaille de Copley fut décernée à Agassiz, distinction qui lui valut les cordiales félicitations de ses amis d'Angleterre.

Sir Roderick Murchison à Louis Agassiz.

(Trad. de l'anglais.)

Belgrave Square, mars 1862.

Mon cher Agassiz,

Votre lettre du 14 février a été pour moi une véritable surprise. Je me suis reproché de ne pas vous avoir écrit plus tôt au sujet d'un événement que j'attendais si impa-

tiemment; mais je n'ai pas mis en doute que depuis longtemps le secrétaire des affaires étrangères ne vous eût
annoncé officiellement qu'au dernier anniversaire de la
Société royale, on vous avait conféré le plus grand honneur que notre corporation puisse accorder à un savant,
étranger ou compatriote. En me rendant aujourd'hui à
la Société royale, j'ai appris que le président et les secré-
taires étaient très étonnés que vous n'eussiez jamais répondu à la lettre officielle qui vous avait été adressée le
1er ou le 2 décembre par le professeur Müller de Cambridge [1], secrétaire pour l'étranger. Il vous a écrit pour
vous informer de cette décision et vous dire que la médaille Copley avait été déposée chez lui, en attendant que
vous ayez indiqué vous-même ce qu'il fallait en faire.
Je lui ai maintenant recommandé de vous l'adresser officiellement par l'entremise du ministre des États-Unis,
M. Adams. Dans ces temps d'irritation réciproque, il faut
avoir recours à tout ce qui peut adoucir et calmer les
sentiments de colère, et j'espère qu'on reconnaîtra publiquement que si nos journaux échangent toute espèce
d'injures, les hommes de science en Angleterre n'ont
pensé qu'à honorer un cher et éminent savant d'Amérique.

Je vous remercie de votre exposé clair et énergique
sur le Nord et le Sud; j'en ferai part à nos amis communs.
Egerton, qui est maintenant ici, a été enchanté d'avoir de
vos nouvelles, de même que Huxley, Lyell et beaucoup
d'autres.....

Dans un mémoire qui vient d'être lu à la Société géologique, le professeur Ramsay a attribué à l'action de la
glace beaucoup plus que vous ne l'avez jamais fait. Il
s'imagine que tous les lacs de la Suisse, au Nord et au
Sud (ceux de Genève, de Neuchâtel, de Côme, etc.), ont
été creusés par le frottement des glaciers.....

---

[1] Cambridge en Angleterre.

Sir Philip Egerton à Louis Agassiz.

(Trad. de l'anglais.)

Albemarle Street, Londres, le 11 mars 1862.

Mon cher Agass,

Comme je suis à présent installé à Londres pour quelques mois, je profite de la première occasion pour vous écrire et vous féliciter de la haute distinction que la Société royale vous a conférée et, j'ajoute, que vous avez complétement méritée. Je suis extrêmement heureux de la décision du conseil; je regrette seulement de n'y avoir pas assisté moi-même pour appuyer vos droits et prendre une part directe à vos succès. Il y a bien longtemps que je n'ai reçu de vos nouvelles, mais je suppose que cette terrible scission entre le Nord et le Sud a rendu assez difficile la continuation de vos travaux scientifiques, ainsi que l'obtention des allocations qui vous sont nécessaires. Il me serait bien agréable d'apprendre comment vous vous trouvez et s'il y a quelque chance de vous voir ici dans le courant de l'été ou de l'automne. Je vous attendais sans faute l'année dernière et j'ai été bien désappointé en voyant que vous ne pouviez pas réaliser votre projet. Je vous ai envoyé aujourd'hui par Baillière la dernière décade des publications de Jermin St. [1]. Vous verrez que Huxley a entrepris, dans un esprit vraiment scientifique, l'étude des poissons du système dévonien.

Richard Owen à Louis Agassiz.

(Trad. de l'anglais.)

Musée britannique, 1862.

Mon cher Agassiz,

J'ai reçu le quatrième volume de votre « Histoire naturelle des États-Unis », noble contribution à l'avan-

[1] Publications du *Geological Survey of England*.

cement de notre science, et bien digne de votre grand nom, et depuis lors j'ai consacré tous mes moments de loisir à l'étudier.

La démonstration de l'unité de plan qui domine dans la diversité des modifications des Polypes, des Hydroïdes, des Acalèphes et des Echinodermes de votre groupe vraiment naturel des Radiés, est parfaite à mon avis, et j'ai la certitude que le dur et détestable nom de Cœlentérés, source essentielle d'erreur, sera banni définitivement d'une nomenclature zoologique durable et rationnelle.

Je profiterai des occasions qui se présenteront pour me rappeler à votre souvenir par les brochures que j'aurai le temps d'écrire. L'une d'elles vous initiera un peu aux luttes qui se livrent ici dans le but d'obtenir pour l'Angleterre un musée d'histoire naturelle digne de sa grandeur, de sa richesse, de l'étendue de ses colonies et de son commerce maritime. En ceci, vous êtes pour moi un précieux auxiliaire et j'ai cité les rapports de votre musée de zoologie comparée pour appuyer mes demandes au sujet de l'ampleur que doit avoir un tel établissement.

J'ai été bien aise d'apprendre par M. Bates que le Megatherium n'avait pas coulé à fond, mais qu'il avait été sauvé et qu'il se trouvait probablement déjà dans votre musée de Cambridge. J'espère qu'il en est bien ainsi.

C'est toujours un grand plaisir pour moi de recevoir quelques lignes de vous, ou la visite d'un de vos amis. Nos amis Enniskillen et Egerton sont tous deux en bonne santé.....

Je reste toujours votre dévoué

Richard OWEN.

Comme on l'a vu précédemment dans une lettre de Sir R. Murchison, Agassiz s'efforçait de temps à autre de donner à ses amis anglais des idées plus justes sur notre lutte nationale. La lettre qui provoqua la réponse suivante nous manque, mais il est facile d'en deviner le contenu et de se représenter le plaisir qu'elle fit.

Louis Agassiz à Sir Philip Egerton.

(Trad. de l'anglais.)

Nahant, le 15 août 1862.

.... Je suis si reconnaissant de vos paroles de sympathie que je ne veux pas perdre un instant pour vous exprimer mes sentiments. On était navré en lisant semaine après semaine dans les journaux anglais que le noble dévouement des gens du Nord à leur patrie et à leur gouvernement était flétri comme un service de mercenaires. Vous savez que je ne suis guère disposé à me mêler de politique, mais je puis vous dire que je n'ai jamais vu répondre plus généreusement et plus promptement à l'appel de la patrie, qu'on ne l'a fait ici l'année dernière et qu'on ne le fait encore maintenant dans les États restés fidèles. Pendant les six dernières semaines, près de trois cent mille hommes se sont engagés volontairement et je suis persuadé que les trois cent mille autres demandés se présenteront dans le courant du mois prochain, sans qu'il soit nécessaire de faire un tirage au sort. Et croyez-moi, ce n'est point l'appât d'une prime d'encouragement qui les attire, car les jeunes gens appartenant à nos classes les plus élevées sont les premiers à s'offrir. La seule objection qu'on puisse faire, c'est que le départ d'un si grand nombre de soldats prive le pays de ses plus précieuses ressources.

Je vous remercie encore une fois de votre chaude sympathie. J'en avais d'autant plus besoin que c'est peut-être la première parole amicale que j'aie reçue d'Angleterre à ce sujet, et je commençais à mettre en doute l'humanité de

votre civilisation..... Dans les circonstances présentes,
vous pouvez bien penser que je ne puis pas songer à
quitter Cambridge, même pour peu de semaines, si vif
que soit mon désir de me reposer et, en particulier, de me
rendre à votre aimable invitation. Mais je sens que j'ai une
dette à payer à ma patrie adoptive, et tout ce que je puis
faire à présent, c'est de contribuer à y maintenir l'activité
scientifique qui a été éveillée pendant les dernières années
et qui augmente même en ce moment.

Je suis dans mon laboratoire de Nahant, au bord de la
mer, occupé à étudier l'embryologie, surtout dans ses
rapports avec la paléontologie; les résultats sont des plus
satisfaisants. J'ai déjà eu l'occasion de suivre le développement des représentants de trois familles différentes,
sur l'embryologie desquelles nous n'avions jusqu'ici recueilli aucune observation, et j'ai appris à connaître le
mode de croissance de plusieurs autres. Aussi je me propose de revenir sérieusement, l'hiver prochain, à mes
premières amours scientifiques.....

J'ai pris avec moi au bord de la mer l'ouvrage que
vous avez écrit avec Huxley, les *Contributions to the
Devonian Fishes*, ainsi que votre Mémoire sur la faune
carbonifère des poissons, mais je n'ai pas encore pu les
étudier à fond, ayant eu trop à faire avec les animaux
vivants pour pouvoir m'occuper des fossiles. Cependant,
la saison favorable pour les études au bord de la mer
arrive rapidement à son terme et je pourrai alors accorder
plus de temps à mes anciennes occupations favorites.

J'apprends avec chagrin les souffrances qui pèsent sur
les districts manufacturiers d'Angleterre. Je voudrais
pouvoir prédire la fin de notre conflit; mais je ne crois
pas maintenant qu'il puisse être terminé avant l'abolition
de l'esclavage, bien que mon opinion fût différente il y a
six mois. Les hommes les plus conservateurs du Nord
sont arrivés graduellement à cette conclusion et personne

ne voudrait entendre parler un instant d'un compromis avec le gouvernement esclavagiste. Pourra-t-on se débarrasser de l'esclavage par la guerre ou par une proclamation d'émancipation, c'est ce que le Président lui-même ne sait sans doute pas encore.

Je ne pense pas que nous ayons besoin de plus d'argent que le pays n'est disposé à en donner volontairement. Les dons particuliers pour le confort de l'armée sont vraiment illimités. Une personne que je connais et qui ne passe pas pour une des plus riches de Boston, a déjà donné trente mille dollars et j'ai appris hier qu'un garçon de magasin avait remis au comité de secours toutes ses économies de plusieurs années, soit deux mille dollars, ne gardant absolument rien pour lui, et il en est ainsi partout. Nous avons naturellement des oiseaux de mauvais augure et des gens découragés, mais ils n'osent plus élever la voix; d'où je conclus qu'il n'y a pas moyen d'arrêter l'orage jusqu'à ce que, d'après le cours naturel des choses, l'atmosphère redevienne claire et pure.

Toujours votre fidèle ami

Louis AGASSIZ.

Depuis qu'il avait renoncé à son école et terminé son quatrième volume des « Contributions », Agassiz consacrait tout son temps et ses forces au musée : c'est du reste ce qu'il fit jusqu'à la fin de sa vie. Quoique l'État et les particuliers lui vinssent généreusement en aide pour l'extension de l'établissement, les dépenses dépassèrent souvent les prévisions et, pendant la guerre surtout, il fut difficile de combler le déficit. Pour y remédier, Agassiz fit dans l'hiver de 1863 la plus grande tournée de conférences qu'il eût jamais entreprise ; de Buffalo à Saint-Louis, il s'arrêta dans toutes les grandes villes et dans quelques-unes des petites. Ces conférences réussirent parfaitement au point de vue pécuniaire et procurèrent de vraies jouissances à Agassiz qui, reçu partout avec cordialité, fut écouté par des auditeurs nombreux et enthousiastes; mais sous le rapport de sa santé et de ses recherches scientifiques, ce voyage n'eut qu'un médiocre résultat.

Agassiz n'avait alors que cinquante-six ans et pourtant sa forte constitution commençait à se ressentir d'un épuisement à peine justifié par son âge; aussi l'état de sa santé inspirait-il déjà de sérieuses inquiétudes à ses amis. Il revint très éprouvé et passa l'été à Nahant dont le climat lui était toujours salutaire, et où son laboratoire lui offrait les meilleures conditions de travail. Cette retraite avait cependant le défaut d'être trop accessible; il y était assailli, comme à Cambridge, par les trop nombreuses visites qu'un homme aussi en vue est exposé à recevoir.

Nous voyons par ses lettres combien les intérêts du musée étaient présents à sa pensée, même pendant ses vacances. Il écrit à son beau-frère T.-G. Cary, établi à San Francisco et qui, depuis longtemps, était son aide le plus dévoué pour les collections des côtes du Pacifique.

Louis Agassiz à Thomas-G. Cary.

(Trad. de l'anglais.)

Cambridge, 23 mars 1863.

Cher Thomas,

Ce que vous avez fait depuis des années pour contribuer à enrichir le musée de Cambridge, lui a permis de réaliser d'importants progrès dans tout ce qui concerne l'histoire naturelle de la Californie, et maintenant qu'il est devenu nécessaire de faire entrer dans notre plan des objets jusqu'ici négligés, je viens vous adresser un nouvel appel.

Chaque jour, l'histoire de l'humanité est mise en rapport plus intime avec l'histoire naturelle de la création des animaux et il est indispensable d'organiser une vaste collection propre à faire connaître l'histoire des races non civilisées. Comme vous avez des amis et des relations d'affaires dans presque toutes les parties du monde, j'ai pensé que le plus convenable serait de vous adresser une circulaire indiquant les objets désirés et de vous prier de bien vouloir la répandre autant que possible.

Pour faire les collections les plus utiles à l'histoire naturelle de l'humanité, deux classes de spécimens doivent être recueillies; l'une concernant la manière de vivre, les mœurs, les coutumes de ces races, l'autre leur constitution physique. Quant à la première, il faudrait réunir les vêtements et les ornements de toutes les races d'hommes, leurs ustensiles, leurs outils, leurs armes et les modèles ou dessins de leurs habitations, de manière à donner une idée de leurs constructions; puis des canots et des rames comme spécimens de leur industrie ou indice de leurs progrès dans la navigation, en un mot ce qui a rapport à leurs occupations, leurs travaux, leurs mœurs, leur culte et tout ce qui peut indiquer chez eux la naissance et les progrès des arts. Quant aux vêtements, il faudrait choisir ceux qui ont été portés, ou même abandonnés, plutôt que des objets nouveaux qui pourraient être plus ou moins de fantaisie et ne renseigneraient pas réellement sur les conditions naturelles et les mœurs d'une race.

Quant aux collections destinées à illustrer la constitution physique des races, il est plus difficile d'obtenir des spécimens instructifs, parce que les races sauvages sont généralement disposées à envisager comme sacré tout ce qui concerne leurs morts; cependant, dès qu'il se présentera une occasion d'obtenir les crânes des aborigènes des différentes parties du monde, il faut s'empresser d'en profiter et avoir bien soin de les étiqueter de manière à ne pas commettre d'erreur sur leur origine. En outre, il faut faire tous les efforts possibles pour se procurer des têtes parfaites, conservées dans l'alcool, afin que tous leurs traits puissent être étudiés et comparés soigneusement. A défaut, on peut les remplacer par des portraits ou des photographies.

Espérant que vous pourrez m'aider de cette manière à réunir à Cambridge, pour l'étude de l'histoire naturelle des races humaines [1], une collection plus complète que celles qui existent partout ailleurs,

Je reste toujours votre dévoué ami et frère

Louis AGASSIZ.

La lettre suivante est écrite dans le même esprit que celles adressées précédemment à M. Haldeman, au sujet de la distribution des poissons en Amérique. Nous la donnons au risque de nous répéter, parce qu'elle rappelle l'idée favorite d'Agassiz, d'arriver à la solution du problème de l'apparition successive des faunes de poissons par l'étude plus approfondie des circonscriptions géographiques ou locales qui constituent leur *habitat*.

---

[1] Toutes les collections ethnographiques du musée de zoologie comparée ont été transférées au musée Peabody où elles sont réellement à leur place.

Louis Agassiz à George Ticknor.

(Trad. de l'anglais.)

Nahant, le 24 octobre 1863.

Cher Monsieur,

Parmi mes projets pour le développement du musée, il en est un pour lequel je viens réclamer votre concours et votre sympathie. Jusqu'à présent, les poissons des lacs et des rivières de notre globe n'ont pas été comparés les uns aux autres, comme je l'ai fait pour ceux du Danube, du Rhin et du Rhône et pour ceux des lacs du Canada et de la Suisse. Je me propose donc de traiter ce sujet sur la plus large échelle, car je vois qu'il est en rapport des plus direct avec la théorie de la transformation des espèces et que, selon toute probabilité, il lui donnera le coup de grâce..... Mais laissez-moi d'abord vous soumettre mon plan.

Les rivières et les lacs sont isolés les uns des autres par des terres et par des mers. La question est donc de savoir comment il se fait qu'ils sont peuplés d'habitants différant à la fois de ceux qui peuplent la terre et de ceux qui vivent dans la mer, et pourquoi chaque bassin hydrographique a ses propres habitants, plus ou moins différents de ceux de tout autre bassin ? Prenez, par exemple, le Gange, le Nil et l'Amazone; il ne s'y trouve aucun être vivant pareil à ceux des autres fleuves. Pour pousser les recherches jusqu'au point où elles peuvent être décisives dans la discussion des doctrines scientifiques actuelles, il est essentiel de connaître en détail les faits qui se rapportent à chaque bassin d'eau douce. Si ce point pouvait être atteint, il serait, je crois, suffisant pour trancher toute la question.

J'ai déjà pris des mesures pour obtenir les poissons de toutes les rivières du Brésil et d'une partie de celles de la Russie et j'espère que vous m'aiderez à me procurer des spécimens semblables d'Espagne et peut-être aussi d'autres pays. Le plan que j'ai en vue pour l'Espagne, serait digne des docteurs de l'université de Salamanque dans ses plus beaux jours.

Mon idée est de recueillir des collections distinctes de toutes les principales rivières d'Espagne et de Portugal et même d'avoir pour les plus grandes rivières des collections séparées; l'une pour leur cours inférieur, une autre pour leur cours moyen et une troisième pour leur cours supérieur..... (Nous retranchons ici une longue suite de détails très minutieux sur les rivières à explorer et la manière de le faire.)

Les collections des différentes stations doivent être conservées soigneusement dans des bocaux ou barils distincts, portant des étiquettes, afin d'éviter toute confusion ou erreur; mais tous les spécimens recueillis dans la même station peuvent être mis dans un même vase. Ces collections, dans le fond, exigent peu de soins..... Si la même personne devait recueillir les poissons de plusieurs stations, soit du même bassin hydrographique, soit d'un autre bassin, il ne faudrait pas que la ressemblance des espèces fût une raison pour négliger de les prendre toutes. Le but n'est point de se procurer une variété d'espèces, mais de connaître dans quelles localités les mêmes espèces se retrouvent et quelles localités en fournissent des espèces différentes, qu'elles offrent par elles-mêmes de l'intérêt ou non, qu'elles soient nouvelles pour la science ou connues depuis longtemps, qu'elles soient recherchées pour la table ou non. Le fait seul de leur distribution est ce qu'il importe de savoir et, il faut pour cela, comme vous le voyez, les collections les plus complètes, n'offrant relativement que peu d'intérêt en elles-mêmes, mais pouvant, par une investigation approfondie, conduire aux résultats philosophiques les plus inattendus.

Faites, je vous prie, tout ce qui sera en votre pouvoir pour la réussite de ce projet. L'Espagne à elle seule pourrait nous fournir les matériaux propres à résoudre la question de la transmutation, en opposition à celle de la création. Je vais faire le même appel à mes amis de Russie pour obtenir d'eux les poissons de leur pays, ainsi que ceux de la Sibérie et du Kamtchatka. Nos propres rivières ne sont pas d'un accès facile dans ce moment.

Toujours votre ami dévoué

L. AGASSIZ.

CHAPITRE XX

1863-1864 — 56 à 57 ans

Correspondance avec le Dr S.-G. Howe. — Influence de la guerre sur la position des nègres. — Intérêt d'Agassiz pour l'Université Harvard. — Lettre à Emerson au sujet de l'Université. — Excursion dans l'État du Maine.

Les lettres d'Agassiz ne donnent qu'une faible idée du vif intérêt qu'il portait à la guerre entre le Nord et le Sud, à son issue probable, à son influence sur la politique générale du pays, et en particulier aux nouvelles relations qui allaient s'établir entre les noirs et les blancs. Quoique tout jugement sur la vérité des conclusions d'Agassiz soit encore prématuré, la correspondance suivante avec le Dr Howe n'en est pas moins importante; elle expose sur ce sujet les points de vue différents du philanthrope et du naturaliste.

Le Dr S.-G. Howe à Louis Agassiz.

(Trad. de l'anglais.)

Portsmouth[1], le 3 août 1863.

Mon cher Agassiz,

En jetant un coup d'œil sur la circulaire ci-jointe, vous verrez la tâche imposée à la commission dont je suis

États-Unis.

membre. Plus je considère le sujet que nous devons examiner pour faire notre rapport, plus je suis frappé de
son immensité et plus aussi je sens qu'il faut en étudier
avec soin les principes politiques, physiologiques et ethno-
logiques. Avant de prendre une décision sur des mesures
politiques, il est nécessaire de trancher différentes questions importantes qui exigent plus de connaissances spéciales que je n'en possède.

Parmi ces questions, voici celle qui m'occupe le plus
en ce moment. Est-il probable que la race africaine,
représentée par moins de deux millions de noirs et un
peu plus de deux millions de mulâtres, une fois qu'elle
ne se recrutera plus par l'immigration, puisse persister
dans ce pays ? Ou bien sera-t-elle absorbée, diluée et
finalement effacée par la race blanche qui comprend
vingt-quatre millions de représentants et qui augmente
sans cesse par l'immigration et par les causes naturelles.

Le mélange de races, occasionné par l'esclavage, ne
prendra-t-il pas plus d'extension après l'abolition ? Dans
ce cas, le nombre des mulâtres ne deviendra-t-il pas plus
considérable et celui des noirs plus faible ? Avec une
augmentation et finalement une prédominance numérique
des mulâtres, la question de leur fécondité devient un élément très important dans les calculs. Peuvent-ils former
une race persistante dans ce pays où les noirs sont représentés par deux et les blancs pas vingt ou vingt-quatre ?

N'est-il pas vrai qu'au moins dans les États du Nord
le mulâtre n'est pas fécond, qu'il n'a que peu d'enfants et
que ceux-ci sont en général lymphatiques et scrofuleux ?

Dans les États où les noirs réunis aux mulâtres forment soixante-dix à quatre-vingts et même de quatre-
vingt-dix pour cent de la population totale, y aura-t-il,
après l'abolition de l'esclavage, une immigration suffisamment forte des blancs pour contrebalancer la prépondérance numérique actuelle des noirs ?

Il semblerait maintenant que les blancs vont exploiter les noirs pour leur travail et que la servitude sociale continuera longtemps encore, malgré l'égalité politique.

Vous voyez l'importance qu'il y aurait, avant de voter des mesures politiques, à examiner attentivement les lois naturelles de l'augmentation de la population et les modifications qu'elles peuvent éprouver par l'effet des causes actuelles. S'il y a une tendance naturelle et irrésistible à l'augmentation d'une race noire persistante dans les États du golfe et des grandes rivières du Sud, nous ne devons pas, par d'inutiles essais de résistance, empirer encore la situation. Mais si, au contraire, les tendances naturelles se portent vers une diminution et même une disparition des noirs et des gens de couleur, nous devrons alors modifier nos vues.

Je serais bien aise, cher Monsieur, d'avoir votre opinion sur ce sujet et sur tout ce qui s'y rattache. Si toutefois vous ne pouviez pas vous occuper de cette question, vous voudrez bien, j'espère, me mettre en relation avec des personnes ayant les capacités et le temps nécessaires pour cela, ou me désigner les ouvrages qui pourraient jeter quelque lumière sur le but de mes recherches.

Je reste, cher Monsieur, votre dévoué

Samuel-G. Howe.

Louis Agassiz au Dr S.-G. Howe.

Traduit de l'anglais.

Nahant, le 9 août 1863.

Mon cher Docteur,

Lorsque je vous accusais réception, il y a quelques jours, de la lettre par laquelle vous m'invitiez à exposer mes vues sur la conduite à tenir vis-à-vis de la race noire, considérée comme partie de la population libre des États-Unis, je vous ai prévenu qu'il fallait d'abord examiner une question préliminaire de la plus grande importance, et dont la solution devait nécessairement influer sur tout l'ensemble du sujet. La question est celle-ci : Existera-t-il sur ce continent une population noire permanente, une fois que l'esclavage sera aboli partout et qu'on aura supprimé les causes qui favorisaient son augmentation ? Si cette question doit être résolue négativement, il est évident qu'une politique sage devrait se préoccuper du meilleur moyen de transporter cette race hors de nos États, en encourageant et en activant l'émigration. Si, au contraire, la question doit être résolue affirmativement, nous avons devant nous un des problèmes les plus difficiles, de la solution duquel dépendent en partie l'avenir et la prospérité de notre propre race, c'est-à-dire la combinaison, dans la même organisation sociale, de deux races qui diffèrent entre elles plus que toutes les autres. Notre devoir serait alors d'éviter le retour de grands maux, dont l'un paraît déjà dans le profit que des spéculateurs peu scrupuleux tirent de la nouvelle position sociale des esclaves affranchis.

Pour le moment, je ne considère que le cas des noirs sans mélange des États du Sud, dont le nombre, je suppose, est à peu près de deux millions; il n'est sûrement pas au-dessous, mais peut-être un peu au-dessus. De quelque point de vue que vous les envisagiez, vous devez arriver à la conclusion qu'abandonnés à eux-mêmes, ils perpétueront indéfiniment leur race, là où ils sont.

Suivant la théorie de l'unité de l'espèce humaine qui prévaut actuellement, on prétend que les races diverses se sont formées à la suite de leur établissement sur différents points du globe, et que notre terre est partout une demeure convenable pour les créatures humaines, qui s'adaptent toujours aux conditions dans lesquelles elles doivent vivre. D'après la théorie d'une origine multiple de l'humanité, les races ont fait leur première apparition dans les différentes parties du globe, chacune d'elles avec les caractères les mieux appropriés au pays qu'elle devait occuper.

En dehors de ces vues théoriques, il est certain que quelques races habitent de très vastes espaces sur la surface de la terre et qu'on les rencontre sur des continents divers, tandis que d'autres sont très limitées dans leur extension. Cette distribution est telle qu'il n'y a aucune raison de supposer que le nègre soit moins apte à occuper d'une manière permanente les régions chaudes du continent américain que le blanc à se maintenir dans ses parties plus tempérées. En supposant que notre race de noirs purs ne compte que deux millions de représentants, elle est cependant plus nombreuse que certaines races qui, depuis le temps où l'histoire nous les fait connaître, ont occupé sans interruption différentes parties de la terre. Ainsi, les Hottentots et les Abyssins, depuis que nous les connaissons, se sont maintenus sans changement dans leurs pays d'origine, quoique leur nombre soit plus faible encore que celui de notre population noire non mélangée. Il en est de même des populations de l'Australie et des îles de l'océan Pacifique. La race papoue, la race négrillo et la race australienne proprement dite, distinctes l'une de l'autre aussi bien que de tous les autres habitants de la terre, comptent chacune moins de représentants que la race nègre aux États-Unis seulement, sans parler de l'Amérique centrale et de l'Amérique du Sud.

Ce fait établi, il me semble que, sauf le cas d'une violente intervention, il n'y a pas plus de raison de s'attendre à la disparition de la race noire du continent américain qu'à celle des races qui occupent les îles de la mer du Sud, l'Australie, le cap de Bonne-Espérance ou n'importe quelle partie du globe. Le cas des Indiens améri-

caïns qui disparaissent graduellement devant les blancs
ne doit pas nous induire en erreur, car il peut être facilement expliqué par leur caractère particulier. Le nègre
se montre de nature souple, disposé à se plier aux
circonstances et à imiter ceux avec lesquels il vit, traits
entièrement étrangers à l'Indien et qui facilitent de toutes
manières la propagation des noirs. Je conclus de tout ce
qui précède que la race nègre doit être considérée comme
établie d'une manière permanente sur ce continent, aussi
solidement que la race blanche, et qu'il est de notre devoir
de l'envisager comme partageant avec nous la possession
de cette partie du monde.

N'oubliez pas que jusqu'ici j'ai parlé seulement des
États du Sud dont le climat est particulièrement favorable à la conservation et à la propagation des noirs.
Toutefois, avant de tirer aucune conclusion de ma première assertion, que le nègre se maintiendra facilement
par lui-même et multipliera dans les parties les plus
chaudes de ce continent, considérons quelques autres
caractères de cette importante question des races.

Les blancs et les noirs peuvent, il est vrai, se propager
entre eux, mais leurs descendants, qui ne sont ni des
blancs ni des noirs, seront toujours des mulâtres, c'est-à-
dire des sang-mêlé avec tous leurs caractères particuliers,
entre autres le plus important de tous, la stérilité ou du
moins une fécondité restreinte. Ceci prouve que le croisement est contraire à l'état normal des races, aussi bien
qu'au maintien de l'espèce dans le règne animal.

Loin de se présenter à moi comme une solution naturelle de nos difficultés présentes, l'idée d'un mélange de
races, qui inspire maintenant les projets les plus insen-
sés, répugne à tous mes sentiments. Où qu'il soit prati-
qué, ce mélange produit une population hybride dont la
position sociale ne peut jamais être régulière et satisfaisante. Au point de vue physiologique, une saine politique

devrait mettre tous les obstacles possibles au croisement des races et à l'augmentation des sang-mêlé qui sont contre nature, comme on le voit par leur constitution, par leur tempérament maladif et par la diminution de leur fécondité. Cela est immoral et détruit l'égalité sociale, en créant des relations qui ne sont pas naturelles et en multipliant dans une fâcheuse direction les différences qui existent déjà entre les membres d'une même société.

Il résulte clairement de tout ceci que la politique à adopter à l'égard des populations de couleur, dans un avenir plus ou moins éloigné, doit être complétement différente de celle à adopter à l'égard des noirs purs. Si j'admets d'une part qu'une sage politique doive encourager le développement d'une race pure, conformément à ses dispositions et à ses capacités naturelles, et lui assurer des conditions d'existence convenables, je suis convaincu, d'autre part, qu'on ne doit épargner aucun effort pour s'opposer à tout ce qui serait incompatible avec les progrès d'une plus haute civilisation et d'une plus pure moralité.

J'espère et je crois fermement qu'aussitôt que la condition des nègres, habitant les régions chaudes de notre pays, aura été régularisée suivant les lois de la liberté, la population de couleur des contrées plus au Nord diminuera. Par une conséquence naturelle d'affinités irrésistibles, les gens de couleur, chez lesquels prédomine la nature nègre, se dirigeront vers le Sud, tandis que ceux qui sont les moins mélangés de sang noir, resteront et mourront parmi nous.

Après avoir exposé ces vues sur les questions fondamentales concernant les races, il reste à étudier la politique qu'il faut suivre dans les circonstances actuelles, afin de réaliser tout le bien qui dépend de nous et de diminuer le mal autant que possible. Je traiterai ce sujet dans une autre lettre.

Votre très dévoué   Louis AGASSIZ.

Louis Agassiz au Dr S.-G. Howe.

(Trad. de l'anglais.)

10 août 1863.

Mon cher Docteur,

Je suis tellement impressionné par les dangers que court chez nous la civilisation, par suite des opinions qui tendent à prévaloir en ce moment sur le mélange des races, que j'ai hâte de vous soumettre quelques nouvelles réflexions sur ce sujet.

Permettez-moi d'abord d'insister sur le fait que la population produite par le mélange de deux races est toujours dégénérée, qu'elle perd les qualités des deux souches primitives pour retenir leurs défauts ou leurs vices, et qu'elle ne jouit jamais de la vigueur physique de l'une ou de l'autre. Afin d'apprécier clairement les effets de ce croisement, il est indispensable d'établir une distinction précise entre les différences qui séparent une race de l'autre et celles qui ne distinguent que les nationalités d'une même race; car, tandis que le mélange de ces dernières a toujours été salutaire, comme l'histoire nous l'enseigne, celui des races a produit un résultat tout à fait différent. Il suffit de jeter un coup d'œil sur les habitants de l'Amérique centrale, où les blancs, les noirs et les Indiens sont plus ou moins confondus, pour voir les effets ruineux de tels croisements. La condition des Indiens sur les frontières de la civilisation aux États-Unis et au Canada, où ils sont en contact avec les Anglo-Saxons et avec les Français, est aussi une preuve de l'influence pernicieuse du mélange des races. Dans l'Ancien Monde, au cap de Bonne-Espérance et en Australie, nous voyons se produire les mêmes résultats. Partout, en effet, l'histoire parle aussi haut en faveur du mélange de nations proches parentes qu'elle condamne celui de races éloignées par le sang. Il suffit de rappeler l'origine de la nation anglaise et celle des États-Unis. La question des croisements trop rapprochés et des mariages entre parents n'a rien à faire ici. En définitive, on peut dire qu'il n'y a guère dans la physiologie de sujet plus compliqué, ou qui exige de plus habiles distinctions, que celui de la multiplication de la race humaine, et pourtant on la traite d'ordinaire avec autant de légèreté que d'ignorance.

Puisque votre position vous permet d'exercer dans les Conseils de la nation une influence prépondérante sur cet important sujet, je vous supplie de ne pas laisser des opinions préconçues troubler votre jugement et vous induire en erreur. Je ne prétends pas être en possession de la vérité absolue, mais je tiens à vous recommander instamment de prendre en considération les faits indiscutables, avant de vous former une opinion et de décider quelle marche il faudra suivre. Réfléchissez un instant à la différence qu'il y aurait pour l'avenir de nos institutions républicaines et de notre civilisation en général si, au lieu de la population virile descendant de nations parentes, les États-Unis étaient habités par la progéniture efféminée de races mélangées, moitié indienne, moitié nègre, avec un peu de sang blanc. Pouvez-vous concevoir un moyen de sauver de leur dégradation actuelle les Espagnols du Mexique ? Méfiez-vous donc de toute politique qui abaisserait notre race à leur niveau.

Ces considérations m'amènent naturellement à rechercher les caractères particuliers des deux races, afin de découvrir ce qui pourrait le mieux convenir à chacune d'elles. Je me réjouis à la pensée d'une émancipation universelle, non seulement au point de vue philanthropique, mais aussi parce que le physiologiste et l'ethnographe pourront discuter plus tard la question des races et proposer à leur égard des règles spéciales, sans paraître soutenir une iniquité légale. Il n'y a pas de doctrine plus étroite, sur la nature humaine, que celle qui admet l'égale capacité de tous les hommes à contribuer au progrès de l'humanité et à faire avancer la civilisation, particulièrement dans les différentes sphères de l'activité morale et intellectuelle. Et s'il en est ainsi, l'un de nos premiers devoirs n'est-il pas d'éloigner tout obstacle qui peut entraver notre développement supérieur, et d'encourager les humbles efforts de relèvement et d'amélioration sociale chez tous les malheureux.

La question est donc de savoir quelles seraient les meilleures mesures à prendre à l'égard des hommes en général et à l'égard des races différentes prises chacune séparément. Que l'égalité civile soit un bienfait commun à toute l'humanité, c'est ce qu'on ne peut mettre en doute de nos jours, mais elle n'entraîne pas comme conséquence l'égalité sociale. Remarquez bien que je dis égalité civile et non pas égalité politique, parce que cette dernière comprend le droit égal aux emplois publics, et j'espère que nous serons assez sages pour ne pas compliquer subitement tout notre système politique par le conflit de nouveaux intérêts, avant de nous être assurés quels seront les effets pratiques d'une liberté universelle et d'une égalité devant la loi, pour deux races aussi différentes que ne le sont les blancs et les nègres vivant sous le même gouvernement.

L'expérience faite avec la population de couleur dans le Nord, est bien insuffisante pour juger de la capacité des noirs établis dans le Sud. N'oublions pas non plus qu'ils seront là probablement toujours plus nombreux que les blancs, et qu'il ne faudrait pas en conséquence leur donner des droits qui pourraient compromettre les progrès de la race blanche, au moins jusqu'à ce qu'un essai prolongé ait prouvé le contraire. J'envisage que l'égalité sociale, en tout temps irréalisable, est encore plus impossible, lorsqu'il s'agit de la race nègre.

Considérons les dons et les qualités naturelles des noirs sur leur terre natale, tels que l'histoire et les récits des voyageurs nous les font connaître. Suivons-en les traces et les effets, comparons-les à nos propres destinées et nous verrons, que l'égalité sociale des noirs et des blancs est réellement une impossibilité.

Les monuments égyptiens, antérieurs de plusieurs milliers d'années, à l'ère chrétienne, nous font connaître l'existence de la race nègre avec toutes ses particularités physiques. Les noirs y sont représentés déjà avec les traits, la physionomie et les dispositions naturelles qui les distinguent encore aujourd'hui : on les voit indolents, enjoués, sensuels, imitateurs, serviles, de bonne humeur, versatiles, inconstants dans leurs résolutions, dévoués et affectueux. J'exclus de ce tableau les mulâtres qui ont plus ou moins le caractère de leurs ancêtres blancs. Originaires d'Afrique, les nègres semblent avoir présenté en tout temps les mêmes traits caractéristiques, partout où ils ont été mis en contact avec la race blanche : ainsi dans la Haute-Egypte, le long des frontières des établissements carthaginois ou romains en Afrique, dans le Sénégal en présence des Français, au Congo en présence des Portugais, aux environs du Cap et sur la côte orientale d'Afrique en présence des Hollandais et des Anglais.

Or, tandis que l'Egypte et Carthage devenaient de puissants empires et arrivaient à un haut degré de civilisation, tandis qu'à Babylone, en Syrie, en Grèce se développait la plus haute culture de l'antiquité, la race nègre végétait dans la barbarie et ne parvenait pas à créer une organisation sociale. Il est important de s'en souvenir et d'attirer sur ce fait l'attention de ceux qui attribuent la condition actuelle du nègre entièrement à l'influence de l'esclavage. Certes, je ne veux pas dire que l'esclavage soit une condition inhérente à l'organisation des nègres;

loin de là, ils ont droit à la liberté, à la direction de leur
propre destinée, au fruit de leur travail, à toutes les
jouissances de la vie et de la famille; mais partout où ils
ont possédé ces avantages, ils ne paraissent pas avoir été
capables de s'élever au niveau des sociétés civilisées de
la race blanche, et j'envisage en conséquence qu'ils sont
incapables de vivre sur un pied d'égalité sociale avec les
blancs, sans devenir un élément de désordre dans la
société[1].

Sans être assez préparé pour indiquer les privilèges
politiques dont ils seraient en état de jouir maintenant,
je n'hésite pas à dire que devant la loi ils devraient être
égaux aux autres hommes. L'usage qu'ils feraient du
droit de posséder, de témoigner devant les tribunaux, de
passer des contrats, d'acheter et de vendre, de choisir
leur domicile, fournirait d'amples occasions de montrer,
dans un temps relativement court, quels droits politiques
il convient de leur dispenser graduellement et en toute
sécurité. Aucun homme n'a droit à un bien dont il est
incapable de faire usage. Nos plus précieux privilèges
ont été acquis peu à peu, et je ne puis, en conséquence,
trouver qu'il soit juste ou prudent d'accorder immédiatement aux nègres tous les droits que nous avons conquis
par de longs efforts. L'histoire nous enseigne quels terribles bouleversements ont suivi des changements trop
considérables et trop prompts. Prenons garde de faire, au
début, des concessions trop fortes aux nègres, de peur
que plus tard il ne devienne nécessaire de leur retirer
des privilèges dont ils pourraient faire usage à leur détriment aussi bien qu'au nôtre. Tout ceci se rapporte aux

---

[1] Je crains que cette expression d'égalité sociale ne soit mal comprise ici. Elle s'applique seulement aux rapports des deux races en
tant qu'ils peuvent affecter l'organisation de la société dans son ensemble et non point aux relations sociales superficielles ou locales,
telles que l'usage en commun des choses et des lieux publics, etc.

noirs pur sang du Sud. Quant aux mulâtres, particulièrement ceux des États-Unis du Nord, j'ai déjà dit que,
selon moi, leur existence même ne serait probablement
que transitoire et que toutes les lois qu'on élaborerait
pour eux, devraient être faites dans le but de hâter leur
disparition des États du Nord.

Je répondrai maintenant à quelques-unes de vos questions plus directes :

1° Est-il probable que la race africaine persiste dans
ce pays ou sera-t-elle absorbée, diluée et finalement
effacée par la race blanche ?

Je crois qu'elle se perpétuera dans les États du Sud, et
j'espère qu'elle s'éteindra graduellement au Nord où elle
n'a qu'un pied-à-terre artificiel, et où elle est représentée
essentiellement par des mulâtres qui, par eux-mêmes, ne
constituent pas une race.

2° Le mélange des races, favorisé par l'esclavage, deviendra-t-il plus général après l'abolition de cette institution ?

Comme il est le résultat des vices engendrés par l'esclavage, on peut espérer que l'émancipation des noirs, en
assurant la reconnaissance légale de leurs unions entre
eux, tendra à diminuer ces croisements contre nature et
par conséquent le nombre de ces malheureux mulâtres.
Ce qui me fait croire que la population de couleur disparaîtra graduellement dans le Nord, c'est essentiellement
le fait que cette population n'augmente pas là où elle
existe actuellement, mais qu'elle est constamment ali-
mentée par une immigration du Sud. Les mulâtres de
cette région sentent plus vivement que les noirs la fausseté de leur position au Sud et sont plus disposés que les
individus de pur sang noir à se réfugier au Nord. Otez le
joug qui pèse actuellement sur la population de couleur
et le courant sera immédiatement renversé ; les noirs et

les mulâtres du Nord rechercheront le beau soleil du Sud.
Mais je ne vois pas de raison d'entraver l'augmentation
de la population noire dans les États du Sud. Le climat
lui convient, le sol récompense par une riche moisson le
plus petit travail. Le pays ne peut guère être cultivé sans
un danger réel ou imaginaire par l'homme blanc, et
celui-ci, par conséquent, n'entrera probablement pas en
concurrence avec le nègre pour les travaux des champs,
et lui laissera ainsi toute chance de subvenir facilement
à ses besoins.

3° Dans les régions où les noirs et les mulâtres réunis
forment de soixante-dix à quatre-vingt-dix pour cent de
la population, y aura-t-il, après l'abolition de l'esclavage,
une immigration suffisante de blancs pour contrebalancer
la prépondérance numérique des noirs?

Pour répondre à cette question, nous devons tenir
compte du mode de distribution des populations blanches
et de couleur dans les États les plus méridionaux. Les
blancs habitent invariablement les bords de la mer et les
terres élevées, tandis que les noirs sont répandus sur les
terres basses. Cette distribution particulière est rendue
nécessaire par les conditions physiques du pays. En été,
les terres basses ne sont pas habitables pour les blancs
entre le coucher et le lever du soleil. Tous les planteurs
et, dans les régions les plus malsaines, tous leurs employés de race blanche sont obligés de se rendre chaque
soir au bord de la mer, ou dans les forêts voisines, et ne
reviennent à la plantation que dans la matinée; ce n'est
qu'en hiver et après la première gelée, que le pays est
habitable partout. Ce fait limite nécessairement l'aire
qui peut être occupée par les blancs et qui, dans quelques États, est déjà très restreinte en comparaison de
celle que peuvent habiter les noirs. Il est donc évident
qu'avec une population de noirs libres, jouissant des mêmes
droits que les autres citoyens, ces États deviendront tôt

ou tard des États de nègres, contenant une population blanche comparativement faible. C'est inévitable. Nous ne pourrions pas plus changer les lois de la nature qu'éviter ce résultat. Il se pourrait que, dans un certain sens, le résultat fût satisfaisant, mais toute politique basée sur une perspective différente de celle que je viens d'indiquer, occasionnera des désappointements.

4° Comment empêcher les blancs de prendre la part du lion dans le travail des noirs ?

C'est une question à laquelle mon manque de connaissance des occupations de la classe ouvrière m'empêche de donner une solution. Ne serait-il pas possible d'appliquer à la surveillance des ouvriers nègres un système analogue à celui qui règle les devoirs des travailleurs libres dans toutes nos fabriques ? Je serais heureux de pouvoir aller plus loin et de vous présenter un plan d'action conforme aux convictions que je viens d'exprimer, mais j'ai peu d'aptitude pour l'organisation en général et, en outre, le sujet est si nouveau que je ne puis rien proposer de bien précis.

Toujours votre dévoué

Louis AGASSIZ.

Le Dr S.-G. Howe à Louis Agassiz.

(Trad. de l'anglais.)

New-York, le 18 août 1863.

Mon cher Agassiz,

Je ne puis m'empêcher de vous témoigner ma reconnaissance pour vos deux lettres et pour votre empressement à répondre à ma demande.

Soyez assuré que je m'efforcerai de garder mon esprit libre, et ouvert à toute conviction raisonnée de toute prévention et que je me garderai bien de me faire une théorie quelconque avant d'avoir étudié un grand nombre de faits. Je ne sais comment vous êtes arrivé à croire que j'avais déjà pris une décision relativement à l'avenir de la population de couleur. J'ai correspondu avec les fondateurs de la « Société cosmopolite pour la fusion des races humaines » en France, société fondée sur la théorie que le résultat de la fusion de toutes les races de la terre sera l'homme parfait. Je n'ai toutefois pas l'honneur de faire partie de cette société; je crois même qu'elle est à peine constituée. J'apprends en outre que quelques-uns de nos éminents adversaires de l'esclavage, dignes de respect pour leur zèle et leur talent, ont publiquement soutenu la doctrine de cette fusion, mais j'ignore sur quels motifs ils se fondent.

J'estime, en effet, qu'en ceci comme en toute chose, nous devons faire ce qui est vraiment juste, sans nous inquiéter des conséquences. Si vous me demandez ce qui est juste, je répondrai qu'en morale, comme en mathématiques, il y a certaines vérités si simples qu'à première vue elles peuvent être admises comme axiomes par toute personne intelligente et consciencieuse. Le droit de vivre est aussi évident que deux fois deux font quatre et personne ne le conteste. Le droit à la liberté et à la propriété honnêtement acquise est aussi clair et net pour un esprit éclairé que cinq fois six équivalent à trente; mais les moins éclairés peuvent avoir besoin d'y réfléchir, de même qu'il leur faut des signes concrets pour se rendre compte que cinq fois six font réellement trente. A mesure que nous nous élevons dans les chiffres et dans la morale, les perceptions intuitives deviennent de plus en plus faibles, et quoiqu'il y ait ici des vérités qui doivent être admises comme des axiomes, elles ne sont pas immédiatement vues et senties par les intelligences ordinaires.

Autant les droits des nègres et les devoirs des blancs sont évidents aux yeux des gens de bonne foi et d'une intelligence moyenne, autant je suis disposé, le ciel dût-il tomber, à admettre ces droits et à pratiquer ces devoirs. Non seulement je soutiendrai le principe de liberté complète, d'égalité de droits et de privilèges, ainsi que l'égal accès aux distinctions sociales, mais j'irai même jusqu'à admettre une politique de fusion, bien qu'à présent elle me paraisse choquante et dégradante. Mais le ciel ne tombera pas, et nous ne serons pas appelés à favoriser une politique qui ne serait pas d'accord avec les instincts naturels et les goûts cultivés.

On pourrait supposer le cas où une race supérieure devrait se soumettre à la triste nécessité de mélanger son sang et de l'avilir; par exemple, dans une île isolée, ou dans un pays qui aurait à expier une injustice prolongée et des souffrances imposées à une race opprimée. Mais ce cas est à peine admissible, parce que, même en ce qui paraît une punition ou une expiation, la loi d'un développement harmonique finit par prévaloir. Dieu ne punit pas les injustices et les violences commises quelque part en exigeant que nous les commettions ailleurs. Némésis elle-même porte plutôt une houlette pour nous guider qu'une verge. Nous n'avons pas besoin de faire un pas en arrière, mais seulement un pas de côté pour rentrer aussitôt dans la bonne voie.

L'esclavage a détourné et compromis le cours de notre développement; en altérant notre sang national, en diminuant ses qualités, il a produit de monstrueuses difformités au physique comme au moral. C'est lui qui entretenait la traite des Africains et qui attribuait au sang de couleur une haute valeur, afin d'empêcher son extinction dans la lutte avec une race plus vigoureuse; c'est lui qui a formé et multiplié une forte race noire et engendré une race faible de mulâtres. Par lui de nombreux représentants de l'une et de l'autre ont été chassés vers le Nord, en dépit du climat meurtrier pour eux, à la recherche d'une demeure où, de leur libre choix, ils ne se seraient jamais établis. C'est donc en supprimant l'esclavage, et seulement ainsi, que nous éloignerons cette cause de désordres et que nous donnerons plein jeu aux lois naturelles; et cette mesure fera, je crois, disparaître la population de couleur des États du Nord et du Centre, si ce n'est du continent entier, devant la race blanche plus vigoureuse et plus prolifique. Le devoir des hommes d'État sera alors de favoriser par de sages mesures l'application de ces lois et le maintien du sang national dans toute sa pureté.

L'existence de la population de couleur dans les États du Nord et du Centre est pour nous une difficulté. Eh bien, tout en accordant à chaque être humain les droits que nous réclamons pour nous-mêmes, et en nous rappelant qu'il existe parmi les gens de couleur des cas isolés de supériorité individuelle, nous devons, je crois, admettre que le mulâtre est un hybride et que son existence n'est ni naturelle, ni désirable. Ce mélange des races a pris actuellement des proportions formidables par suite de différentes causes, mais particulièrement de l'esclavage. Il faut combattre ces maux et les diminuer par de bonnes lois, tout en éclairant l'opinion publique. On peut obtenir beaucoup de cette manière.

Les uns proclament le mélange comme le vrai remède, s'appuyant sur la théorie d'après laquelle, en ajoutant une proportion toujours plus forte de sang blanc au sang noir, celui-ci finira par être tellement dilué qu'il deviendra inappréciable et disparaîtra. Ils oublient que nous ne devons pas faire de mal, même pour en retirer du bien, que ce qui est ne peut être changé, et qu'une bouteille d'encre répandue dans un lac en trouble les eaux pour jamais.

D'autres prétendent que le croisement des mulâtres ne peut se prolonger au delà de quatre générations; en d'autres termes, que, pareil aux conditions anormales et maladives, il se limite lui-même et que le corps social en est ainsi purgé.

En présence de cette théorie et d'autres encore, il est de notre devoir de recueillir tous les faits et tous les renseignements possibles, afin de jeter la lumière sur les différentes faces de cette question. Personne ne peut en répandre autant que vous [1].

Votre dévoué

Samuel G. Howe.

Personne ne nous blâmera sans doute d'avoir jusqu'ici, dans cette biographie d'Agassiz, donné la plus grande place à ses travaux scientifiques et au musée créé par lui. Toutefois, le moment est venu d'indiquer, au moins en passant, la part importante qu'il prit au développement de l'instruction à Cambridge. Le collège Harvard était pour lui une préoccupation constante. Il s'était en quelque sorte identifié avec cette institution; il l'aimait, il voulait l'agrandir, la perfectionner sans cesse et en faire un grand foyer de culture intellectuelle, aussi bien pour les lettres et pour la philosophie que pour les sciences naturelles. Jamais, quand il se trouvait à Cambridge, il ne manquait d'assister aux réunions du Conseil académique. Il travailla activement à l'introduction de conférences universitaires et contribua en grande partie à leur organisation, désirant qu'elles fussent largement ouvertes à tous les étudiants.

---

[1] Dans cette correspondance, une ou deux phrases des lettres d'Agassiz ont été tirées d'une troisième lettre non achevée, qui n'a jamais été envoyée au Dr Howe ; elles se rapportaient si directement à ce sujet, qu'il nous a paru convenable de les ajouter ici.

Les deux lettres qu'on va lire montrent bien, ce nous semble, le caractère des relations qu'il soutenait avec ses collègues et où le respect mutuel et l'affection s'unissaient à la plus complète liberté d'opinion et de parole.

Quelques phrases d'un discours d'Emerson, inexactement rapportées à Agassiz, furent l'occasion de cette correspondance.

Louis Agassiz à Ralph Waldo Emerson.

(Trad. de l'anglais.)

Le 12 décembre 1864.

Mon cher Emerson,

Si votre première conférence sur les Universités m'a été fidèlement rapportée, je suis presque disposé à vous chercher querelle pour avoir manqué une excellente occasion de m'aider à favoriser les vrais intérêts de notre Université. Vous dites que l'histoire naturelle prend une trop grande prépondérance parmi nous, qu'elle n'est pas proportionnée aux autres branches, et vous donnez à entendre qu'il ne serait pas mauvais de mettre un frein à l'enthousiasme du professeur qui en est la cause. Ne voyez-vous pas que le moyen d'arriver à un développement bien proportionné de toutes les études de l'Université n'est pas d'entraver celle de l'histoire naturelle, mais de stimuler toutes les autres. Ce n'est pas l'école de zoologie qui va trop vite, ce sont les autres qui vont trop lentement. Ceci a l'air d'une critique et peut-être un peu d'une vanterie, mais la comparaison vient de vous, non de moi. En tout cas, j'en suis persuadé, vous n'avez pas mis le doigt sur le meilleur remède au manque d'équilibre. S'il faut couper la branche la plus vigoureuse pour obtenir la symétrie, mieux vaut, à mon sens, un peu d'irrégularité çà et là.

En développant de toutes mes forces le musée et ses enseignements particuliers, je suis loin d'éprouver le désir égoïste de les voir dominer les autres branches d'étude. Je voudrais, au contraire, que chacun de mes collègues me rendît dure la tâche de lui tenir tête, et plusieurs, je suis heureux de le dire, sont prêts à lutter avec moi. Mais peut-être suis-je trop prompt à prendre les armes contre vous. Si je n'avais été appelé à New-Haven, il y a dimanche huit jours, pour les funérailles du professeur Silliman, j'aurais assisté à votre conférence. L'ayant manquée, il est possible que le passage en question m'ait été rapporté d'une manière inexacte. Dans ce cas, vous me pardonnerez, et quoi que vous ayez dit ou que vous n'ayez pas dit, croyez-moi toujours votre ami dévoué,

Louis AGASSIZ.

Ralph Waldo Emerson à Louis Agassiz.

(Trad. de l'anglais.)

Concord, le 13 décembre 1864.

Cher Agassiz,

Ne craignez pas que j'aie dit, ou pu dire, un mot peu bienveillant contre vous ou contre le musée, deux bénédictions, la cause et l'effet, pour lesquelles je remercie chaque jour le ciel ! Puissiez-vous l'un et l'autre prospérer et multiplier éternellement !

Je ne puis défendre mes conférences — ce sont des ravaudages grossiers, arrangés à la hâte — encore moins les comptes rendus qu'on en peut faire et que je ne me hasarde jamais à lire. Mais je puis vous dire le sujet de ma gronderie.

J'ai donné libre cours à une vieille rancune que depuis quarante ans je nourris contre le Collège, pour le gaspillage cruel de deux années de mathématiques, sans qu'on

ait jamais essayé de mettre cet enseignement à la portée
des élèves arriérés, soit par l'habileté du maître, soit par
des leçons particulières. Je me souviens toujours de mes
efforts inutiles et de mes sollicitations auprès de mon
répétiteur pour un secours qu'il était bien embarrassé
de me donner. Et, aujourd'hui encore, je vois ces deux
années de mathématiques imposées sans discernement à
tous les étudiants, au grand détriment de leur temps et
de leur santé — qu'on ait de l'oreille ou qu'on n'en ait
pas, il faut apprendre la musique.

Certes, il est naturel et louable que chaque professeur
exalte son département, et en fasse, s'il le peut, le premier du monde. Mais il va de soi que cette tendance
doit être soumise à une autorité supérieure — qu'elle
soit remise à un seul ou à plusieurs — chargée de maintenir l'ordre général. Sans cela, des branches importantes
pourraient être négligées, comme l'histoire naturelle l'a
été à Oxford et à Harvard jusqu'à nos jours. Et maintenant l'histoire naturelle semble obtenir la prépondérance
que les mathématiques avaient ici et le grec à Oxford.
Je ne serais point fâché qu'il en fût ainsi, car la nature
nous intéresse tous et pas du tout l'algèbre. Mais la nécessité de tenir en bride les professeurs trop envahis-
sants est indispensable, vous en conviendrez avec moi,
j'en suis sûr. Remarquez d'ailleurs que mon allusion aux
naturalistes n'est qu'accessoire dans l'exposé de mes
plaintes.

Mais ma lettre devient ridiculement longue. N'oubliez
pas, je vous prie, que c'est vous-même qui l'avez attirée
sur votre tête. Je ne me souviens pas d'avoir jamais été
jusqu'ici dans le cas de donner des explications sur
aucun de mes discours.

Toujours avec une entière considération, votre dévoué

R.-W. EMERSON.

En septembre 1864, Agassiz fit une excursion dans le Maine pour examiner la distribution des dépôts du drift [1] sur les îles et sur la côte de cet État et étudier les espèces de moraines qu'on appelle les *horse-backs*. A cet égard, et en ce qui concerne les phénomènes glaciaires locaux, ce voyage fut un des plus intéressants qu'il ait entrepris aux États-Unis.

La boussole à la main, il suivit les singulières chaînes de moraines qui s'étendent entre Bangor et Katahdin jusqu'aux monts Ebeene, au pied desquels se trouvent les forges de Katahdin. Revenant à Bangor, il étudia avec les mêmes soins minutieux les traces des glaciers et les débris erratiques de cette ville jusqu'à la mer et jusqu'au Mont Désert. Les détails de ce voyage et ses résultats sont mentionnés dans une notice du second volume de ses « Esquisses géologiques » qu'il termine en disant : « Je suppose « que ces faits doivent être beaucoup moins frap- « pants pour l'observateur en général que pour celui « qui a constaté toutes les phases du phénomène gla- « ciaire en pleine activité. Quant à moi, j'y étais tel- « lement habitué depuis mes nombreux séjours dans « les Alpes, et ce que j'y voyais alors est tellement « semblable à ce que je trouve ici que, si paradoxal « que cela puisse paraître, j'affirme que la présence « de la glace est un élément sans importance pour « moi dans le phénomène glaciaire ; elle ne m'est « pas plus nécessaire que les chairs ne le sont pour « l'anatomiste qui étudie le squelette d'un animal « fossile. »

---

[1] Terrains glaciaires.

Entrepris pendant la plus belle saison de l'année, lorsque les forêts d'Amérique ont revêtu, sous le soleil d'automne, leur éclatante parure de pourpre et d'or, ce voyage dans le Maine fut très salutaire à Agassiz qui ne se sentait pas bien en partant; mais, à son retour, il put reprendre ses travaux d'hiver avec vigueur et avec un nouveau sentiment d'espérance et de courage.

CHAPITRE XXI

1865-1868 — 58 à 61 ans.

Lettre à sa mère annonçant son départ pour le Brésil. — Traits
principaux du voyage. — Bienveillance de l'empereur. — Libéralité
du gouvernement brésilien. — Correspondance avec Ch. Sumner.
— Lettres à sa mère et à Martius. — Retour à Cambridge. —
Conférences à Boston et à New-York. — Été à Nahant. — Lettre
au professeur Peirce. — Mort de sa mère. — Maladie d'Agassiz.
— Correspondance avec Oswald Heer. — Voyage dans l'Ouest.
— Université de Cornell. — Lettre de Longfellow.

A la fin de l'hiver, obligé de changer d'air et de
climat pour rétablir sa santé très ébranlée, Agassiz se
décida à entreprendre ce voyage au Brésil qui fut un
événement dans sa vie et il l'annonce à sa mère par
la lettre que voici :

* *Louis Agassiz à sa mère.*

Cambridge, le 22 mars 1865.

Ma bonne mère,

Tu en pleureras de joie, mais comme ces larmes ne font
pas de mal, je ne veux pas te les épargner. Voici donc ce
qui m'est arrivé. Depuis quelques semaines, je réfléchis-
sais à l'emploi de mon été. Je pressentais qu'en allant à
Nahant, après toutes les fatigues de ces deux dernières
années, je n'y trouverais pas assez de repos, ou du moins

pas assez de distraction et de changement pour me remettre complétement. Mais où aller et que faire ?

Je t'ai peut-être écrit l'année dernière combien de marques de bienveillance j'ai reçues de l'empereur du Brésil;
tu te rappelles que c'est sur l'histoire naturelle de ce pays
que mon attention fut attirée dès mon début comme
auteur; enfin, donnant un cours public à Boston dans
l'Institut Lowell, j'eus l'occasion de faire quelques comparaisons entre les Alpes, où j'ai passé tant d'années
heureuses, et les Andes que je n'ai pas du tout visitées.
Peu à peu, l'idée m'est venue que je pourrais bien aller
passer l'été à Rio de Janeiro et qu'avec les facilités que
nous possédons aujourd'hui pour voyager, ce ne serait pas
même une entreprise au-dessus des forces de ma femme...

Ce fut donc une affaire arrangée, mais ce qui a comblé
mes vœux et ce que j'attendais bien peu, c'est qu'un de
mes amis, M. Nat. Thayer, m'a fourni les moyens de
transformer une course de plaisir en une grande expédition scientifique pour le bénéfice du musée. Je rencontrai par hasard M. Thayer à Boston, il y a huit jours. Il
me plaisanta un moment sur mes dispositions erratiques
et, après m'avoir demandé quels préparatifs j'avais faits
pour le musée, je lui répondis que, songeant avant tout à
ma santé, je n'avais pourvu à rien, sinon à mes besoins et
à ceux de ma femme, pour une absence de six à huit mois.
Sur quoi, la conversation suivante s'engagea :

— Mais Agassiz, ça ne vous ressemble guère; jusqu'ici
vous n'avez pas fait un pas hors de Cambridge sans
songer à votre musée.

— Mon cher, je suis fatigué et j'ai besoin de repos; je
vais flâner au Brésil.

— Quand vous aurez flâné quinze jours, vous serez aussi
dispos que jamais et vous regretterez amèrement de
n'avoir fait aucun préparatif pour profiter de l'occasion
et des lieux dans l'intérêt de vos recherches scientifiques.

— J'en ai bien un peu le pressentiment, mais je n'ai pas le moyen de rien faire au delà de mes dépenses personnelles, et, par le temps qui court, il n'est pas convenable que j'aille proposer à qui que ce soit de faire un sacrifice pour la science. Le pays réclame toutes nos ressources.

— Mais si quelqu'un vous offrait un aide-naturaliste, sans frais pour vous, le prendriez-vous et vous serait-il agréable de l'occuper ?

— Ceci est une autre affaire, à laquelle je n'ai pas songé.

— Et combien d'aides pourriez-vous employer utilement ?

— Une demi-douzaine.

— Quelle serait à peu près la dépense de chacun ?

— Environ deux mille cinq cents dollars; c'est ce que je compte dépenser moi-même et autant pour ma femme.

Après un moment de réflexion, il reprit :

— Eh bien ! Agassiz, si cela peut vous convenir et ne pas entraver vos projets sanitaires, choisissez tous les aides que vous voudrez parmi vos employés du musée ou ailleurs, et je me charge de tous les frais de la partie scientifique de l'expédition.....

J'ai fait tous mes préparatifs et je partirai probablement la semaine prochaine de New-York avec un corps d'aides-naturalistes plus nombreux et, je crois, aussi bien choisi, si ce n'est mieux, que celui d'aucun des voyages scientifiques qui ont été faits antérieurement [1].....

Il semble que tous ceux qui me connaissent personnellement se sont donné le mot pour ajouter à l'agrément de ce voyage et le rendre plus facile à tous égards. Et

---

[1] Outre les six aides entretenus par M. Thayer, plusieurs jeunes volontaires se joignirent à l'expédition et rendirent d'excellents services.

d'abord, la Compagnie des steamers de la malle du Pacifique m'a invité à prendre passage avec tout mon monde à bord de leur magnifique navire à vapeur, le *Colorado,* qui nous déposera tous, sans frais quelconques, à Rio de Janeiro. C'est déjà une économie de quinze mille francs au début du voyage. J'ai reçu hier soir, de Washington, une lettre du ministre de la marine qui enjoint aux officiers de tous les vaisseaux de guerre des États-Unis, croisant dans les parages que je visiterai, de me prêter aide et appui en tout ce qui pourrait favoriser mon entreprise. Cette lettre est conçue dans les termes les plus flatteurs pour moi et me fait d'autant plus de plaisir que je ne l'ai point sollicitée. Je suis vraiment touché des marques de sympathie sans nombre que je reçois des miens et de personnes qui me sont tout à fait étrangères... On dirait que je suis l'enfant gâté de tout le pays, et je prie Dieu qu'Il me donne la force de rendre au pays en dévouement à ses intérêts et à son développement scientifique et intellectuel tout ce que ses citoyens font pour moi.

J'oublie que tu dois désirer savoir ce que je me propose de faire au Brésil dans l'intérêt de la science. D'abord, j'ai l'intention de faire de grandes collections de tous les objets d'histoire naturelle qui peuvent entrer dans un musée et, à cet effet, j'ai choisi parmi nos employés un représentant de chaque département. Mon seul chagrin est de devoir laisser Alexandre à Cambridge pour soigner les intérêts du musée. Il aura énormément à faire, car il ne lui restera que six de nos aides-naturalistes.

En second lieu, je me propose d'étudier spécialement les habitudes des poissons de l'Amazone, leurs métamorphoses et leur anatomie. Enfin, je songe un peu à faire l'ascension des Andes, si je ne me trouve pas trop lourd. et à aller voir s'il n'y avait pas aussi de grands glaciers dans cette chaîne de montagnes, à l'époque où ceux des Alpes s'étendaient jusqu'au Jura.... Mais cette partie du voyage est encore incertaine et dépendra principalement de nos succès sur l'Amazone. Avec les aides-naturalistes qui m'accompagneront, nous pourrons faire d'immenses collections et même recueillir des doubles que je pourrai à mon retour échanger contre les objets les plus précieux que possèdent les musées d'Europe.

Nous partirons la semaine prochaine et j'espère pouvoir t'écrire de Rio une lettre qui arrivera en Suisse le jour de mon anniversaire. Chaque mois, il part un steamer du Brésil pour l'Angleterre. Si mon arrivée coïncide avec son départ, je sais d'avance que tu ne seras pas désappointée à cet égard.

De tout mon cœur

ton Louis.

Le récit de cette expédition ayant déjà été publié sous le titre de « Voyage au Brésil », nous renvoyons pour les détails à cet ouvrage. Agassiz fut absent pendant seize mois; les trois premiers se passèrent à Rio de Janeiro, dans le voisinage de sa magnifique baie et dans les montagnes qui l'environnent. Pour obtenir des résultats plus considérables et plus prompts, il divisa son personnel en plusieurs détachements travaillant séparément d'après un plan arrêté d'avance; les uns étaient occupés à recueillir les objets intéressants, les autres à faire des relevés géologiques.

Les dix mois suivants se passèrent dans la région de l'Amazone qui offrait tout le charme des contrées tropicales et Agassiz, qui n'était pas moins admirateur des grandes scènes de la nature que natura-

liste, en fut vivement impressionné. Ses compagnons
et lui vivaient habituellement sur le fleuve même ; le
pont du steamer était transformé tantôt en laboratoire, tantôt en salle à manger ou en dortoir. Souvent, lorsqu'ils passaient très près des bords du fleuve
ou lorsqu'ils glissaient entre les nombreuses îles qui
divisent en bras étroits son immense largeur, le bateau se trouvait ombragé par le dôme immense des
arbres touffus et chargés de lianes qui croissent sur
les deux rives. Mais le spectacle était encore plus
magnifique, lorsqu'ils abandonnaient le cours principal
de l'Amazone pour suivre les canaux cachés dans la
forêt. Conduits par des Indiens, ils naviguaient alors
dans leurs *montarias*, espèce particulière de bateau
dont une des extrémités est protégée contre le soleil
ou la pluie par un petit toit en chaume. Les rayons
du soleil ne pénètrent qu'avec peine dans les étroits
passages « *igarapés* » où, sous une voûte de verdure,
se glissent les montarias. On s'arrêtait pour la nuit,
et parfois pour quelques jours, dans les villages
indiens ou dans les cabanes isolées qui se trouvent
sur les rives de la plupart des lacs et des cours d'eau.
Le long de ce réseau de courants d'eau douce qui
traversent des forêts où l'on ne peut pénétrer qu'en
bateau, la plus misérable hutte a son canot et son
débarcadère. Avec sa montaria, son hamac, sa plantation de bananes et de manioc, et sa cabane pour
laquelle la forêt lui fournit tous les matériaux, l'Indien de l'Amazone est pourvu de tout ce qui lui est
nécessaire.

Parfois aussi nos voyageurs s'installaient d'une
façon moins primitive dans les villes ou villages

situés sur le bras principal du fleuve ou dans son voisinage immédiat, à Manaos, à Ega, à Obydos et ailleurs: partout où ils séjournaient, plus ou moins longtemps, les travaux scientifiques étaient poursuivis sans aucune interruption. Personne ne restait oisif.

A partir de Rio de Janeiro, Agassiz eut pour compagnon un jeune Brésilien, officier du génie, le major Coutinho. Connaissant parfaitement l'Amazone et ses affluents, habitué aux Indiens au milieu desquels il avait souvent vécu, il était à tous égards le meilleur compagnon de voyage qu'on eût pu souhaiter. Agassiz quitta la vallée de l'Amazone en avril et employa les deux derniers mois de son séjour au Brésil à des excursions le long de la côte, particulièrement dans les montagnes près de Ceara et dans celles des Orgues, non loin de Rio de Janeiro.

Ce voyage, du commencement à la fin, réalisa ses plus brillantes espérances. M. Thayer, qui s'était montré si généreux à l'égard de l'expédition, continua à la soutenir puissamment jusqu'à ce que le dernier spécimen eût été placé au musée. La tâche d'Agassiz fut d'ailleurs considérablement facilitée par l'intérêt et la bienveillance de l'empereur du Brésil et la bonne volonté de ses agents qui aplanirent toutes les difficultés.

En partant, il s'était imposé deux sujets d'étude. D'abord la faune des eaux douces du Brésil, qui lui offrait d'autant plus d'attrait qu'il avait commencé sa carrière scientifique par un ouvrage sur les « Poissons du Brésil ». En second lieu les glaciers, dont il pensait retrouver plus ou moins les traces jusque dans ces latitudes. Les trois premiers mois, passés à Rio de Janeiro et dans les environs, lui donnèrent la clef de phénomènes en étroit rapport avec ces deux sujets, et il les suivit, de là jusqu'aux sources de l'Amazone, comme l'Indien suit une piste.

La distribution des êtres vivants dans les rivières et les lacs du Brésil, l'immense quantité d'espèces qu'on y trouve et leur répartition en faunes distinctes dans les aires définies d'un même bassin, l'étonnèrent au plus haut point. D'un autre côté, la nature du terrain et les caractères géologiques en général le confirmèrent dans sa conviction que la période glaciaire avait été un fait cosmique. Il ne doutait pas que les régions tropicales, aussi bien que les régions tempérées et arctiques, n'eussent été façonnées par la glace, quoique à un plus faible degré.

Au moment de quitter les États-Unis, Agassiz reçut de Ch. Sumner une bien affectueuse lettre d'adieu; la réponse, écrite du Rio Negro, donne quelque idée du voyage et des résultats obtenus jusqu'à ce moment.

Charles Sumner à Louis Agassiz.

(Trad. de l'anglais.)

Washington, le 20 mars 1865.

Mon cher Agassiz,

C'est une bien belle expédition que vous allez entreprendre et qui contraste fort avec les événements de la guerre! et pourtant vous partez pour conquérir de nouveaux pays et les soumettre à un joug qu'ils ne connaissaient point encore. Mais la science est pacifique et nullement sanguinaire dans ses conquêtes. Puissiez-vous revenir victorieux ! Je suis sûr que vous le serez. Vous verrez naturellement l'empereur du Brésil, qui possède les dons de l'esprit et l'amour de la science, chose rare chez les princes.... Vous êtes naturaliste, mais vous êtes aussi patriote. Si vous pouvez profiter des occasions qui se présenteront certainement pour plaider en faveur de notre patrie, de manière à ce que ses droits soient reconnus et qu'on puisse se rendre compte des malheurs qu'elle a eu à endurer, vous rendrez service à la cause de la paix et de la bienveillance entre les nations.

Vous aurez de bien vives jouissances. Je vous vois déjà tout heureux des scènes qui vont se dérouler devant vous. Moi aussi, j'aimerais voir la nature dans ses plus somptueux vêtements; mais je dois rester ici et aider à rétablir la paix. Adieu ! Bon voyage !

Toujours sincèrement à vous

Charles SUMNER.

Louis Agassiz à Charles Sumner.

Rio Negro, à bord du steamer de guerre brésilien *Ibicuy*,
le 26 décembre 1865.

Mon cher Sumner,

En voyant d'où cette lettre vous est écrite, vous comprendrez de quel intérêt est pour moi ce voyage. Je navigue maintenant sur le Rio Negro avec ma femme et un jeune ami, Brésilien; nous jouissons de tous les avantages que peuvent nous procurer les progrès modernes, la générosité extraordinaire du gouvernement brésilien et l'obligeance de notre commandant. Je poursuis mes recherches scientifiques aussi commodément que si je me trouvais dans mon cabinet de travail ou au musée de Cambridge, avec cette immense différence que je suis entouré des splendeurs de la plus riche végétation tropicale. Je vous écris sur le pont de notre steamer, protégé par une tente contre les rayons brûlants du soleil.

Après l'aimable réception qui m'a été faite par l'empereur à mon arrivée à Rio, on a eu pour moi toutes les attentions possibles, et les témoignages de bienveillance qui m'ont été prodigués dans le but de faciliter mes recherches, ont été pour moi, en même temps, une marque évidente de sympathie que l'on a voulu donner aux États-Unis. D'abord, l'empereur m'a choisi pour compagnon un Brésilien extrêmement intelligent et cultivé, que j'aurais préféré à tout autre, si j'avais été consulté. Ensuite, depuis six mois que nous voyageons, je n'ai pas eu à dépenser un seul dollar, si ce n'est pour mon confort personnel et pour mes collections. Le gouvernement a bien voulu se charger de tous les frais de transport de nos personnes, de nos bagages et de nos collections. Mais ce n'est pas tout; quand nous arrivâmes à Para, la Compagnie des steamers brésiliens mit un de ses navires à ma disposition, afin que je pusse m'arrêter en chemin où bon me semblerait et y rester aussi longtemps que je le voudrais, au lieu de suivre l'itinéraire habituel du voyage. De cette façon, j'ai remonté l'Amazone jusqu'à Manaos, et depuis là, prenant le steamer régulier, j'ai atteint la frontière du Pérou. Je me suis arrêté longtemps à Manaos et à Ega, d'où j'ai organisé des expéditions pour explorer le Javary, le Jutay, l'Iça, etc. A mon retour d'une de ces expéditions à Manaos, au confluent du Rio Negro et de l'Amazone, j'ai trouvé l'*Ibicuy* qui m'attendait avec l'ordre du ministre des Travaux publics, de se tenir à ma disposition pour le reste de mon séjour dans la région de l'Amazone.

L'*Ibicuy* est un joli petit steamer de guerre de la force de cent-vingt chevaux et portant six canons de trentedeux. A bord de ce bâtiment et en compagnie du président de la province, j'ai déjà exploré ce réseau extraordinaire d'anastomoses de rivières et de lacs qui s'étend entre le Madeira et l'Amazone jusqu'à la rivière Tapajos, et maintenant je remonte le Rio Negro dans l'intention d'atteindre le confluent du Rio Branco avec le Rio Negro.

Le fait que le gouvernement brésilien peut et veut bien offrir de telles facilités pour le plus grand bien de la science, et cela en temps de guerre, lorsqu'il doit faire appel à toutes les forces de la nation pour mettre fin à la barbarie du Paraguay, est une preuve extrêmement significative des tendances qui dirigent l'administration. Il n'y a pas de doute que l'empereur ne soit l'âme de tout cela. Cette générosité m'a permis de consacrer tous les moyens dont je dispose à réunir des collections, et il va sans dire que le résultat de mes recherches a été proportionné aux facilités dont j'ai joui.

Jusqu'ici le nombre total des poissons connus de l'Amazone s'élevait un peu au-dessus de cent, en comptant tout ce qui peut s'en trouver au Jardin des plantes, au Musée britannique, aux Musées de Munich, de Berlin, de Vienne et autres, tandis que j'en ai recueilli et conservé en parfait état quatorze cent quarante-deux espèces, et que j'en trouverai peut-être encore quelques centaines avant de rentrer à Para. J'ai suffisamment de doubles pour pouvoir rendre tous les autres musées tributaires du nôtre en ce qui concerne les animaux d'eau douce du Brésil. Cela paraîtra sans doute peu important à un homme d'État, mais ceci donne, j'en suis persuadé, la mesure des ressources du Brésil et du parti qu'on en pourra tirer dans l'avenir. Le bassin de l'Amazone, avec son climat tropical adouci par l'humidité, est un autre Mississipi. Il y a là de quoi faire le bonheur de cent millions de créatures humaines.

Pour toujours votre ami dévoué

Louis AGASSIZ.

Après seize mois de courses incessantes, d'impressions toujours nouvelles, et d'un travail ininterrompu, le repos fut très salutaire à Agassiz. Nous terminons le récit de ce magnifique voyage comme nous l'avons commencé, par une lettre d'Agassiz à sa mère.

Louis Agassiz à sa mère.

En mer, le 7 juillet 1866.

Ma chère et bonne mère,

Lorsque tu recevras cette lettre, nous serons, j'espère, arrivés à Nahant, où nos enfants et petits-enfants nous attendent. Demain, nous devons toucher pour quelques heures à Pernambouc, d'où les vapeurs français te porteront ces lignes.

Je quitte le Brésil avec beaucoup de regret; j'y ai passé près de quinze mois, jouissant sans interruption des beautés de cette incomparable nature tropicale, apprenant beaucoup de choses qui ont étendu le cercle de mes idées sur les êtres organisés, aussi bien que sur la structure de la terre. J'ai retrouvé des traces de glaciers sous ce ciel brûlant, preuve que notre globe a subi des changements de température encore plus considérables que les glacialistes les plus avancés n'osaient l'entrevoir. Qu'on s'imagine, en effet, si on le peut, des glaces flottantes sous l'équateur, comme aujourd'hui sur les côtes du Groënland et l'on aura probablement une idée approximative de l'aspect de l'océan Atlantique à cette époque.

Mais c'est surtout dans le bassin de l'Amazone que mes recherches ont été couronnées du succès le plus inattendu. Spix et Martius, sur le voyage desquels j'ai écrit, comme tu te le rappelles sans doute, mon premier ouvrage sur les poissons, en avaient rapporté une cinquantaine d'espèces et le total de celles que l'on connaît aujourd'hui en additionnant le résultat de tous les voyageurs qui les ont suivis, n'atteint pas deux cents; aussi espérais-je à peine ajouter une centaine d'espèces à ce nombre, même en m'appliquant d'une manière spéciale à la recherche des poissons. Tu dois comprendre ma surprise, lorsque j'obtins rapidement cinq à six cents espèces et en définitive, quand je quittai Para, j'en emportais près de deux mille, c'est-à-dire dix fois plus qu'on n'en connaissait avant que j'entreprisse mon voyage. Une grande partie de ce succès revient au gouvernement brésilien qui m'a fourni pour mon travail des facilités tout à fait inusitées..... C'est à l'empereur que je dois avant tout la plus vive reconnaissance. Sa bienveillance pour moi a été sans bornes. Il a poussé l'obligeance jusqu'à me faire une très belle collection de poissons de la province de Rio Grande du Sud, pendant le séjour qu'il a fait à l'armée l'été dernier. Cette collection ferait honneur à un naturaliste de profession......

Adieu, ma bonne mère, je t'embrasse de tout mon cœur,

ton Louis[1].

---

[1] Le passage suivant d'une lettre adressée du Rio Negro au traducteur de cette biographie, rend un hommage bien mérité au dévouement de Mᵐᵉ Agassiz pendant ce voyage. On comprendra les sentiments qui ont engagé celle-ci à ne pas la faire figurer dans son ouvrage.

« Sur le Rio Negro, le 27 décembre 1865.

« .... Tu sais que ma femme m'accompagne ; le courage qu'elle a
« montré en toute occasion ainsi que la facilité avec laquelle elle
« s'est soumise aux exigences de la situation, lui ont permis de
« m'accompagner partout, jusqu'aux frontières incultes du Pérou et
« au milieu des campements des Indiens les moins civilisés. Dans
« toutes ces excursions, elle m'a rendu les services les plus signalés.
« Trop occupé de mes collections et de la direction de tout mon
« monde, j'ai à peine le temps de prendre quelques notes sur les
« objets scientifiques dont je m'occupe, et sans elle je n'aurais que
« mes souvenirs pour raconter mon voyage; mais elle prend tous les
« jours des notes étendues qui nous seront de la plus grande utilité
« au retour.... »

Il est intéressant de voir, dans la lettre suivante, le vieux professeur Martius, de Munich, rappeler à propos de ce voyage d'Agassiz l'expédition qu'il avait faite lui-même au Brésil, presque un demi-siècle auparavant.

Le professeur Martius à Louis Agassiz.

(Trad. de l'allemand.)

Le 26 février 1867.

Mon cher ami,

Je vous remercie cordialement de votre lettre du 20 mars qui m'a fait le plus grand plaisir comme un témoignage de votre bon souvenir. Vous pensez bien que j'ai suivi votre voyage sur l'Amazone avec le plus vif intérêt et sans aucun mélange d'envie, quoique vous ayez pu, quarante ans après moi, entreprendre votre expédition dans des conditions infiniment plus favorables. Bates qui a vécu onze ans dans ce pays-là, m'a déclaré que je n'avais jamais manqué de courage et d'activité pendant une exploration qui dura onze mois, et je crois en conséquence que vous aussi vous ne porterez pas un jugement défavorable en relisant la description de mon voyage. Les plus grandes difficultés que nous rencontrâmes étaient causées par les faibles dimensions de notre bateau; il était si petit que la traversée des rivières offrait toujours du danger.

Je recevrai avec grand plaisir le récit détaillé de votre voyage et le plan de la route que vous avez suivie; j'espère que vous me les enverrez. Pouvez-vous me dire quelque chose des squelettes humains du Rio Saint-Antonio à Saint-Paul? Je suis bien aise de savoir que les palmiers aient attiré spécialement votre attention et je vous prie instamment de m'adresser les parties essentielles de chaque espèce que vous envisagez comme nouvelle, car je désire terminer cette année les palmiers de la « *Flora brasiliensis* ». J'aimerais bien trouver dans le nombre quelque nouvelle espèce ou genre auquel je donnerais volontiers votre nom.

Avez-vous l'intention de publier un récit de votre voyage, ou vous bornerez-vous à un rapport renfermant vos observations sur l'histoire naturelle ? Dans le but d'expliquer les nombreux noms d'animaux, de plantes et de localités qui dérivent du langage *Tupée*, je me suis mis à l'étudier pendant des années, suffisamment pour pouvoir le parler. Vous avez peut-être déjà vu mon « *Glossarium lignorum brasiliensium* ». Il contient aussi onze cent cinquante noms d'animaux. Mes « Contributions ethnographiques », dont quarante-cinq feuilles sont imprimées et qui, j'espère, paraîtront l'année prochaine, se rattachent aussi à cet ouvrage. Je suis impatient de connaître vos conclusions géologiques. J'incline aussi à croire qu'avant les dernières catastrophes géologiques, il existait des hommes dans l'Amérique du Sud.

Comme vous avez vu beaucoup d'Indiens de l'Amérique du Nord, vous pourrez donner des renseignements intéressants sur leurs rapports physiques avec ceux de l'Amérique du Sud. En qualité de secrétaire de la section de mathématiques et de physique, j'aimerais beaucoup avoir un court résumé de vos principaux résultats. Il serait inséré dans les procès-verbaux de nos réunions, ce qui vous serait d'autant plus agréable que ceux-ci paraissent avant toute autre publication.

Vous voyez, sans doute, de temps en temps notre ami Asa Gray. Rappelez-moi cordialement à son souvenir en lui disant que j'attends impatiemment une réponse à ma dernière lettre.

Pendant l'année 1866, nous avons perdu plusieurs botanistes distingués, Gusone, Mettenius, von Schlechtendal et Fresenius. Je ne reçois que rarement des nouvelles de notre excellent ami Alexandre Braun. Il ne résiste pas aussi bien que vous, cher ami, aux approches de la vieillesse, car vous êtes toujours le même naturaliste actif, vigoureux et bien conservé, à en juger par votre photographie dont je vous remercie. Ma femme se rappelle toujours avec plaisir les visites que vous nous faisiez, alors que vous étiez ce jeune homme plein de vie et de grâce. Que de temps s'est passé dès lors!

Il s'est fait beaucoup de changements autour de moi. Parmi mes anciens amis, il ne reste plus que Kobell et Vogel. Quant à Zuccarini, Wagner, Oken, Schelling, Sieber, Fuchs, Walther, ils sont tous partis pour leur dernière demeure. Il est d'autant plus agréable pour moi de savoir que de l'autre côté de l'océan, vous pensez quelquefois à votre vieil ami pour lequel une de vos lettres sera toujours la bienvenue. Présentez mes compliments à votre famille, quoi qu'elle ne me connaisse pas. Puisse l'année présente vous apporter la santé, le contentement et la pleine jouissance de votre grand et glorieux succès.

Avec estime et amitié, je reste toujours votre dévoué

MARTIUS.

Agassiz revint à Cambridge vers la fin d'août de 1866 et, après les premiers jours consacrés à sa famille et à ses amis, il reprit son travail à l'Université et au Musée. Il venait de terminer ses conférences à l'Institut Lowell lorsqu'il partit pour le Brésil, et c'est là aussi qu'il donna à son retour sa première leçon publique. Les demandes de billets d'entrée dépassèrent de beaucoup le nombre des places. L'accueil enthousiaste qu'il reçut se soutint jusqu'à la fin, bien que ses conférences, presque entièrement consacrées à exposer les résultats scientifiques de l'expédition, ne fussent pas de nature à exciter l'intérêt, comme un récit d'aventures ou d'incidents de voyage. Pendant l'hiver, il donna aussi à New-York, à l'Institut Cooper, un cours qui attira une foule d'auditeurs et eut le même succès. On en peut juger par l'adresse que présenta l'historien Bancroft à la fin de la dernière séance et qui,. venant d'une pareille source, a sa place marquée ici :

« Les nombreux auditeurs, remplis d'enthousiasme,
« expriment leur reconnaissance à l'illustre profes-
« seur Agassiz pour la richesse de son enseignement
« et la clarté de son exposition, pour sa démonstra-
« tion que l'idée précède la forme et que la force
« première demeure éternelle au-dessus de ses mani-
« festations passagères ; pour ces heures charmantes
« trop vite écoulées, enfin pour son influence géniale
« dont le souvenir durera autant que notre vie. »

Pendant l'hiver de 1867, toutes les heures de loisir d'Agassiz furent employées à revoir et à arranger les immenses collections qu'il avait recueillies dans son voyage.

Louis Agassiz à Sir Philip Egerton.

(Trad. de l'anglais.)

Musée de Cambridge, le 26 mars 1867.

..... Je suis sûr que vous apprendrez avec plaisir que je me suis remis à l'étude des poissons et que, selon toute probabilité, je ne l'abandonnerai plus de longtemps. Mon succès, en faisant mes collections de l'Amazone, a été si grand et si inattendu qu'il me faudra des années

pour rendre compte de tout ce que j'ai trouvé, et je tiens
à faire voir que les récits en apparence si étranges répandus au dehors, sont cependant strictement exacts.
Oui, j'ai à peu près dix-huit cents espèces de poissons du
bassin de l'Amazone! Cette collection, généralement en
bon état de conservation, est actuellement à Cambridge.
On doit en conclure que les autres fleuves du monde n'ont
été explorés que très imparfaitement, ou que l'Amérique
tropicale nourrit une variété d'animaux inconnue dans
d'autres régions. Ne vaudrait-il pas la peine d'explorer le
Gange, le Brahmapoutra ou quelque grand fleuve de la
Chine pour éclaircir ce fait ? Ne pourrait-on pas le faire
sous les auspices du gouvernement britannique ?

Envoyez-moi, je vous prie, ce que vous avez publié sur
les poissons fossiles que vous possédez. Je soupire souvent
après une nouvelle visite à votre musée et il est probable que je solliciterai dans quelques années une invitation de votre part, dans le but de réviser mes vues sur
tout le sujet, mis en corrélation avec ce que j'apprends
maintenant sur les poissons vivants. A propos, j'ai onze
cents dessins coloriés des poissons du Brésil, faits d'après
nature par mon vieil ami Burkhardt qui m'a accompagné
pendant le voyage.

Mes dernières études m'ont rendu plus que jamais
l'adversaire des nouvelles doctrines scientifiques actuellement en faveur en Angleterre. Ce bruit, ces théories à
sensation me rappellent ce que j'ai vu en Allemagne dans
ma jeunesse, lorsque la physio-philosophie d'Oken avait
envahi tous les centres d'activité scientifique; et pourtant
qu'en reste-t-il ? J'espère survivre à cette manie. Comme
d'habitude, je ne vous demande pas d'abord ce que vous
en pensez et il est encore possible que j'aie fourré la main
dans un nid de frêlons, mais vous connaissez votre vieil
ami Agass et vous lui pardonnerez, s'il a peut-être touché
une corde sensible....

L'été de 1867 se passa très tranquillement à Nahant où Agassiz, entouré de ses objets d'étude et le microscope en main, reprit les occupations paisibles qui lui plaisaient le mieux. Toutefois, son extraordinaire et infatigable activité trouvait encore le temps de s'occuper de questions d'intérêt public. Consulté par le professeur Pierce, directeur du *Coast Survey*, sur des travaux à entreprendre dans le port de Boston, il lui adressa, sur ce sujet, une lettre très intéressante, mais trop longue et trop spéciale pour être reproduite ici.

Cette année se termina pour Agassiz par un profond chagrin. Dans les derniers temps, la santé de sa mère s'était gravement altérée, et au mois de novembre il reçut la nouvelle de sa mort. Quoique longtemps séparés, il n'y avait jamais eu la moindre interruption dans leurs rapports. Autant qu'il lui était possible, il la tenait au courant de ses projets et de ses entreprises, et l'éloignement ne diminua point cette intimité, ni l'intérêt qu'elle prenait à ses travaux. On pourrait même dire que cette part de sollicitude et d'affection devint plus grande avec les années, et que cette mère excellente s'attacha aux relations de son fils en Amérique et à ses succès dans ce pays lointain avec autant de sympathie qu'elle en avait montré pour ses brillants débuts en Europe.

Agassiz lui-même, qui semblait avoir repris pendant quelque temps la vigueur de la jeunesse, tomba de nouveau malade au printemps suivant; une affection du cœur l'obligea à suspendre tout travail pendant nombre de semaines.

C'est à cette époque qu'il échangea quelques lettres avec Oswald Heer. Celui-ci venait de publier son ouvrage sur la « Flore fossile des régions arctiques ». Ce volume, adressé à Agassiz par l'auteur, le trouva en convalescence et il ne pouvait arriver plus à propos. Encore retenu chez lui, incapable d'aucun travail suivi, Agassiz s'en empara et le lut avec passion. Ce livre avait pour lui un double attrait ; quoique consacré à une branche des sciences naturelles étrangère à ses propres études, le travail de Heer s'en rapprochait cependant, en ce qu'il reconstruisait la flore disparue des régions polaires, comme lui-même l'avait fait pour la faune des époques géologiques. L'un revêtait de forêts verdoyantes des champs maintenant glacés, l'autre recouvrait de glaces les contrées aujourd'hui fertiles. En un mot, l'ouvrage du savant de Zurich s'empara de l'imagination d'Agassiz aussi fortement que celle d'un enfant malade peut être captivée par la lecture d'un conte de fées.

Voici maintenant la correspondance des deux naturalistes :

Louis Agassiz à Oswald Heer.

(Trad. de l'allemand.)

Cambridge, le 12 mai 1868.

Honoré collègue,

Votre magnifique ouvrage sur la flore fossile des régions arctiques m'est parvenu au moment où je relevais d'une longue et pénible maladie. J'ai donc pu le lire de suite et j'en ai été enchanté. Vous faites un tableau captivant des changements successifs qu'ont subis les régions arctiques. Aucun ouvrage ne pouvait être plus précieux pour faire connaître au grand public les recherches récentes de la paléontologie et pour faire progresser la science elle-même.

Si le temps me le permet, j'ai l'intention d'en faire un abrégé populaire pour l'une de nos revues. En attendant, j'ai écrit au professeur Henry, directeur de l'Institut Smithsonien à Washington, afin de l'engager à souscrire à un certain nombre d'exemplaires et à les distribuer aux établissements moins riches. J'espère qu'il le fera et, au besoin, je réitérerai mes démarches à ce sujet, puisque les relations amicales que je soutiens avec lui m'en donnent le droit. J'ai en outre écrit aux directeurs de plusieurs institutions importantes, afin que votre ouvrage soit connu aux États-Unis autant que peut l'être un ouvrage de ce genre, et qu'il parvienne aux personnes qu'il est destiné à intéresser.....

En me recommandant à votre souvenir amical, je reste votre dévoué

Louis AGASSIZ.

Quelques mois plus tard, Oswald Heer lui répondit :

Oswald Heer à Louis Agassiz.

(Trad. de l'allemand.)

Zurich, le 8 décembre 1868.

Mon honoré ami,

Votre lettre du mois de mai m'a fait le plus grand plaisir, et je vous aurais répondu plus tôt, si je n'avais appris que vous étiez parti pour les Montagnes Rocheuses. J'ai supposé, en conséquence, que ma lettre ne vous trou-

verait pas chez vous avant la fin de l'automne. Mais je
ne veux pas renvoyer davantage de vous écrire, d'autant
plus que j'ai reçu par l'Institut Smithsonien votre grand
ouvrage sur l'histoire naturelle des États-Unis. Si précieux qu'il soit en lui-même, il acquiert pour moi un
double prix comme don de l'auteur. Recevez donc mes
chaleureux remerciements. Il me sera toujours un témoignage de votre estime et de votre amitié.

J'ai été très satisfait d'apprendre que ma « Flore fossile des régions arctiques » avait obtenu votre approbation. Depuis lors, plusieurs faits nouveaux ont contribué
à confirmer mes résultats. L'expédition Whymper a
rapporté en Angleterre une quantité de plantes fossiles
qu'on a soumises à mon examen. J'en ai trouvé quatre-
vingts espèces, dont trente-deux nouvelles du Groënland
septentrional, en sorte que maintenant nous connaissons
cent trente-sept plantes du miocène de cette région
(soixante-dizième degré de latitude Nord). C'est avec un
vrai plaisir que j'ai découvert l'enveloppe du fruit du Castanea (châtaignier) contenant trois graines et couverte
d'épines comme celle du châtaignier commun. En outre,
j'ai pu prouver par les fleurs, conservées avec le fruit,
que la supposition mentionnée dans la « Flore arctique »,
page 106, était exacte, c'est-à-dire que les feuilles du
Fagus castaneæfolia Ung. appartiennent réellement à un
Castanea. Comme plusieurs fruits sont renfermés dans la
même enveloppe, ce Castanea du miocène doit être plus
rapproché de l'espèce européenne *(C. vesca)* que du Castanea américain *(C. pumila,* Micha). Les feuilles ont été
dessinées pour la « Flore arctique » et sont aussi conservées dans la collection Whymper.

J'ai reçu de l'Alaska de très belles et grandes feuilles
d'un Castanea que j'ai appelé *C. Ungeri.* Je travaille
maintenant à la flore fossile de l'Alaska; la plupart
des planches sont déjà dessinées et contiennent de ma-

gnifiques feuilles. Le Mémoire sera publié par l'Académie
suédoise de Stockholm et j'espère pouvoir vous en envoyer
un exemplaire dans quelques mois. Cette flore est remarquable par sa grande ressemblance avec la flore miocène
d'Europe. Le Liquidambar, ainsi que divers peupliers et
saules, ne se distinguent en rien de ceux d'Œningen; on en
peut dire autant d'un Orme, d'un Charme et d'autres.
Comme l'Alaska appartient à présent aux États-Unis, il
faut espérer que les stations qui ont fourni de si magnifiques plantes seront exploitées plus à fond.....

Dans l'espoir que vous êtes heureusement de retour
de votre voyage et que ces lignes vous trouveront en
bonne santé, je vous salue cordialement.

Votre dévoué
Oswald HEER.

Peu après la guérison d'Agassiz, en juillet 1868,
M. Samuel Hooper l'invita à se joindre à quelques
amis, membres du Congrès ou négociants, qui se
proposaient de faire un voyage dans l'Ouest. Cette
excursion non seulement promettait à Agassiz du repos
et un changement d'air, mais lui fournissait encore
l'occasion d'étudier le phénomène glaciaire sur une
vaste étendue de prairies et de montagnes qu'il n'avait
pas encore visitées. Ils se réunirent à Chicago pour se
rendre à Saint-Paul et descendre le Mississipi; puis
se dirigèrent à travers le Kansas, vers l'embranche-
ment Est du chemin de fer du Pacifique. . A cette
dernière station, ils trouvèrent le général Sherman
avec des voitures d'ambulance et une escorte pour
les accompagner jusqu'au chemin de fer de l'*Union
Pacific;* ils revinrent ensuite par Denver, Utah et
Omaha en traversant l'État de Jowa, pour atteindre
de nouveau le Mississipi.

A l'intérêt de ce voyage s'ajouta celui d'un séjour
de deux mois qu'au retour Agassiz fit à Ithaca, dans
l'État de New-York. On venait d'inaugurer l'Université de Cornell et il y avait accepté la nomination
de professeur non résidant, en s'engageant à donner
chaque année un cours sur différents sujets d'histoire
naturelle. Les efforts tentés pour développer l'instruction ne le laissaient jamais indifférent, et cette
fois-ci, il se sentait plus attiré encore que d'ordinaire
par une expérience nouvelle. Il s'agissait de savoir
si l'on pouvait utilement combiner l'instruction de
l'artisan avec celle de l'étudiant, le travail manuel
avec le travail intellectuel. Cette épreuve intéressante
était bien propre à stimuler élèves et professeurs, et
Agassiz plus que tout autre [1].

C'est d'Ithaca qu'il écrivit à M. A. de la Rive la
lettre suivante :

* *Louis Agassiz à M. A. de la Rive.*

Ithaca, le 6 octobre 1868.

.... Je passe quelques semaines dans cet État pour y
étudier les phénomènes erratiques et surtout la formation des petits lacs qui y fourmillent, pour ainsi dire, et
dont l'origine se rattache de diverses manières à l'époque
glaciaire. Le voyage que je viens d'accomplir m'a fourni
une foule de faits nouveaux concernant cette époque,
dont je saisis chaque jour plus distinctement le long

---

[1] Tout récemment, une inscription a été placée dans la chapelle
de l'Université de Cornell, comme témoignage de reconnaissance
pour la part qu'Agassiz a prise à l'organisation de cet établissement.

enchaînement et l'importance au point de vue de la physique du globe. L'origine et le mode de formation du vaste système de nos fleuves américains m'a surtout occupé et je crois en avoir enfin trouvé la solution. Il reproduit les lignes d'écoulement des eaux à la surface des moraines de fond qui recouvraient tout ce continent, lorsque la grande nappe de glace, qui a façonné le drift, s'est fondue. On ne croira pas davantage à ce résultat, dans vingt ans, qu'on n'a cru à l'ancienne extension des glaciers, mais peu m'importe. Je sais, quant à moi, qu'il en a été ainsi et après avoir eu l'idée d'une époque glaciaire, qui est adoptée maintenant par tous ceux qui n'ont pas intérêt à s'y opposer et à soutenir de vieilles théories artificielles, je puis bien attendre un peu que l'on comprenne les changements qui l'ont suivie.

J'ai enfin acquis la preuve directe que la base des grandes prairies de l'Ouest est formée de roche polie. Depuis qu'on bâtit des villes dans la prairie, on commence par-ci par là à mettre à découvert la roche qui est aussi distinctement sillonnée par l'action de la glace et de son système de burinage que la Handeck et les pentes du Jura. J'en ai vu de magnifiques dalles dans le Nébraska, dans le bassin de la rivière Platte. Les physiciens ne songent-ils donc pas encore à nous apprendre quelque chose sur les causes probables de changements aussi considérables et aussi bien établis ? Il n'y a plus moyen d'éluder la question en supposant que ces phénomènes sont dus à l'action de grands courants. Il s'agit bel et bien de nappes de glace de cinq à six mille pieds d'épaisseur recouvrant le continent sur toute son étendue et que l'on peut mesurer indirectement dans les États du Nord. Après la glace seulement, sont venus les courants. Et qui ne sait pas distinguer les deux séries de faits et leurs enchaînements, n'entend rien à la géologie de l'époque quaternaire.....

A cette date également, Agassiz reçut de Longfellow l'aimable lettre qui suit; vivant l'un près de l'autre et se voyant constamment à Cambridge et à Nahant, ils n'avaient pas souvent l'occasion de s'écrire.

H.-W. Longfellow à Louis Agassiz.

(Trad. de l'anglais.)

Rome, le 31 décembre 1868.

Mon cher Agassiz,

J'avais l'intention de vous écrire de la Suisse, afin que ma lettre vous parvînt comme une bouffée d'air du glacier pendant les chaleurs de l'été. Mais, hélas! je n'y ai pas trouvé assez d'air frais pour moi-même, et à plus forte raison pour vous en envoyer de l'autre côté de l'océan. Il faisait aussi chaud en Suisse qu'à Cambridge; je n'en pouvais plus et ma lettre est restée dans l'encrier. Je l'en sors maintenant.

Une des choses que je tiens à vous dire d'abord, c'est le plaisir que j'ai eu à constater combien votre souvenir est encore vivant en Angleterre. A Cambridge, le professeur Sedgwick m'a dit avec émotion: « Faites mes amitiés à Agassiz. Portez-lui la bénédiction d'un vieillard. » A Londres, Sir Roderick Murchison m'a dit: « J'ai connu beaucoup d'hommes qui m'ont inspiré de la sympathie, mais quant à Agassiz, j'éprouve la plus vive affection pour lui. » Dans l'île de Wight, Darwin m'a dit: « Quelle réunion d'hommes vous avez à votre Cambridge! Nos deux Universités ne peuvent en fournir de pareils. Vous possédez Agassiz; il compte pour trois. »

Une de mes journées les plus agréables en Suisse est celle que j'ai passée à Yverdon. Dans la matinée, je me fis conduire chez les Gasparin. Avec leur cordiale hospitalité, ils m'engagèrent à dîner et à faire une promenade avec eux dans la vallée de l'Orbe. Je ne pus résister; notre voiture parcourut donc cette charmante vallée; nous passâmes devant le vieux château de la reine Berthe, une de mes héroïnes favorites, et ce qui fut mieux encore pour moi, nous avons traversé la petite ville d'Orbe. Avec sa vieille tour et les arbres de sa terrasse, elle est restée exactement la même que lorsque vous y jouiez comme jeune garçon. C'est une vue des plus agréable...

Merci de votre lettre adressée de l'extrême Ouest. Je vois d'après les journaux que vous avez donné des conférences à l'Université de Cornell.

Avec les salutations les plus amicales, toujours votre affectionné

H.-W. LONGFELLOW.

CHAPITRE XXII

1868-1871 — 61 à 64 ans

Souscription pour le Musée. — Nouveau bâtiment. — Arrangement des nouvelles collections. — Dragages du *Bibb*. — Centenaire de Humboldt. — Maladie d'Agassiz. — Personnel du Musée. — Lettres de Sedgwick et de Deshayes. — Projet de voyage du *Hassler*.

Quand Agassiz revint à Cambridge, il trouva le Musée dans une meilleure situation financière. L'état avait accordé soixante-quinze mille dollars pour une adjonction au bâtiment et les souscriptions particulières avaient fourni une somme égale pour la conservation et l'arrangement des nouvelles collections. Agassiz, en remerciant la législature, s'exprime ainsi dans son rapport du Musée pour l'année 1868 :

« Tout en arrêtant avec joie mes regards sur ce « nouvel édifice qui nous fournira le moyen d'exposer « les collections maintenant entassées dans nos caves, « dans nos combles et qui encombrent toutes nos « salles, je ne puis considérer le moment où nous « en prendrons possession, sans trembler devant la « grandeur de notre entreprise. L'histoire de notre « science avec ses enseignements se présente tout « entière à mon esprit. Les penseurs du monde en- « tier se sont appliqués avec persévérance à la so-

« lution de tous les problèmes soulevés par les ani-
« maux innombrables répandus sans ordre apparent
« sur la terre et dans les eaux. Ils sont parvenus à
« découvrir les affinités d'une quantité d'êtres vivants.
« Le passé a dévoilé ses secrets et leur a fait voir
« que les animaux qui peuplent actuellement la terre
« ne sont que les successeurs d'innombrables créa-
« tures antérieures, dont les restes sont ensevelis
« dans la croûte de notre globe. Des études plus
« approfondies ont révélé les relations entre les
« animaux des temps passés et ceux des temps
« actuels, ainsi qu'entre la loi de succession des
« premiers et les lois de croissance et de distri-
« bution des seconds, lois si profondes et si vastes
« que ce labyrinthe de vie organique prend le carac-
« tère d'une histoire bien coordonnée qui se dévoile
« plus clairement à nos yeux, à mesure que nos con-
« naissances augmentent. Mais lorsque les musées de
« l'Ancien Monde furent créés, ces relations n'étaient
« pas même soupçonnées.

« Les collections d'histoire naturelle, réunies à
« grands frais dans les centres principaux de la civi-
« lisation, n'ont été jusqu'ici qu'un entassement
« d'objets destinés à montrer le savoir de l'homme
« et son habileté à exposer les animaux et les pro-
« duits variés de notre globe. Tout en les admirant
« et en cherchant à rivaliser de zèle et de persévé-
« rance avec ceux qui ont recueilli tant de maté-
« riaux et fait pour la science tout ce qui était
« possible dans leur temps, nous n'avons plus le
« droit de créer des musées selon leur méthode.
« Ceux-ci nous ont préparé le terrain, ils ont accu-

« mulé les matériaux de comparaison et d'étude et
« ont ainsi posé le problème : c'est à nous de le
« résoudre. L'originalité et la force disparaissent et
« il n'y a plus que paresse et stérile imitation, si l'on
« ne fait que répéter l'œuvre de ses devanciers.

« Si je ne me trompe, le but de nos musées est
« maintenant d'exposer tout le règne animal comme
« une manifestation de l'Intelligence suprême, et les
« recherches scientifiques doivent s'inspirer d'un
« sentiment puisant sa force dans la sympathie géné-
« rale et pareil au zèle religieux qui éleva autre-
« fois le Dôme de Cologne et la Basilique de Saint-
« Pierre. Le temps est passé où les hommes expri-
« maient leurs convictions les plus profondes par ces
« magnifiques et merveilleux monuments, mais j'es-
« père voir s'élever chez nous, grâce au progrès de la
« culture intellectuelle, un édifice qui deviendra un
« temple des révélations écrites dans l'univers. S'il en
« est ainsi, les constructions destinées à atteindre ce
« but, ne pourront jamais être trop vastes, car elles
« doivent embrasser l'œuvre infinie de la sagesse
« infinie. Elles ne seront non plus jamais trop coû-
« teuses, ni trop solides, ni trop durables, puis-
« qu'elles contiendront les documents les plus ins-
« tructifs de la Toute-Puissance. »

Agassiz passa l'hiver de 1869 à déterminer, classer
et disposer les nouvelles collections. Au printemps,
en compagnie de son ami, le comte de Pourtalès, il prit
part à une expédition de dragage que le *Bibb,* steamer
du *Coast Survey,* entreprit sur la côte de Cuba, aux
bancs de Bahama et le long des récifs de la Floride.
Comprenant une plus vaste région que les précé-

dentes, cette exploration de dragage était la troisième qu'entreprenait M. de Pourtalès, sous les auspices du *Coast Survey*. On peut dire que les recherches de ce savant ont exercé une puissante influence dans ce champ d'études et qu'elles ont frayé la voie aux explorations de même nature, faites ces dernières années par le *Coast Survey*. Depuis longtemps, il désirait montrer à son vieil ami et professeur quelques-uns des riches fonds de dragage qu'il avait découverts entre la Floride et les Indes occidentales. L'un et l'autre jouirent beaucoup de cette courte période de travail en commun. Chaque jour, chaque heure amenait quelque trouvaille intéressante et le seul embarras était l'abondance des matériaux.

Ce fut la dernière course d'Agassiz sur le *Bibb* où, dès la première année de son séjour en Amérique, il avait été reçu avec la plus cordiale hospitalité. Les résultats de cette expédition, insérés dans le Bulletin du musée, fournissent des renseignements sur la conformation actuelle de notre continent américain et sur son histoire géologique probable.

« *Rapport sur les dragages des grandes profondeurs*
« *par Louis Agassiz* [1].

« D'après ce que j'ai vu des dragages des grandes
« profondeurs de la mer, je puis déjà conclure que
« parmi les roches formant la masse de la croûte
« stratifiée de notre globe, depuis la plus ancienne

---

[1] *Bulletin du musée de zoologie comparée*, I, n° 13, 1869, p. 368, 369.

« formation jusqu'à la plus récente, il n'y en a pro-
« bablement aucune qui ait été déposée dans des
« eaux très profondes. S'il en est ainsi, nous devons
« admettre que le continent américain, avec la zone
« de deux cents brasses environ qui l'entoure, limi-
« tée par les grandes profondeurs de l'Océan, a gardé
« depuis le commencement sa position et son con-
« tour actuels, et que, comme il a éprouvé de légers
« mouvements d'élévation et d'abaissement, les Océans
« ont dû en subir de pareils. La constitution géolo-
« gique de notre continent, maintenant connue d'une
« manière suffisante dans la plus grande partie de son
« étendue, prouve, ce me semble, avec la dernière
« évidence, qu'il en a bien été ainsi et qu'il n'y a
« aucune raison de supposer qu'aucune partie se soit
« affaissée de nouveau à une grande profondeur
« après s'être élevée au-dessus du niveau de l'océan.

« Le fait que sur le continent américain, à l'Est
« des Montagnes Rocheuses, les formations géologi-
« ques se succèdent régulièrement depuis les plus
« anciens dépôts azoïques et primordiaux jusqu'à la
« formation crétacée, sans la moindre trace d'un
« affaissement subséquent, me paraît être la plus
« complète et directe démonstration de ma proposi-
« tion. Je ne puis parler avec autant d'assurance de
« l'Ouest du continent. En outre, la position des for-
« mations crétacées tertiaires, le long des terres basses
« à l'Est des Alleghanys, est une autre indication de
« la permanence du bassin de l'Océan, sur les plages
« où ces couches plus récentes se sont formées. Je
« sais bien que dans une période relativement moins
« ancienne, certaines parties du Canada et des États-

« Unis, qui sont actuellement à six ou sept pieds au-
« dessus du niveau de la mer, se trouvaient submer-
« gées ; mais ceci n'a pas changé la configuration du
« continent, si nous admettons qu'il est en réalité
« circonscrit par la zone de deux cents brasses de
« profondeur. »

Agassiz passa l'été dans son laboratoire favori de
Nahant et ce séjour, hélas ! devait être le dernier.
Il s'occupa d'abord de son ouvrage sur les requins et
les raies. Mais bientôt, à la fin de l'été, il dut interrompre ce travail pour un autre que lui imposaient
le respect d'un disciple et la reconnaissante affection
de toute sa vie.

On l'avait prié de prononcer le discours en l'honneur du centenaire de Humboldt, qui devait être célé-
bré le 15 septembre 1869 sous les auspices de la
Société d'histoire naturelle de Boston. Il avait accepté,
non sans quelque appréhension, car il n'avait pas
l'habitude d'un travail littéraire de cette nature et,
comme biographe, il se sentait tout à fait novice.
Pour remplir cette tâche en toute conscience, il s'en-
ferma pendant des semaines dans une salle de la
bibliothèque de Boston, et là, vivant pour ainsi dire
avec son ancien maître, il relut tous ses ouvrages.
Le résultat de cette retraite fut une étude à la fois
concise et complète, une peinture nette et vigoureuse
des travaux de Humboldt et de leur influence
sur l'instruction aussi bien élémentaire que supérieure, influence et méthode dont profite aujourd'hui
le plus simple écolier, sans savoir que c'est à Humboldt qu'il les doit.

Le tableau que fit Agassiz de cette brillante intelligence, fécondant tout ce qu'elle touchait, fut rendu plus vivant encore par les détails que lui dictaient son affection pour Humboldt, ses souvenirs et ses rapports personnels avec lui. Emerson, qui assistait à cette fête, déclara que « jamais Agassiz n'avait pro-« noncé un discours plus sage, plus heureux et d'une plus grande puissance. » G.-W. Curtis écrivait à ce sujet : « Votre discours me paraît être l'idéal même « du genre, — si large, si simple, si sympathique, si « brillant, entrant si profondément dans la pensée de « Humboldt et faisant l'exposé de sa vie et de son « œuvre comme personne au monde, j'en suis sûr, « n'aurait pu le faire. »

En mémoire de cette fête, on fonda au musée de zoologie comparée la « bourse Humboldt ».

Il serait inutile de rechercher si cet effort, ajouté au travail de l'année, hâta l'attaque qui survint peu après et qui avertit Agassiz que son cerveau surmené ne pouvait plus supporter une aussi forte tension. Le premier accès, de peu de durée, affecta la parole et le mouvement, d'autres, de plus en plus faibles, suivirent ; pendant des mois, il dut rester dans sa chambre et s'abstenir de tout effort intellectuel ; les médecins lui défendaient même de penser. La lutte qu'il eut alors à soutenir contre lui-même fut des plus pénible, mais il fit preuve d'autant d'énergie pour forcer son esprit actif à se maintenir pendant quelque temps dans une inaction absolue, qu'il en avait mis auparavant à lui donner son plein essor. Malgré tout, il lui était impossible de bannir de sa pensée son musée, ce rêve passionné de sa vie en Amérique. Un jour, après avoir dicté quelques directions indis-

pensables, il s'écria avec une sorte de désespoir :
« Oh ! mon musée ! mon musée, toujours présent
« à mon esprit, nuit et jour, malade ou en santé,
« toujours, toujours ! »

Quelques années d'activité devaient cependant lui
être encore accordées, récompense sans doute de sa
patience et de ses efforts persévérants pour assurer
sa guérison. Après un hiver passé dans une réclusion
absolue, son médecin lui prescrivit, au printemps de
1870, un changement d'air dans le paisible village
de Deerfield, au bord du Connecticut. La nature fut
ici le meilleur médecin. Incapable à son arrivée de
faire quelques pas sans être atteint de vertige, il put,
au bout de quelques semaines faire des courses de
plusieurs milles. Aussi habile qu'un égyptologue à
lire les hiéroglyphes, il déchiffrait les inscriptions
que la glace avait laissées et en suivait partout les
traces. Le charme de ses premières études s'emparait
de nouveau de lui et le rappelait à la vie.

Pendant ce temps, ses aides et ses élèves faisaient
tout ce qui était en leur pouvoir pour maintenir le
musée à la hauteur du plan qu'il en avait tracé. Les
publications, la classification et l'arrangement des
nouvelles collections, l'organisation des salles, les
échanges, tout fut continué sans interruption. Le personnel du musée était devenu considérable et se composait en grande partie d'éléments indigènes. Agassiz
avait peu à peu formé, de ses meilleurs élèves, un
noyau d'aides qui connaissaient ses projets et partageaient ses idées et son enthousiasme. Il eut encore
la joie de voir plusieurs de ses jeunes amis, auxquels
il était très attaché et dont il appréciait la sympathie

.et la coopération, appelés à des postes scientifiques
.importants, preuve évidente de l'influence du musée
qui pouvait ainsi fournir au pays un grand nombre
de professeurs et d'investigateurs. Les vers suivants
de Lowell étaient vraiment prophétiques :

> C'était un maître. Pourquoi pleurer celui dont la voix,
> Toujours vivante, fait encore vibrer l'air ?
> Dans un cortège sans fin, ses élèves fidèles viendront
> Répandre la lumière de son glorieux enseignement.

Outre ces jeunes gens, le musée avait engagé, en
permanence ou momentanément, plusieurs naturalistes
expérimentés. Les uns étaient à la tête des différents
départements, tandis que d'autres prêtaient leur concours à des recherches spéciales. Parmi les premiers,
nous nommerons leur doyen M. J.-G. Anthony, qui
s'occupait de conchyliologie depuis quarante ans déjà,
lorsqu'il entra au musée en 1863; jusqu'à sa mort,
survenue vingt ans plus tard, il resta dévoué à cet
établissement. Parmi les collaborateurs momentanés,
citons M. Léo Lesquereux, le premier botaniste-
paléontologue des États-Unis, le géologue Jules Mar-
cou et F. de Pourtalés, sous les auspices duquel
les collections de coraux acquirent toujours plus
d'importance. Ce dernier fut attaché définitivement
au musée et en partagea plus tard la direction avec
Alexandre Agassiz. A ces divers collaborateurs, on
avait eu, deux ans auparavant, la bonne fortune
d'adjoindre un entomologiste distingué, le Dr Hermann Hagen, de Königsberg, qui s'attacha toujours
plus à l'institution et occupa, en outre, une place de
professeur à l'Université Harvard. Son concours fut
extrêmement précieux à Agassiz pendant les dernières

années de sa vie. Un nouvel et important auxiliaire
fut le Dr Franz Steindachner, de Vienne, qui arriva
au printemps de 1870, pour classer définitivement les
collections de poissons du Brésil, et passa deux années aux États-Unis. Grâce à ces renforts, Agassiz put
suffire aux exigences de sa tâche. Parmi ces professeurs et ces aides, les uns étaient salariés, d'autres
participèrent gratuitement pendant des années aux
travaux du musée ; c'était le cas de François de
Pourtalès, Théodore Lyman, James M. Barnard et
Alexandre Agassiz. La partie financière de l'établissement était remise aux soins du beau-frère d'Agassiz,
Thomas G. Cary, qui avait déjà rendu des services
signalés en faisant des collections sur la côte du
Pacifique pendant les loisirs que lui laissaient ses
affaires personnelles.

On est étonné de tout ce qui fut fait pendant cet
été de 1870 par Agassiz ou à son instigation, malgré
le triste état de sa santé. Ses lettres seules concernant
le musée rempliraient un gros volume ; nous ne pouvons les reproduire ici, mais les détails minutieux
qu'elles contiennent nous montrent que l'ouvrage quo-
tidien de chaque employé et la place même de chaque
spécimen lui étaient connus. Plusieurs de ces lettres
contiennent des considérations sur l'avenir du musée
et des directions pleines de sollicitude pour le temps
où il ne pourrait plus s'en occuper lui-même.

En racontant la carrière scientifique d'Agassiz aux
États-Unis, ainsi que les succès et le généreux appui
qu'il y rencontra, j'ai laissé jusqu'ici la première place
à ce côté brillant et heureux de sa vie. Cependant,
il ne faut pas oublier que, comme tous les hommes

auxquels manquent les moyens de réaliser leur idéal, il était sujet à des accès de profonde tristesse et de découragement. Quelques-unes de ses lettres, adressées à cette époque aux amis qui dirigeaient la partie financière du musée, sont presque des cris de détresse. Tandis que le comité insiste pour qu'on fasse des placements sûrs et qu'on ne dépense que les revenus, Agassiz soutient que l'avenir du musée et son extension seront toujours en proportion de la sympathie qu'il excitera dans le public. En un mot, le meilleur moyen d'employer les capitaux lui paraissait être de les dépenser largement, en vertu de ce principe, que l'utilité d'un établissement est toujours en proportion des secours volontaires qu'il reçoit.

Les lettres suivantes nous montrent avec quel zèle il s'efforçait, malgré le déclin de ses forces, de maintenir le musée en relations avec ceux des pays étrangers, cherchant ainsi à l'enrichir en même temps qu'il rendait aux autres de précieux services.

Le professeur de Siebold à Louis Agassiz.

(Trad. de l'allemand.)

Munich, 1869.

.... Je suis heureux de pouvoir satisfaire vos désirs, soit en vous faisant parvenir les poissons d'eau douce de l'Europe centrale, soit en vous fournissant le moyen de comparer les poissons rapportés du Brésil par Spix et décrits par vous, avec ceux que vous avez recueillis récemment en si grand nombre dans l'Amazone. Ceux de Spix, à une exception près, sont encore paisiblement à leur place, car, depuis vous, personne ne s'est soucié de toucher aux poissons et aux reptiles. Schubert ne s'intéressait pas aux collections zoologiques qui lui étaient confiées, et Wagner, qui l'a remplacé, ne s'occupait guère que des mammifères. J'ai recherché toutefois avec un soin particulier tous les exemplaires que vous aviez déterminés, et je me réjouis qu'ils puissent encore une fois être utiles à la science. Avant d'expédier ces objets pour un si long voyage, j'ai dû sans doute en demander d'abord la permission à la direction des collections scientifiques. Grâce à mes pressantes sollicitations, cette permission m'a été accordée par M. de Liebig d'autant plus gracieusement que nos propres collections vont, selon toute probabilité, s'enrichir des nouvelles espèces que vous nous offrez.

Quant aux poissons d'eau douce européens, je vous prie de me laisser un peu de temps. En avril et en mai, je me procurerai ces Cyprinoïdes dont les mâles ont, dans la saison du frai, cette éruption caractéristique de la peau, qui a déjà si souvent et si faussement conduit à créer de nouvelles espèces.....

J'ai reçu successivement de votre fils Alexandre plusieurs beaux ouvrages. Présentez-lui, je vous prie, mes meilleurs remerciements pour ces admirables cadeaux que j'inscris avec un vrai plaisir dans mon catalogue de livres. Vous êtes heureux, en vérité, d'avoir à vos côtés un pareil collaborateur. A la première occasion, je lui adresserai personnellement mes remerciements.

Le Dʳ Hermann Hagen est-il content de sa nouvelle position? Je crois que la présence d'un entomologiste de premier ordre aura une heureuse et puissante influence sur le développement de l'entomologie dans l'Amérique du Nord....

* Le professeur G.-P. Deshayes à Louis Agassiz.

Muséum d'histoire naturelle, Paris, le 4 février 1870.

Votre lettre a été un véritable événement, mon cher ami, autant pour moi que pour notre muséum..... Que vous êtes heureux ! Combien est enviable votre carrière scientifique, depuis que vous habitez cette libre Amérique ! Vous voilà fondateur d'une magnifique institution à laquelle restera attaché, à tout jamais, votre nom glorieux. Tout ce que vous jugez utile d'entreprendre, vous avez le moyen de l'exécuter. Les hommes et les choses viennent à vous, entraînés par un courant naturel. Il semble qu'il vous suffit de désirer, pour voir s'accomplir vos désirs. Vous êtes le souverain chef de tout ce mouvement scientifique qui se produit autour de vous et dont vous avez été le promoteur.

Combien notre vieux muséum eût gagné à avoir à sa tête un homme tel que vous ! Nous ne serions pas à croupir dans des espaces tellement insuffisants que nos collections, par la force des choses, se transforment en de véritables magasins dans lesquels sont entassés les objets d'étude, qui, dès lors, ne peuvent plus servir à personne... Vous pouvez juger combien j'envie votre organisation. En lisant votre lettre, en voyant ces brillantes propositions d'échanges que vous nous faites, j'ai été saisi d'une grande et profonde tristesse en reconnaissant combien nous serions impuissants à réaliser même une faible partie des échanges que vous nous proposez.

Assurément, votre projet est des meilleurs; prendre la nomenclature scientifique là où elle est le mieux établie, et à l'aide de bons échantillons la transporter chez vous serait la chose la meilleure que l'on pût souhaiter et à laquelle je serai toujours heureux de m'associer. Mais pour réussir dans cette bonne entreprise, il faut que je les achète, et pour les acheter, il me faudrait de l'argent. La demande d'argent a été faite à mes collègues, en assemblée, comme conclusion de la lecture de votre . lettre; la réponse a été vague et incertaine. Il faut donc que je trouve des ressources d'un autre côté, et voici ce que je me propose de faire..... Alors je m'occuperai de réunir des collections authentiques de nos mers françaises, tant océanique que méditerranéenne, et même d'autres points des mers d'Europe. Maintenant, dans tout ce qui me viendra, de quelque côté que ce soit, votre part sera faite.....

Votre fils m'a appris que votre santé avait été assez gravement atteinte; j'en ai éprouvé une bien vive douleur. Soignez-vous, mon cher ami; vous êtes nécessaire en ce monde; vous avez une grande œuvre à poursuivre; vous êtes seul capable d'atteindre le but. Il faut donc que vous soyez en état de rester bien des années encore sur la brèche.

Votre lettre qui m'expose toutes les innombrables richesses que vous offrez au muséum, me met dans l'état où s'est trouvé cet enfant auquel on permettait de choisir dans un magasin de jouets : « Je choisis tout », dit-il. Je pourrais vous répondre de même : je choisis tout ce que vous m'offrez. Il faut être raisonnable cependant, et je vous dirai ce que je désire le plus vivement pour le moment, et si cela vous est possible, c'est cette faune remarquable obtenue des grands fonds sur le trajet du *Gulf Stream*. J'ajoute, pour vous mettre à l'aise, que tout ce que vous enverrez au muséum y sera bien reçu et avec ma vive et sincère reconnaissance.

Maintenant, adieu, mon cher ami; je vous serre la main avec la plus vive et la plus sincère amitié,

DESHAYES.

La lettre suivante, par son ton affectueux, fit un plaisir tout particulier à Agassiz, bien que sa demande de moules de fossiles ne pût être satisfaite.

Le professeur Adam Sedgwick à Louis Agassiz.

(Trad. de l'anglais.)

Norwich, le 9 août 1871.

Très cher et honoré ami,

.... J'ai naturellement montré votre lettre à mon ami Sceley et, après avoir consulté des gens expérimentés, nous avons trouvé qu'il était presque impossible d'obtenir des moules d'os de reptiles comme vous les demandez. Les spécimens de ces os sont généralement si raboteux et si brisés que les meilleurs ouvriers pourraient très difficilement en faire des moules sans courir le risque de les endommager, et les autorités de l'Université, propriétaires de la collection entière de mon musée, ne voudraient pas les exposer à ce danger. M. Seeley a toutefois l'intention de vous envoyer un moule en gutta-percha de la cavité cérébrale d'un de nos importants spécimens décrit dans le « Catalogue de Seeley ». Mais il est surchargé d'occupations et n'a pu jusqu'ici réaliser ses bonnes intentions.

Quant à moi, je ne puis à présent rien faire d'autre que d'aller chaque jour, clopin-clopant avec ma canne, jusqu'à la cathédrale, car j'ai un mal douloureux au genou gauche. Le poids des années commence à se faire sentir; je suis dans ma quatre-vingt-septième année et mes yeux sont troubles et enflammés, en sorte que suis obligé d'employer un secrétaire. Cette fonction est remplie par une de mes nièces, qui est pour moi comme une fille bien-aimée.

Je n'ai pas besoin de vous dire que les réunions de l'Association britannique continuent toujours et que la dernière session s'est terminée hier seulement à Edimbourg.

Permettez-moi de rectifier une erreur. Je vous ai rencontré la première fois à Edimbourg, en 1834, l'année où j'avais été nommé chanoine, et ensuite à Dublin en 1835... C'est un grand plaisir pour moi, mon cher ami, de revoir à la lumière du souvenir ce beau jeune homme, ce visage aimable et d'entendre encore le son joyeux de votre douce et puissante voix, qui faisait tressaillir les vieux Écossais et les frappait d'étonnement quand vous rendiez la vie aux poissons de notre vieux grès rouge. Je dois me contenter des visions de ma mémoire et des sentiments qu'elle ravive dans mon cœur, car je n'aurai plus le bonheur de revoir vos traits dans ce monde. Mais laissez-moi espérer comme chrétien, que nous nous rencontrerons plus tard au ciel et que nous aurons alors de telles visions de la gloire de Dieu dans l'univers moral et matériel, que tout ce qui a été découvert par le génie de l'homme, ou révélé aux créatures de Dieu, ne nous apparaîtra plus que comme le grain de semence à côté de l'arbre. Je vous envoie la bénédiction d'un vieillard et reste votre ami affectionné,

Adam SEDGWICK.

Au mois de novembre 1870, Agassiz se sentit assez bien pour revenir à Cambridge et il put reprendre ses cours avec autant de vigueur et de fraîcheur que jamais. Il paraissait si complétement rétabli que dans le courant de l'hiver, son ami le professeur Benjamin Peirce, directeur du *Coast Survey*, lui adressa la proposition suivante :

Le professeur Peirce à Louis Agassiz.

(Trad. de l'anglais.)

Bureau du *Coast Survey,* Washington, le 18 février 1871.

.... Avant hier, j'ai rencontré Sumner au Sénat; il m'a exprimé l'immense plaisir qu'il a eu en recevant une lettre de Brown-Séquard lui annonçant que vous étiez tout à fait rétabli..... Maintenant, mon cher ami, j'ai une proposition très sérieuse à vous faire. Je vais envoyer en Californie, dans le courant de l'été, un nouveau steamer en fer; il partira probablement à la fin de juin. Voulez-vous vous y embarquer et faire en route les sondages à de grandes profondeurs? Si oui, quels compagnons désirez-vous emmener avec vous? Si non, qui vous remplacerait?

Louis Agassiz au professeur Peirce.

(Trad. de l'anglais.)

Cambridge, le 20 février 1871.

.... La perspective que m'offre votre lettre, me remplit de joie. J'irai sûrement, à moins que Brown-Séquard ne me donne l'ordre positif de rester sur terre ferme. Mais, même alors, j'aimerais contribuer à organiser l'expédition, car je sens qu'une occasion pareille de faire progresser la science en général et l'histoire naturelle en particulier, ne s'est pas encore présentée et ne se présentera pas de sitôt. J'aimerais que Pourtalès et Alex en fissent partie; l'un et l'autre en seraient très heureux Ils s'y intéressent autant que moi et je ne doute pas que nous puissions organiser entre nous un groupe d'explorateurs assez fort pour faire quelque chose de bien.

Il me semble que la meilleure manière de procéder serait de choisir d'abord avec soin, sur la côte, quelques points aussi nombreux que possible, à partir desquels on opérerait à angle droit et aussi loin que les résultats nous y engageraient. Ensuite, on avancerait jusqu'à un autre cap pour répéter les mêmes dragages. Si ce plan était adopté, il faudrait avoir aussi un aide chargé de faire des collections sur terre pour les comparer aux résultats des dragages. Ce travail serait d'autant plus important qu'à l'exception du Brésil, on a peu de données sur la faune des côtes pour la plus grande partie de l'Amérique du Sud. Pour ces collections, je proposerais volontiers un homme tel que le Dʳ Steindachner, qui a passé une année sur la côte du Sénégal, et qui pourrait nous fournir comme base de comparaison la connaissance qu'il possède de la côte opposée de l'Atlantique.....

Les médecins d'Agassiz déclarèrent qu'il pouvait sans danger entreprendre ce voyage qui serait même avantageux pour sa santé. Le groupe de naturalistes chargés de l'accompagner, se composait du comte de Pourtalès, du Dʳ Franz Steindachner et de M. Blake, jeune étudiant, adjoint en qualité de dessinateur. Le Dʳ Thomas Hill, ancien président de l'Université Harvard, faisait aussi partie de l'expédition et bien qu'il se livrât à des recherches spéciales, il participait avec le plus vif intérêt à toutes les opérations. Le bâtiment était commandé par le capitaine (maintenant commodore), Philippe C. Johnson, dont la courtoisie et l'obligeance firent du *Hassler* pour ses hôtes un *home* flottant. La part qu'il prenait, ainsi que ses officiers, au but scientifique de l'expédition, était si cordiale et si active qu'on pouvait tous les compter comme de précieux auxiliaires. Parmi eux se trouvait, en qualité de médecin et à titre d'aide scientifique, le Dʳ White, de Philadelphie.

Les espérances enthousiastes d'Agassiz, à l'égard des résultats de ce voyage, ne se réalisèrent qu'en partie. Dans une lettre écrite à M. Peirce et publiée dans le Bulletin du musée, on lit : « Si ce

« monde est l'œuvre de l'intelligence et non pas
« seulement le produit des forces de la matière, l'es-
« prit humain doit être capable de le comprendre et
« en partant du connu, d'atteindre l'inconnu. La con-
« naissance acquise devrait ainsi, dans les limites de
« l'erreur que notre imperfection rend inévitable, nous
« permettre de prédire ce que nous trouverons pro-
« bablement dans les plus profonds abîmes de la mer. »
Il s'attendait donc à trouver la solution de problèmes
spéciaux en relation directe avec ses précédentes recherches et affirmait que dans les grandes profondeurs de la mer on découvrirait des formes animales,
semblables à celles des premiers âges géologiques,
qui jetteraient une nouvelle lumière sur les rapports
du monde fossile et du monde vivant. Dans la lettre
dont nous venons de parler, il nomme même les
espèces qu'il s'attendait surtout à trouver dans ces
grandes profondeurs, par exemple, des représentants
des anciens types des Ganoïdes et des Sélaciens ;
des Céphalopodes ressemblant aux plus anciennes
coquilles cloisonnées ; des Gastéropodes rappelant
les types tertiaires et crétacés et des Acéphales
présentant de l'analogie avec ceux des formations
jurassique et crétacée. Il pensait découvrir aussi des
crustacés se rapprochant plus de nos anciens Trilobites que ceux qui vivent actuellement à la surface
du globe, et, parmi les Radiés, les anciennes formes
d'oursins, d'étoiles de mer et de coraux. Quoique
les collections recueillies dans cette expédition
fussent riches et intéressantes, elles ne répondirent
qu'imparfaitement aux prévisions d'Agassiz. Ajoutons
que, par suite d'une défectuosité dans l'appareil du

dragage, on perdit ce qui provenait des plus grandes profondeurs.

Quant à la période glaciaire, il comptait sur des résultats encore plus positifs. Dans la même lettre se trouve le passage suivant :

« Il nous manque encore une preuve pour mettre
« hors de doute que la grande extension des glaciers
« durant l'époque glaciaire a eu pour cause les chan-
« gements cosmiques de notre globe. Tous les phéno-
« mènes relatifs à cette période doivent se retrouver
« dans l'hémisphère Sud avec les mêmes caractères
« que dans le Nord, mais avec cette différence essen-
« tielle que tout y sera renversé. La direction du
« mouvement glaciaire, sera du Sud au Nord, et les
« blocs seront venus du Sud pour occuper leur posi-
« tion actuelle. On ne s'est pas encore assuré par des
« observations exactes s'il en est réellement ainsi. Je
« m'attends à constater ces faits partout dans les zones
« tempérées et froides de l'hémisphère Sud, à l'ex-
« ception des glaciers actuels locaux de la Terre de
« Feu et de la Patagonie, qui peuvent avoir trans-
« porté des blocs dans toutes les directions. En Europe
« même, les géologues n'ont pas établi de distinction
« suffisante d'une part entre les faits se rattachant
« aux glaciers locaux et à leur retrait graduel, et,
« d'autre part, ceux qui proviennent de l'action d'une
« immense nappe de glace se mouvant sur tout le
« continent du Nord au Sud.

« Parmi les faits déjà connus dans l'hémisphère
« Sud se trouvent les soi-disant rivières de pierres des
« îles Falkland qui attirèrent l'attention de Darwin
« pendant son expédition avec le capitaine Fitzroy

« et qui jusqu'ici sont restées une énigme. Je crois
« qu'il ne sera pas difficile d'expliquer leur origine
« par la théorie glaciaire et je m'imagine que l'on
« y reconnaîtra simplement des moraines de fond
« pareilles aux *horse-backs* du Maine.

« Vous me demanderez peut-être quelle relation
« existe entre le drift et les dragages à de grandes pro-
« fondeurs ? Cette relation est plus intime qu'il ne
« paraît au premier abord. Si le drift n'est pas d'ori-
« gine glaciaire, mais le produit de courants marins,
« l'étude de sa formation rentre dans le domaine du
« *Coast Survey*. Mais je crois qu'on finira par trou-
« ver que, loin d'avoir été formé par la mer, le drift
« des terres basses de la Patagonie est le résultat d'une
« érosion de la mer, comme celui que l'on rencontre
« sur les rivages septentrionaux de l'Amérique du
« Sud et du Brésil. »

Nous ne ferons pas le récit détaillé du voyage du
Hassler; nous nous bornerons à relever la part que
prit Agassiz à cette expédition. Un journal scientifique
et personnel, tenu par Mme Agassiz [1] sous la direction de son mari, était presque terminé à la mort
de ce dernier. Les deux chapitres suivants sont tirés
de ce manuscrit, dont une partie a paru il y a quelques années dans l'*Atlantic Monthly*.

---

[1] Comme dans le voyage au Brésil, Mme Agassiz accompagnait
son mari.

(*Note du traducteur.*)

CHAPITRE XXIII

1871-1872 — 64 à 65 ans

Départ du *Hassler*. — Mer des sargasses. — Dragages à la Barbade.
— Trajet des Antilles à Rio. — Montevideo. — Golfe de Mathias.
— Dragages au golfe de Saint-George et au cap Virgens. — Baie de
la Possession. — Marais salés. — Moraine. — Détroit de Magellan.
— Tempête. — Baie de Borja. — Visite au glacier. — Baie de
Chorocua.

Le *Hassler* devait partir au mois d'août, mais, par
suite de différents délais occasionnés par son équi-
pement, il ne fut prêt que tard en automne et
mit à la voile le 4 décembre 1871 seulement, par
un ciel gris d'où tombait déjà la première neige
dans la Nouvelle-Angleterre. Se dirigeant vers des
régions plus tempérées, il entra bientôt dans les eaux
tièdes du *Gulf-Stream*, où l'on commença à recueillir
des objets intéressants dans les champs de sargasses,
ces vastes étendues de plantes marines flottantes qui
transportent avec elles une innombrable population,
lilliputienne il est vrai, mais très variée.

Comme tous les autres naturalistes, Agassiz prenait
un vif intérêt aux questions que l'on se pose depuis
longtemps sur les sargasses sans obtenir de solution.
Où naissent-elles et quelle est leur origine ? Sont-elles
flottantes de nature, voyageant sans racines à la surface de la mer, où ont-elles été arrachées à un sol

sous-marin ? En allant au Brésil, il avait traversé les mêmes régions, mais il se trouvait alors sur un grand steamer qui ne permettait pas cette étude, tandis que du pont du *Hassler*, navire de trois cent soixante tonneaux, on pouvait presque pêcher à la main dans les champs de sargasses.

La lettre suivante contient les premiers résultats de l'expédition.

Louis Agassiz au professeur Peirce.

(Trad. de l'anglais.)

Saint-Thomas, le 15 décembre 1871.

.... Dès que nous eûmes atteint le *Gulf-Stream,* nous commençâmes nos travaux. A partir de Gay Head, Pourtalès organisa des observations de température, qu'il fera connaître lui-même. Mon attention se porta entièrement sur les sargasses et sur leurs habitants, dont nous avons fait de grandes collections. Nos observations sur ces algues flottantes s'accordent avec l'opinion de ceux qui pensent qu'elles ont été détachées de rochers sur lesquels elles croissent naturellement. J'ai fait une remarque qui me paraît concluante : tout rameau de sargasse privé de ses flotteurs, coule immédiatement à fond et il n'est pas probable que ces flotteurs soient les parties de la plante qui se développent en premier lieu. Après avoir examiné une grande quantité de sargasses, je n'ai du reste pas vu un seul rameau, si petit qu'il fût, qui ne portât la trace d'une adhérence première au sol.

Il est possible que mes observations zoologiques vous intéressent médiocrement, mais à coup sûr vous apprendrez avec plaisir que nous avons eu la meilleure occasion d'examiner avec soin la plupart des animaux connus

comme habitants des sargasses et quelques-uns dont
j'ignorais la présence parmi ces algues. Jusqu'ici, la plus
intéressante découverte de notre voyage a été celle d'un
nid construit par un poisson et qui flotte en plein Océan
avec son contenu vivant. Le 13, un de nos officiers,
M. Mansfield, m'apporta une boule de sargasse qu'il venait
de retirer de la mer et qui excita vivement ma curiosité;
ronde et grosse comme les deux poings, elle était composée de rameaux et de feuilles, serrés étroitement les
uns contre les autres, et retenus ensemble par de fins
filaments se croisant dans toutes les directions, tandis
que d'autres rameaux pendaient plus librement le long
des bords. Dès qu'on l'eut placée dans un grand vase
rempli d'eau, il devint évident que ces rameaux libres
servaient à faire flotter la boule centrale comme un berceau. Les filaments élastiques qui la reliaient présentaient par intervalles de petits grains, tantôt deux ou
trois réunis, ou formant une grappe, tantôt plus ou moins
espacés. Il n'y avait aucune régularité dans la distribution
de ces grains; ils étaient épars assez uniformément dans
la boule et avaient à peu près la grosseur d'une tête
d'épingle ordinaire. Évidemment, nous avions sous les
yeux un nid de la plus singulière espèce et rempli d'œufs.
Mais quel animal pouvait donc l'avoir construit? Nous
ne tardâmes pas à découvrir à quelle classe il apparte-
nait. Grâce à une petite lentille de poche, nous pûmes
apercevoir dans ces œufs une tête avec deux grands yeux
et une queue recourbée sur le dos, comme on la voit dans
l'embryon des poissons ordinaires peu avant l'éclosion.
Comme il se trouvait dans le nid beaucoup de cases déjà
vides, on pouvait espérer que quelques autres embryons
se débarrasseraient bientôt de leur enveloppe. En attendant, une certaine quantité de ces œufs contenant les
embryons vivants furent détachés et mis dans des bocaux
séparés pour augmenter les chances de les conserver,

tandis que le nid lui-même fut placé dans de l'alcool comme souvenir de notre découverte.

Le jour suivant, je trouvai deux embryons éclos dans mes bocaux. Ils se mouvaient de temps en temps par soubresauts, puis restaient un long moment sans remuer au fond du bocal. Le troisième jour, j'avais environ une douzaine de ces petits poissons dont les plus âgés commençaient à montrer plus de vie. Je ne veux pas vous raconter en détail comment j'acquis bientôt la certitude que ces embryons étaient réellement des poissons..... Mais quelle espèce de poissons ? A l'époque de l'éclosion, les nageoires diffèrent trop de celles de l'adulte et la forme générale du corps est trop peu caractérisée pour qu'on puisse résoudre ce problème. Je pouvais seulement supposer que c'était une des espèces pélagiques de l'Atlantique. Mais, comme j'avais fait les années précédentes une étude minutieuse des cellules pigmentaires de la peau chez différents jeunes poissons, j'eus recours à ce moyen pour déterminer mes embryons. Heureusement nous possédions à bord quelques poissons pélagiques vivants. La première comparaison que je fis fournit le résultat désiré. La cellule pigmentaire d'un jeune *Chironectes pictus* fut trouvée identique avec celle de nos petits embryons.

Il est donc prouvé d'une manière certaine que le Chironecte pélagique commun de l'Atlantique, nommé par Cuvier : *Chironectes pictus,* construit pour ses œufs un nid flottant, et comme les matériaux de ce berceau sont des sargasses vivantes, celles-ci fournissent à sa progéniture non seulement un abri, mais la nourriture dont elle a besoin. Cette merveilleuse découverte acquiert encore plus d'intérêt, quand on considère les particularités caractéristiques du genre Chironecte. Comme son nom l'indique, il a des nageoires semblables à des mains; c'est-à-dire que les nageoires pectorales sont supportées

par une sorte de long appendice en forme de poignet et
que les rayons des ventrales ont quelque peu l'apparence de doigts grossiers. On sait depuis longtemps que
ces poissons s'attachent avec ces membres aux herbes
marines et marchent, plutôt qu'ils ne nagent, dans leur
élément naturel. Mais maintenant que nous connaissons
leur mode de reproduction, ne peut-on pas se demander
si le but le plus important de leurs singulières nageoires
ne serait pas de construire leur nid ?..... Il reste donc
encore quelque chose à découvrir sur ce sujet. Puisse
quelque naturaliste, retenu par les calmes au milieu des
sargasses, avoir la bonne fortune d'assister à la construction d'un nid.....

Ces recherches intéressèrent beaucoup Agassiz et
survenant au début du voyage, elles parurent pleines
de promesses. Tout l'équipage partagea bientôt son
enthousiasme et les matelots mêmes, dans leurs heures
de repos, se groupaient autour de lui ou entouraient
le cercle des naturalistes. On s'arrêta quelques jours
à Saint-Thomas et à la Barbade, où l'on fit à une
profondeur de quatre-vingts brasses et au bord d'un
bas-fond, le premier essai de dragage qui amena des
Crinoïdes à tiges et des Comatules, outre une quantité
d'autres objets. Agassiz qui avait étudié avec ardeur
les échinodermes fossiles des âges primitifs éprouva
un vrai plaisir à recueillir vivants leurs représentants
actuels. Il lui semblait qu'il tournait une page du
passé et qu'il retrouvait le fil léger qui le relie au
présent.

Louis Agassiz au professeur Peirce.

(Trad. de l'anglais.)

Pernambouc, le 16 janvier 1872.

Mon cher Peirce,

Je vous aurais écrit de la Barbade, mais au moment de quitter cette île, le temps était favorable aux dragages; notre succès fut si grand et si imprévu que je ne pus m'arracher à mes spécimens et que je profitai de cette heureuse chance pour en tirer tout le parti possible. Nous jetâmes seulement quatre fois notre drague dans des profondeurs entre soixante-quinze et cent vingt brasses. Mais quels coups de filet! Il y aurait eu de quoi occuper une demi-douzaine d'habiles zoologistes pendant une année entière, si les objets avaient pu se maintenir frais aussi longtemps. La première pêche amena une éponge du genre *Chemidium;* la suivante, une Crinoïde ressemblant beaucoup au *Rhizocrinus lofotenuis,* mais qui cependant en diffère; la troisième, un *Pleurotomaria* vivant; la quatrième, un nouveau genre de Spatangoïdes, etc., sans parler du menu fretin.

La Crinoïde est restée en vie pendant dix ou douze heures. Lorsque les pinnules[1] se contractent, elles se serrent contre les bras qui se replient eux-mêmes l'un contre l'autre, en sorte que le tout ressemble à un balai composé de brins d'une ficelle longue et grossière. Quand l'animal s'ouvre, les bras se séparent d'abord sans se replier en dehors, et le tout présente alors l'aspect d'un pentapode renversé; mais peu à peu l'extrémité des bras se recourbe, à mesure qu'ils s'écartent, et quand elle

---

[1] Organes très fins, filiformes, disposés latéralement comme les barbes d'une plume.

est complétement étalée, la couronne a l'apparence d'un
lys martagon dans lequel chaque pétale est replié sur
lui-même, les pinnules des bras s'étendant de plus en plus
latéralement à mesure que la couronne s'ouvre davantage.
Je n'ai pu découvrir aucun mouvement de contraction
dans la tige, quoique celle-ci n'ait aucune raideur. Lorsqu'on touchait l'animal, ses pinnules se contractaient, les
bras se redressaient et tout l'animal se fermait lentement
et graduellement. J'étudiais avec le plus vif intérêt les
mouvements de cet être, car il me permettait de jeter un
coup d'œil sur les premiers âges de la terre, où ces Crinoïdes que l'on voit si rarement de nos jours formaient
un des traits prédominants du règne animal. Sans grand
effort d'imagination, je pouvais me représenter le banc
de Lockport fourmillant de ces nombreux genres de Crinoïdes que les géologues de New-York ont retirés du
riche dépôt silurien, ou bien encore je me rappelais les
formations de mon pays natal, dont les montagnes contiennent également des fossiles de bas-fonds, et où l'on
trouve en abondance d'autres Crinoïdes ressemblant
encore plus à celles que nous voyons maintenant dans
ces eaux.

Les rapports intimes entre les Rhizocrinus et les Apio-
crinoïdes sont encore démontrés par le fait qu'en mourant
l'animal perd ses bras, de même que l'Apiocrinus, dont
on trouve ordinairement la tête sans bras. On peut maintenant se demander ce que signifie la présence de ces
animaux dans nos grandes profondeurs, puisque jadis
les types analogues vivaient dans des bas-fonds ? Ceci
est mis hors de doute, car il n'est pas difficile de prouver
d'une manière concluante que les dépôts siluriens de
l'État de New-York ont un caractère de bas-fonds. Leur
position horizontale combinée avec le retrait graduel des
couches supérieures dans une direction méridionale ne
permet pas d'autre supposition, et dans le cas des forma-

tions jurassiques dont je viens de parler, l'apparition simultanée des Crinoïdes avec les nombreux fossiles des récifs de coraux, et leur présence dans les atolls de cette période, sont des preuves convaincantes de mon assertion. Pourquoi donc trouvons-nous le Pentacrinus et le Rhizocrinus des Antilles seulement dans des eaux profondes ? Il me semble qu'il n'y a qu'une explication à donner, c'est que dans les modifications successives de la terre, nous devons nous attendre à un déplacement des conditions favorables à la conservation de certains types inférieurs dont les formes rappellent celles des premiers âges. C'est dans ce sens qu'en vous écrivant, il y a quelque temps, j'ai fait allusion à la probabilité de trouver, à de grandes profondeurs, des représentants des plus anciens types géologiques, et si mon explication est juste, ma prévision doit l'être aussi. Mais les eaux profondes de notre époque présentent-elles en effet les conditions nécessaires au développement de la vie animale, telle qu'elle existait dans les mers profondes et obscures des âges géologiques passés ? Je crois qu'elles s'en rapprochent, autant du moins que cela est possible dans l'ordre actuel des choses sur la terre ; car les profondeurs de l'Océan peuvent seules replacer les animaux sous une pression correspondante à la lourde atmosphère des premières périodes. Sans doute, une pression aussi énorme, la rapide diminution de la lumière, la faible quantité d'oxygène, sans parler de l'uniformité des conditions d'existence, de la rareté et du peu de variété des substances nutritives, sont autant de causes contraires au développement de la vie supérieure dans le fond de l'océan. C'est pourquoi je me suis toujours attendu à ne rencontrer dans ce milieu que des animaux inférieurs à ceux des bas-fonds ou du voisinage des côtes.

La corrélation que j'ai indiquée ailleurs (voir mon « Essai sur la classification ») entre le degré de perfection des animaux et les formations géologiques justifie cette autre expression du même fait: que les représentants des premières époques doivent se trouver dans les eaux profondes.

En tout ceci rien ne confirme la théorie que les animaux qui vivent maintenant sont les descendants directs de ceux des anciens âges. Il serait aussi exact et aussi conforme à la nature d'assurer que les terrains tertiaires se déposent encore entre les tropiques, parce que les mammifères du miocène ressemblent à ceux de la zone torride.

Nous en avons un autre exemple avec le Pleurotomaria. Pictet lui-même, dans la seconde édition de sa « Paléontologie », considère encore ce genre comme éteint et appartenant aux formations fossilifères comprises entre les périodes silurienne et tertiaire. Cependant, on a reconnu récemment que ce genre existe, et l'un de ses spécimens a été découvert aux Antilles, il y a une dixaine d'années. Mais des espèces vivantes recueillies à Marie-Galante on ne connaît que les caractères spécifiques de la coquille. Eh bien, nous en avons retiré un exemplaire à cent vingt brasses de profondeur à l'ouest des Barbades et nous l'avons gardé vivant vingt-quatre heures, pendant lesquelles l'animal s'étendait et nous permettait d'étudier ses remarquables caractères. Sans aucun doute, c'est le type d'une famille distincte, entièrement différente des autres mollusques auxquels jusqu'ici il a été rattaché. M. Blake en a fait de beaux dessins coloriés qui seront publiés plus tard..... La famille des Pleurotomariæ compte de quatre à cinq cents espèces fossiles que l'on trouve déjà dans les dépôts siluriens, mais en beaucoup plus grand nombre encore dans les formations carbonifères et jurassiques.

Les éponges présentent un autre cas intéressant. Lorsque parut, il y a environ un demi-siècle, la première livraison du grand ouvrage de Goldfuss sur les fossiles d'Allemagne, les types les plus nouveaux et les plus importants qu'il fit connaître furent quelques genres d'éponges des couches jurassiques et crétacées décrits sous les noms de Siphonia, Chemidium et Scyphia. Rien de pareil jusqu'à nos jours n'avait été découvert en fait de spécimens vivants; mais le premier dragage près des Barbades nous procura un Chemidium ou du moins une éponge si ressemblante au Chemidium fossile, qu'il reste à déterminer s'il y a la moindre différence générique entre notre éponge vivante et la fossile. Le jour suivant, on retira une véritable Siphonia, autre genre connu seulement par les couches jurassiques; il est bon de rappeler que dans la collection du gouverneur Rawson j'avais vu et remarqué une éponge de cette même espèce, prise à la ligne sur la côte des Barbades. Ainsi les trois genres caractéristiques des éponges de la formation secondaire, que l'on croyait absolument éteints, sont tous représentés dans les eaux profondes des Antilles.....

Un fait analogue nous est fourni par une autre famille d'êtres organisés. S'il existe un type d'échinodermes propre à caractériser une époque géologique, c'est le genre Micraster de la formation crétacée, dans sa circonscription originale. On ne connaît aucune espèce de ce genre dans l'époque tertiaire et l'on n'en a encore trouvé aucune espèce vivante. Vous pouvez donc vous figurer ma surprise lorsque la drague nous amena trois spécimens d'une petite espèce de ce groupe particulier, qui est le plus largement représenté dans les couches crétacées supérieures.

On pourrait mentionner d'autres exemples moins importants, mais il suffit d'ajouter que mon attente s'est déjà réalisée jusqu'à un certain point, puisqu'à de grandes profondeurs j'ai trouvé des animaux connus, il est vrai, mais encore excessivement rares dans les musées.....

Il y a peu de chose à dire du trajet des Antilles à Rio de Janeiro. Le temps fut variable et la monotonie du voyage ne fut interrompue que par le passage de poissons volants, les ébats d'une troupe de marsouins ou par la vue de quelque voile à l'horizon. A Rio de Janeiro, il devint évident que l'itinéraire devait être modifié, soit à cause des défectuosités de la machine, source d'ennuis pour le capitaine, soit par suite des retards éprouvés avant le départ et qui ne permettaient plus de visiter en temps convenable certaines régions intéressantes. On dut donc renoncer, non sans un vif désappointement, à visiter les îles Falkland, le Rio Negro de Patagonie et la rivière Santa Cruz. Le dernier arrêt eut lieu à Montevideo, mais comme on devait subir une quarantaine très sévère, Agassiz fut seul autorisé à débarquer et à se rendre à l'ouest de la baie sur une colline dont il désirait examiner la structure géologique. Il y trouva de vrais terrains erratiques, des graviers, du granit, du gneiss et de la molasse granitique, répandus partout et n'ayant aucune analogie avec les roches du voisinage. La colline elle-même présentait le caractère des roches moutonnées, façonnées par la glace, que l'on voit dans l'hémisphère Nord. Ce fait lui parut d'autant plus intéressant qu'il se produisait dans la région la plus septentrionale de l'hémisphère Sud où l'on eût constaté des traces de glaciers.

Tout en faisant des sondages dans les parages du Rio de la Plata et le long de la côte, le bâtiment se dirigea vers le golfe de Mathias, baie large et profonde qui s'avance de quelques centaines de milles dans l'intérieur des terres et qui est située un peu

au sud du Rio Negro. Ici des réparations urgentes
nécessitèrent un arrêt dont Agassiz profita pour
faire des dragages et pour étudier la géologie des
falaises sur le côté nord de la baie. Vues du steamer,
elles paraissaient stratifiées et présentaient une régularité extraordinaire jusqu'au sommet, couronné de
sable mouvant. Plus loin, elles s'abaissaient et formaient des dunes de sable disposées en monticules
arrondis comme ceux de la neige chassée par le
vent.

Le lendemain, on débarqua au pied d'une falaise
escarpée portant sur les cartes le nom de Cliff-End.
Ses couches inférieures consistent en une masse de
fossiles tertiaires, composée principalement d'immenses huîtres mélangées de quelques oursins. On y
recueillit de grands blocs contenant des coquilles colossales et des échinodermes parfaitement conservés.
Du sommet de cette falaise, on ne voyait dans l'intérieur des terres qu'une plaine parfaitement unie,
recouverte d'une végétation rabougrie et se prolon-
geant aussi loin que la vue pouvait s'étendre.

Vers le soir le bâtiment jeta l'ancre à l'entrée de la
baie, à peu de distance du port de Saint-Antoine. Ce
nom semble indiquer un établissement, mais on ne
saurait imaginer un endroit plus désert. Voilà plus
de trente ans que Fitzroy visita cette baie, en fit le
relevé en partie, et marqua ce port sur sa carte. Si
dès lors quelque navire a sillonné ses eaux solitaires,
nul n'en a gardé le souvenir. Il n'est resté aucune
trace de la présence de l'homme. Cependant, les
récoltes du dragage et du filet furent très abondantes,
et les courses à l'intérieur du plus grand intérêt géo-

logique. C'est ici que l'on vit pour la première fois le Guanaco [1] des plaines de la Patagonie.

Le temps était beau, et à la tombée de la nuit, on voyait succéder à la lumière dorée du soleil couchant la flamme vacillante des feux que les matelots allumaient sur la côte. Puis, lorsque l'obscurité était complète, les divers groupes d'explorateurs regagnaient le navire et se réunissaient dans la cabine des officiers pour se communiquer les incidents de la journée et pour combiner l'emploi du lendemain. La nouveauté de la contrée prêtait à chaque course un charme particulier, et tous les jours on entreprenait des excursions avec un zèle et un intérêt croissants. La monotonie même de ce pays perdu, séparé de toute vie et de toute activité humaine, n'était point sans charme ; on y sentait comme une harmonie triste de solitude et d'aridité.

Le *Hassler* quitta ces rivages désolés par une soirée d'une beauté exceptionnelle ; on se doutait à peine de sa marche, tant il glissait doucement à travers ces eaux limpides empourprées des derniers rayons du jour. Les feux encore allumés sur le rivage disparurent peu à peu et seule la phosphorescence de la mer éclaira longtemps encore le navire. Mais de rudes et violentes tempêtes survinrent tôt après cet heureux départ et l'on ne put faire que deux dragages avant d'atteindre le détroit de Magellan. Le premier, dans les parages du golfe de Saint-George, ramena de gigantesques étoiles de mer qui paraissaient y avoir élu domicile. L'une d'elles, une superbe tête de

[1] Espèce du genre Lama.

méduse, ne mesurait pas moins de cinquante centimètres ; une autre, à peu près de même taille, portait
trente-sept bras ou rayons et ressemblait à un énorme
tournesol pourpre. On retira également beaucoup de
petits oursins. Le second dragage se fit à environ
cinquante milles au nord du cap Virgens par une
mer assez tranquille, et cette fois la drague revint
complétement pleine d'ophiurus.

Le 13 mars, par une matinée claire comme les
plus beaux jours d'octobre dans la Nouvelle-Angleterre, le *Hassler* doubla le cap Virgens et entra dans
le détroit de Magellan. La marée montante l'aida à
gagner son premier mouillage dans la baie de la
Possession.

Ici l'on forma deux détachements ; nous ne parle-
rons que de celui dirigé par Agassiz. Après les premières falaises de la côte, le pays s'élève à environ
quatre cents pieds au-dessus de la mer en une succession de huit terrasses régulières et horizontales ;
sur ces terrasses, composées de dépôts tertiaires
comme les falaises, on découvrit deux curieux restes
des temps passés. Premièrement, un étang d'eau
salée dans une dépression de la seconde terrasse à
cent cinquante pieds au-dessus de la mer ; il contenait des coquilles marines vivantes, identiques à
celles du rivage, entre autres des Fusus, Mytilus,
Buccinum, Fissurella, Patella et Voluta, toutes dans
les mêmes proportions numériques que celles observées actuellement sur la côte. Cet étang est beaucoup
au-dessus du niveau des marées ; il ne peut donc être
qu'un ancien lit de l'Océan, soulevé à une époque
relativement récente. On découvrit ensuite une véri-

table moraine correspondant à tous égards à celles de l'hémisphère nord; elle avait en effet tous les caractères des moraines terminales d'un glacier actuel et était composée de matériaux hétérogènes, de cailloux et de blocs empâtés de gravier et de sable. Le glacier s'était évidemment avancé depuis le Sud, car la masse, pressée de ce côté, était restée si escarpée que la végétation n'avait guère pu s'y établir. Le côté nord, au contraire, descendant en pente douce, bien que formé de gravier et de gros cailloux, s'était recouvert de terre végétale et de plantes. Les pierres et les blocs de cette moraine étaient polis, striés et entaillés, portant ainsi toutes les traces ordinaires de l'action glaciaire. Agassiz fut enchanté de cette découverte qui lui prouvait une fois de plus que le phénomène du drift, aussi bien au sud qu'au nord, était en relation avec l'action de la glace, et que les régions glacées arctiques et antarctiques n'étaient que les restes d'une vaste nappe de glace qui, des zones tempérées des deux hémisphères, avait graduellement reculé jusqu'aux cercles polaires.

Toujours favorisé par un temps magnifique, le *Hassler* jeta l'ancre aux îles Elisabeth et à San-Magdalena où Agassiz eut tout le loisir d'examiner les nids des pingouins et des cormorans, dont on put se procurer de beaux exemplaires. Le 16 mars, le navire s'arrêta à Sandy-Point, le seul établissement permanent du détroit. On fit là une halte de plusieurs jours dont Agassiz profita pour jeter le filet et augmenter sensiblement ses collections marines. Grâce à l'amabilité du gouverneur, il put aussi visiter les mines de charbon. Les falaises escarpées et boisées que l'on rencontre sur la route sont en général accidentées et pittoresques, et Agassiz constata qu'elles étaient partiellement composées de coquilles fossiles. Il remarqua aussi un banc d'huîtres de cent pieds de hauteur, dont les coquilles étaient cimentées par un peu de terre. D'après leurs caractères, il conclut que le charbon était plutôt crétacé que tertiaire.

Le 19 mars, le navire reprit la mer. Le temps était splendide — un jour d'automne doux et tiède, plein de mollesse et de charme, où l'on sentait encore comme un souvenir de l'été disparu. Le sommet déchiqueté du Sarmiento se détachait clairement sur le ciel, et les champs de neige semblaient onduler comme une draperie par l'effet changeant des ombres et de la lumière. Le soir on jeta l'ancre dans la baie de Port-Famine, dont le nom rappelle la malheureuse colonie de Sarmiento et les souffrances des infortunés qui périrent là misérablement après avoir longtemps attendu du secours.

Pendant plusieurs jours, le *Hassler* poursuivit sa route en côtoyant un panorama presque sans fin de forêts et de montagnes s'élevant jusqu'aux pâles régions des neiges. Ce voyage procurait à Agassiz les jouissances les plus vives. Parfois le bâtiment longeait le rivage de si près qu'on pouvait en étudier la géologie sans quitter le pont. Les formes arrondies de la base des montagnes, contrastant avec leurs cimes dentelées, le caractère général des champs de neige et des glaciers, non resserrés dans d'étroites vallées comme en Suisse, mais s'élargissant sur les pentes inférieures ou recouvrant les sommets semblables à des dômes, tout cela lui fournissait des points de comparaison avec les phénomènes semblables qu'il avait si souvent observés dans d'autres pays. Ici, comme dans les Alpes, la ligne bien déterminée où les surfaces moutonnées se séparent des sommets abruptes et déchirés, lui montrait la limite supérieure de l'action glaciaire.

Le *Hassler* essuya un jour une de ces bourrasques si fréquentes dans le détroit de Magellan. Le vent déjà fort pendant la journée s'éleva tout à coup avec furie au moment où le steamer s'engageait dans un canal assez étroit, ce qui augmentait le danger. En un clin d'œil, la mer se couvrit d'écume; le bruit des vagues et du vent était si violent qu'on entendait à peine les ordres du capitaine et les cris des matelots; pour comble de confusion, une voile qui s'était détachée, se mit à frapper l'air avec ce bruit particulier de la toile fouettée et déchirée par la tempête. Il devint bientôt impossible de lutter contre cet épouvantable ouragan; aussi le capitaine donna-t-il l'ordre de virer de bord pour tâcher d'atteindre la baie de Borja, qui, fort heureusement, n'était pas très éloignée. Lorsque le steamer prêta le flanc à la tempête, il s'inclina si bas qu'il parut près de sombrer. Mais une fois sa direction changée, il courut avec le vent devenu son allié, et, grâce à cet aide, il put bientôt entrer dans la baie de Borja. Impossible de se figurer une transition plus brusque que celle des flots tumultueux du canal aux eaux paisibles de la baie. Le *Hassler*, qui remplissait à lui seul presque entièrement ce port de refuge, s'y trouvait en parfaite sécurité, bien abrité et en plein calme, tandis que l'ouragan faisait rage et hurlait tout alentour. Ces anses bien fermées et fréquentes dans ces parages sont le salut des navigateurs.

L'expédition étant confinée pendant quelques jours dans ce port, le comte de Pourtalès en profita pour faire l'ascension d'une montagne voisine. Jusqu'à la hauteur de quinze cents pieds, les roches présentaient les surfaces polies et arrondies qu'Agassiz avait constamment remarquées pendant son trajet dans le détroit. Au-dessus de cette limite, tout était aussi déchiqueté et anguleux que dans n'importe quelle vallée des hautes Alpes. Des observations aussi restreintes ne permettaient pas de décider si ces effets provenaient d'une action glaciaire locale ou s'ils se rattachaient à la grande période glaciaire des anciens âges; mais Agassiz put constater que ces deux ordres de phénomènes se trouvaient ici réunis, comme dans l'hémisphère septentrional. L'aspect général des parois opposées du détroit le confirma dans son idée que la nappe de glace, dans sa précédente extension, s'était avancée du sud au nord en se frayant un passage dans la plaine par dessus la paroi septentrionale. Il avait ainsi la preuve qu'une vaste nappe de glace avait recouvert les parties australes du globe aussi bien que les parties boréales, s'avançant des deux points opposés bien loin dans la direction de l'équateur.

Préoccupé de ces faits, il ne manqua pas de s'arrêter à la baie du Glacier, remarquable par son immense glacier qui, vu du canal, semble plonger directement dans la mer. L'accès en fut plus difficile qu'il ne le semblait à distance. Une large ceinture d'arbres croissant sur ce qu'Agassiz reconnut être une ancienne moraine terminale, barrait entièrement la vallée inférieure. Chose curieuse, cette forêt, touchant d'un côté à la mer et de l'autre au glacier d'où s'échappait un torrent, était émaillée de fleurs. Les clochettes rouges du Desfontaïnia à feuilles brillantes, les charmants boutons roses du Phylesia et les baies écarlates du Pennetia ressortaient sur un fond de mousse qui tapissait les troncs d'arbres et les rochers.

Après une heure de marche, rendue pénible par la nature spongieuse du sol, mélangé de sable et de végétaux en décomposition dans lesquels on enfonçait jusqu'aux genoux, on aperçut la glace briller à travers les arbres, et en sortant de la forêt on se trouva en face d'une paroi du glacier, qui, entrecoupé de profondes fissures, de crevasses et de grottes d'un bleu d'azur, s'étendait à travers toute la vallée sur une largeur d'environ un mille.

La première course fut une simple reconnaissance, mais le jour suivant on obtint des données plus exactes sur les dimensions et sur la structure du glacier.

On jeta l'ancre pour la nuit dans la crique Playa-Parda, l'une des plus belles du détroit de Magellan et qui rappelle les Fiords de la Norvège. On y pénétra par une gorge profonde et étroite du côté nord ; à l'autre extrémité, elle s'élargit en une espèce de bassin bordé de rochers abrupts, couverts de forêts et dominés par des champs de neige et de glace. Le lendemain, à trois heures et demie du matin, au moment où les premiers rayons du soleil allaient colorer les sommités des montagnes, on sonna le rappel pour ceux qui devaient se rendre à la baie du Glacier. Cette fois Agassiz avait divisé sa troupe de manière à

ce que chacun pût agir d'une manière indépendante,
tout en suivant un plan général. Le comte de Pourtalès
et le Dr Steindachner firent l'ascension de la montagne
sur la gauche de la vallée et en suivirent l'arête dans
l'espoir d'atteindre une position d'où ils pourraient
découvrir l'origine du glacier et le dominer dans
toute sa longueur. Celle-ci fut évaluée à trois milles
environ. Ils mesurèrent une crevasse dont les bords
étaient extrêmement durs et tranchants; elle avait
une profondeur d'environ soixante et dix pieds. La
convexité du glacier était si prononcée que, dans le
milieu, il ne devait pas mesurer moins de deux ou
trois fois l'épaisseur des bords, par conséquent, deux
cents pieds au moins.

Les glaciers du détroit de Magellan sont en général
beaucoup plus larges que ceux de la Suisse, mais
n'atteignent probablement pas leur épaisseur. Les
montagnes étant moins hautes et les vallées moins
profondes que dans les Alpes, le glacier peut se développer et s'élargir à l'aise. Quelques-uns des explorateurs voulant déterminer le degré de vitesse de sa
marche, avaient planté à cet effet, le jour précédent,
des jalons pour leur servir de points de repère. Au
milieu du jour ils constatèrent que le glacier avait
avancé d'un peu plus de dix pouces dans l'espace de
cinq heures. Naturellement, une observation isolée
comme celle-là ne peut avoir qu'une valeur relative.

Agassiz s'était réservé l'étude de la baie qui avait
formé l'ancien lit du glacier. Il passa la journée à
croiser dans ces parages, à bord du canot à vapeur,
s'arrêtant partout où il désirait poursuivre ses investigations. Son premier soin fut d'examiner minutieu-

sement les rochers jadis recouverts par la glace. Ses traces se voyaient aussi nettes qu'en Suisse; les roches moutonnées étaient arrondies, polies, striées et entaillées dans la direction du mouvement du glacier, c'est-à-dire du sud au nord.

Les anciennes moraines, nombreuses et admirablement conservées, excitèrent l'attention d'Agassiz; l'une d'elle, de taille colossale, était à deux milles environ plus bas que l'extrémité actuelle du glacier et à cinq cents pieds au-dessus du niveau de la mer. Elle se composait des mêmes matériaux que ceux de la moraine terminale, les uns en partie arrondis et usés, tandis que de grands blocs anguleux reposaient sur de plus petits. Cette moraine formait une digue qui, barrant l'ouverture de la vallée, retenait les eaux d'un magnifique lac de mille pieds de longueur, sur cinq cents de largeur et l'enfermait exactement comme c'est le cas du lac Mœrjelen au bord du glacier d'Aletsch. Des blocs erratiques, trouvés deux ou trois cents pieds plus haut, prouvaient que le glacier devait avoir eu plus de cinq cents pieds d'épaisseur lorsqu'il déposa ces matériaux. Le rapport direct de cette moraine avec le glacier, tel qu'il existait jadis, était encore démontré par deux autres moraines situées plus bas. On en trouva aussi à l'entrée de la baie au sommet de quelques petites îles; elles se sont toutes formées lorsque le glacier, dont on pouvait constater les oscillations, s'étendait jusqu'au principal chenal, c'est-à-dire trois milles plus loin.

Le mouvement central, comme dans les glaciers de la Suisse, est plus prononcé que celui du bord, mais il y avait eu, semble-t-il, plus d'un axe de progression dans cette large masse de glace, car la paroi terminale ne présentait pas une courbe uniforme, mais une quantité d'angles saillants. Agassiz compta huit moraines distinctes entre le glacier et la forêt et dans celle-ci quatre moraines concentriques. Il est évident que le glacier a labouré la forêt à une époque peu éloignée, car les arbres sur les bords étaient ébranlés et à moitié déracinés sans être cependant entièrement pourris. En présence du glacier, on cesse d'être étonné des effets produits par un si puissant agent. Cette nappe de glace, réduite actuellement à environ un mille de largeur, plusieurs milles de longueur et deux cents pieds d'épaisseur, se meut sans interruption et est armée à sa base d'une lime gigantesque faite de cailloux, de gravier, de gros sable incrustés dans la glace. Qui pourrait être surpris qu'elle strie, arrondisse, polisse et triture les surfaces sur lesquelles glisse sa lourde masse? A la fois destructeur et fertilisateur, le glacier déracine et détruit dans sa marche des centaines d'arbres, tandis qu'à ses pieds il alimente les innombrables ruisseaux de la forêt. Il broie les rochers dans son implacable moulin et en fait une poudre fertile qu'il répand tout autour de lui.

Agassiz eût volontiers prolongé son séjour à la baie du Glacier pour en faire un point central d'observations sur le phénomène glaciaire dans le détroit de Magellan; mais l'hiver allait commencer et faisait déjà sentir son approche. En conséquence, le 26 mars, le *Hassler* quitta son magnifique ancrage de la crique de Playa-Parda. A la fin de la journée on s'arrêta à la baie de Chorocua, où la carte du capitaine Mayne indique la présence d'un glacier descendant dans la mer. En effet, il y en a un considérable sur la rive occidentale, mais si inaccessible que, pour l'examiner, il aurait fallu avoir à sa disposition des jours et non pas des heures. Personne néanmoins ne regretta l'après-midi passée dans cette baie enchanteresse; de chaque côté s'ouvraient à pic, à l'intérieur des montagnes, des gorges profondes tapissées de belles forêts. L'imagination cherchait à se représenter les profondes retraites de l'Océan et de la montagne où conduisaient ces mystérieux couloirs. La baie avec ses passes et ses fiords était tranquille comme un sanctuaire. Les bruits des voix et les rires y semblaient en quelque sorte une profanation : un cri était répété par mille échos qui le portaient au loin. Seuls les oiseaux sauvages ridaient de leur aile rapide le miroir limpide des eaux. Après avoir atteint la baie de Sholl, le *Hassler* jeta l'ancre à l'entrée du chenal de Smythe, au moment où les pics neigeux d'alentour, qui n'étaient plus éclairés par le soleil, se reflétaient dans la mer comme des montagnes de marbre blanc.

CHAPITRE XXIV

1872 — 65 ans

Baie de Sholl. — Fuégiens. — Détroit de Smithe. — Glaciers. — Ancud. — Port San-Pedro. — Baie de la Conception. — Talcahuana. — Voyage par terre à Santiago. — Rapport à M. Peirce. — Santiago. — Nomination d'Agassiz comme membre étranger de l'Institut de France. — Valparaiso. — Iles Galapagos. — Arrivée à San-Francisco.

Le jour suivant on se sépara de nouveau. Le *Hassler* rentra dans le détroit pour y opérer des sondages et des dragages, tandis qu'Agassiz se rendait avec quelques compagnons à la baie de Sholl. Après avoir fait un bon feu et dressé une tente pour y déposer les manteaux et les provisions, ils se dispersèrent sur le rivage pour botaniser et faire des collections. Agassiz s'était chargé d'étudier la structure de la côte. Il reconnut que le bord était une ancienne moraine et que des accumulations de blocs, disposés en bancs concentriques, formaient bien avant dans la mer des récifs en partie submergés. Les graviers et les blocs de ces bancs n'étaient pas entièrement de provenance locale, mais présentaient le même caractère géologique que les matériaux de transport du détroit de Magellan.

Le temps était favorable; une crique d'eau douce conduisait à un ruisseau romantique se précipitant à travers une gorge toute tapissée de fougères et de lichens et bordée d'arbres couverts de mousse. Les pêches faites sur le rivage procurèrent entre autres des étoiles et des anémones de mer, des volutes, des oursins, des méduses et des doris. Le filet jeté dans les flaques de la grève ramena aussi une grande quantité de poissons.

Au moment où l'on était réuni autour du feu pour se reposer et pour prendre le repas du soir avant de retourner au navire, on fut supris par une visite aussi singulière qu'inattendue. Un bateau doubla soudain l'un des promontoires et bientôt on reconnut qu'il contenait des Fuégiens, hommes, femmes, enfants avec des chiens, leurs inséparables compagnons. Les hommes seuls débarquèrent au nombre de six ou sept et s'approchèrent de la tente. Rien n'était plus grossier et plus repoussant que leur extérieur où apparaissait seule la brutalité du sauvage, non relevée par la force physique et la virilité. Tous étaient pour ainsi dire nus, car on ne pouvait guère appeler vêtement le court lambeau de fourrure attaché au cou et pendant sur le dos jusqu'à la ceinture. Ils avaient le ventre ballonné, la taille voûtée, les membres grêles; d'un air enfantin, mais rusé, ils se mirent à ramper jusqu'au feu et tendant les mains vers sa douce chaleur, ils criaient tous ensemble : « Tabac ! Tabac ! Galletta ! » (du biscuit). On n'avait pas de tabac, mais il restait quelques débris du repas, du biscuit et du porc salé, qu'on leur distribua et qu'ils dévorèrent avec avidité. Après quoi l'un d'eux,

qui paraissait être le chef par les égards que ses
compagnons lui témoignaient, s'assit sur une pierre
et se mit à chanter sur un ton singulièrement monotone. Les paroles, à en juger par ses gestes et l'expression de sa figure, paraissaient être improvisées à
l'adresse des étrangers qu'ils trouvaient sur leur rivage. Il y avait quelque chose de curieux et de caractéristique dans cette mélodie fuégienne; c'était plutôt
un récitatif qu'un chant; la mesure avait néanmoins
certaines pauses comme pour marquer une sorte de
rhythme; il y avait des mots revenant à intervalles
réguliers et formant un refrain monotone qui se terminait toujours par une élévation de la voix. Le chant
terminé, les auditeurs restaient surpris et silencieux,
ce qui parut contrarier le sauvage, car il regardait de
tous côtés d'un air désappointé. On en comprit vite
la cause et on se mit à l'applaudir de bon cœur:
riant alors et imitant d'une manière maladroite les
battements de mains, il recommença son chant.

Le coup de canon du *Hassler*, rappelant les cha-
loupes à bord, mit fin à cette scène étrange. On se
dirigea en hâte vers le rivage, suivi de près par les
indigènes qui demandaient toujours à grands cris du
tabac. Les femmes, qui avaient amené leur bateau
tout près de celui du *Hassler,* commencèrent à rire,
à parler et à gesticuler avec véhémence et toutes à
la fois. A ce bruit se joignaient les cris de leurs
enfants et les aboiements des chiens. Leur canot
arriva presque aussi vite au steamer que la chaloupe
du *Hassler.* On ne leur permit pas de monter à bord,
mais on leur jeta du tabac et du biscuit ainsi que du
calicot de couleur voyante et de la verroterie pour

les femmes. Ces sauvages se les arrachaient et se bousculaient avec férocité comme des bêtes fauves; ils avaient cependant quelques notions de trafic, car, après avoir reconnu qu'ils n'avaient plus rien à recevoir gratuitement, ils offrirent leurs arcs, leurs flèches, leurs paniers, leurs oiseaux et enfin les grands oursins dont ils se nourrissent. Même lorsque le steamer se mit en mouvement, ils se cramponnaient encore à ses flancs, demandant à grands cris du tabac, encore du tabac ! Ils finirent par lâcher prise et, agitant les mains, entonnèrent de nouveau leur chant en signe d'adieu.

Agassiz qui toute sa vie s'occupa de l'étude des races humaines, regretta de ne pas avoir eu d'autre occasion d'observer les aborigènes de cette région et de les comparer avec les Indiens qu'il avait vus au Brésil et aux États-Unis. Il lui était souvent arrivé sur la côte de se trouver avec ses compagnons en présence d'un campement abandonné ou d'une hutte vide; parfois aussi des canots suivaient pour un moment le *Hassler;* mais ils s'éloignaient dès qu'on s'arrêtait pour les laisser approcher.

Ces indigènes se servent ordinairement de canots qu'ils fabriquent eux-mêmes, mais ceux dont nous venons de parler avaient une chaloupe anglaise qu'ils avaient probablement volée ou trouvée sur le rivage. Il est étonnant que des hommes si habiles à construire un canot avec grâce et solidité, ne puissent rien inventer de mieux en fait de demeure qu'une hutte de feuillage à côté de laquelle le wigwam des Indiens du Nord est une construction parfaite. Ces huttes fuégiennes ont la forme d'une meule de foin et sont trop basses pour qu'on puisse s'y tenir autrement que couché ou accroupi. Sur le devant est une petite place noircie par le feu ; à côté, un grand tas de coquilles vides montre qu'ils ne quittent leur campement qu'après en avoir épuisé les coquillages dont ils se nourrissent essentiellement. Ils se transportent alors en un autre endroit, coupent quelques branches, reconstruisent leur frêle abri et reprennent le même genre de vie. Peu soucieux du lendemain, ils errent çà et là, nus et sans foyer, par la neige, les brouillards et la pluie, comme ils l'ont fait de tout temps, ne demandant à la terre qu'une bande de rivage avec une poignée de bois sec pour faire du feu et à l'Océan assez de coquillages pour ne pas mourir de faim.

Le 27 mars, le *Hassler* ayant atteint le détroit de Smythe, jetait l'ancre à la tombée de la nuit dans la baie d'Otway qui ressemble à un lac parsemé d'îles. Le mont Burney, de formes imposantes et couvert de neige, était en partie voilé par le brouillard; le lendemain, par un temps clair, on longea la chaîne du Sarmiento, ainsi que le « Snowy Glacier » qui fut visible toute la journée. On n'aurait pu voir une glace d'un bleu plus intense et plus pur, ni des champs de neige d'une blancheur plus immaculée.

Le 28, on mouilla à Maynes Harbor, l'une des jolies anses de l'île de Owen où l'on fut retenu vingt-quatre heures par un accident survenu à la machine. Quoique la cause de cet arrêt fut fàcheuse, il tourna à l'avantage des naturalistes. Agassiz et M. de Pourtalès en profitèrent pour constater ici, comme au détroit de Magellan, les surfaces arrondies et moutonnées des

roches de diorite et de syénite. Au delà d'une étroite
ceinture de forêts s'élevaient des collines humides et
désertes, recouvertes d'une maigre végétation de
mousses, de lichens et d'une grossière herbe de marais; plus loin, au milieu de rochers en décomposition,
apparaissaient une quantité de petits lacs. Tout était
aride et inanimé; aucun chant d'oiseau, aucun bour-
donnement d'insecte ne venait interrompre le silence
de ces solitudes; dans la mousse pas plus que sous
les pierres on ne put recueillir aucun être vivant. Il
n'en fut pas de même sur le rivage. La drague et les
filets fonctionnèrent avec succès toute la matinée et
l'on recueillit aussi d'abondantes collections dans les
petites anses de la côte. Agassiz trouva deux nouvelles
méduses et, inspiré par la localité, il donna à l'une le
nom de *Capitaine Mayne,* et à l'autre celui de *Professeur Owen.* Les oiseaux aussi semblaient être moins
rares; on tua quelques oies et un canard; l'un des officiers prétendit avoir vu des oiseaux-mouches voltiger
autour du ruisseau où l'on s'approvisionna d'eau douce.

Le 30, de grand matin, au milieu du silence de la
nature, le *Hassler* se dirigea du côté de la baie de
Tarn. C'était un magnifique dimanche de Pâques; un
vent léger, un ciel bleu où couraient quelques nuages,
tout semblait promettre le beau temps; mais de tels
présages sont souvent trompeurs dans ces régions
humides et une forte pluie, accompagnée d'un épais
brouillard, survint dans l'après-midi. Cette nuit, pour
la première fois, le *Hassler* dut se passer de port et
s'abriter simplement derrière une île. Un grand feu,
allumé sur terre et entretenu pendant toute la nuit,
servit de phare et de point de repère au navire.

Le lendemain il put continuer sa route vers Rowlet-Narrows. Ce passage est formé par une gorge profonde s'ouvrant entre de hautes parois d'où tombent de nombreuses cascades alimentées par les neiges des hautes régions. Jamais pendant son voyage Agassiz n'avait rencontré un lieu plus favorable pour l'étude des effets de la glace; du côté de l'ouest, il observa deux anciens lits de glaciers entourés de forêts, et non loin de là une moraine ressemblant aux *horsebacks* de l'État du Maine; le sommet en était aussi horizontal que la voie d'un chemin de fer.

On passa la nuit dans le port d'Eden qui, ce soir-là du moins, mérita bien son nom par la beauté de ses eaux que colorait le soleil couchant. Les portes de cet Eden étaient fermées par une forêt impénétrable laissant à peine une grève assez large pour y débarquer, en sorte qu'on n'y fit pas d'abondantes trouvailles; le filet ne ramena qu'une demi-douzaine d'espèces d'échinodermes, quelques petits poissons et des coquillages. Le steamer, retenu assez tard par le brouillard, ne put se hasarder dans la passe étroite des English-Narrows que dans l'après-midi. Cette passe, la plus resserrée du détroit de Smythe, n'est proprement qu'un défilé de montagne à travers lequel l'eau se précipite avec une telle violence qu'il fallait user des plus grandes précautions pour ne pas être jeté contre les rochers. On s'arrêta pour la nuit dans la petite crique de Connor, un port en miniature dans le genre de la baie de Borja au détroit de Magellan. Cette tranquille retraite était peuplée d'oiseaux de mer; les guillemots s'envolaient de tous côtés en laissant de longues traces sur les eaux; un pétrel s'abattit sur le pont et resta dans les mains des matelots.

Le 3 avril, Agassiz quitta avec regret cette région intéressante comprenant à la fois la mer et la montagne, avec ses forêts, ses champs de neige et ses glaciers. Les semaines écoulées avaient été trop courtes pour les observations qu'il s'était proposé de faire, mais familier comme il l'était avec le phénomène glaciaire, un examen même rapide le convainquit que dans l'hémisphère sud, aussi bien que dans l'hémisphère nord, les glaciers actuels n'étaient que les restes de l'ancienne période glaciaire.

Après deux jours de pleine mer avec vents contraires, on arriva à Port San-Pedro, fort jolie baie située sur la côte nord du golfe de Corcovado et d'où l'on a en vue une chaine de montagnes neigeuses. Le pic de Corcovado se dessinait nettement sur le ciel, ainsi qu'une sommité volcanique d'une merveilleuse symétrie, la Melimoya, blanche jusqu'à son sommet comme le marbre le plus pur. La côte, bien boisée, était bordée par des champs de Bromelia sauvage aux couleurs brillantes. Non seulement on put faire là de belles collections d'animaux, mais on trouva de nombreux blocs erratiques, parmi lesquels Agassiz reconnut une roche verte épidotique, dont il avait suivi les traces depuis la baie de San-Antonio sur la côte de Patagonie, sans jamais pouvoir en découvrir l'origine. Une des choses qui charmèrent le plus Agassiz dans cette région et particulièrement dans le détroit de Magellan, ce fut le souvenir de la patrie, réveillé à la vue des glaciers et des champs de neige. Bien que les montagnes de San-Pedro s'élevassent de

l'Océan même, elles lui rappelaient la Suisse et ses
jeunes années. Selon lui, le coucher du soleil de
cette soirée, avec sa coloration rose sur les montagnes neigeuses et la pâleur mate qui lui succéda,
était la reproduction exacte du coucher du soleil dans
les Alpes.

Il espérait pouvoir continuer son voyage par le
détroit qui sépare l'île de Chiloë de la terre ferme,
afin de se rendre compte des rapports géologiques
existant entre le détroit de Smythe et celui de
Magellan. Mais le capitaine, ayant examiné les récifs
de l'entrée et manquant de bonnes cartes du canal,
dut renoncer à tenter le passage à son grand regret
autant qu'à celui d'Agassiz. Il fallut donc longer la
côte occidentale de Chiloë, et le 8 avril on jeta l'ancre
à Ancud par une journée splendide qui permettait
de voir distinctement le pic volcanique d'Osorno et
toute la chaîne blanche des Cordillères.

Pour des gens qui avaient vécu si longtemps loin
de toute région habitée, cette petite ville avec ses
maisons dispersées sur de fertiles coteaux autour du
port semblait être le centre même de la civilisation.
On dit qu'il pleut à Ancud trois cent soixante-cinq
jours par an, mais ce jour-là le soleil y brillait dans
tout son éclat et les habitants avaient l'air de jouir
de ce rare privilège. Des Indiens, qui avaient traversé la rivière dans la matinée pour vendre leur
lait à la ville, étaient pittoresquement groupés autour de leurs seaux vides, les femmes enveloppées
de leurs longs châles, les hommes de leurs *ponchos*
avec le chapeau rabattu sur le visage. Les paysans
transportaient aux champs les engrais dans des auges

de bois tirées par des bœufs vigoureux; les lessi-
veuses lavaient et battaient leur linge le long de la
route; les jardins, même des plus pauvres maisons,
étaient entourés de buissons de fuchsias sauvages;
tout, en un mot, paraissait joyeux et gracieux dans
cette petite ville. Agassiz n'avait à sa disposition que
deux ou trois heures pour ses observations de géologie, mais cela lui suffit pour se convaincre de
l'identité des dépôts glaciaires avec ceux du détroit
de Magellan; seulement ils reposent ici sur un sol
volcanique.

On ne s'arrêta à Lota que pour prendre du charbon et, le 15 avril, après être entré dans la baie de
la Conception, on jeta l'ancre à Talcahuana où l'on
devait passer trois semaines pour réparer la machine.
Cette curieuse ville toute primitive est bâtie au fond
de l'un des plus beaux ports de la côte du Pacifique.
Agassiz eut la bonne fortune de trouver, grâce à
l'obligeance du capitaine Johnson, une maison en
partie meublée, dans laquelle plusieurs grandes
chambres donnant sur la cour furent converties en
laboratoires; il s'y établit avec ses aides. On comprit
bientôt dans la ville qu'on pourrait lui vendre toutes
les créatures imaginables; aussi les gamins ne tardè-
rent-ils pas à envahir la maison. Du matin au soir,
il se faisait un trafic incessant d'oiseaux, de coquillages et de poissons; de plus, les Indiens venaient
en troupes se faire photographier.

Le voisinage offrait de charmantes promenades et
des buts d'excursions, et Agassiz trouva la géologie
de cette région si intéressante qu'il se décida à faire
par terre le trajet de Talcahuana à Valparaiso pour

rechercher les traces de l'action glaciaire dans la vallée
située entre les Cordillères et la chaîne de la côte.
Pendant ce temps, le *Hassler* devait poursuivre ses
dragages dans les parages de l'île de Juan Fernandez
et se rendre ensuite à Valparaiso où il reprendrait
Agassiz. Bien que cette expédition fût sous le patro-
nage du *Coast Survey*, la générosité de M. Thayer,
si souvent mise à contribution pour des buts scientifiques, ne fit pas défaut à Agassiz. Grâce à son
concours bienveillant, il put organiser cette course
spéciale en dehors du but proprement dit de son
voyage. Les lignes suivantes nous font connaître le
résultat de ses investigations.

Louis Agassiz au professeur Peirce.

(Trad. de l'anglais.)

27 avril 1872.

Pendant que j'écrivais mon rapport, Pourtalès vint
m'annoncer qu'il avait remarqué dans le voisinage les
premiers vestiges de glaciers des Andes. Depuis lors
j'ai visité deux fois cette localité. C'est une magnifique
surface polie aussi bien conservée que tout ce que j'ai vu
sur d'anciens terrains glaciaires ou dans le voisinage des
glaciers actuels, avec des stries et des raies très marquées. Quelle trouvaille ! Une surface bien caractérisée
indiquant l'action glaciaire au trente-septième degré de
latitude sud et au niveau de la mer. Elle est à quelques
pieds au-dessus de la ligne des plus hautes marées, sur
le versant d'une colline surmontée par les ruines d'un
fort espagnol et près des cabanes de pêcheurs de San-
Vicente, entre les baies de la Conception et d'Aranco. Je

n'ai pas encore pu m'assurer si cette surface polie est due ou non à l'action d'un des glaciers descendant des Andes à la mer. Je n'ai point trouvé, dans le voisinage, les graviers ou blocs volcaniques que, d'après mes expériences à San-Carlos, je devais m'attendre à rencontrer tout le long de la côte, si les glaciers des Andes se sont étendus dans ces régions jusqu'au niveau de l'Océan. Les erratiques ont ici le caractère de ceux qui ont été observés plus au sud. Il est vrai que les sillons et les stries de cette surface polie se dirigent essentiellement de l'est à l'ouest, mais il y en a qui croisent la direction principale à des angles de vingt à trente degrés, allant du sud-est au nord-ouest. La variation magnétique était de 18°3' à Talcahuana, le 23 avril, le vrai méridien se trouvant à droite du méridien magnétique. Je saurai bientôt à quoi m'en tenir là-dessus; je partirai demain, par terre, pour Santiago et rejoindrai le *Hassler* à Valparaiso. J'ai loué une voiture particulière afin de pouvoir m'arrêter où je voudrai. J'emporte avec moi un petit filet pour prendre quelques poissons d'eau douce dans les nombreux cours d'eau que nous aurons à traverser.

La direction des stries glaciaires à San-Vicente me rappelle un fait que j'ai souvent observé dans la Nouvelle-Angleterre près des bords de la mer où les sillons glaciaires, sur une étendue considérable, se dirigent à l'est vers les profondeurs de l'Océan, tandis qu'à l'intérieur des terres leur direction est plus régulière et exactement du nord au sud.....

J'allais oublier de vous dire que j'ai trouvé la preuve évidente que les couches carbonifères de Lota et des localités voisines, au nord et au sud, appartiennent à l'âge de la craie, tandis que généralement on les supposait être des lignites tertiaires. Elles sont recouvertes de molasse contenant des Baculites. Je n'ai pas besoin d'autre argument pour convaincre les géologues de l'exactitude de mon assertion. J'ai recueilli moi-même beaucoup de ces fossiles dans des couches qui reposent sur le charbon.

Votre bien dévoué

Louis AGASSIZ.

Le 28 avril Agassiz, accompagné de Mme Agassiz et du Dr Steindachner, quitta Talcahuana pour se rendre en poste à Curicu, à une demi-journée de Santiago, où commence le chemin de fer. Le voyage fut charmant ; malgré l'approche des grandes pluies le ciel resta constamment pur. La route traverse en grande partie une région agricole où l'on cultive le maïs, le blé et la vigne. Dans ce lointain pays dont les saisons sont à l'inverse des nôtres, on faisait en ce moment la moisson et la vendange. La route était partout animée par les scènes les plus pittoresques. On rencontrait par troupes des centaines de mulets chargés de sacs de maïs, des charrettes singulières et primitives criant sous le poids d'immenses jarres remplies de moût et des groupes joyeux de villageois en habits de fête ; les femmes, parées de leurs châles aux couleurs voyantes, étaient tantôt à pied, tantôt en croupe derrière leurs maris, toujours à cheval, dont les brillants ponchos et les fières allures donnaient au tableau une vie et un cachet particuliers. Faute de ponts, il fallait traverser les torrents et les rivières, soit à gué, soit sur des radeaux ou des bacs ; ce qui donnait lieu à des incidents aussi amusants qu'imprévus. On pouvait en passant jeter un coup d'œil sur les huttes, ou ranchos grossièrement construits de troncs et de branches d'arbres entrelacées ; d'abord fraîches comme un berceau de verdure, elles deviennent plus tard semblables à un chaume desséché. Sur le devant de ces demeures se trouve un espace assez large, abrité sous l'avant-toit de paille et occupé par des tables et des bancs rustiques. C'est là que les femmes travaillent, que les enfants jouent et que les muletiers prennent leur repas composé de vin et de tortillas (galettes de maïs), tandis qu'à côté d'eux leurs bêtes de somme dévorent avidement leur provende.

La contrée était parfois fort belle. Le troisième jour, une plaine sablonneuse, n'ayant pour toute végétation qu'un mimosa épineux, succéda aux champs fertiles arrosés par de nombreux cours d'eau. Cette plaine est située entre les montagnes de la côte et les Cordillères. A mesure qu'on pénétrait dans l'intérieur, la vue de cette grande chaîne devenait plus imposante. Dorés par les lueurs du couchant, les pics, les parois abruptes déchirées, les sommités volcaniques se dessinaient sur le ciel dans toute leur beauté sauvage; mais rien ici ne rappelait le charme des Alpes suisses. Privées de pentes vertes à leur pied et de ces riches pâturages que l'œil suit jusqu'aux hauteurs rocheuses, les Andes, du moins dans cette partie, s'élèvent arides, sévères et dénudées de la base au sommet, comme un mur de forteresse où ne croît ni arbre, ni buisson, ni aucune verdure et dont la monotonie n'est coupée que par les couleurs vives et variées des rochers. On s'arrêta pour la nuit dans les petites villes situées le long de la route, à Tomée, à Chilian, à Linarez, à Talca, à Curicu, et une fois, à défaut d'hôtel, dans une *hacienda* (ferme) hospitalière.

La lettre suivante, adressée au professeur Peirce, renferme un résumé des observations géologiques faites pendant le voyage. Agassiz ne put rédiger plus tard, comme il en avait eu l'intention, un rapport plus détaillé.

Louis Agassiz au professeur Peirce. ·

En rade de Guatemala, le 29 juillet 1872.

Mon cher Peirce,

.... Pendant notre voyage de Talcahuana à Santiago, j'ai pu ajouter un nouveau chapitre à l'étude du phénomène glaciaire. C'est une histoire si compliquée que dans ce moment je ne me sens pas en état de pouvoir vous en faire un rapport complet, mais j'essayerai de vous en indiquer en peu de mots les traits principaux.

Il y a entre les Andes et les montagnes de la côte une large vallée, celle de Chilian, qui s'étend du golfe d'Ancud, · ou port de Mott, jusqu'à Santiago et encore plus au nord. Ce n'est que la continuation, à un niveau plus élevé, des chenals qui, du détroit de Magellan à Chiloë, sauf la seule interruption de Tres-Montes, séparent les îles de la terre ferme. Cette immense vallée qui s'étend sur plus de vingt-cinq degrés de latitude, est un fond de glacier continu, montrant d'une manière évidente que sur toute sa longueur la grande nappe de glace australe a opéré là son retrait vers le sud. Je n'ai trouvé aucun fait indiquant que les glaciers des Andes aient traversé cette vallée pour rejoindre la côte du Pacifique. Dans quelques petites localités seulement j'ai remarqué, sur les débris qui remplissent l'ancien fond glaciaire, des erratiques volcaniques des Andes.

Cependant entre Curicu et Santiago, en face de la gorge de Teñon, j'ai vu deux moraines latérales distinctes et parallèles, composées essentiellement de blocs volcaniques qui reposent sur l'ancien drift et qui, par leur position, indiquent la marche d'un grand glacier qui descendait jadis des Andes de Teñon et traversait la vallée principale, sans cependant s'étendre au delà de la pente orientale des montagnes de la côte. Ces moraines sont si bien marquées qu'elles sont connues partout dans le pays sous le nom de « Cerillos de Teñon », mais personne ne se doute de leur origine glaciaire; les géologues mêmes de Santiago leur attribuent une origine volcanique...Ce qui est difficile à décrire dans l'exposé de ce phénomène, ce sont les pas rétrogrades et successifs de la grande nappe de glace australe, à mesure qu'elle a abandonné des régions plus ou moins vastes de la vallée, en sorte qu'il a pu se former, le long du bord en retrait de cet énorme glacier, de grands lacs glaciaires qui semblent avoir toujours existé. Il s'en suit naturellement que sur des dépôts anciens non stratifiés reposent partout des terrasses stratifiées se trouvant à des niveaux plus hauts ou plus bas, selon qu'on se dirige au nord ou au sud. La plus septentrionale de ces terrasses est la plus ancienne, tandis que la plus méridionale est la plus récente. De ces faits, je conclus que ma théorie explique bien la direction des stries sur les roches polies du voisinage de Talcahuana, ainsi que je vous l'ai dit dans le post-scriptum de ma dernière lettre.....

Agassiz se reposa un ou deux jours à Santiago, où il fut accueilli, comme partout dans ce pays, avec amabilité et cordialité. La ville lui préparait une réception officielle, mais l'état de sa santé ne lui permit pas, ici plus qu'ailleurs, d'accepter ces honneurs. Parmi les lettres qui l'attendaient à Santiago, il en trouva une qui lui causa une surprise particulièrement agréable; elle lui annonçait sa nomination de membre étranger de l'Institut de France. On sait que cette distinction n'est accordée qu'à huit personnes. Comme couronnement de son œuvre scientifique, un honneur pareil était bien fait pour réjouir Agassiz; aussi écrivait-il peu après à l'empereur du Brésil qui avait pris un vif intérêt à cette nomination : « Cette distinction me fait d'autant plus de plaisir « qu'elle était inattendue. Malheureusement, c'est « d'ordinaire un brevet d'infirmité, ou tout au moins « de vieillesse, et pour ce qui me concerne, ce di- « plôme ne s'adresse plus qu'à une maison croulante. « Je le regrette d'autant plus que je ne me suis « jamais senti plus de goût pour le travail, quoique « jamais le travail ne m'ait autant fatigué. »

De Santiago, Agassiz se rendit à Valparaiso, où il rejoignit le *Hassler*. Les résultats scientifiques avaient été moins brillants sur mer que sur terre; on avait perdu le produit des dragages dans les grands fonds, par suite du mauvais état des appareils, dont les cordes étaient pourries. On réussit mieux cependant dans des eaux moins profondes, le long de la côte jusqu'au Callào.

De ce port, le *Hassler* courut en pleine mer vers les Galapagos, où il arriva le 10 juin devant l'île Charles et toucha successivement aux îles Albemarle, James, Jarvis et Indefatigable. Agassiz jouit beaucoup de cette excursion dans un archipel offrant un si grand intérêt au point de vue géologique et zoologique. D'un caractère purement volcanique et de

formation très récente, ces îles contiennent néanmoins une faune et une flore très particulières et
très caractéristiques. L'île d'Albemarle parut être la
plus intéressante. Ce n'est qu'une montagne aride qui
s'élève de la mer et qui, de la base au sommet, est
couverte de petits cratères éteints. Du pont du navire,
on n'en compta pas moins de cinquante, quelques-uns
parfaitement symétriques, d'autres irréguliers comme
si le feu en avait dévoré l'un des côtés. Cette île
faisait l'impression d'une fournaise souterraine dont
les cratères étaient les cheminées. On jeta l'ancre
dans le détroit de Tagus, baie profonde et calme,
jadis moins paisible à en juger par ses hautes parois
escarpées qui doivent être celles d'un ancien cratère.

On employa la journée suivante, le 15 juin, à examiner la côte. Les explorateurs débarquèrent au pied
d'un ravin qu'ils gravirent sur son flanc gauche, et
arrivèrent bientôt au bord d'un grand cratère contenant dans son excavation un charmant lac. Dans ce
cratère, il s'en élevait un second pareillement symétrique. En suivant les bords du lac jusqu'à son extrémité supérieure, ils atteignirent une élévation d'où
l'on apercevait une immense nappe de lave durcie
s'étendant jusqu'à l'Océan, sur une surface de quelques milles. Cette ancienne coulée de lave offrait les
formes les plus curieuses et les plus fantastiques.
C'était une vraie plaine de ruines calcinées où l'on
remarquait des grottes et des galeries ouvertes, les
unes assez grandes pour que plusieurs personnes
pussent s'y tenir debout, les autres laissant à peine
assez d'espace pour y pénétrer en rampant. Les
dômes arrondis ou brisés n'étaient pas rares. Parfois

on se trouvait en présence d'une grande soufflure de lave, percée d'une ouverture à travers laquelle on pouvait apercevoir le fond d'une vaste cavité souterraine. Toute l'histoire de cette étendue de lave était clairement écrite sur ces débris noircis et calcinés. On voyait en imagination la pluie de feu sillonnant l'air et s'abattant sur la contrée, les rouges scories volant de tous côtés et les fournaises embrasées vomissant leurs fleuves de feu.

Ces îles sont le séjour favori de grands iguanes rouges et oranges dont on captura plusieurs. Du reste, par les particularités de leur faune, elles avaient pour nous un intérêt marqué et contribuèrent grandement à enrichir nos collections.

Louis Agassiz au professeur Peirce.

En face de Guatemala, le 29 juillet 1872.

Notre visite aux îles Galapagos a été pleine d'intérêt en ce qui concerne la géologie et la zoologie, On éprouve une profonde impression en voyant un archipel étendu, de formation très récente, habité par des êtres si différents de tous ceux qui nous sont connus dans les autres parties du monde. Nous avons ici une limite fixe sur la longueur du temps qu'il a fallu pour la transformation de ces animaux, si vraiment ils descendent en manière quelconque de ceux qui occupent d'autres points du globe. Les Galapagos en effet sont si peu anciennes que quelques-unes de ces îles ont à peine eu le temps de se couvrir d'une maigre végétation qui leur est propre. Quelques parties du terrain sont entièrement dénudées et beaucoup de leurs coulées de lave et de leurs cratères sont si récents que les agents atmosphériques n'ont pas encore pu les modifier. Leur existence, par conséquent, ne remonte pas même à la dernière période géologique; elles appartiennent, géologiquement parlant, à notre temps.

D'où viennent donc les animaux et les plantes qui s'y trouvent? S'ils descendent de quelque autre type appartenant à un pays voisin, il ne faut donc pas des périodes d'une longueur incommensurable pour la transformation des espèces, comme le prétendent les partisans actuels de l'évolution, et le mystère d'un changement pareil avec des différences si marquées et si caractéristiques entre les espèces vivantes, n'en est qu'augmenté et ramené au niveau du mystère de la création. S'ils sont autochthones, à quel germe doivent-ils leur existence? Je crois que des observateurs scrupuleux, en considérant de tels faits, reconnaîtront que notre science n'est pas encore assez avancée pour pouvoir discuter à fond l'origine des êtres organisés.....

Ce qui reste à dire de la fin du voyage peut être résumé en quelques lignes. A Panama, différentes affaires relatives au *Coast Survey* nécessitèrent un arrêt qui fut employé à faire de belles collections dans la baie et sur l'isthme. Il en fut de même à San-Diego, où l'on passa d'agréables journées. C'était la dernière station du *Hassler* qui arriva à San-Francisco et entra dans la Porte d'Or le 24 août 1872. Agassiz fut touché de l'accueil qu'il reçut dans cette ville. De tous côtés, on lui prodigua les attentions et les témoignages d'amitié, mais il était si fatigué qu'il ne put entreprendre aucune excursion à la belle vallée de Yosemite et aux arbres géants, et dut se borner à chercher un peu de repos et de tranquillité chez quelques amis. Le calme de la vie de famille lui devenait de plus en plus indispensable.

CHAPITRE XXV

1872-1873 — 65 à 66 ans

Retour à Cambridge. — Projet de fonder une école d'été. — Don de M. Anderson. — Prospectus et ouverture de l'école de Penikese. — Travail d'été. — Fermeture de l'école. — Dernière conférence au Musée. — Discours au Comité d'agriculture. — Maladie d'Agassiz. — Sa mort. — Son tombeau.

En octobre 1872, Agassiz était de retour à Cambridge. Il semblait que sa première occupation devait être de mettre en ordre les collections qu'il avait rapportées, de rédiger un rapport sur son voyage, puis de passer tranquillement l'été suivant dans son laboratoire de Nahant pour y achever son travail sur les requins et les raies dont il avait encore rapporté de nouveaux et importants spécimens.

Mais une nouvelle entreprise à laquelle il avait lui-même donné la première impulsion, vint imprimer une autre direction à ses pensées. En son absence, quelques-uns de ses jeunes amis en avaient longuement discuté et élaboré le plan, persuadés qu'avec le concours d'Agassiz la création de l'établissement serait assurée. Il s'agissait de fonder quelque part sur la côte du Massachusetts une école d'été où les maîtres et maîtresses de nos écoles et de nos collèges pourraient, pendant leurs vacances, se récréer et s'instruire tout à la fois en étudiant l'histoire naturelle. Dès qu'Agassiz fut de retour, on lui soumit ce projet qu'il adopta avec son ardeur habituelle. On n'avait ni argent, ni matériel, ni bâtiment, pas même le terrain nécessaire pour la construction; l'idée seule existait, et pour la réaliser, il déploya toute l'énergie de son esprit et de sa foi. Le prospectus fut promptement rédigé et éveilla aussitôt la sympathie générale.

Au mois de mars, lorsque les délégués de la législation du Massachusetts firent leur visite annuelle au Musée de zoologie comparée, Agassiz leur soumit ce nouveau projet dont il fit voir l'importance pour la science en général et pour les établissements d'instruction du pays en particulier. Il en montra le rapport intime avec la mission éducative du Musée et les avantages que lui procurerait ce nouvel établissement. Pour cette raison déjà, pensait-il, l'école d'été méritait la sympathie du gouvernement. Jamais il ne plaida plus éloquemment la cause de l'instruction. Son genre d'éloquence n'est pas facile à décrire; jaillissant des profondeurs d'une conviction intime, elle unissait toujours à la chaleur de l'expression une remarquable simplicité. Sa parole conservait la fraîcheur de la jeunesse, parce que les choses dont il parlait n'avaient point vieilli pour lui, mais se présentaient à son esprit avec la même vivacité que dans ses jeunes années.

Ce discours, prononcé dans la matinée et reproduit dans les journaux du soir, tomba déjà le même jour sous les yeux d'un riche négociant de New-York, M. John Anderson, qui ressentit aussitôt un vif intérêt pour cette œuvre et pour son promoteur.

Dans le courant de la même semaine, il offrit à Agassiz, pour l'emplacement de l'école, l'île de Penikese dans la baie de Buzzard, avec la maison d'habitation et la grange qui s'y trouvaient. A peine ce don était-il accepté, qu'il y ajouta la somme de cinquante mille dollars pour l'organisation matérielle de l'école. De pareilles actions se passent de commentaires; la simple mention en dit plus que toutes les louanges.

Agassiz fut aussi surpris que touché de ce secours inattendu. Il s'exprime en ces termes dans sa lettre de remerciements à M. Anderson :

« Vous ne pouvez vous figurer ce que l'on éprouve,
« lorsque tout à coup et au moment où l'on s'y attend
« le. moins, on trouve un ami plein de sympathie,
« qui vous offre son secours dans une entreprise où
« l'on allait être arrêté par des difficultés de tout
« genre, mais principalement par le manque d'argent.
« Je vous remercie de tout mon cœur d'avoir telle-
« ment aplani le chemin et je suis persuadé que la
« reconnaissance durable des savants vous est acquise,
« ici et ailleurs, car j'ai l'entière confiance que cette
« école d'été fournira de précieuses ressources pour
« l'instruction, autant que pour des recherches origi-
« nales. »

Sur la proposition d'Agassiz, l'école devait porter le nom d' « École d'histoire naturelle Anderson ». M. Anderson, de son côté, voulait lui donner celui d'Agassiz, mais ce dernier refusa absolument. « Beau-
« coup de professeurs, dit-il, ont comme moi offert
« leur concours au nouvel établissement pour la
« saison prochaine et pour les suivantes, et nous

« sommes tous au même titre les obligés de M. An-
« derson; il est donc de haute convenance que l'école
« porte son nom, » et c'est en effet ce qui eut lieu.

Ainsi tout allait au mieux, on avait l'argent, l'emplacement, le nom, il ne restait donc qu'à organiser
l'institution si bien pourvue et l'on se mit à l'œuvre
sans retard. Un mois suffit pour terminer les arrangements préliminaires et pour qu'un acte en bonne
forme transmît la propriété de l'école Anderson à ses
administrateurs.

Il semblait impossible que dans l'espace de deux
ou trois mois, de mai à juillet, on pût construire les
dortoirs, les laboratoires, et procurer tout le matériel
nécessaire pour une cinquantaine d'élèves, ainsi que
pour un nombreux corps de professeurs. Mais Agassiz
n'admettait point d'obstacle lorsqu'il s'agissait d'atteindre un grand but, et l'ouverture de l'école fut
annoncée pour le 8 juillet. Il partit de Boston le 4, un
vendredi, pour l'île de Penikese; mais à New-Bedford
un message de l'architecte l'avertit qu'il était complètement impossible d'ouvrir l'école au jour fixé. Avec son
mépris ordinaire des difficultés, il répondit que cela
devait être possible, parce qu'il ne pouvait être question d'un renvoi. Dans l'après-midi du 5, il arrivait
à l'île où tout se trouvait, en effet, dans un état
décourageant. Le bâtiment était élevé, il est vrai,
mais la charpente seule était achevée; ni le toit, ni
les planchers n'étaient encore posés.

Le jour suivant était un dimanche; Agassiz réunit
les ouvriers et leur déclara qu'il ne s'agissait pas
ici d'une affaire d'argent, ni de gain personnel, mais
des seuls intérêts de l'instruction du peuple. Après

leur avoir expliqué le but de l'établissement et exposé
l'urgence de son achèvement, il leur demanda si, dans
ces circonstances, le jour suivant devait être consacré
au travail ou au repos. Tous répondirent : « Au travail » ! Le lendemain, dès l'aube, ils se mirent à
l'ouvrage et avant la nuit les planchers étaient posés.
Le lundi, on éleva des cloisons pour diviser l'étage
supérieur en deux vastes dortoirs et le rez-de-chaussée
en salles d'études. Le mardi, jour de l'ouverture, grâce
au secours de quelques volontaires, principalement
de dames qui s'intéressaient à l'école et qui étaient
déjà arrivées depuis un ou deux jours, les dortoirs,
encore encombrés de copeaux et de sciure, furent
balayés, transformés en jolies chambres très présen-
tables et pourvues de leur ameublement. Le nom de
chaque élève était inscrit au-dessus de son lit. Quand
tout fut prêt, les vastes salles avec leurs parois, leurs
planchers, leurs plafonds de pin tout neufs, leurs longues files de lits blancs et leurs nombreuses fenêtres
s'ouvrant sur la mer produisaient l'effet le plus engageant.

Tout à côté, la grange spacieuse de M. Anderson
avait été nettoyée et on y avait posé en quelques
heures un plancher neuf. A peine y avait-on donné
le dernier coup de marteau que le steamer, chargé
d'une nombreuse société, accostait le débarcadère. Il
restait à peine le temps de placer les siéges pour les
assistants et d'arranger la table ornée de fleurs, autour
de laquelle devaient s'asseoir les hôtes d'honneur et
où Agassiz lui-même prit place, lorsque tous furent
entrés. Cette grange, par ce beau jour d'été, se trouvait transformée en une salle de conférences qui avait

bien son charme. Les hirondelles, dont les nids tapissaient les poutres du toit, voltigeaient de tous côtés en gazouillant doucement au-dessus de la tête des auditeurs ; par les larges portes ouvertes entrait la brise de mer, et les yeux se reposaient avec plaisir sur le ciel bleu et les vertes prairies.

Agassiz n'avait préparé aucun programme, aucun discours, comptant sur l'intérêt particulier de la circonstance pour lui inspirer ce qu'il aurait à dire. Mais lorsque son regard tomba sur ses élèves réunis par l'amour de l'étude, il se leva et, cédant à un mouvement irrésistible, il invita ses auditeurs à se recueillir pour rendre grâce à Dieu et implorer sa bénédiction. Toutes les têtes se courbèrent et pendant quelques minutes un silence religieux plana sur l'assemblée ; après quoi, d'une voix émue, il prononça une allocution qui ne fut ni moins intime, ni moins émouvante que cette prière muette [1].

Ainsi s'écoula, sans aucun trouble, cette journée qui n'avait pas été attendue sans anxiété. Les invités partirent déjà dans la soirée, tandis que cinquante à soixante élèves et professeurs restaient dans l'île en compagnie des nombreuses mouettes qui y avaient établi leur demeure.

Nous n'entrerons pas ici dans d'autres détails sur la marche de cette école. C'était là une phase d'enseignement toute nouvelle, même pour Agassiz dont l'expérience était grande dans ce domaine. La plupart de ses élèves étaient des hommes et des femmes d'âge mûr, qui donnaient des leçons depuis nombre d'an-

---

[1] Cette scène est parfaitement décrite dans le poème de Whittier, intitulé : « La prière d'Agassiz ».

nées; il s'adressait donc à des esprits cultivés et l'expérience était pour lui aussi imprévue qu'intéressante. Aujourd'hui ces écoles d'été pour les élèves avancés et particulièrement pour les instituteurs, ont pris place dans le système général d'éducation. Quoique l'école de Penikese n'ait pas survécu à son fondateur, elle revit néanmoins dans beaucoup d'établissements analogues installés sur la côte d'après les mêmes principes, ainsi que dans des écoles d'été où l'on étudie à la campagne la botanique et la géologie. L'impulsion n'a pas été donnée en vain, puisqu'elle a renouvelé et vivifié les méthodes d'enseignement.

Outre les jeunes gens faisant partie de son corps d'instituteurs, et les professeurs Dr B.-G. Wilder, de l'Université de Cornell, et A.-S. Packard, de l'Université de Brown, qui habitaient dans l'île, Agassiz avait auprès de lui quelques-uns de ses plus anciens amis et collègues. Le comte de Pourtalès surveillait les dragages, considérablement facilités par le yacht que M. Charles G. Galloupe avait donné à l'établissement et qui en complétait on ne peut mieux l'outillage, à la grande satisfaction d'Agassiz.

Le professeur Arnold Guyot, son ancien camarade, puis son compagnon dans les excursions alpestres, vint aussi donner un cours à Penikese et y séjourna quelque temps. Ce fut là leur dernière rencontre dans ce monde et ils prirent plaisir à se rappeler alors les souvenirs de leur jeunesse. Parfois, après les leçons, on se réunissait familièrement au coucher du soleil sur une petite colline, but favori de promenades. Là, toute la société se groupait autour des deux vieux amis pour les entendre raconter leurs expéditions dans

·les glaciers. Ce que l'un oubliait, l'autre le rappelait, si bien que les anciens temps revivaient non seulement pour les narrateurs, mais aussi pour les auditeurs. Ce sujet-là revenait volontiers dans leurs entretiens, car, chose curieuse, l'île de Penikese, située dans une baie de la Nouvelle-Angleterre, possède des blocs erratiques venus du Nord, et Agassiz avait constamment sous la main de quoi illustrer son enseignement. Aussi plusieurs de ses meilleures conférences sur l'époque glaciaire furent-elles données à Penikese.

Rien n'était plus simple, plus libre de toute contrainte que ses rapports avec ses élèves et ses collègues, car il connaissait intimement chaque membre de la petite colonie. Le mauvais état de sa santé ne diminuait en rien l'ardeur de sa sympathie, et sa faiblesse ne refroidit jamais son enthousiasme. Chacun s'adressait à lui lorsqu'il avait besoin d'aide ou de conseils. Parcourant ensemble leur petit domaine, élèves et professeurs recueillaient des spécimens sur le rivage, draguaient sur les bateaux et étudiaient au laboratoire ou dans les salles d'étude; partout l'enseignement avait le caractère d'une causerie et admettait la plus libre discussion. Bien que le travail fût toujours combiné avec la récréation, il n'était cependant pas un amusement. On exigeait des élèves une application constante et des professeurs un enseignement dégagé de toute routine, mais systématique et soutenu.

Agassiz donnait souvent deux leçons par jour. Le matin il préparait ses élèves pour le travail de la journée, et l'après-midi il les interrogeait sur leurs observations et les amenait à comparer et à combiner

les faits, afin d'en bien saisir la liaison et la signification générale. Ses conférences étaient des leçons de
pédagogie en même temps que d'histoire naturelle, ce
qui, pour beaucoup de ses auditeurs, leur donnait
une double valeur par le rapport direct qu'elles avaient
avec leur propre vocation.

Dans son discours d'ouverture, il leur avait dit :

« Où que vous soyez, vous trouverez les mêmes
« éléments d'enseignement; vous pourrez conduire
« vos élèves en plein air, leur apprendre à observer
« et les amener à la compréhension des mêmes sujets
« que vous étudiez ici. Cette méthode d'instruire les
« enfants est naturelle, entraînante et vraie. Lorsque
« la nature elle-même est l'institutrice, les leçons ne
« manquent jamais de charme. Personne ne peut y
« substituer ses propres idées; aussitôt que nous nous
« livrons à elle, elle nous ramène à la vérité absolue. »

C'était là le côté brillant du tableau; mais ceux
qui connaissaient de plus près Agassiz en voyaient
aussi le côté sombre. Ils sentaient bien que le travail,
joint au souci et à la responsabilité qui s'attachent à
toute entreprise nouvelle et importante, mettaient sa
vie en péril. Par moments on s'en apercevait clairement et il entrevoyait lui-même le danger. Néanmoins,
il tint bon jusqu'à la fin de l'été et ne quitta Penikese
qu'à la fermeture de l'école.

Pour ne pas interrompre notre récit, nous avons dû
omettre quelques faits d'une grande importance pour
Agassiz et pour le Musée. Au printemps, cet établissement avait reçu de la législature du Massachusetts
une allocation de vingt-cinq mille dollars. Agassiz y
ajouta cent mille dollars, dont on lui avait fait présent

à l'anniversaire de sa naissance. L'emploi de cette dernière somme, destinée à l'établissement auquel il était si profondément attaché, était en dehors de tout contrôle de l'administration; elle pouvait être affectée aux collections et aux publications, ainsi qu'au traitement des aides, selon qu'il le jugerait à propos. Plus que jamais il avait donc à sa disposition d'importantes ressources pour ses recherches scientifiques. En revenant de Penikese, rempli de nouvelles espérances, il ne s'accorda qu'un court repos, en partie au bord de la mer et en partie dans les montagnes, et au mois d'octobre il se trouvait de nouveau à son poste au Musée.

Dans ses dernières conférences, il traita encore un de ses sujets favoris, le type des Radiés dans ses relations avec l'histoire physique de la terre, depuis la première apparition de la vie organique jusqu'à nos jours : « Vous devez apprendre, disait-il dans son dis- « cours d'ouverture, à considérer les fossiles comme « l'antiquaire ses médailles; les débris des animaux « et des plantes portent sur eux l'empreinte de leur « temps aussi nettement qu'elle apparaît sur les mon- « naies, les monuments de l'architecture ou dans la « littérature d'une époque. Je tiens à vous familia- « riser tellement avec ces formes que vous puissiez « reconnaître au premier coup d'œil leurs caractères « et leurs rapports. » C'est dans cet esprit que furent conçus ses derniers cours; ils avaient toute leur ampleur, leur profondeur et leur clarté habituelles; sa parole ne trahissait aucun déclin de ses forces physiques ou intellectuelles. La seule chose qui pût révéler la maladie dont il portait dès longtemps le germe, était une certaine surexcitation nerveuse qui ne faisait que donner plus de chaleur à son débit et trompait sur son état réel. Chaque effort était suivi d'une grande lassitude physique.

Il avait entrepris, dans l'*Atlantic Monthly*, la publication d'une série d'articles sur l' « Évolution et la permanence des types ». Ils devaient renfermer l'expression de ses propres convictions sur les relations entre tous les êtres vivants, et exposer les derniers résultats des études qui l'avaient conduit à des conclusions si différentes des opinions scientifiques en faveur. Un seul de ces articles fut terminé et parut après sa mort. Ce fut là, pour ainsi dire, son testament scientifique, et la correction des épreuves de cet écrit fut son dernier travail. Il y affirmait que la loi de l'évolution, dont il se déclarait dans un certain sens le partisan tout autant que ceux qui se donnaient le nom d'évolutionnistes, ne faisait que régler le développement en maintenant toujours le type dans des cercles fixes de croissance. Il insistait aussi sur le fait que cette loi n'agit que dans des limites définies et n'altère jamais les types fondamentaux dont chacun est en lui-même une unité structurale.

« Les métamorphoses mêmes, ajoutait-il, ont toute « la permanence et l'invariabilité des autres modes « de croissance embryonnaire, et on ne les a jamais « vues conduire à une transformation d'une espèce « en une autre. L'hérédité est une question extrè- « mement compliquée; elle agit souvent d'une ma- « nière en apparence toute capricieuse et fortuite. « Les défauts et les qualités se perdent aussi bien « qu'ils s'acquièrent, et l'évolution se termine quel-

« quefois par la dégénérescence du type et par la
« survivance du faible au lieu du fort. On cite à
« l'appui des théories transformistes les hasards d'hé-
« rédité les plus insignifiants et les plus extraordi-
« naires, mais on évite de parler de la soudaine
« apparition de puissantes qualités énergiques et ori-
« ginales, qui, presque toujours, surgissent comme
« des créations et s'éteignent avec leur temps et leur
« génération. Les plus belles facultés sont exception-
« nelles et rarement héréditaires ; ce fait me paraît
« prouver .qu'il y a dans le problème de la vie
« quelque chose de plus élevé que la simple évolution
« et la transmission.

« La sélection naturelle et sexuelle peut aussi être
« interprétée de diverses manières. Il est certain que
« la nature protège ses meilleurs produits, mais il
« ne serait pas difficile d'accumuler une masse de
« faits aussi frappants que ceux que nous citent
« les évolutionnistes, pour prouver que la sélection
« sexuelle n'a point toujours pour résultat d'éliminer
« la paille en conservant le bon grain. Une attraction
« naturelle, indépendante de la force ou de la beauté,
« est un élément incontestable de ce problème, et
« son action se manifeste chez les animaux comme
« chez les hommes. Le fait qu'une belle progéniture
« provient assez souvent de parents faibles et vice-
« versa, nous indique peut-être un pouvoir réparateur
« capable de contrebalancer les caprices du choix. Il
« est hors de doute que les types sont autant exposés
« à être altérés que protégés par ce qu'on appelle la
« loi de sélection sexuelle.

« Quant aux conditions physiques, et en particu-

« lier le climat, nous en connaissons tous les effets,
« bons ou mauvais, sur les êtres vivants ; néanmoins
« rien n'est si étonnant dans la nature que la puis-
« sance de résistance opposée par les types et les
« espèces à ces conditions physiques, quelles qu'elles
« soient. Des faits innombrables, empruntés aux do-
« maines de la terre, de l'eau et de l'air, nous prou-
« vent que des conditions physiques identiques ne
« parviendront pas plus à transformer une espèce en
« une autre, que des conditions toutes différentes ne
« pourront influer sur leur multiplication. Voici seu-
« lement ce que nous savons — et l'on est heureux de
« quitter un moment le sable mouvant des hypothèses
« pour mettre le pied sur un terrain solide — quels
« que soient les moyens de conserver et de trans-
« mettre les propriétés des êtres, les types primitifs,
« dès les plus anciennes périodes géologiques jusqu'à
« nos jours, sont restés permanents et inaltérés à tra-
« vers la longue succession des âges, au milieu de la
« venue et de la disparition des genres, à travers la
« mort d'une espèce et l'apparition d'une autre. Com-
« ment ces types ont-ils d'abord apparu, comment les
« espèces, qui les ont successivement représentés, se
« sont-elles remplacées l'une l'autre ? Voilà des ques-
« tions vitales auxquelles on n'a encore donné aucune
« réponse. Nous sommes aussi éloignés d'une solution
« satisfaisante de ce problème que s'il n'avait jamais
« été question des théories de l'évolution. »

Il exposait comme suit le plan et la conclusion de
ces articles :

« J'espère prouver dans le travail que j'ai entrepris
les trois propositions suivantes :

« 1º Si incomplètes que soient encore nos con-
« naissances en géologie, on y trouve cependant, sur
« bien des points, une liaison assez solide pour per-
« mettre d'établir d'une manière certaine le caractère
« de la succession ;

« 2º Puisque les spécimens des organismes les plus
« parfaits et les plus délicats, ainsi que les formes
« embryoniques de croissance de la nature la plus
« fragile, se sont conservés dans les dépôts les plus
« anciens, nous n'avons pas le droit d'en inférer la
« disparition de types, parce que leur absence con-
« trarie une théorie favorite ;

« 3º Enfin, dans la succession géologique des ani-
« maux, il n'y a aucune preuve que les espèces ac-
« tuelles descendent directement des plus anciennes. »

C'est dans cet article que se trouve la phrase si
souvent citée dès lors : « Tout fait naturel est aussi
« sacré qu'un principe moral. Notre propre nature
« exige que nous nous inclinions devant l'un comme
« devant l'autre. »

Dans ces quelques mots, nous trouvons le secret
de toute la vie d'Agassiz. Pour lui, un fait naturel
était sacré comme faisant partie d'une conception
intellectuelle et vivante manifestée par l'histoire de
la terre et des êtres qui l'habitent.

Le 2 décembre, il fut invité à une réunion du
Comité d'agriculture du Massachusetts à Fitchburg,
où il donna dans la soirée une conférence sur la
structure et le développement des animaux domestiques. Ceux qui l'accompagnaient et qui connaissaient la dépression physique et intellectuelle contre
laquelle il luttait depuis des semaines, ne le virent

pas sans anxiété monter à la tribune; et cependant, lorsque, se tournant vers le tableau noir, il dessina d'un seul trait le contour irréprochable d'un œuf, il semblait qu'une main si ferme et un esprit si net ne trahissaient encore aucune atteinte de la maladie.

La fin cependant n'était plus éloignée. Il dîna encore le lendemain avec des amis et assista dans le cours de la semaine à une fête de famille, mais il se plaignit d'un obcurcissement de la vue et d'un besoin irrésistible de sommeil. Le 6, il revint de bonne heure du Musée, accablé d'une extrême fatigue et, depuis ce moment, il ne quitta plus sa chambre. Les docteurs Brown-Sequard et Morrill Wyman le soignèrent avec dévouement, et la dernière semaine de sa vie s'écoula sans grandes souffrances dans la douce atmosphère du foyer domestique. Les voix mêmes de son frère et de ses sœurs ne restèrent pas muettes et leurs adieux lui parvinrent à travers l'Océan. Les pensées et les grandes préoccupations de sa vie revenaient souvent sur ses lèvres, mais dans ses dernières heures, il vivait plus par le cœur que par l'intelligence. Il expira le 14 décembre 1873.

Ses restes reposent au cimetière du Mount Auburn. Sur sa tombe, simple monument, s'élève un bloc de granit du glacier de l'Aar, choisi aux lieux mêmes où se trouvait jadis sa cabane, et ombragé par de hauts sapins envoyés de la Suisse, sa première patrie. Le pays de sa naissance et le pays de son adoption se donnent ainsi la main sur son tombeau.

APPENDICE

FUNÉRAILLES D'AGASSIZ

Le 18 décembre, le *New-York Times* publiait l'article suivant, communiqué par un ami d'Agassiz :

« Les funérailles du professeur Agassiz ont eu
« lieu aujourd'hui et ont été simples et sans ostenta-
« tion, telles qu'il les aurait désirées lui-même. Point
« de parade solennelle, point d'éloge public, mais un
« service religieux grave et émouvant, dans la cha-
« pelle de l'Université Harvard, en présence de ses
« amis intimes, de ses proches parents et des hommes
« éminents dans la science et dans les lettres.... Parmi
« eux se trouvaient les professeurs Guyot et Matile,
« compatriotes et amis d'enfance d'Agassiz, le comte
« de Pourtalès, le consul suisse, John Anderson dont
« le nom est lié à celui d'Agassiz par le don qu'il lui
« fit de l'île de Penikese, Nathaniel Thayer, qui, par
« sa générosité, aida puissamment les travaux du
« professeur, la Faculté de l'Université, les repré-
« sentants du Gouvernement, ceux de l'État, ceux
« d'un très grand nombre de Collèges et d'Universités,
« des délégués de plusieurs Sociétés scientifiques,
« enfin une quantité d'étudiants et d'anciens élèves
« d'Agassiz....

« Tous les assistants se sentirent émus par la
« solennité du service et par le sentiment de paix
« et d'espérance que respiraient toutes les paroles
« des chants et de la liturgie. L'église était admira-

« blement décorée; partout des tentures et des dra-
« peries noires, relevées par des bouquets et des
« guirlandes de fleurs et de verdure qui en tempé-
« raient le sombre aspect. Sur la chaire se détachait
« une grande croix toute formée de boutons de roses,
« de fleurs blanches et de feuilles de lierre. La cha-
« pelle était littéralement embaumée par le parfum
« des fleurs. Pendant toute la durée du service, les
« cloches de l'Université, celles de la ville, ainsi que
« celles de Boston, sonnèrent à pleine volée, et des
« drapeaux hissés à mi-mât, en signe de deuil, flot-
« taient sur tous les édifices publics.

« Une longue file de voitures accompagna le convoi
« jusqu'au cimetière du Mount Auburn. Là, aux
« dernières lueurs du jour, le corps fut déposé sur
« un lit de fleurs, préparé par des mains amies, pen-
« dant que l'ecclésiastique prononçait ces solennelles
« paroles : « Le corps retourne en terre d'où il a été
« tiré, et l'esprit retourne à Dieu qui l'a donné. »

« Le dernier travail qu'avait entrepris l'illustre pro-
« fesseur, avait pour but de prouver que les décou-
« vertes scientifiques ne sont pas nécessairement
« opposées à la foi religieuse, et nous ne pouvons
« douter qu'il eût réussi dans sa tâche, car il avait
« pour lui la vérité. Cette œuvre inachevée sera la
« source d'un éternel regret, mais il est descendu au
« tombeau riche d'années et comblé d'honneurs, et le
« triomphe des grandes vérités du christianisme ne
« dépend de la vie d'aucun homme. L'exemple d'une
« vie comme la sienne est plus précieux pour la jeune
« génération, que tous les ouvrages qu'il aurait pu
« écrire encore. »

CATALOGUE

DES

PUBLICATIONS DE LOUIS AGASSIZ [1]

Descriptio speciei novæ e genere Cynocephalus. Br. Oken, Isis, XXI, col. 861-863, 1828. Férussac, Bull. sc. nat., XIX, p. 345-346, 1829.

Cynocephalus Wagleri, Isis, p. 861-863, 1828. Férussac, Bull. sc. nat., XIX, p. 345-345, 1829.

Beschreibung einer neuen Species aus dem Genus Cyprinus (C. uranoscopus), Isis, p. 1046-1049, 1828; p. 414-415, 1829. Férussac, Bull. sc. nat., XIX, p. 117-118, 1829.

* Selecta genera et species piscium quas in itinere per Brasiliam annis 1817-1820 collegit et pingendos curavit J. B. de Spix; digessit, descripsit et observationibus anatomicis illustravit L. Agassiz, in-folio avec 90 planches, XVI, p. 138, Monachii, 1829.

Dissertatio inauguralis : De taxi et syntaxi morphomatum telæ corneæ dictæ. 4°, Monachii 1830.

Untersuchungen über die fossilen Süsswasser-Fische der tertiären Formation. Leonhard und Bronn, Jahrb., p. 129-138, 1832.

Untersuchungen über die fossilen Fische der Liasformation. Idem, p. 139-149, 1832.

---

1 Ce catalogue, qui ne renferme pas moins de 268 publications, ne peut cependant pas être donné comme complet. On a désigné par un astérisque les publications formant des volumes à part. Les autres ont paru dans les Revues indiquées.

* Tableau synoptique des principales familles naturelles des plantes. In-12, Neuchâtel, 1833.

* Recherches sur les Poissons fossiles. 5 vol. in-4° avec 400 planches in-folio color. Neuchâtel, 1833-1843.

Neue Entdeckungen über fossile Fische. Leonhard und Bronn, Jahrb., p. 675-676, 1833. Edinburgh New Philos. Journ., XXXVII, p. 331-347, 1844.

Remarks on the different species of the genus Salmo which frequent the various rivers and lakes of Europe. Brit. Assoc. Report, p. 617-623, 1834; Edinb. N. Philos. Journ., XVII, p. 380-385, 1834.

On the fossil fishes of Scotland. Brit. Assoc. Rep., p. 646-649, 1834. L'Institut III, N° 94, p. 65-66, 1835.

Ueber das Alter der Glarner Schiefer-Formation nach ihren Fischresten. Leonhard und Bronn, Neujahrb., p. 301-306, 1834.

Allgemeine Bemerkungen über fossile Fische. Idem, p. 379-390, 1834.

Ueber die Echinodermen. Oken, Isis, col. 254-257, 1834. Philos. Mag., p. 369-373, 1834.

Observations on the growth and the bilateral Symmetry of the Echinodermata. London et Edinb. Philos. Mag., N. Ser., vol. X, p. 369-373, 1834.

An a new classification of fishes and on the geological distribution of fossil fishes. Philos. Mag., V, p. 459-461, London 1834. Proc. Geol. Soc., p. 99-102, London 1838.

On the anatomy of the genus Lepidosteus. Proc. Zool. Soc. London, p. 119-120, 1834.

Sur plusieurs points de l'anatomie du Lepidosteus. L'Institut, III, N° 110, p. 199, 1835.

Sur quelques espèces du genre Salmo. Idem, III, N° 95, p. 72-73.

Sur les poissons fossiles de la formation houillère. Idem, III, N° 117, p. 253-254, 1835.

On the principles of classification in the animal kingdom in general and among mammalia in particular. Brit. Ass. Report, p. 67-68, 1835.

On a new classification of fishes and on the geological distribution of fossil fishes. Edinb. New Philos. Journ., XVIII, p. 175-178, 1835.

Ueber Belemniten. Leonhard und Bronn, Neujahrb., p. 168, 1835.

Kritische Revision der in der Ittiolitologia Veronese abgebildeten fossilen Fische. Idem, p. 290-316, 1835.

Remarques sur les Poissons fossiles. Bull. Soc. Imp. natur., VIII, p. 180-201, Moscou 1835.

Coup d'œil synoptique des Ganoïdes fossiles. Idem, VIII, p. 202-318, 1835.

Description de quelques espèces de Cyprins du lac de Neuchâtel, qui sont encore inconnues aux naturalistes. Mém. Soc. sc. nat. de Neuchâtel, I, p. 33-48, 1835. Archiv. Naturgesch., IV, p. 73-82, 1838.

Notice sur les fossiles du terrain crétacé du Jura neuchâtelois. Mém. Soc. sc. nat. Neuchâtel, I, p. 126-145, 1835. Institut, IV, Nº 188, p. 420 421, 1836.

Prodrome d'une monographie des Radiaires ou Échinodermes. Mém. Soc. sc. nat. Neuchâtel, I, p. 168-199, 1835.

Views of the affinities and the distribution of the cyprinidæ. Proc. Zool. Soc., p. 149-151, London 1835.

On the arrangement and geology of fishes. Edinb. N. Phil. Journ., XIX, p. 331-346, 1835.

On the fossil beaks of four extinct species of fishes referable to the genus chimæra, that occur in the oolitic and cretaceous formations of England. L. Agassiz and W. Buckland. Philos. Mag., VIII, p. 4-7, 1836.

Sur les poissons fossiles de l'Angleterre. Institut, IV, Nº 149, p. 85-86, 1836.

Description de quelques espèces de Cyprinus du lac de Neuchâtel. Idem, IV, p. 419-420, 1836.

Sur les infusoires fossiles du tripoli d'Oran. Idem, V, Nº 220, p. 330-331, 1837.

Prodrome d'une monographie des Radiaires ou Échinodermes. Ann. Soc. nat. zool., p. 257-296, 1837. Ann. Mag. nat. hist., I, p. 30-43, p. 297-307, p. 440-449, 1838. Froriep Notiz, col. 305-311, 321-326, 1838.

Des glaciers, des moraines et des blocs erratiques. Bibl. univ., XII, p. 369-394, 1837, reproduit dans d'autres publications.

Sur les blocs erratiques du Jura. Comp. rend. Acad. sc. Paris, V, p. 506-508, reproduit dans d'autres publications.

Sur les Glaciers. Bull. Soc. géol. de France, IX, p. 407-408; p. 443-450, Paris 1837-1838, reproduit dans d'autres publications.

Einleitung zu einer Monographie der Radiarien oder Echinodermen. Froriep N. Notiz 5, N° 108, p. 305-311; N° 109, p. 321-326, 1838.

Ueber die Familie der Karpfen. Archiv-Naturg., 4. Jahrg. 1838, I. B., p. 73-81.

Künstliche Steinkerne von Konchylien. Leonhard und Bronn, Neujahrb., p. 49-51, 1838.

Theorie der erratischen Blöcke in den Alpen. Idem, p. 303-304, 1838.

* Monographie d'Échinodermes vivants et fossiles. 4 livraisons in-4°, avec 57 planches, Neuchâtel 1838.

* Geologie und Mineralogie in Beziehung zur natürlichen Theologie von W. Buckland, aus dem Englischen übersetzt und mit Anmerkungen und Zusätzen versehen, von L. Agassiz. 2 vol. avec 80 planches, Neuchâtel 1839.

* Mémoire sur les moules de mollusques vivants et fossiles. 1 vol. in-4° avec 10 planches, Neuchâtel 1839.

Sur les moules du Musée de Neuchâtel. Bull. Soc. Imp. nat., p. 415-430, Moscou 1839.

Catalogus Echinodermatum fossilium musei neocomiensis. Bull. Soc. imp. nat., p. 422-430, Moscou 1839.

* Description des Échinodermes suisses. 2 livr. in-4° avec 25 planches, Neuchâtel 1839-1840.

Notice sur quelques points de l'organisation des Euryales, etc. Mém. Soc. sc. nat., Neuchâtel, II, 1839.

Notice sur le Mya alba, espèce nouvelle de Porto Rico. Idem, II, 1839.

Description des Échinodermes fossiles de la Suisse, 1re partie. Neue Denkschr. Schweiz. Gesellsch., III, 1839; IV, 1840.

Observations sur la structure des écailles des poissons. Ann. Soc. sc. nat., zool., XIII, p. 59-61, 1840, et dans d'autres publications.

Observations sur la structure et le mode d'accroissement des écailles des poissons et réfutation des objections de M. Mandl. Ann. sc. nat., 2 sér. zool., XIV, p. 97-110, 1840.

Remarques à l'occasion d'une note de M. Mandl sur la structure des écailles des poissons Comp. rend. Acad. sc., X, p. 191-194, Paris 1840.

Einige durch Mandl's Beobachtungen über die Fischschuppen hervorgerufene Bemerkungen. Froriep N. Nat., XIV, N° 298, p. 179-182, 1840; XVIII, N° 377, p. 33-41, 1841.

Remarks occasioned by Dr Mandl's observations on the structure of the scales of fishes. Edinb. New Philos. Journ., XXVIII, p. 287-291, 1840.

On glaciers and boulders in Switzerland. Brit. Assoc. Rep., part II, p. 113-114, 1840. Froriep Not., XVI, col. 337-344, 1840.

On animals found in red snow. Brit. Assoc. Rep. part II, p. 143, 1840.

Gletscher-Studien mit Studer. Leonhard und Bronn, Neujahrb., p. 92-93, 1840.

Färbende Infusorien in rothem Schnee. Idem, p. 93, 1840.

Gegen Wissmann's Ansicht vom Ursprung erratischer Blöcke, Idem, p. 575-576, 1840.

Énumération des Poissons fossiles d'Italie. Nuovi Annali sc. nat., IV, p. 244-245 et p. 325-332, Bologne 1840.

* Études sur les Glaciers. 1 vol. in-8° avec 18 planches in-folio, Neuchâtel 1840.

* Untersuchungen über die Gletscher. Même ouvrage en allemand, 1840.

* Catalogus systematicus Ectyporum Echinodermatum 1 vol. in-4°, Neuchâtel 1840.

* Études critiques sur les Mollusques fossiles. 4 livr. in-4° avec 100 planches, Neuchâtel 1840-1845.

Sur les animaux de la neige rouge. Institut IX, N° 377, p. 94, 1841.

Additions to Mr Wood's catalogue of crag radiara. Ann. Mag. Nat. Hist., VI, p. 143, 1841.

On the fossil fishes found by Mr Gardner in the province of Ceara in the north of Brazil. Edinb. New Philos. Journ., XXX, p. 82-84, 1841.

Genus trigonia. Character von Art überhaupt, Gletscher. Leonhard und Bronn, Jahrb., p. 356-357, 1841.

Alte Moränen bei Baden-Baden. Idem, p. 566-567, 1841.

On the polished and striated surfaces of the rocks which form the beds of the glaciers of the Alps. Ann. Mag. Nat. Hist., VI, p. 392-393, 1841. Proc. Geo. Soc., III, p. 221-322, London 1842. Philos. Mag., XVIII, p. 565-569, 1842.

On glaciers and the evidence of their having once existed in Scotland, Ireland and England. Ann. Mag. Nat. Hist., VI, p. 396-397, 1841. Proc. Geo. Soc., III, p. 327-332, 1842. Philos. Mag., XVIII, p. 569-570, 1842.

Observations on the progress recently made in the natural history of the Echinodermata. Ann. Mag. Nat. Hist., IX; p. 189-197, 296-302, 1842.

La théorie des glaces et ses progrès les plus récents. Bibl. univ., XLI, p. 118-139, 1842. Leonhard und Bronn, Neujahrb., p. 56-58, 1842. Edinb. New Philos. Journ., XXXIII, p. 217-283; XXXIV, p. 364-383.

* Histoire naturelle des poissons d'eau douce de l'Europe centrale. 1 vol. in-8° et deux portefeuilles de 40 planches color., Neuchâtel 1842.

* Nomenclator zoologicus. 1 grand volume in-4°, Soleure 1842.

New Views regarding the distribution of fossils in formations. Edinb. New Philos. Journ., XXXII, p. 9-10, 1842.

On the succession and development of organized beings on the surface of the terrestrial globe. Edinb. New Philos. Journ., XXXIII, p. 388-389, 1842.

Ueber die aufeinander folgende und die stufenweise Entwicke-lung der organischen Wesen auf der Erdoberfläche. Traduction. Froriep Not., XXIV, col. 193-201, et dans d'autres publications.

* Matériaux pour une bibliothèque zoologique et paléontologi-que, Neuchâtel 1842.

Observations sur le glacier de l'Aar. Comp. rend. Acad. sc., XV, p. 284-288, Paris, et dans d'autres publications.

Reiseproject nach dem Aargletscher, Hügi über Gletscher; Myaceen, Leonhard und Bronn, Neujahrb., p. 313-317, 1842.

Report in the fossil fishes of the Devonian System or old red Sandstone. Brit. Assoc. Report, p. 80-88. Bibl. univ., XLIII, p. 353-369, 1843.

Neue Beobachtungen auf den Gletschern; Myaceen; Struktur der Gletscher; Desor über fossile Nucleoliten; Fossilarten der Molasse. Leonhard und Bronn, Neujahrb., p. 84-89, 1843.

Synoptical table of britisch fossil fishes, arranged in the order of the geological formation. Brit. Assóc. Rep., p. 194-207, 1843, et dans d'autres publications.

A period in the history of our planet. Edinb. New Philos. Journ., XXXV, p. 1-291, 1843. Froriep Not., XXVII, col. 241-248, 257-264, 273-280, 289-292, 1843.

Sur la détermination exacte de la limite des neiges éternelles en un point donné. Comp. rend. Acad. sc., XVI, p. 752-756, Paris 1843. Poggendorf's Annalen, IX, p. 342-348, 1843.

Recherches sur les Poissons fossiles. Calcutta Journ. Nat. Hist. III, p. 313-314, 1843.

Distribution géographique des Quadrumanes. Bull. Soc. sc. nat. Neuchâtel, I, p. 59-61, 1844.

Distribution géographique des Cheiroptères. Idem, I, p. 63-65, 1844.

Sur l'identité des coquilles tertiaires et des coquilles vivantes. Bull. Soc. géol. France, 2 sér., I, p. 744-745, 1844.

Sur quelques Poissons fossiles du Brésil. Compte rendu Acad. sc., XVIII, p. 1007-1015, Paris 1844. Institut XII, N° 544, p. 187-188, 1844.

Note sur la succession des Poissons fossiles dans la série des formations géologiques. Ann. sc. nat. 3 sér. zool, II, p. 251-271, 1844.

On fossil Fishes. Edinb. New Philos. Journ., XXXVII, p. 331-334, 1844.

* Monographie des Poissons fossiles de l'Old Red Sandstone. 1 volume in-4° avec 40 planches in-folio, col., Neuchâtel 1844.

Rapport sur les Poissons fossiles de l'argile de Londres. Brit. Ass. Rep., p. 279-310, 1844. Ann. sc. nat., III, zool., p. 21-48, 1845. Edinb. New Philos. Journ., XXXIX, p. 321-327.

On the classification of fishes. Edinb. New Philos. Journ., XXXVII, p. 132-143, 1844.

Ueber die Classification der Fische. Froriep N. Not., N° 675, p. 225-230; N° 676, p. 241-245, 1844.

Sur le mouvement du glacier de l'Aar. Bull. Soc. sc. nat. Neuchâtel, I, p. 1-4, 1844-1846. Leonhard und Bronn, Neujahrb., p. 620, 1844.

Influence du sol sur le mouvement de la glace. Bull. Soc. sc. nat., I, p. 4-5, Neuchâtel, 1844-1846.

Revue des différentes époques géologiques. Idem, I, p. 50-52, 1844-1846.

L'Isard des Pyrénées comparé au chamois des Alpes. Idem, p. 57-58, 1844-1846.

Sur la distribution géographique des animaux. Idem, I, p. 58-60, 63-66, 1844-1846.

Recherches sur le genre de Mollusques auquel Lamarck a donné le nom de Pyrula. Idem, I, p. 69-70, 1844-1846.

Nouvelles études sur les prétendues identités que l'on admet généralement entre les espèces vivantes et les fossiles de certains terrains. Idem, p. 108-109.

Étude comparative du cerveau des poissons. Idem, p. 147-148.

Sur les métamorphoses que subissent les animaux des classes inférieures. Idem, p. 156-158.

Considérations sur la distribution géographique des animaux et de l'homme. Idem, p. 162-166.

Distribution des anciennes moraines de l'Allée Blanche et du Val Ferret. Idem, p. 171.

Observations sur les rapports existant entre la répartition des glaciers et le relief général des Alpes. Idem, p. 172.

Observations sur la distribution géographique des êtres organisés. Idem, p. 357-362.

Observations sur les rapports qui existent entre les faits relatifs à l'apparition successive des êtres organisés à la surface du globe et la distribution géographique des différents types actuels d'animaux. Idem, p. 366-369; II, p. 347-350.

Sur les roches striées de la Suisse. Bull. Soc. géol. France, II, p. 274-277, Paris 1844-1845.

Iconographie des coquilles tertiaires réputées identiques avec les espèces vivantes, etc. Neue Denkschr. Schweiz. Gesellsch., VII, 1845.

* Iconographie des coquilles tertiaires réputées identiques avec les espèces vivantes. 1 vol. in-4° avec 14 planches. Neuchâtel 1845.

Remark's on Prof. Pictet's « Treatise on Paleontology ». Edinb. New Philos. Journ., XXXIX, p. 235-302, 1845. Froriep Notiz, XXXVI, col. 209-213, 1845.

Remarques sur les observations de M. Durocher relatives aux phénomènes erratiques de la Scandinavie. Comp. rend. Acad. sc. II, p. 1331-1333, Paris 1845. Edinb. New Philos. Journ., XL, p. 237.

Nouvelles observations faites en étudiant les nageoires des poissons. Actes Soc. helv., p. 49-52, 1845.

Sur diverses familles de l'ordre des Crinoïdes. Idem, p. 91-93.

Anatomie des Salmones. L. Agassiz et C. Vogt. Mém. Soc. sc. nat. Neuchâtel, III, 1845.

On fossil fishes, particulary those of the London Clay. Edinb. New Philos. Journ., XXXIX, p. 321-327, 1845; XL, p. 121-125, 1846.

Sur les poissons des terrains paléozoïques. Soc. philom. ext. proc. verb., p. 61-62, 1846. Institut XIV, N° 645, p. 163, 1846.

Résumé d'un travail d'ensemble sur l'organisation, la classification et le développement progressif des Échinodermes dans la série des terrains. Comp. rend. Acad. sc., XXIII, p. 276-279, Paris 1846.

On the ichthyological fossil fauna of the Old Red Sandstone. Edinb. New Philos. Journ., XLI, p. 17-49, 1846.

Catalogue raisonné des familles, des genres et des espèces de la classe des Échinodermes, précédé d'une introduction sur l'organisation, la classification et le développement progressif des types dans la série des terrains. Ann. sc. nat., VI, zool., p. 350-374, 1846; VII, p. 129-168; VIII, p. 5-35 et 355-381.

Sur l'anatomie des Échinodermes. Comp. rend. Acad. sc., XXV, p. 679-681, Paris 1847.

On cervus alces and tarandus auct (lobatus and hastalis). Proc. Boston Soc. Nat. Hist., II, p. 187-188, 1847.

Lettres sur quelques points de l'organisation des animaux rayonnés et sur la parité bilatérale dans les Actinies. Comp. rend. Acad. sc. Paris, XXV, p. 678-689, 1847.

Observations sur le développement des Actinies. Proc. verb. Soc. philom., p. 96-98, Paris 1847.

Sur quelques points de l'organisation des Polypes. Proc. verb. Soc. philom., p. 95-98, Paris 1847. Institut, XV, N° 728, p. 388-389, 1847.

* Système glaciaire. Nouvelles études et expériences sur les glaciers actuels. 1 volume in-8° avec 10 planches in-folio et 2 cartes. Paris 1847.

* Index to the Nomenclator zoologicus. 1 volume in-8°, 1848.

Zoologische Beobachtungen. Froriep Not., V, p. 145-148; VII, p. 293-294, 1848.

On the phonetic apparatus of the cricket. Proc. Amer. Assoc. ad Sc., p. 41, 1848.

On numerous minute tubes in fishes, opening externally. Proc. Boston Soc. Nat. Hist., III, p. 27-28, 1848.

On the genus Dorudon of Gibbs. Proc. Acad. Nat. Sc. Philadelphia, IV, p. 4-5, 1848.

* An introduction to the study of natural history in a series of lectures delivered in the hall of physicians and surgeons in New-York. In-8°, p. 58. New-York 1848.

* Principles of zoology, part I, comparative physiology. In-8°, Boston 1848; 2ᵐᵉ édit 1851; 3ᵐᵉ édit. 1861. Agassiz and Gould.

* Bibliographia zoologiæ et geologiæ. 4 volumes in-8°, London 1848-1852.

On the Salmonidæ of Lake Superior. Proc. Boston Soc. Nat. Hist., III, p. 61-62, 1848.

On the fishes of Lake Superior. Proc. Amer. Assoc., p. 30-34, 1848.

The terraces and ancient river bars, drifts, boulders and polished surfaces of Lake Superior. Idem, p. 68-70.

The black banded cyprinidæ. Idem, p. 70.

Monograph of gar-pikes. Idem, p. 70.

Water-tubes in fishes. Amer. Journ. Sc., VI, p. 431-432, 1848.

Structure of the foot in embryo birds. Idem, p. 432-433, 1848.

Zoological researches. Edinb. New Philos. Journ., XLIV, p. 316-319, 1848. Froriep Notiz, V, col. 145-148; VII, p. 293-294, 1848.

New Views respecting the coloration of animals. Proc. Amer. Acad. Sc., II, p. 234. Boston 1848-1852.

Account of investigations upon Medusæ. Idem, p. 148-149.

A list of the fossil Crinoïds of Tennessee. Idem, p. 59-63, 1849.

On the structure of coral animals. Proc. Amer. Assoc. Ad. Sc., p. 68-77, 1849.

* Twelve lectures on comparative embryology delivered before the Lowell Institute. In-8°, 1849.

* Contributions to the natural history of acalephæ of North America. Memoirs Amer. Acad., IV, 1849.

The zoological character of young mammalia. Proc. Amer. Assoc., p. 85-89, 1849.

The vegetable character of Xanthidium. Idem, p. 189-191.

On the fossil remains of an elephant found in Vermont. Idem, p. 100-101.

On the embryology of Ascidia and the caracteristics of new species from the shores of Massachusetts. Idem, p. 157-159, 1848.

On the structure and homologies of radiated animals with reference to the systematic position of the hydroïd polypi. Idem, p. 389-396.

On animal morphology. Idem, p. 411-423.

Studies on Annelides. Proc. Boston Soc. Nat. Hist., III, p. 190-191, 1850.

On the development of Lepidopterous insects. Idem, p. 199-200.

On the circulation of lower animals. Idem, p. 206-207.

The Manatee is a Pachyderm. Idem, p. 209.

On the gills of crustacea. Idem, p. 225-226.

Rhacostoma Atlanticum. Idem p. 342-343.

On the pores in the disc of Echinoderms. Idem, p. 348-349.

On parasite little bodies of Hydra. Idem, p. 354-355.

The classification of insects from embryological data. Smithsonian Contributions to Knowledge, II, 1850.

On the growth of the egg, prior to the development of the embryo. Proc. Amer. Assoc., p. 18-19, 1850.

On the differences between progressive, embryonic and prophetic types in the succession of organized beings through the whole range of geological times. Idem, p. 432-438. Edinb. New Philos. Journ., XLIX, p. 160-165, 1850.

Classification of Mammalia, Birds, Reptiles and Fishes from embryonic and paleozoïc data. Edinb. New Philos. Journ., XLIX, p. 395-398, 1850.

Ueber die Salmonidæ. Froriep Tagsber., N° 182, Zool., I, p. 241-244, 1850.

Ueber die geographische Verbreitung der Fische. Idem, p. 244-247.

On the principles of classification. Amer. Assoc. Adv. Sc., p. 89-96, 1850. Edinb. New Philos. Journ., L. p. 227-235, 1851. Amer. Journ. Sc., XI, p. 127-128, 1851.

Account of investigations upon Medusæ. Proc. Amer. Acad. Arts., Sc., II, p. 119-122, 1850.

On Petromyzontidæ and their embryonic development and place in the natural history system. Edinb. New Philos. Journ., XLIX, p. 242-246, 1850.

The diversity of origin of Human Races. Boston, Christian Examiner, N° 160, July 1850.

On the morphology of the Medusæ. Proc. Amer. Assoc., p. 119-122, 1850. Edinb. New Philos. Journ., L, p. 85-80, 1851.

On the structure of the mouth in crustacea. Proc. Amer. Assoc., p. 122-123, 1850.

On the relation between coloration and structure in the higher animals. Idem, p. 194.

On the structure of the halcyonoïd polypi. Idem, p. 207-215.

On colpoda and paramaecium, as embryos of freshwater planariæ. Idem, p. 438.

Contributions to the natural history of the acalephæ of North America. Part. I, 11. Mem. Amer. Acad. Sc., IV, p. 221-236. Boston 1850.

Geographical distribution of animals. Edinb. New. Philos. Journ., XLIX, 1-23, 1850. Bonn, Rhein u. Westph. Verh., p. 228-254, 1850.

* Lake Superior, its physical character, vegetation and animals by L. Agassiz, with a narrative of the tour by J.-E. Cabot. 1 volume in-8° illustré. Boston 1850.

De la classification des animaux dans ses rapports avec leur développement embryonnaire et avec leur histoire paléontologique. Bibl. univ. Archives, XV, p. 190-204, 1850.

Glacial theory of the erratics and drift of the new and old World. Edinb. New Philos. Journal., XLIX, p. 97-117, 1850.

The erratic phenomena about Lake Superior. Amer. Journ. Sc., X, p. 83-101, 1850. Bibl. univ. Archives, XVI, p. 5-34, 1851.

The natural relations between animals and the elements in which they live. Amer. Journ. Sc., IX, p. 369-394, 1850, et dans d'autres publications.

On the circulation and digestion in the lower animals. Amer. Journ. Sc., X, p. 123-124, 1850.

New species of fish from Lake Superior. Idem, X, p. 125-127, 1850.

The classification of insects from embryological data, 1850. Smithsonian Contrib., II, 1851. Edinb. New Philos. Journ., LIV, p. 101-110, 1853.

Beobachtungen in Betreff des blinden Fisches der Mammuthhöhle. (Amblyopsis spelæus) Froriep Tagsber. N° 280. Zool. II, p. 45-47, 1851.

Ueber die Circulation der niedern Thiere, Idem, II, p. 135, 1851.

* Grundzüge der Geologie 1851-1854. Stuttgart und Leipzig. Agassiz, Gould und Perty.

On the anatomy of freshwater Bivalves. Proc. Boston S. Nat. Hist., III, p. 356-357, 1851.

Results of an exploration of the coral reefs of Florida. Proc. Amer. Assoc. Adv. Sc., p. 81-85.

Zoological evidence for the diversity of the races. Proc. Amer. Assoc. Adv. Sc., p. 106-108, 1851.

Remarks upon the unconformability of the palæozoïc formations of the United States. Idem, p. 254-256.

On the circulation of the fluids in insects. Proc. Amer. Assoc. Adv. Sc., p. 140-143, 1851. Ann. Sc. Nat. Zool., XV, p. 358-362, 1851.

Ueber die Entwickelung eines Seesterns. Muller Arch., IV, p. 122-124, 1851.

Observations on the blindfish of the Mammoth cave. Amer. Journ. Sc., p. 127-128, 1851. Edinb. New Philos. Journ., LI, p. 254-256, 1851.

Contemplations of God in the Cosmos. Christian Examiner, 1851.

Des relations naturelles qui existent entre les animaux et les milieux dans lesquels ils vivent. Arch. Sc. phys. et nat., XIX, p. 15-31, 1852.

Classification of Polyps. Proc. Amer. Acad. sc., III, p. 187, Boston 1852-1857.

Classification in Zoology. Idem, p. 224.

On the glanis of Aristotle. Idem, p. 325-334.

Infusoria, the earliest larval state of intestinal worms. Edinb. New Philos. Journ., LIII, p. 314-315, 1852.

Zoological notes. Amer. Journ. Sc., XIII, p. 425-426, 1852.

Ueber die Gattung unter den nordamerikanischen Najaden. Wiegmann Archiv. Naturgesch., XVIII, p. 41-52, 1852.

Sur quelques poissons des États-Unis. Comp. rend. Acad. sc., XXXVII, p. 184, Paris 1853. Institut N° 1025, p. 287, 1853.

Extraordinary fishes from California constituting a new family, (Holconoti). Amer. Journ. Sc., XVI, p. 380-390: XVII, p. 365-369, 1853. Edinb. New Philos. Journ., LVII, p. 214-228, 1854 ; Wiegmann Archiv. Naturgesch., XX, p. 149-162; XXI, p. 30-34, 1854.

On the natural provinces of the animal world and their relation to the different types of man. Edinb. New Phil. Journ., LVII, p. 347-363, 1854.

Sur le développement des êtres. Bull. Soc. Géol. France, XII, p. 353-355, Paris 1854-1855.

Notice of a collection of fishes from the southern bend of the Tennessee River in the State of Alabama. Amer. Journ. Sc., XVII, p. 297-308; p. 353-365, 1854.

. The primitive diversity and number of animals in geological times. Amer. Journ. Sc., XVII, p. 309-324, 1854 ; Ann. Mag. Nat. Hist., XIV, p. 350-366, 1854; Edinb. New Philos. Journ., LVII, p. 271-292, 1854 ; Bibl. Univ. Archives, XXX, p. 27-50, 1855.

* Die Zoologie mit besonderer Rücksicht auf den Bau. u. s. w. Stuttgart und Leipzig. 1855. Agassiz, Gould et Perty.

Synopsis of the ichthyological fauna of the Pacific Slope of North America, chiefly from the collections made by the U. S. Exploring Expedition under Capt. Wilkes. Amer. Journ. Sc., XLX, p. 71-79 ; p. 215-231, 1855.

Ueber das Wassergefäss-System der Mollusken. Zeitschr. f. Wissensch. Zool., p. 176, 1856.

Notice of the fossil Fishes from the California railroad route. Report of Explor. and Surveys, V, 1856. Append., I, p. 313-316.

Sur les Poissons vivipares. Institut, XXIV, N° 1165, p. 164, 1856.

Nouvelle espèce d'Esoce du lac Ontario. Instit., XXV, N° 1227, p. 128, 1857.

* Contributions to the natural history of the United States of America. 4 vol. in-4°. Boston 1857-1862.

On some young gar-pikes from Lake Ontario. Amer. Journ. Sc., XXIII, p. 284-285, 1857.

The animals of Millepora are hydroïd acalephs and not polyps. Idem, XXVI, p. 140-141, 1858.

Les animaux des Millepores sont des Acalèphes hydroïdes et non des Polypes. Archiv. Sc. phys. et nat. N. Pér., V, p. 80-81, 1859.

* An essay on classification. In 8°, VIII, p. 381, London 1859.

Contributions to the Natural history of the United States. Amer. Journ. Sc., XXX, p. 142-155, 1860.

Homologies of Radiata. Proc. Boston Soc. Nat. Hist., VIII, p. 226-232, 1861-1862.

On the homologies of Echinoderms. Idem, 235-238.

* Methods of study in natural history. In-12, VIII, p. 319, Boston 1863.

Observations sur les métamorphoses des poissons. Ann. Sc. Nat., III, 1865; Zool., p. 55-58, 1865.

Sur les métamorphoses subies par certains poissons avant de prendre la forme propre à l'adulte. Compt. rend. Acad. sc., LX, p. 152-153, Paris 1865 ; Ann. Mag. Nat. Hist., XVI, p. 69-70, 1865.

Lettres relatives à la faune ichthyologique de l'Amazone. Ann Sc. Nat., IV, 1865. Zool.; p. 382-383; V, 1866, Zool. p. 226-228, 309-311. Ann. Mag. Nat. Hist., XVII, p. 398, 1866.

Aperçu du cours de l'Amazone. Bull. Soc. Géograph., XII, p. 433-457, Paris 1866.

* Geological sketches (1 ser.) XVI, p. 311, Boston 1866, réimprimé en 1870; (2ᵉ ser.), XVI, p. 229, Boston 1876.

Glacial phenomena in Maine. Atlantic Monthly, p. 281-287, Boston 1867.

Phénomène glaciaire dans le Maine (traduction dans les Archives sc. phys. nat., XXVIII), p. 319-352, 1867.

Lœssbildung im Thale des Amazonenstromes. Neujahrb., Mineral., p. 180-181, 1867.

Ueber den Ursprung des Lœss. Idem, p. 676-680.

Observations géologiques faites dans la vallée de l'Amazone. Compt. rend. Acad. sc., LXIV, p. 1269-1270, Paris 1867.

Sur la géologie de la vallée de l'Amazone (1866). Bull. Soc Géol. de France, XXIV, p. 109-111, Paris 1867.

Remarks on the antiquity of man (1867). Proc. Boston Soc. Nat. Hist., XI, p. 304-305, 1868.

Comparison of the skulls of the American bison and European aurochs. Idem, p. 317-318, 1868.

Remarks on the classification of siluroïds. Idem, p. 354.

* A journey in Brazil. 1 vol. in-8°, XIX, p. 540, Boston 1868. L. Agassiz and Elizabeth C. Agassiz.

* Voyage au Brésil par Mᵐᵉ et M. Louis Agassiz. Traduit de l'anglais par Félix Vogeli. In-8°, 54 grav. et 5 cartes. Paris 1869.

Sur la géologie de l'Amazone. Bull. Soc. Géol., France, XXV, p. 685-691, Paris 1868. L' Agassiz et Coutinho.

Bassin de l'Amazone. Mém. Soc. Géogr. VII, Bull., p. 159-196, Genève 1868.

Report upon deep sea dredgings in the Gulf Stream during the third cruise of the U. S. steamer *Bibb*, 1869. Bull. Mus. Comp. Zool., I, p. 363-386, 1863-1869. Cambridge U. S.

Les principes rationnels de la classification zoologique. Revue, cours scient., VI, p. 146-165, 1869.

* De l'espèce et de sa classification en zoologie. Traduit de l'anglais par Félix Vogeli. Edition française revue et augmentée par l'auteur de l'Essay on Classification. 1 vol. in-8°. Paris 1869.

Nature et définition des espèces. Revue cours scient., p. 166-169, 1869.

Ordre d'apparition des caractères zoologiques pendant la vie embryonnaire. Idem, p. 169-171.

On the former existence of local glaciers in the White Mountains. Proc. Amer. Assoc., XIX, p. 161-167, 1870 ; Amer. Naturalist, IV, p. 550-558, 1871.

Fish nest of Chironectes pictus in the seaweed of the Sargasso sea. 1871. Amer. Journ. Sc., III, p. 154-156, 1872. Ann. Mag. Nat. H ist., IX, p. 243-245, 1872, et dans d'autres publications.

A letter concerning deep-sea dredgings 1871. Bull. Mus. Comp. Zool., III, p..49-53, 1872-1874 ; Ann. Mag. Nat. Hist., IX, p. 169-173, 1872.

Mode of copulation among the Selachians, 1871. Proc. Boston Soc. Nat. Hist., XIV, p. 339-341, 1872.

Deep-sea explorations. More about the Trilobites. Canadian naturalist, VI, p. 358-361, 1872.

Sketch of a voyage from Boston to San Francisco. Smithsonian Reports, p. 87-92, 1872.

The structure and growth of domesticated animals. Amer. Naturalist, VII, p. 644-657, 1873.

Un voyage d'exploration scientifique dans l'Atlantique et l'Amérique du Sud. Revue cours scient., IV, p. 1077-1093, 1873.

Evolution and permanence of type. Atlantic Monthly, XXXIII, p. 92-101, Boston 1874.

Three different modes of teething among Selachians. Amer. Naturalist, VIII, p. 129-135, 1874.

* Report on the Florida Reefs by L* Agassiz, accompanied by illustrations of Florida Corals from drawings by A. Sonrel, Burkhardt, Alex. Agassiz and Rœtter, with explanation of the plates by L.-F. de Pourtalès, p. 61, 23 plates, 1880.

TABLE DES MATIÈRES

———

ERRATA

Page 40, lignes 17 et 18. Au lieu de : la philosophie de l'Apocalypse, lisez : philosophie de la Révélation.

Page 69, lignes 15 et 17. Au lieu de : la philosophie de l'Apocalypse, lisez : philosophie de la Révélation.

Page 372, lignes 22 et 23, au lieu de : de grandes vues qui tendent à tout balayer, lisez : des vues d'une grande portée.

www.ingramcontent.com/pod-product-compliance
Lightning Source LLC
Chambersburg PA
CBHW060841220326
41599CB00017B/2349